KB091836

브로카의 뇌

사이언스 클래식 36

브로카의 뇌

칼 세이건

홍승효 옮김

과학과 과학스러움에 대하여

CARL EDWARD SAGAN

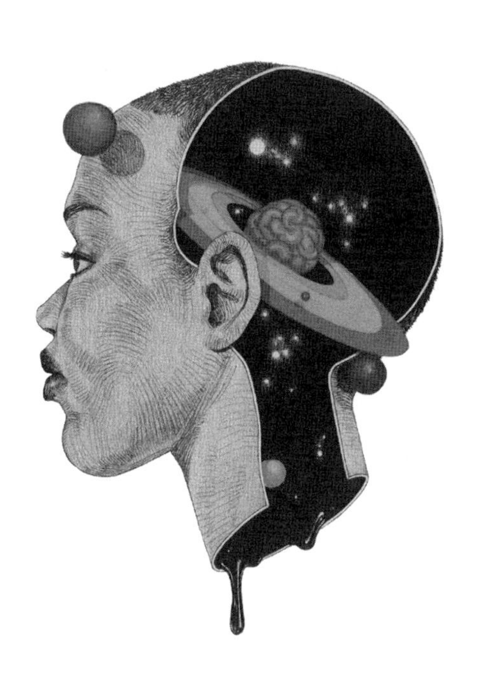

BROCA'S BRAIN

사이언스 북스
SCIENCE BOOKS

세상을 이해하는 기쁨을 알려주신

나의 어머니 레이철 세이건과 아버지 새뮤얼 세이건에게

감사와 존경과 사랑을 담아

머리말

우리는 아주 기이한 시대에 살고 있다. 지금은 우리가 망망대해의 모래 한 알처럼 박혀 있는 광대한 우주에 대한 지식뿐만 아니라 사회 조직과 경제 복지, 도덕 규범과 윤리 준칙, 철학과 종교, 인간 자신에 대한 이해에 있어서도 놀라운 변화가 일어나고 있는 시기이다. 인간이 존재한 이래 오랫동안, 우리는 심오하고 근본적인 질문들을 제기해 왔다. 이 질문은 경탄을 자아내며, 적어도 시험적이고 전율을 일으키는 자각을 일깨운다. 그것은 의식의 기원, 지구 생명의 탄생, 지구의 첫 출발점, 태양의 형성, 하늘 저 깊은 곳 어딘가에 지적 존재가 실재할 가능성에 대한 질문이다. 또 우주의 출현과 본질, 그 궁극적인 운명에 대한 가장 원대한 탐구이기도 하다. 인류사에서 아주 최근까지만 해도 이 문제들은 철학자와 시인, 무당과 신학자만이 다루었다. 지금까지 서로 모순되는 온갖 답변들이 제안되었다는 사실은 제시된 해결책 중에 옳은 것이 거의 없음을 보여 주는 증거이다. 그러나 오늘날 우리는 여러 세대 동안 신중하게 생각하고 관찰하고 실험함으로써 자연에서 애써 얻어 낸 지식 덕분에, 이 많은 의문들에 대한 적어도 기초적인 답변들을 막 이해하기 시작하는 단계에 와 있다.

이 책에서는 여러 주제들이 등장했다가 이후 몇 장 동안 사라지고 다소 다른 맥락에서 재등장하며 책 전체를 이리저리 헤치고 나아간다. 여기에는 과학적 시도가 가진 즐거움과 그것이 사회에 미치는 영향, 경계 과학(borderline science) 혹은 대중 과학(pop science), 종교적 교리와 결코 다르지 않은 주제들, 행성 탐사와 외계 생명체, 그리고 알베르트 아인슈타인(Albert Einstein, 1879~1955년) — 이 책은 아인슈타인 탄생 100주년에 출간되었다. — 같은 주제가 포함된다. 대부분의 장은 독립적으로 읽어도 되지만 그 장에 소개된 아이디어들을 제시하는 순서는 다소 고민해서 결정했다. 앞서 펴낸 책들과 마찬가지로 나는 적절하다고 생각한 지점에서 사회적이거나 정치적이거나 역사적인 발언들을 주저하지 않고 불쑥 꺼냈다. 일부 독자들은 내가 경계 과학에 관심이 있다는 사실을 별나게 여길지도 모르겠다. 대중 과학의 종사자들은 한때 '역설가(paradoxer)'라고 불렸다. 이 기이한 19세기적 단어는 과학이 이해한 바를 입증되지 않은 교묘한 설명과 알기 쉬운 용어로 그럴듯하게 이야기하는 사람을 묘사하는 데 사용되었다. 현대에는 역설가들이 넘쳐 난다. 대개 과학자들은 그들이 없어지기를 희망하면서 그들을 무시하고는 한다. 하지만 나는 몇몇 역설가들의 주장과 아이디어를 좀 더 자세히 조사하고 그들의 신조를 다른 신념 체계들, 즉 과학과 종교 둘 다와 연결시켜 대조해 보는 일이 유용하리라고, 아니면 적어도 흥미로우리라고 생각한다.

여러 종교와 경계 과학은 어느 정도 세계의 본질과 그 속에 사는 우리의 역할에 대한 진지한 고민에서 출발했다. 그렇기에 관심을 기울일 만한 가치가 있다. 덧붙여, 마지막 장에서 기술하겠지만, 나는 많은 종교의 핵심에는 인간 개인이 살면서 만나는 엄청난 수수께끼들을 이해하려는 시도가 놓여 있다고 생각한다. 그러나 경계 과학과 기성 종교에는 허울뿐이거나 위험한 요소들이 많다. 이 교리들을 따르는 사람들은 자신들이 내놓는 대답이 아무런 비판도 받지 않기를 바란다. 그러나 회의적인 정밀 조사는 과학과 종교에서 심오한 통찰과 난해한 허튼소리를 가려낼 수 있는 수단이다. 이 책에 적힌 비판적인 발언들이 건설적인 의도로 받아들여지기를 바랄 뿐이다. 모든 아이디어가 대등한 가치를 지니고 있다는, 선의에서 나온 주장은 내게는 모든 아이디어가 가치가 없다는 주장과 다를 바 없어 보인다.

이 책은 코스모스(cosmos)와 우리 자신에 대한 탐구, 즉 과학을 다룬다. 소금 결정에서 우주의 구조, 신화와 전설, 삶과 죽음, 로봇과 기후, 행성 탐사, 지능의 본질, 외계 생명체 탐색에 이르기까지 이 책에서 다루는 주제가 매우 다채로워 보일지도 모른다. 그러나 세상은 서로 연결되어 있으며 이 주제들 역시 서로 연결되어 있다. 또 그렇게 보이기를 희망한다. 세계 자체가 연결되어 있을 뿐만 아니라, 인간이 외부 현실을 완벽하게 반영하지 못할지도 모르는 적당한 성능의 감각 기관들과 뇌, 그리고 경험을 통해 세상을 인지하기 때문에 더욱 그렇다.

『브로카의 뇌(*Broca's Brain*)』의 각 장은 일반 독자를 대상으로 씌어졌다. 「금성과 벨리콥스키 박사」나 「노먼 블룸, 신의 사자」, 「우주에서의 실험」이나 「미국 천문학의 과거와 미래」 같은 몇몇 장들에서 이따금 전문적인 내용을 언급하기도 했다. 그러나 이러한 세부 사항들을 이해하지 못해도 논의의 전체적인 흐름을 이해하는 데에는 무리가 없다.

1장과 25장에서 논의한 아이디어 중 일부는 1978년 5월 조지아 주 애틀랜타에서 미국 정신 의학회(American Psychiatric Association) 회원들을 대상으로 윌리엄 클레어 메닝거(William Claire Menninger, 1899~1966년) 기념 강연을 할 때 처음 제시했다. 16장은 1977년 4월, 워싱턴 D. C.의 미국 우주 클럽(National Space Club) 연례 회의에서 했던 만찬 연설에 기초한다. 18장은 1976년 3월, 워싱턴 D. C.의 스미스소니언 협회(Smithsonian Institution)에서 개최된 액체 연료 로켓의 최초 비행을 기념하는 한 학술 토론회의 연설에 바탕을 뒀다. 23장은 1977년 11월, 코넬 대학교의 세이지 채플(Sage Chapel)에서 행한 강연 원고에서 유래했다. 그리고 7장은 1974년 2월, 미국 과학 진흥 협회(American Association for the Advancement of Science, AAAS)의 연례 회의에서 한 발표에 기초한다.

이 책은 기원과 운명에 관한 성가시고 놀라운 질문들 중 상당수에 대한 답변을 코스모스에서 찾아내기 직전에 — 내 생각에는 길어야 수년에서 수십 년 전에 — 씌어진 것이라고 할 수 있다. 자멸하지 않는다면, 우리는 그 대답을 찾아내고 새로운 질문을 던지게 될 것이다. 50년 전에 태어났다면 우리는 이 주제에 대해 궁금해하고 깊이 고민하며 여러 가지 추측을 해 보지만 답은 하나도 얻을 수 없었을 것이다. 50년 뒤에 태어난다면, 내 생각에 정답은 이미 나와 있을 것이다. 우리 아이들은 대부분 이러한 질문을 떠올릴 기회를 가지기도 전에 그 해답을 배울 것이다. 살면서 가장 흥분되고 만족스러우며 즐거운 시간은 단연코 무지(無知)에서 벗어나 이 근본적인 주제들을 알게 되는 시간이다. 의문을 품는 데에서 시작해 이해로 끝나는 시대가 이제 시작되었다. 지구에 생명체가 존재했던 40억 년의 역사와 400만 년의 인류 역사 전체를 통틀어 이 독특한 이행기를 살아갈 특권을 가진 세대는 오직 한 세대뿐이다. 바로 우리 자신이다.

1978년 10월

뉴욕 주 이타카에서

칼 세이건

차례

1부

과학과 인간

1장

브로카의 뇌

"그들은 어제 겨우 유인원이었어요.
그들에게 시간을 주세요."
"한 번 유인원이면 계속 유인원이야. ……"
"아뇨, 달라질 거예요. …… 한참 뒤에 다시 오면 보게 될 거예요. ……"

— 허버트 조지 웰스의 동명 소설을 영화화한 「기적을 행하는 사나이」(1936년)에서 지구에 대해 토론하며 신이 한 말

그곳은 여느 박물관과 다름없었다. 프랑스 파리의 인류학 박물관(Le Musée de l'Homme)은 건물 뒤편 식당가에서 아름다운 에펠 탑이 보이는, 전망 좋은 쾌적한 언덕 위에 자리 잡고 있었다. 우리는 거기서 이브 코팡(Yves Coppens, 1934~2022년)과 대화를 나눴다. 그는 박물관의 유능한 부관장이자 저명한 고인류학자이다. 코팡은 케냐와 탄자니아, 에티오피아에 있는 올두바이 협곡과 투르카나 호수에서 화석으로 발견된 인류의 조상들에 대해 연구해 왔다. 200만 년 전 그곳에는 약 1.2미터 크기의 생명체가 살았다. 오늘날 우리는 그들을 호모 하빌리스(*Homo habilis*)라고 부른다. 동아프리카에 거주했고, 석기를 깎고 쪼고 얇게 벗겨 낼 줄 알았으며 단순한 주거지를 짓고 살았을 것이라고 추측된다. 또 그들의 두뇌는 언젠가 우리 두뇌에 필적하는 크기로 커지는, 극적인 증가 과정을 겪고 있었을 것이다.

이런 기관에는 대개 공개되는 구역과 공개되지 않는 구역이 있다. 공개 구역에는, 예컨대, 민족지학이나 문화 인류학 분야의 전시품들이 있다. 몽골 의상이나 북아메리카 원주민이 채색한 수피포, 또 아마도 관광객과 모험심 왕성한 프랑스의 문화 인류학자들에게 판매할 목적으로 특별히 마련했을 몇몇 물건이 여기에 속한다. 그러나 이 공간의 내부에는 다른 것들, 전시품의 구성에 관여하는 사람들과 전시 주제나 공간에 걸

맞지 않은 물품이 들어 찬 커다란 수장고와 연구를 위한 공간이 존재한다. 우리는 칸막이가 쳐진 좁은 방부터 원형 홀까지, 퀴퀴한 냄새가 나는, 여러 형태의 어두운 방들이 빽빽하게 들어선 곳을 지나갔다. 복도는 연구 재료들로 넘쳐 났다. 영양을 잡아먹은 뒤 그 뼈를 어디에 던졌는지 보여 주는, 복원 중인 구석기 시대의 동굴 바닥, 나무로 만든 멜라네시아 음경 조각상, 섬세하게 채색된 식기들, 기괴한 모습의 의식용 가면들, 남아프리카 투창처럼 생긴 오세아니아 투창, 엉덩이가 뚱뚱한 여성이 그려진 낡을 대로 낡은 아프리카 포스터, 박으로 만든 피리와 가죽으로 만든 북, 갈대로 만든 팬파이프와 음악 연주에 대한 인간의 꺾이지 않는 욕구를 상기시키는 셀 수 없이 많은 물품이 서까래까지 채워진 어둡고 눅눅한 수장고.

실제로 연구에 참여 중인 사람들을 여기저기서 발견할 수 있었다. 그들의 혈색 나쁜 공손한 표정은 두 가지 언어를 능숙하게 구사하는 쾌활한 코팡과는 완전히 대조적이었다. 대부분의 방은 소장 기간이 수십 년에서 1세기 이상 되는 인류학 관련 물품을 저장하는 용도로 쓰이는 것이 분명했다. 당신은 현재라기보다는 한때의 관심거리였던 자료들이 소장되어 있는 박물관의 이면을 이해한 셈이다. 당신은 단순한 수량화가 지식으로 이어질 것이라는 비현실적인 희망 속에서 모든 것들을 바쁘게 수집하고 측정하며 측각술(goniométrie)과 두개학(craniologie)에 몰두하고 있는, 프록코트를 입은 19세기 박물관장의 존재를 느낄 수 있다.

그러나 박물관에는 활발히 연구 중인 것들과 사실상 유기 상태에 있는 것들이 뒤섞인 또 다른 영역이 있다. 그곳에서는 수납장과 선반 사이사이에서 이상한 조합을 볼 수 있다. 관절을 이어 붙여 복원 중인 오랑우탄의 머리뼈, 말끔하게 색인이 붙은 사람의 머리뼈로 뒤덮인 커다란 탁자, 학교 관리인의 사무용품 수납장 속 지우개들처럼 어지럽게 뒤섞여 포개진 대퇴골로 가득 찬 서랍장, 마르셀린 불(Marcellin Boule, 1861~1942년)이 복원한 최초의 네안데르탈인 머리뼈를 시작으로 네안데르탈인들이 남긴 유적을 보관하는 있는 전용 공간으로 들어섰다. 나는 그 머리뼈를 조심스럽게 두 손으로 집어들었다. 머리뼈는 가볍고 섬세했으며 봉합선이 전부 드러나 있었다. 아마도 그 머리뼈는 우리와 다소 비슷하지만 현재는 멸종해 버린 생명체가 한때 존재했다는 첫 번째 강력한 증거일 것이다. 그것은 우리 역시 영원히 살아남지 못할 수도 있다는 불안한 암시를 준다. 호모 하빌리스와 동시대를 살았던 오스트랄로피테쿠스 로부스투스(*Australopithecus robustus*)의 호두를 부술 만큼 커다란 어금니를 포함해 많은 인류 조상들의 치아로 채워진 선반, 하얗게 문질러 닦아 장작다발처럼 질서정연하게 쌓아 올린 크로마뇽인의 머리뼈 상자들, 그것들은 우리 조상과 방계 친족 사이의 역사를 어느 정도는 예상 가능한 방식으로 재구성할 때 꼭 필요한 합당한 증거 조각들이다.

방 안쪽 깊숙이에는 훨씬 섬뜩하고 충격적인 소장품들이 있었다. 캐비닛 위에 놓인 쪼그라든 머리 2개는 얼굴을 찡그리고 비웃는 표정으로 딱딱하고 질긴 입술을 뒤로 말아 올려 작고 날카로운 치열을 드러내고 있었다. 창백한 인간의 배와 태아가 흐린 초록색 액체 속에 잠겨 있는 병들은 각기 적절한 표지가 붙은 채 층층이 쌓여 있었다. 대부분의 표본들은 정상이지만 때때로 가슴뼈가 붙은 샴쌍둥이나 눈 4개를 질끈 감고 있는 머리 2개의 태아 같은 기형 표본이 슬그머니 등장해 으스스한 괴기담을 떠올리게 했다.

더 충격적인 물건도 있었다. 한 무리의 커다란 원통형 병들에는, 놀랍게도, 완벽하게 보존된 인간의 머리가 담겨 있었다. 20대 초반쯤으로 보이는 붉은 콧수염을 기른 남자는 꼬리표에 따르면 뉴칼레도니아(누벨칼레도니) 섬 출신이다. 아마도 그는 열대 지방에서 무단으로 배를 이탈한 뒤 결국 붙잡혀 처형당한 선원이었을 것이다. 그의 머리는 자신의 뜻과는 상관없이 과학적인 이유로 선택되었다. 유감스럽게도 그는 연구되지 않았고 다른 절단된 머리들 사이에 그저 방치되어 있었다. 4세 정도로 보이는 귀여운 얼굴의 연약한 어린 소녀도 있었다. 그녀의 분홍빛 산호 귀걸이와 목걸이는 아직도 완벽하게 보존되어 있었다. 영아의 머리 셋이 한 병에 함께 담긴 이유는 아마도 경제적인 이유인 듯하다. 목이 잘린 남성과 여성, 여러 인종의 남아와 여아의 머리는 프랑스로 운송되어온 뒤 아마도 간단한 기초 조사를 받았을 테고 결국 이 인류학 박물관 안에서 썩어 가고 있었다. 나는 머리가 담긴 이 상자들을 어떻게 실었을지 궁금했다. 항해사는 커피를 마시며 선창에 실린 물건의 정체를 추측했을까? 선원들은 이 머리들이 대체로 그들과 같은 유럽계 백인의 머리가 아니기 때문에 부주의하게 다뤘을까? 내밀하게 느껴지는 다소 섬뜩한 공포를 느끼지 않는 척하기 위해 이 화물을 두고 농담을 주고받았을까? 수집품이 파리에 도착했을 때, 과학자들은 짐마차꾼한테 잘려진 머리를 쌓는 방식을 지시하면서 사무적으로 딱딱하게 굴었을까? 어서 병을 열고 캘리퍼스(calipers) 같은 지름 재는 기구로 내용물을 측정하고 싶어 안달했을까? 이 소장품을 책임지던 사람은 순수한 긍지와 열의를 가지고 이 머리들을 바라봤을까?

이외에도 박물관 한쪽 부속 건물의 훨씬 더 깊숙한 구석에는 부패를 막기 위해 포르말린 속에 저장해 놓은 회색의 구불구불한 물체 더미들, 즉 인간의 뇌가 선반 칸칸이 놓여 있었다. 과학의 효용을 위해 중요 인물의 시신에서 머리뼈를 절제해 뇌를 추출해 내는 작업을 일상적으로 수행하던 사람들이 있었던 것이 틀림없다. 여기, 이 먼지투성이 선반의 어둠 속으로 사라지기 전, 잠시 명성을 날렸던 한 유럽 지성인의 대뇌가 보인다. 저기, 유죄 판결을 받은 살인자의 뇌도 있다. 이전 시대의 학자들은 살인자의 뇌에 해부학적 구조나 머리뼈 배치 측면에서 금세 알아볼 수 있는 징후나 어떤 이상이 있을 것이라고 기대했다. 아마도 그들은 살인이 사회적인 문제가 아니라 유전적인 문제이기를 희망했을 것이다. 골상학(phrenology)은 품위 없는 19세기적 일탈 행동이었다. 나는 친구 앤 드루얀(Ann Druyan, 1949년~)이 "우리가 굶기고 고문하는 사람들은 절도와 살인을 저지르는 비사회적인 성향을 가지게 돼. 우리는 그들의 이마가 돌출되었기 때문에 그렇다고 생각하지."라고 이야기하는 소리를 들을 수 있다. 그러나 석학들의 뇌 — 미국 캔자스 주 위치토 지역에 있는 한 유리병 속에서 아인슈타인의 뇌 조각이 파리하게 떠다니고 있다. — 와 살인자들의 뇌는 구분되지 않는다. 범죄자를 만드는 것은 유전적 요인이 아니라 사회적 요인일 가능성이 매우 크다.

이런 생각을 하면서 소장품을 훑어보는 동안, 아래쪽에 놓인 많은 원통형 병들 중 하나에 붙은 꼬리표가 시선을 끌었다. 그 통을 선반에서 꺼내 더 가까이에서 들여다보았다. 꼬리표에는 "폴 브로카"라고 씌어 있었다. 내 손 안에 브로카의 뇌가 있었다.

피에르 폴 브로카(Pierre Paul Broca, 1824~1880년)는 19세기 중반, 의학과 인류학의 발전에 주요한 역할을 했던 인물로 외과 의사이자 신경학자이며 인류학자였다. 그는 암 병리학과 동맥류 치료에서 뛰어난 업적을 이룩했으며 실어증(ahasia, 생각을 분명히 표현하는 능력에 생기는 장애)의 원인을 이해하는 데 획기적인 기여를 했다. 브로카는 재능이 뛰어나고 인정이 많은 사람이었다. 그는 가난한 사람들을 위한 의료 행위에 관심이 있었다. 브로카는 공공 부조금인 7300만 프랑을 여행용 가방에 채워 넣은 뒤 감자

아래에 숨겨서 말 한 마리가 끄는 수레에 싣고 어둠을 틈타 파리 밖으로 몰래 가지고 나가는 데 성공했다. 목숨을 건 일이었다. 그는 어쨌든 자신이 그 돈을 약탈에서 구해 내고 있다고 믿었다. 브로카는 현대 뇌 수술의 창시자였다. 또 유아 사망률에 대해서도 연구했다. 은퇴할 때쯤 그는 상원 의원 자리를 받았다.

한 전기 작가의 말에 따르면 그는 주로 평정과 관용을 사랑했다고 한다. 1848년에 그는 '자유 사상가(free-thinkers)' 협회를 창설했다. 당시 프랑스 석학 중에서는 거의 유일하게 자연 선택을 통한 진화라는 찰스 로버트 다윈(Charles Robert Darwin, 1809~1882년)의 발상에 호의적이었다. 스스로를 "다윈의 불도그"라고 칭했던 토머스 헨리 헉슬리(Thomos Henry Huxley, 1825~1895년)는 브로카의 이름을 단순히 언급하는 것만으로도 감사의 마음이 든다고 발언한 바 있으며, 브로카 또한 "나는 아담의 타락한 아들이기보다 차라리 변형된 유인원이고 싶다."라는 말을 했다고 전해진다. 이런 발언과 견해 때문에 그는 '유물론자'이며 소크라테스(Socrates, 기원전 470?~399년)처럼 젊은이들을 타락시키는 자라고 맹렬한 공개 비난을 받기도 했다. 그럼에도 불구하고 그는 상원 의원으로 선출되었다.

일찍이 브로카는 프랑스에서 인류학회를 설립하면서 큰 어려움과 마주쳤다. 교육부 장관과 경찰청장은 인류학이 인간에 대한 지식을 자유롭게 추구하기 때문에 본질적으로 체제 전복적일 수밖에 없다고 믿었다. 결국 브로카와 18명의 동료들이 과학에 대해 논의하는 모임을 열겠다고 집회 허가 신청을 했을 때 경찰청장은 마지못해 승인하며 그러한 모임에서 나올 수 있는 "사회와 종교, 혹은 정부에 반하는" 모든 이야기들에 대해 브로카로 하여금 개인적으로 책임을 지게 했다. 나아가 인간에 대한 연구는 너무나 위험하다고 여겨 사복 경찰을 모든 모임에 파견했으며, 만약 경찰이 모임에서 오간 이야기 중 무엇이든 불온하게 여기는 즉시 그 집회 허가가 취소될 수도 있다는 단서를 달았다. 이러한 상황에서 파리 인류학회는 『종의 기원(*On the Origin of Species*)』이 출간된 해인 1859년 5월 19일에 첫 모임을 가졌다. 이후 모임들에서는 고고학과 신화학, 생리학, 해부학, 의학, 심리학, 언어학, 역사학을 망라하는 방대한 범위의 주제들이 논의되었다. 우리는 이런 모임에서 형사가 한구석에 앉아 깜박깜박 졸고 있는 모습을 쉽게 상상할 수 있다. 브로카가 말하길, 한 번은 형사가 미리 승인받지 않은 짧은 산책을 원했다고 한다. 그는 자신이 없는 동안 국가에 위협이 되는 논의가 단 하나도 이루어지지 않는다면 산책해도 되지 않냐고 물었다. "아니오, 아니오, 친구여." 브로카는 대답했다. "산책 가면 안 됩니다. 앉아서 당신의 본분을 다하세요." 경찰뿐만 아니라 성직자들 역시 프랑스에서 인류학이 발달하는 데 반발했다. 1876년에 가톨릭 계열 정당은 브로카가 설립한 파리의 인류학 교육기관에서 인류학을 가르치는 것을 반대하는 캠페인을 준비했다.

폴 브로카는 1880년에 세상을 떠났다. 사인은 그가 그렇게나 훌륭하게 연구해 온 바로 그 동맥류였을 것으로 추정된다. 사망 당시 그는 뇌해부학을 포괄적으로 연구하고 있었다. 그는 프랑스에 전문 협회와 연구소를 처음으로 설립하고, 근대적이며 과학적인 인류학 관련 학술지를 창간했다. 그의 연구 표본들은 여러 해에 걸쳐 브로카 박물관(Musée Broca)이라는 곳으로 옮겨졌다. 나중에 이 기관은 인류학 박물관의 일부로 병합되었다.

앞에서 본 섬뜩한 소장품의 주인장이 바로 내가 부드럽게 안고 있는 뇌의 주인인 브로카였다. 나는 깊은 생각에 잠겼다. 그는 인간 본성을 이해하기 위해 배아와 유인원과 모든 인종의 인간을 열심히 측정하고 연구했다. 현재 이 소장품들의 겉모습과 나의 의혹에도 불구하고, 그는 적어도 당시 기준으로는 대부분의 사람들보다 더 맹목적인 국수주의자나 인종주의자가 아니었고, 허구에 의지하지 않은 것도 분명하지만 사실에만 의지하는 과학자도 아니었다. 말하자면 자신이 한 일의 인간적인 결과에 주의를 기울이지 않는, 차갑고 무정하며 감정에 흔들리지 않는 과학자가 아니었다. 브로카는 굉장히 사려 깊은 인간적인 사람이었다.

1880년에 발행된 《인류학 평론(*Revue d'Anthropologie*)》에는 브로카의 저서 목록 전체가 실려 있다. 나중에 그 목록을 보고 내가 봤던 소장품의 기원을 이해할 수 있었다. 『암살범 르메르의 머리뼈와 뇌에 관하여(*On the Cranium and Brain of the Assassin Lemaire*)』, 『성체 수컷 고릴라의 뇌 관련 발표(*Presentation of the Brain of a Male Adult Gorilla*)』, 『암살범 프레보스의 뇌에 관하여(*On the Brain of the Assassin Prévost*)』, 『우유적 속성의 유전성에 관한 추론(*On the Supposed Heredity of Accidental Characteristics*)』, 『동물의 지능과 인간의 규칙(*The Intelligence of Animals and the Rule of Humans*)』, 『영장류의 목: 인간과 유인원 사이의 해부학적 유사성(*The Order of the Primates: Anatomical Parallels between Men and Apes*)』, 『불 피우는 기술의 유래(*The Origin of the Art of Making Fire*)』, 『중복 기형에 관하여(*On Double Monsters*)』, 『왜소뇌증에 대한 논고(*Discussion on Microcephalics*)』, 『선사 시대의 천두술(*Prehistoric Trepanning*)』, 『성인기에 다지증이 발달한 두 건의 사례에 관하여(*On Two Cases of a Supernumerary Digit Developing at and Adult Age*)』, 『두 뉴칼레도니아 인의 머리(*The Heads of Two New Caledonians*)』, 『단테 알리기에리의 머리뼈에 관해서(*On the Skull of Dante Alighieri*)』. 나는 『신곡(*The Divine Comedy*)』을 쓴 작가의 머리뼈가 지금 어디 묻혀 있는지 알지 못한다. 그러나 나를 둘러싸고 있는 뇌와 머리뼈 같은 수집품들이 폴 브로카의 연구에서 비롯되었음은 분명하다.

브로카는 대단히 훌륭한 뇌 해부학자였는데, 얼마 전까지만 해도 후뇌(rhinencephalon, 일명 '냄새 맡는 뇌')라고 불렸던 둘레 영역(limbic region, 변연 영역)에 대해 중요한 연구를 수행했다. 현재 우리는 이 부위가 인간의 감정과 깊이 연루되어 있음을 알고 있다. 그러나 오늘날 브로카는 아마도 대뇌겉질(cerebral cortex, 대뇌피질) 왼이마엽(left frontal lobe, 좌전두엽)의 세 번째 뇌 주름 안쪽 작은 부위를 발견한 일로 가장 잘 알려져 있을 것이다. 현재 그 부위는 브로카 영역(Broca's area)으로 불린다. 브로카가 오직 단편적인 증거를 통해 추론한 사실대로, 언어적인 표현 능력은 상당 부분 브로카 영역 내에 위치하며 그곳에서 조절된다. 브로카 영역은 뇌의 좌우 반구의 기능이 서로 분리되어 있음을 처음 발견한 경우 중 하나였다. 무엇보다도 이 발견은 뇌의 특정 기능이 뇌의 특정 부위에 존재한다는 것, 즉 때때로 '마음'으로 묘사되는 뇌 기능의 활동과 뇌의 해부 구조 사이에 관련성이 존재한다는 것을 보여 주는 최초의 징후들 중 하나였다는 점에서 특히 중요하다.

랠프 레슬리 홀러웨이(Ralph Leslie Holloway, 1935년~)는 컬럼비아 대학교의 자연 인류학자이다. 나는 그의 연구실이 브로카의 연구실과 다소 비슷할 것이라고 상상한다. 머리뼈 내부에 흥미를 느낀 홀러웨이는 뇌의 모습을 복원하기 위해 과거와 현재의 사람속 인간들과 다른 영장류들의 머리뼈 안쪽을 라텍스 고무로 본을 떴다. 홀러웨이는 브로카 영역의 존재 여부를 생물의 머리뼈를 보고 판단할 수 있다고 믿는다. 그는 약 200만 년 전 호모 하빌리스의 두뇌에서 브로카 영역이 생겨나기 시작했다는 증거를 발견했다. 200만 년 전이면 건축과 도구가 처음 등장했던 바로 그 시기이다. 이 골상학적인 시각에는 제한적이기는 하지만 어느 정도 타당한 구석이 있다. 인간의 사고와 산업이 언어 표현의 발달과 관련이 있으며, 매우 실질적인 의미에서 브로카 영역은 인간성이 자리하는 곳 중 하나이고, 여기에 더해 인간으로 진화하는 과도기에 있던 조상들과 우리의 관계를 추적할 수 있는 수단일지 모른다는 생각은 매우 그럴듯하다.

내 앞에 브로카의 뇌가 산산이 부서져 포르말린 속에 잠겨 있었다. 나는 브로카가 연구했던 둘레 영역을 살펴볼 수 있었다. 그가 연구했던 둘레 영역이 아니라 바로 그 연구자 자신의 둘레 영역을 말이다. 새겉질(neocortex, 신피질) 위의 뇌 주름도 볼 수 있었다. 심지어 브로카가 수집하기 시작했던 소장품들의 곰팡내 나는 한쪽 구석에서 눈에 띄지 않게 부식되어 가고 있던, 브로카 자신의 브로카 영역이 위치한, 회백색의 왼이마엽도 알아볼 수 있었다.

그의 뇌를 손에 들고 있으면서 어떤 의미에서 브로카 — 그의 재치, 회의적인 태도, 말할 때 갑작스레 하는 몸짓, 조용하고 감정적인 순간 등 — 가 여전히 그 **안에** 존재하는 것은 아닐까 하는 생각이 들었다. 내 앞에 있는 신경 세포(neuron)의 배열 속에, 그가 한 무리의 의학 교수들(과 자부심이 넘치는 그의 아버지) 앞에서 실어증의 원인에 대해 논증했던 그 승리의 순간에 대한 기억이 보존되어 있지 않을까 싶었다. 친구인 빅토르 마리 위고(Victor Marie Hugo, 1802~1885년)와 저녁 식사를 함께했던 기억은 어떨까? 또 달빛이 비치던 가을 저녁에 예쁜 양산을 든 아내와 볼테르 부두와 루아얄 다리를 따라 거닐던 기억은 어떨까? 우리는 죽을 때 어디로 가는가? 폴 브로카는 여전히 포르말린이 채워진 그 병 안에 존재할까? 추억의 자취는 아마도 부패했으리라. 그렇지라도 현대의 뇌 연구는 기억이 뇌의 여러 장소에 중복되어 저장되어 있음을 보여 주는 훌륭한 증거를 제시한다. 언젠가 미래의 신경 생리학이 상당히 진보하면,

오래전에 죽은 누군가의 기억이나 통찰력을 재구성할 수 있을지도 모른다. 그렇다면 그것은 좋은 일일까? 근본적으로는 사생활 침해일 것이다. 그러나 그것은 일종의 실질적인 불멸이기도 하다. 브로카 같은 사람에게는 특히, 우리의 정신은 우리가 누구인지에 있어 분명히 주요한 부분이기 때문이다.

방치가 특징인 듯한 이 인류학 박물관의 수장고를 보고 나는 이 소장품을 모은 사람이 명백한 성차별주의자이자 인종주의자이고 맹목적 국수주의자이며 인류와 다른 영장류들 사이의 연관성을 심하게 거부하는 이라고 생각할 뻔했다. — 당시에는 그가 브로카인지 몰랐다. — 어느 정도 그 점은 사실이었다. 브로카는 19세기의 인문주의자였지만 인간 사회의 고질병이라고 할 수 있는 당시의 강력한 편견들에서 자유롭지는 못했다. 그는 남성이 여성보다, 백인이 흑인보다 우월하다고 생각했다. 심지어 독일인의 뇌가 프랑스 인의 뇌와 크게 다르지 않다는 그의 결론은 프랑스 인은 열등하다는 게르만 민족의 주장에 대한 반박 증거에 포함되었다. 그러나 그는 고릴라와 인간의 뇌 생리학이 밀접하게 연관되어 있다는 결론을 내렸다. 젊은 시절 자유 사상가 협회를 창설했던 브로카는 자유로운 연구의 중요성을 믿었고 평생 그 목표를 추구하며 살았다. 이러한 이상에 그가 미치지 못한다는 사실은 브로카처럼 아낌없이 자유롭게 지식을 추구하던 사람도 고질적인 편견에 상당한 영향을 받을 수 있음을 보여 준다. 사회는 가장 뛰어난 사람도 부패시킨다. 후세의 깨달음을 공유하지 못했다는 이유로 선인(先人)들을 비난하는 일이 다소 불공평하다고 생각하지만, 이러한 편견이 극도로 지나치게 만연했다는 사실 역시 무척이나 애석하다. 우리 세대의 관습적인 진리들 중 무엇이 다음 세대에는 용서할 수 없는 심한 편견으로 여겨질까? 이 의문은 만성적인 불안을 일으킨다. 폴 브로카가 무심코 남겨준 교훈에 보답하는 방법은 우리 스스로 가장 강하게 붙잡고 있는 믿음들에 진지하고 깊이 있게 도전하는 것이다.

이 잊혀진 유리 단지들과 그 안에 담긴 소름끼치는 내용물들은, 적어도 어느 정도는, 인문주의 정신에 입각해 수집되었다. 아마도 몇 세대 뒤, 언젠가 뇌 연구가 더 발전했을 때, 그것들은 다시 활용될 것이다. 나는 뉴칼레도니아 섬에서 프랑스로, 신체의 일부분이나마 돌아온 붉은 콧수염을 단 남성을 조금 더 알고 싶어졌다.

그러나 이 으스스하고 무시무시한 물건들로 가득한 이 방의 분위기는 예상치 못한 다른 생각을 불러일으킨다. 적어도 우리는 이곳에서 이렇게 볼썽사나운 방식으로 추모되고 있는 사람들, 특히 요절했거나 고통 속에서 죽은 사람들에 대해 가슴 아픈 연민을 느낀다. 뉴기니 북서부에 거주하는 식인종들은 문설주 대용으로 머리뼈 무더기를 쌓아 놓는다. 때로는 상인방 용도로 쓰이기도 한다. 아마도 머리뼈들은 유용하고 편리한 건축 재료일 것이다. 그러나 이 건축물이 아무것도 모르는 행인에게 두려움을 일으킬 수도 있다는 사실을 건축가가 완전히 모를 수는 없다. 해골은 공포를 유발하고자 하는 히틀러 친위대와 폭주족, 무당과 해적, 심지어는 소독약 병의 상표를 디자인하는 사람들에게 사용돼 왔다. 그 의도는 완벽히 전달되었다. 만약 내가 머리뼈로 가득 찬 방에 있다면 아마도 근처에 한 무리의 하이에나나 해골을 수집하는 직업이나 취미를 가진 으스스한 망나니가 있을 가능성이 높다. 그런 녀석들은 반드시 피해야 하며 가능하다면 죽여야 한다. 목 뒤의 털이 곤두서는 오싹한 기분, 심장 박동과 맥박수의 증가, 불길한 느낌은 상대와 맞서 싸우거나 달아나게 만들기 위해 진화한 반응이다. 목 잘리는 일을 피한 사람들은 자손을 더 많이 남긴다. 이러한 공포를 느끼는 것에는 진화적인 이점이 있다. 뇌로 가득 찬 방에 들어와 있는 경험은 훨씬 더 끔찍하다. 마치 섬뜩한 칼날과 골수를 파내는 도구로 무장한, 형언할 수 없는 어떤 도덕적인 괴물이 인류학 박물관의 다락 어딘가를 침을 흘리며 느릿느릿 걸어다니고 있는 것 같다.

결국 우리는 수집 목적을 가지고 이 상황을 판단해야 한다. 만약 목적이 발견이라면, 또 **사후**에 신체의 일부를 취했고, 특히 사전에 그 신체 부위의 주인들에게 동의를 받았으며, 그 뒤에도 거의 손상을 입히지 않았다면, 장기적으로 볼 때 이 일은 인류에게 상당한 이익을 가져다줄지도 모른다. 그러나 나는 이 과학자들에게 저 뉴기니 식인종들의 동기가 조금도 없었는지 확신할 수 없다. 적어도 그들은 "나는 매일 이 머리들과 살고 있소. 그들은 나를 괴롭히지 않죠. 당신은 왜 그렇게 예민하게 구는 거요?"라고 말하고 있지 않은가?

레오나르도 디 세르 피에로 다 빈치(Leonardo di ser Piero da Vinci, 1452~1519년)와 안드레아스 베살리우스(Andreas Vesalius, 1514~1564년)는 유럽 최초로 체계적인 인체 해부를 수행하기 위해 뇌물 수수와 은밀한 행동을 감행했다. 그러나 고대 그리스에서는 수준 높은 해부학 교실이 번창했다. 신경 해부학에 기초해 인간의 지성이 머리에 있다고 맨 처음 이야기한 사람은 기원전 300년경에 칼케돈에서 살았던 헤로필로스(Herophilus of Chalcedon, 기원전 335~280년)였다. 그는 운동 신경을 감각과 구분하고 르네상스 시대 이전에 시도되었던 철두철미한 뇌 해부학 연구 대부분을 수행했던 최초의 인물이기도 하다. 당연하게도 소름끼치는 실험에 대한 그의 편애에 반대하는 사람들도 있었다. 거기에는 어떤 사실들은 알려지면 안 된다고 여기는 금기와 어떤 의문은 인간이 품기에는 너무나 위험하다고 생각하는 공포가 숨어 있다. 파우스트 전설은 이것을 잘 보여준다. 우리 시대에는 핵무기 개발이 정확히 이런 종류의 사례로 판명될지도 모른다. 우리가 현명하지 못해서 그렇게 될 수도 있고 우리가 운이 없어서 그렇게 될 수도 있다. 그러나 뇌 실험의 경우에 우리의 두려움은 덜 이지적이다. 이 두려움은 진화의 과거와 더 깊은 곳에서 만난다. 그들은 테세우스나 헤라클레스 같은 영웅이 힘들이지 않고 처치할 때까지 고대 그리스에서 프로크루테스의 침대나 야만적인 행위로 여행자와 시골 사람 등을 공포에 떨게 했던 노상강도와 멧돼지를 연상시킨다. (프로크루스테스는 그리스 신화에 나오는 인물로 지나가는 나그네들을 잡아다가 침대에 눕힌 후 침대보다 키가 작으면 다리를 늘이고 크면 다리를 잘라 사람을 죽였다고 한다. — 옮긴이) 이러한 두려움은 과거에는 유용하고 적응적인 기능을 제공했다. 그러나 현재 그것들은 대부분 감정적인 짐일 뿐이라고 여겨진다. 뇌에 관한 글을 쓰는 과학자로서 나는 브로카의 수집품을 검토하면서 드러난, 내 안에 숨어 있는 이 같은 공포를 발견하는 일에 흥미가 있다. 이 공포는 싸울 만한 가치가 있다.

모든 탐구에는 위험 요소가 동반된다. 우주가 우리의 성향과 일치하리라는 보장은 없다. 그러나 나는 우주를 연구하지 않고서는 그 내부 세계든 외부 세계든 어떻게 다룰 수 있을지 알 수 없다고 생각한다. 오용을 피하는 최선의 방법은 일반 대중이 과학적인 교양을 갖추고 이러한 탐사와 연구의 의미를 이해하는 것이다. 자유로운 탐구의 대가로 과학자들은 자신들의 일을 설명해야 할 의무가 있다. 만약 과학이 보통 사람들이 이해하기에는 너무 어렵고 불가사의한 폐쇄적인 '성직(聖職)'으로 여겨진다면, 오용의 위험은 한층 증가한다. 만약 과학이 일반적인 흥미와 관심의 주제라면, 만약 그 즐거움과 사회적인 중요성이 학교와 언론, 그리고 저녁 식사 자리에서 정규적으로 충분히 논의된다면, 세계의 실제 모습을 배우고 세계와 인간 모두를 향상시킬 가능성을 크게 증진할 수 있을 것이다. 때때로 나를 사로잡는 이 생각은 포르말린과 함께 느리게 움직이는 브로카의 뇌 속에도 여전히 깃들어 있을지도 모른다.

2장

우리가 우주를 알 수 있을까? 소금 한 톨에 대하여

자연은 무궁무진하다. 우리는 자연의 표면만을 보지만, 자연의 깊이는 100만 패덤*이다.

—랠프 월도 에머슨

* 패덤(fathom): 주로 바다의 깊이를 재는 단위. 약 1.83미터에 해당한다.

과학은 지식 체계 그 자체라기보다는 생각하는 방식이다. 과학의 목적은 세계가 작동하는 방식을 발견하는 것이며 거기에 어떤 규칙성이 있는지 찾아내고 사물들 — 모든 물질의 구성 요소일지도 모르는 아원자 입자부터 살아 있는 생명체와, 인간의 사회 공동체, 나아가 세계 전체를 포함한 코스모스에 이르기까지 — 의 관계를 간파하는 것이다. 우리의 직관은 결코 절대적으로 확실한 안내자가 될 수 없다. 우리의 지각은 훈련과 편견이나 감각 기관의 한계 때문에 왜곡될지도 모른다. 물론, 이 감각 기관으로는 우리 세계에서 일어나는 현상 중 극히 일부만 직접 인지할 수 있다. 마찰 저항이 없을 때 납 1그램과 솜털 1그램 중 어떤 것이 더 빨리 떨어지는가 같은 매우 간단한 질문에도 갈릴레오 갈릴레이(Galileo Galilei, 1564~1642년) 이전 사람들 대부분과 아리스토텔레스(Aristoteles, 기원전 384~322년)는 틀린 대답을 했다. 과학은 실험, 오래된 도그마에 기꺼이 도전하려는 마음가짐, 그리고 우주를 실제 그대로 보려는, 편견 없는 태도에 기초한다. 따라서 과학은 때때로 용기 — 최소한 전통적인 지혜에 의문을 제기하는 용기 — 를 필요로 한다.

과학이 혼돈에서 빠져나오는 방법은 무언가에 대해 **진짜로** 생각하는 것이다. 높이에 따라 구름 모양이 달라지는 현상, 잎사귀 위에 이슬이 맺히는 과정, 가령 윌리엄 셰익스피어(William Shakespeare, 1564~1616년)나 박애(philanthropy) 같은 이름이나 단어의 유래, 금기 같은 사회적 관습의 원인, 햇빛을 모아 종이를 태우는 렌즈의 원리, 대벌레가 잔가지와 그토록 비슷하게 보이게 된 과정, 걸어갈 때 달이 우리를 따라오는 것처럼 보이는 이유, 지구의 중심 아래쪽으로 구멍을 파고 내려가지 못하게 막고 있는 물건, 구 모양의 지구에서 '아래쪽'의 정의, 신체가 어제 먹은 저녁 식사를 오늘 근육과 힘줄로 변환하는 방식, 하늘의 높이 — 우주는 끝이 없는가, 만약 그렇지 않다면 우주 반대편에 무엇이 있는가? 아니면 이런 질문은 의미가 있는가? — 같은 문제를 생각하는 것이다. 그중 일부 질문은 꽤 쉽게 해결할 수 있다. 그러나 어떤 질문은, 특히 맨 마지막 질문은 오늘날에도 누구도 답할 수 없는 수수께끼이다. 이 질문들은 자연스럽다. 모든 문화에서 다양한 방식으로 이러한 질문들이 제기되어 왔다. 그리고 이 질문에 주어진 답변들은 거의 항상 '그냥 이야기'의 성격을 띠었다. 그것들은 과학적 실험, 심지어는 신중한 비교 관찰과도 완전히 동떨어진 설명 시도에 불과했다.

그러나 과학적인 마음가짐은, 마치 대안 세계가 많이 존재하는 것처럼, 마치 존재하지 않는 사물이 여기에 있는 것처럼 세상을 비판적으로 조사한다. 그러고 나면 왜 우리가 보는 사물은 존재하면서 다른 사물은 존재하지 않는지 질문하지 않을 수 없게 된다. 왜 태양과 달, 행성은 구형인가? 피라미드나 정육면체, 혹은 십이면체가 아닌 이유는 무엇인가? 왜 불규칙하고 무질서한 형태를 띠지 않는가? 세상이 그렇게 대칭적인 이유는 무엇인가? 만약 당신이 그럴듯한 가설을 제시하고 그 가설이 타당하며 우리가 알고 있는 다른 지식들과 합치하는지 검토하면서, 또 자신의 가설을 입증하거나 반박할 수 있는 실험에 대해 생각하면서 시간을 보내고 있다면 당신은 과학을 하는 중이다. 이러한 생각 습관을 더 많이 실천할수록 당신은 과학을 더 잘하게 된다. 사물의 핵심 — 월트

휘트먼(Walt Whitman, 1819~1892년)의 말마따나 풀잎 한 가닥같이 작은 것일지라도 — 을 파고드는 일은 아마도 이 행성 위에 사는 모든 존재 중 오로지 인간만이 느낄 수 있는, 일종의 희열을 안겨 준다. 우리는 지적인 종이고 지능의 사용은 우리에게 상당한 즐거움을 준다. 이러한 측면에서 뇌는 근육과 같다. 생각이 잘될 때, 우리는 기분이 좋아진다. 이해는 일종의 황홀경이다.

과연 우리가 주변 세상을 어느 정도나 **진짜로** 알 수 있을까? 이따금 이러한 질문은 언젠가 우주가 속속들이 다 알려질 것을 두려워하는 사람들이 부정적인 답변을 기대하면서 제기한다. 때로 우리는 알 만한 가치가 있는 것들은 곧 모두 밝혀질 것이라고, 심지어는 이미 다 밝혀졌다고 자신 있게 선언하는 과학자들을 보고는 한다. 이들은 몽상가들이 발효시킨 코코넛 밀크나 약한 환각제를 마시던 디오니소스적 시대의 그리스나 폴리네시아처럼 지적 발견에 대한 열정이 시들고 일종의 우울과 권태가 사회를 지배하고 있다고 묘사한다. 이러한 주장은 환각제가 지적 발견을 장려한다는 사실을 무시할 뿐만 아니라, 용감무쌍한 탐험가들이었던 — 그리고 낙원에서 잠시 한숨을 돌리던 순간이 슬프게도 이제 끝나 가고 있는 — 폴리네시아 인들을 비방하는 아주 잘못된 주장일 뿐이다.

우리가 우주나 은하, 별이나 세계에 대해 알 수 있는지 묻는 대신, 훨씬 더 작은 질문부터 접근해 보자. 우리는 소금 한 톨이라도 궁극적으로 또 상세하게 알 수 있을까? 우선 눈이 좋은 사람이라면 현미경을 사용하지 않고도 알아볼 수 있는 크기를 가진 식탁용 소금 1마이크로그램에 대해 생각해 보자. 이 정도의 소금 속에는 약 10^{16}개의 소듐(나트륨) 원자와 염소 원자가 들어 있다. 10^{16}은 숫자 1 뒤에 0이 16개 붙어 있는 수로, 10억의 1000만 배인 1경 개에 해당하는 원자가 들어 있다는 뜻이다.

우리가 소금 한 톨에 대해 알고 싶다면, 우리는 최소한 이 원자들 하나하나의 3차원 공간 속 위치를 알아야만 한다. (실제로는 훨씬 더 많은 것들, 예컨대 원자들 사이에 작용하는 힘의 성질 등도 알아야 하지만, 여기서는 대략적인 계산만 수행해 보자.) 그렇다면 이 수치는 두뇌가 파악할 수 있는 지식의 양보다 많은가? 아니면 더 적은가?

뇌에 얼마나 많은 정보를 담을 수 있을까? 뇌에는 우리 마음이 기능하는 데 필요한 전기적이고 화학적인 회로의 구성 요소이자 스위치인 신경 세포들이 약 10^{11}개 들어 있다. 전형적인 뇌의 신경 세포 하나는 가지 돌기(dendrite)라고 불리는 작은 전선을 1,000개 정도 가지고 있는데, 이것들은 신경 세포들 사이를 연결하는 역할을 한다. 뇌 속의 모든 정보 조각(bit, 비트)이 이러한 연결 하나에 대응된다면, 뇌가 담을 수 있는 정보의 총량은 단지 10^{14}개, 즉 100조 개를 넘을 수 없다. 이 숫자는 앞서 고려한 작은 소금 알갱이 속에 있는 원자 수의 고작 1퍼센트에 지나지 않는다.

따라서 이런 측면에서 본다면 우주는 아주 다루기 힘든 대상이며, 우주를 완전히 파악하려는 인간의 시도는 충격적일 만큼 무력할 수밖에 없다. 이런 수준에서 우리는 우주는 말할 것도 없고, 소금 한 톨조차 이해할 수 없다.

그러나 소금 1마이크로그램을 조금 더 깊이 들여다보자. 소금은 결정 격자 구조에 결함이 있을 경우를 제외하면, 모든 소듐 원자와 염소 원자의 위치가 미리 정해져 있는 결정으로 존재한다. 만약 우리가 이 결정의 세계 속으로 들어갈 수 있다면, 우리가 서 있는 원자 위아래, 그리고 앞뒤에서 소듐, 염소, 소듐, 염소, 이렇게 규칙적으로 교차하는 질서정연한 원자 배열을 보게 될 것이다. 완전히 순수한 소금 결정에서 모든 원자의 위치는 10비트 정도의 정보로 나타낼 수 있다. 이 정도는 뇌의 정보 저

장 능력에 부담이 되지 않는다.•

만일 소금 결정을 규정하는 것과 동일한 정도의 규칙성으로 행동을 지배하는 자연 법칙이 우주에 존재한다면, 당연히 우리는 우주를 파악할 수 있다. 심지어 이런 법칙이 많이 존재하고 그것들이 각각 상당히 복잡할지라도, 인간의 능력이라면 그 모두를 이해할 수 있다. 이러한 지식이 뇌의 정보 저장 능력을 넘어설지라도, 우리는 초과 정보들을 신체 외부 — 예를 들어 책이나 컴퓨터 기억 장치 — 에 저장해 놓을 것이며, 그렇게 된다고 하더라도 여전히 어떤 의미에서는 우주를 안다고 할 수 있을 것이다.

따라서 당연하게도 인간들은 규칙성, 즉 자연 법칙을 발견하려는 의욕이 강하다. 이 광대하고 복잡한 우주를 이해할 수 있는 유일한 방법인 자연 법칙 탐구를 과학이라고 부른다. 우주는 그 안에 살고 있는 인간에게 자신을 이해할 것을 요구한다. 일상 경험을 예측 불가능하며 규칙성도 없는 어수선하게 뒤섞인 사건이라고 여기는 생물은 심각한 위험에 처하게 된다. 우주는 최소한 어느 정도라도 그것을 이해한 자들의 것이다.

자연 법칙, 즉 세상이 작동하는 방식을 질적으로뿐만 아니라 양적으로도 알맞게 요약하는 규칙이 **존재한다**는 사실은 놀랍다. 이러한 법칙이 없는 우주, 우주를 구성하는 10^{80}개의 기본 입자들이 완전히 자유분방하게 행동하는 우주를 상상해 보자. 이러한 우주를 이해하려면 적어도 우주만큼 거대한 뇌가 필요할 것이다. 존재와 뇌는 내적인 안정성과

• 염소는 제1차 세계 대전 때 유럽 전선에서 사용된 치명적인 독가스이다. 소듐은 물과 접촉하면 타오르는 부식성 금속이다. 이 둘이 모이면 얌전하고 독성도 없는 물질인 식용 소금이 만들어진다. 이 각각의 물질들이 각각의 성질을 나타내는 원인이 화학이라는 학문의 주제이며, 그것을 이해하려면 10비트 이상의 정보가 필요하다.

질서를 어느 정도 요구하기 때문에 이러한 우주에 생명체와 지능이 있을 가능성은 작아 보인다. 설혹 이 정도까지는 아니더라도 우주가 굉장히 무질서하다면, 그곳에 우리보다 훨씬 지능이 뛰어난 존재가 있다고 해도, 우리보다 더 많은 지식이나 열정이나 즐거움을 기대할 수는 없다.

다행스럽게도 우리는 최소한 중요한 부분만큼은 이해할 수 있는 세계에 살고 있다. 상식적인 경험과 진화의 역사는 우리가 일상 세계를 이해할 수 있도록 준비시킨다. 그러나 일상이 아닌 다른 영역에 들어서면, 상식과 통상적인 직관은 몹시 신뢰할 수 없는 안내자로 전락한다. 빛의 속도에 가까워질수록, 우리의 질량은 무한대로 증가하고 두께는 움직이는 방향으로 0에 가깝게 납작해지며 시간은 우리가 원하는 대로 거의 멈추게 된다는 사실은 충격적이다. 많은 사람이 그 사실을 터무니없다고 생각하며, 거의 매주 나는 그러한 불평을 늘어놓는 사람들의 편지를 받는다. 하지만 이 현상은 확실한 실험 결과일 뿐만 아니라 특수 상대성 이론(Special Theory of Relativity)이라고 불리는 시간과 공간에 대한 아인슈타인의 뛰어난 분석 결과이기도 하다. 이 현상이 우리에게 불합리해 보인다는 사실은 중요하지 않다. 우리에게는 빛의 속도에 가까운 속도로 여행하는 관습과 문화가 없다. 상식이 빠른 속도에 관해 늘어놓는 진술은 수상쩍을 뿐이다.

이번에는 원자 2개로 구성되어 있는 아령 모양의 분자 — 소금 분자가 아마 그럴 것이다. — 를 고려해 보자. 이 분자는 원자 2개를 연결하는 선을 지나는 축을 중심으로 회전한다. 그러나 미시 세계를 다루는 양자 역학(quantum mechanics)의 세계에서는 이 아령 모양의 분자가 어떤 방향으로든 자유롭게 놓일 수 없다. 이 분자는 수평 위치나 수직 위치로 놓일 수는 있어도 그 사이의 여러 각도로는 있을 수 없다. 어떤 회전 위치들은 금지되어 있다. 무엇이 금지하는 것일까? 자연 법칙이다. 우주는 이처럼 회전을 제한하거나 양자화하는 방식으로 구축되어 있다. 우리는 이것을 일상에서 직접적으로 경험하지 않는다. 윗몸 일으키기를 할 때, 팔을 옆으로 피거나 위로 올릴 수는 있어도 그 중간의 많은 자세들은 금지되어 있다고 한다면 불편할 뿐만 아니라 상당한 충격을 받을 것이다. 우리는 미시 세계, 소수점 아래 0이 12개 있고 그 뒤에 숫자 1이 있는, 10^{-13}센티미터 규모의 세계에 살고 있지 않다. 우리의 통상적인 직관은 중요하지 않다. 정말로 중요한 것은 실험이며, 이 경우에는 분자를 원적외선 스펙트럼으로 관찰한 결과이다. 이 관찰은 분자의 회전이 양자화되어 있음을 보여 준다.

세계가 인간이 할 수 있는 일을 제한한다는 발상은 좌절감을 준다. 왜 우리는 수직과 수평 사이의 회전 위치를 **취할 수 없는가?** 왜 우리는 빛보다 더 빨리 **움직일 수 없는가?** 우리는 단지 그것이 우주가 건설된 방식이라고 말할 수 있을 뿐이다. 이러한 금지는 우리를 다소 겸손하게 만들어 줄 뿐만 아니라 세상을 보다 잘 이해할 수 있게 도와준다. 모든 제한은 우주의 규칙, 즉 자연 법칙에 해당한다. 물질과 에너지의 능력에 제한이 많으면 많을수록 인간은 더 많은 지식을 획득할 수 있다. 어떤 의미에서 우주를 궁극적으로 이해할 수 있는가 하는 문제는, 광범위한 갖가지 현상들을 아우르는 자연 법칙이 얼마나 많이 존재하는가 하는 문제와 더불어 우리가 이러한 법칙을 이해할 수 있는 지적 능력과 치우치지 않은 태도를 가지고 있는가에 달려 있다. 우리가 자연의 규칙을 공식화하는 일은 분명 뇌가 만들어진 방식에 달려 있지만, 우주가 구축된 방식에도 상당히 좌우된다.

나는 알려지지 않은 부분을 많이 내포하고 있으면서, 동시에 이해할 수 있는 부분이 많은 우주를 좋아한다. 모든 것이 알려진 우주는, 일부 심약한 신학자들의 천국이 지루한 만큼이나 정적이고 따분할 것이다.

이해할 수 없는 우주는 생각하는 존재에게 적합하지 않다. 우리에게 이상적인 우주는 우리가 거주하는 우주와 대단히 유사하다. 이 사실은 정말로 우연이 아니라고 생각한다.

3장

해방처럼 유혹적인: 알베르트 아인슈타인에 대하여

권위를 경멸한 나를 벌주려고,
운명은 나를 권위자로 만들었다.

—알베르트 아인슈타인

알베르트 아인슈타인은 지금으로부터 1세기 전인, 1879년에 독일의 울름에서 태어났다. 그는 오래된 사물을 새로운 방식으로 인지하고 종래의 지혜에 과감하게 도전하는 특별한 재능으로 새로운 세상을 열어젖힌 소수의 인물 중 하나이다. 수십 년 동안 그는 덕망 높은 인물로 존경받았으며, 보통 사람들도 쉽게 이름을 댈 수 있는 유일한 과학자였다. 대중에게 대략적으로나마 알려져 있는 과학적인 업적과, 사회 문제에 대한 용기 있는 태도, 또 온화한 인격 덕분에 그는 전 세계에서 존경을 받았다. 나처럼 이민자 부모를 둔 과학 소년들이나 대공황 시기에 자란 사람들에게 아인슈타인은 숭배의 대상이었다. 그는 과학자 중에도 이러한 사람이 존재하며, 과학에 종사하는 직업을 가지는 일이 완전히 가망 없지 않다는 점을 보여 주었다. 그가 본의 아니게 제공했던, 한 가지 더 주요한 기능은 과학자로서의 역할 모델이었다. 아인슈타인이 없었다면, 1920년 이후 과학자가 되어 과학 관련 일에 종사하는 젊은이들이 결코 많지 않았을 것이다. 아인슈타인의 특수 상대성 이론에 담긴 논리는 100여 년 전에 개발되었고 다소 선구적인 통찰을 가진 다른 사람들도 있었지만, 상대성 이론은 아인슈타인을 기다려야만 했다. 하지만 근본적으로 특수 상대성의 물리학은 매우 단순하며 그 본질적인 결과의 상당 부분은 상류로 노를 저을 때와 하류로 노를 저을 때를 곰곰이 생각해 보고 고등학교 때 배우는 대수학 정도의 지식을 가지고 있으면 추론할 수 있다. 아인슈타인의 인생은 천재성과 아이러니, 당대의 쟁점들에 대한 열정과 교육에 대한 통찰, 과학과 정치 사이의 관련성을 성찰할 수 있는 생각거리들을 풍부하게 포함하고 있으며, 개인이 결국 세상을 바꿀 수 있음을 보여 주는 하나의 실증이었다.

어린 시절 아인슈타인은 미래의 모습에 대한 조짐을 거의 보이지 않았다. 나중에 그는 이렇게 회상했다. "부모님은 제가 비교적 늦게 말하기 시작해서 걱정하셨죠. 그분들은 그 일로 의사의 상담을 받았어요. …… 당시 저는, …… 분명 세 살이 지났었죠." 그는 초등학교에서 평범한 학생이었다. 교사들은 군사 교관처럼 보였다. 아인슈타인이 어렸을 때에는 과장된 민족주의와 지적인 경직성이 유럽 교육의 특징이었다. 그는 따분하고 기계화된 교육 방식에 저항했다. "나는 기계적으로 암기하는 요령을 배우기보다는 온갖 종류의 처벌을 견디는 편을 택했다." 아인슈타인은 교육과 과학, 그리고 정치에서 엄격한 규율을 강조하는 사람들을 항상 혐오했다.

다섯 살 때 아인슈타인은 컴퍼스의 신비에 동요되었다. 나중에 그는 "열두 살 때, 나는 에우클레이데스(Eucleides, 기원전 300년경) 평면 기하학을 다룬 작은 책 한 권에서 완전히 성질이 다른 두 번째 경이를 경험했다. …… 그 책에는 단언들이 있었다. 예를 들자면, 삼각형의 세 수선은 한 점에서 만난다는 단언은 — 명백하지는 않았지만 — 어떤 의심도 끼어들 수 없는 확실성을 가지고 입증되었다. 이 명료함과 확실성이 내게 형언할 수 없는 감명을 주었다." 정식 교육은 이러한 사색을 지루하게 가로막을 뿐이었다. 아인슈타인은 자신의 독학에 대해서 이렇게 썼다. "열두 살부터 열여섯 살까지 나는 미적분과 수학의 기본 원리들을 익혔다. 그렇게 하는 동안, 운 좋게도, 논리적인 정연함에서는 그다지 특별하지 않지만 대신 주된 아이디어를 개괄적으로 또렷하게 제시하면서 그 점을 만회하는 책들을 발견할 수 있었다. …… 또 운 좋게도, 숫자나 수식이 거의 없는 훌륭한 대중서 한 권을 통해 자연 과학 분야 전체의 핵심 결과와 방법에 대해 알게 되었다. …… 나는 그 책을 숨죽이고 읽었다." 오늘날 과학 대중화에 종사하고 있는 사람들은 이 글에서 다소 위안을 받을 것이다.

그의 스승 중 누구도 그의 재능을 알아보지 못한 것 같다. 뮌헨의 명문 김나지움(gymnasium, 독일의 중등 교육 기관. — 옮긴이)에 재학하던 시절, 어떤 교사는 그에게 "아인슈타인 군, 자네는 아무것도 되지 못할 걸세."라고 말했다. 열다섯 살 때는 그를 퇴학시켜야 한다는 주장이 강하게 제기되었다. 그 선생은 "바로 자네 때문에 다른 학생들이 나를 존경하지 않아."라고 말했다. 그는 이 제안을 흔쾌히 받아들이고는, 1890년대에 김나지움 중퇴자로서 이탈리아 북부를 방황하면서 여러 달을 보냈다. 평생 그는 격식에 얽매이지 않은 복장과 태도를 선호했다. 그가 1890년대가 아니라 1960년대와 1970년대에 10대였다면, 보통 사람들은 분명 그를 "히피"라고 불렀을 것이다.

그러나 얼마 지나지 않아 물리학에 대한 호기심과 우주의 본질에 대한 경탄이 정규 교육에 대한 그의 혐오를 압도했고 그는 김나지움 졸업장 없이 스위스 취리히 연방 공과 대학에 지원했다. 그는 입학 시험에 떨어졌고 자신의 부족함을 메우기 위해 스위스의 김나지움에 등록해서 이듬해에 취리히 연방 공과 대학에 입학했다. 하지만 그는 여전히 썩 뛰어난 학생은 아니었다. 그는 미리 정해진 교육 과정에 분개했고 강의실 밖에서 자신의 진정한 관심거리를 추구하려고 했다. 나중에 그는 이렇게 썼다. "물론, 이곳의 문제는 당신이 시험을 위해 이 모든 잡동사니들을, 당신이 그것을 좋아하든 말든, 머릿속에 억지로 쑤셔 넣어야만 한다는 사실이었다."

가까운 친구인 마르셀 그로스만(Marcel Grossmann, 1878~1936년)이 부지런히 수업을 들으며 자신의 노트를 공유해 준 덕분에 그는 간신히 졸업했다. 많은 세월이 흐른 뒤, 그로스만이 죽자 아인슈타인은 이렇게 썼다. "우리의 학창 시절을 기억한다. 그는 흠잡을 데 없는 학생이었고 나는 무질서한 몽상가였다. 그는 교수와 친하게 지내며 모든 것을 이해하는 모범생인 반면, 나는 불만이 많고 별로 사랑스럽지 않은 외톨이였다. …… 학업을 마쳤을 때, 나는 갑자기 모든 사람들에게서 내쳐졌고 인생의 문턱에서 어쩔 줄 모르며 서 있었다." 그로스만의 노트를 가지고 공부한 그는 간신히 대학을 졸업했다. 그러나 그는 이렇게 회상했다. 졸업 시험을 위한 공부는 "나를 단념시키게 만드는 효과를 냈다. …… 1년 내내 어떤 과학적인 문제에 대한 고민도 재미없게 느껴졌다. …… 현대의 교육 방식이 연구에 대한 신성한 호기심을 아직 완전히 질식시키지 않은 것은 기적에 가까운 일이다. 이 섬세한 작은 식물이 가장 필요로 하는 것은, 최초의 자극을 제외하면, 자유이기 때문이다. 자유가 없다면 그 식물은 확실히 소멸할 것이다. …… 나는 사람이 건강한 짐승에게서 먹이에 대한 열렬한 탐심을 빼앗을 수도 있다고 믿는다. 채찍으로 그 짐승이 배가 고프든 아니든 계속 먹도록 강요할 수 있다면 말이다." 그의 발언은 고등 과학 교육에 종사하고 있는 우리 같은 사람들의 정신을 번쩍 들게 한다. 얼마나 많은 잠재적 아인슈타인들이 경쟁적 시험과 주입식 교육 과정 때문에 영구히 좌절했을지 궁금하다.

원하는 일자리를 구하지 못하고 잡다한 일로 생계를 유지하던 아인슈타인은 그로스만의 아버지가 주선한, 베른에 있는 스위스 특허국의 심사관 자리에 취직했다. 동시에 그는 자신의 독일 국적을 버리고 스위스 시민이 되었다. 3년 후, 1903년에 그는 자신의 대학 시절 연인과 결혼

했다. 아인슈타인이 승인했던 특허 출원품과 탈락시켰던 출원품에 대해서는 거의 알려져 있지 않다. 제출된 특허들 중 그의 물리학적 사고를 자극한 것이 있는지 알아보는 일도 흥미로울 것이다.

그의 전기 작가 중 하나인 바네시 호프먼(Banesh Hoffman, 1906~1986년)은 특허국에서 아인슈타인은 "자신의 따분한 일을 효율적으로 하는 법을 곧 배웠고 덕분에 자신의 은밀한 계산을 할 소중한 시간을 운 좋게도 약간 얻을 수 있었다. 발자국 소리가 다가올 때면 그는 죄지은 사람처럼 그 일들을 서랍 안에 감췄다."라고 썼다. 위대한 상대성 이론은 이러한 환경에서 탄생했다. 나중에 아인슈타인은 향수에 젖어 특허국 시절을 "나의 가장 멋진 생각들을 부화시킨 세속의 수도원 생활"로 회상했다.

여러 번, 그는 과학자에게 가장 어울리는 직업은 등대지기일 것이라고 동료들에게 말하고는 했다. 일이 상대적으로 쉬우면서 과학 연구를 하는 데 꼭 필요한 사색의 시간을 허용해 주기 때문이었다. 그의 공동 연구자인 레오폴트 인펠트(Leopold Infeld, 1898~1968년)는 다음과 같이 말했다. "아인슈타인에게 등대에서의 삶, 그 외로움은 가장 고무적이었을 것이며, 자신이 혐오했던 수많은 의무들에서 그를 해방시켰을 것이다. 실제로 그 일은 그에게 이상적인 삶이었을 것이다. 그러나 거의 모든 과학자들은 정반대로 생각한다. 오랫동안 과학을 할 수 있는 환경 속에 있지 않았고, 물리학에 대해 이야기를 나눌 사람이 아무도 없었던 것은 **내** 삶의 저주였다."

아인슈타인은 또한 물리학을 가르쳐서 돈을 버는 일에는 무언가 부정직한 부분이 있다고 믿었다. 그는 물리학자는 다른 어떤 단순하고 정직한 노동으로 생계를 유지하면서 짬 나는 시간에 물리학을 하는 편이 훨씬 더 낫다고 주장했다. 많은 세월이 흐른 후 미국에서 비슷한 발언을 하면서 아인슈타인은 자신은 배관공이 되고 싶었다고 중얼거렸고, 즉시 배관공 협회로부터 명예 회원증을 받았다.

1905년에 아인슈타인은 스위스 특허국에서 보낸 여가 시간의 산물인 연구 논문 네 편을 당대의 권위 있는 물리학 학술지인 《물리학 연보(*Annalen der Physik*)》에 발표했다. 첫 번째 논문에서는 빛이 파동성에 더해 입자성 역시 가지고 있음을 입증했고, 고체 물질에 빛을 쪼였을 때 전자가 방출되는, 전에는 이해할 수 없었던 광전 효과(photoelectric effect)를 설명했다. 두 번째 논문에서는 떠돌아다니는 작은 입자들의 통계적인 '브라운 운동(Brownian motion)'을 설명하면서 분자의 성질을 탐구했다. 세 번째와 네 번째 논문에서는 특수 상대성 이론을 소개했으며, 아주 광범위하게 인용되지만 이해하는 이는 거의 없는 유명한 방정식 $E=mc^2$을 처음으로 표현했다.

이 방정식은 물질을 에너지로, 또는 그 반대로 변환할 수 있는 가능성을 나타낸다. 이 방정식은 에너지나 질량은 한 형태에서 다른 형태로 변환될 수는 있지만 창조될 수도 파괴될 수도 없다고 기술하며 에너지 보존 법칙을 에너지와 질량의 보존 법칙으로 확장한다. 이 방정식에서 E는 질량 m에 맞먹는 에너지를 뜻한다. 이상적인 조건에서 질량 m에서 추출되는 에너지의 총량이 mc^2이며, 여기서 c는 빛의 속도로 초속 300억 센티미터이다. (빛의 속도는 항상 대문자가 아닌, 소문자 c로 쓴다.) 만약 우리가 질량 m을 그램 단위로 측정하고, c를 센티미터/초로 측정하면, E는 에르그(erg)라고 불리는 에너지의 단위로 측정된다. 질량 1그램을 에너지로 완전히 전환하면 $1\times(3\times10^{10})^2=9\times10^{20}$에르그의 에너지가 된다. 이것은 대략 TNT(trinitrotoluene) 폭약 수천 개의 폭발과 맞먹는다. 막대한 에너지원이 아주 적은 양의 물질 속에 담겨 있는 것이다. 우리가 그 에너지를 제대로 뽑아낼 방법을 알고 있다면 좋으련만. 핵무기와 핵발전소는 아인슈타인이 모든 물질에 존재한다는 것을 보여 준 에너지를 추출하려는, 윤리적으로도, 기술적으로도 불완전한 인류의 시도들 중 하나일 뿐이다. 열핵무기(thermonuclear weapon), 즉 수소 폭탄은 무시무시한 위력을 가진 도구이지만 그것조차도 질량 m인 수소 원자에서 나오는 에너지 mc^2의 1퍼센트 미만만 추출해 낼 뿐이다.

1905년에 발표된 아인슈타인의 논문 네 편은, 다른 물리학자라면 평생 풀타임으로 연구해도 하나 이룰까 말까 한 인상적인 업적이었다. 그런데 26세의 스위스 특허국 직원이 1년 동안 여가 시간을 쪼개어 연구한 결과라니, 그야말로 놀라운 일이다. 많은 과학사가들은 1905년을 '아누스 미라빌리스(*Annus Mirabilis*)', 즉 '기적의 해'라고 불렀다. 물리학 역사에는 이상하게 서로 닮은, 이러한 해가 꼭 한 번 더 있다. 1666년이다. 유행성 선페스트(bubonic plague) 때문에 시골에 격리되어 있던 24세의 아이작 뉴턴(Isaac Newton, 1642~1726년)이 그해에 햇빛의 스펙트럼 성질을 설명하고 미적분을 발명했으며 만유인력 이론을 고안했다. 1915년에 처음으로 정식화된 일반 상대성 이론(General Theory of Relativity)과 함께 1905년의 논문은 아인슈타인의 과학 인생을 대표하는 주요 업적 중 하나이다.

아인슈타인 이전에는 절대 시간과 절대 공간같이 특권적인 기준틀(기준 좌표계)이 있다는 입장이 물리학자들에게 널리 받아들여졌다. 아인슈타인의 출발점은 모든 기준틀 — 장소나 속도나 가속도와 상관없이 모든 관찰자 — 에서 자연의 기본 법칙들이 모두 똑같이 보인다는 것이었다. 기준틀에 대한 아인슈타인의 견해는 자신의 사회·정치적인 입장과 19세기 후반 독일에서 발달한 공격적이고 맹목적인 애국주의에 대한 거부감에 영향을 받은 것 같다. 실제로 이런 의미의 '상대성'이라는 개념은 인류학을 통해 상당히 보편화되었으며, 사회 과학자들은 문화적 상대주의, 즉 다양한 인간 사회에는 서로 다른 사회적 맥락과 세계관, 윤리 준칙과 종교적인 계율 들이 존재하며 그 대부분이 서로 비슷한 타당성을 지닌다는 생각을 채택했다.

특수 상대성 이론은 처음에는 결코 널리 받아들여지지 않았다. 다시 한번 학계에 진입하기 위해 아인슈타인은 기존에 발표한 상대성 이론 논문을 자신의 주요 연구 실적으로 베른 대학교에 제출했다. 그는 분명 그것이 중요한 연구라고 생각했지만 이해할 수 없게도 거절당했고, 1909년까지 특허국에 남아 있어야만 했다. 그러나 그의 논문은 주목받지 못한 채 묻히지 않았다. 유럽의 몇몇 선구적인 물리학자들이 아인슈타인이 위대한 과학자들 중 한 사람이라는 사실을 차츰 깨닫기 시작했다. 여전히 상대성에 대한 그의 연구는 상당한 논란거리였다. 한 선구적인 독일 과학자는 아인슈타인을 베를린 대학교에 추천하는 편지에서 상대성 이론은 가설적인 외도였고 찰나의 일탈이었지만, 그럼에도 불구하고 아인슈타인은 정말로 **"최고의 사상가"**라고 기술했다. (1921년에 아인슈타인이 일본 등 동아시아를 방문하는 동안 수상 소식을 접하게 된 노벨상은 광전 효과에 관한 논문과 그가 이론 물리학에 한 "다른 기여들" 덕분에 주어진 것이었다. 상대성 이론은 여전히 너무나 논란이 많아서 명시적으로 언급할 수 없다고 여겨졌다.)

종교와 정치에 관한 아인슈타인의 관점은 일관적이었다. 그의 부모들은 유태인이었지만 전통적 종교 의식을 따르지 않았다. 그럼에도 아인슈타인은 "국가와 학교라는 전통적인 생활과 교육 공동체 때문에" 관습적으로 독실한 유태인 소년으로 자랐다. 그러나 열두 살 때 이 독실함은 돌연 끝이 났다. "대중 과학 서적을 읽으면서 나는 곧 성서의 이야기 중 상당 부분이 진실일 수 없다는 확신에 도달했다. 그 결과, 젊은이들이 국가의 거짓말에 의도적으로 속고 있다는 참담한 인상과 결부된, 광신에서 긍정적으로 벗어난 사고였다. 모든 종류의 권위에 대한 의심, 특정한 사회적 환경에서 존속하는 신념에 대한 회의적인 태도는 이 경험에서 발전했고 비록 나중에 인과 관계에 대한 통찰이 더욱 향상된 덕분에 원래의 신랄함을 일부 잃어버리기는 했지만, 결코 내게서 사라지지 않았다."

제1차 세계 대전이 발발하기 직전, 아인슈타인은 베를린에 있는 유명한 카이저 빌헬름 연구소(Kaiser Wilhelm Institute)의 교수직을 받아들였다. 이론 물리학의 선도 기관에 있고 싶은 욕망이 독일의 군국주의에 대한 반감보다 잠시 동안이지만 더 강했다. 제1차 세계 대전의 발발로 아인슈타인의 아내와 두 아들은 독일로 돌아오지 못하고 스위스에 발이 묶였다. 몇 년 후, 이 강제적인 이별은 이혼으로 이어졌지만, 1921년에 노벨상을 받은 아인슈타인은 재혼한 뒤임에도 불구하고 상금 3만 달러 전부를 첫 아내와 자식들에게 증여했다. 그의 큰아들은 나중에 캘리포니아 대학교에서 교수로 재직하며, 토목 공학 분야에서 중요한 인물이 되었지만 아버지를 숭배했던 둘째 아들은 — 나중에 아인슈타인으로서는 극히 괴롭게도 — 아인슈타인이 어린 시절 자신을 무시했다고 비난했다.

사회주의자라고 자칭했던 아인슈타인은 제1차 세계 대전이 주로 '지배 계급'의 음모와 무능의 결과라고 확신했다. 동시대의 많은 역사가들도 이 결론에 동의했다. 그는 평화주의자가 되었다. 독일의 다른 과학자들이 열정적으로 자기 나라의 군수 산업을 지지하고 있을 때, 아인슈타인은 전쟁을 "전염성 환상"이라고 공공연히 규탄했다. 오직 스위스 시민권만이 그의 투옥을 막고 있었다. 실제로 그의 친구인 영국의 철학자 버트런드 아서 윌리엄 러셀(Bertrand Arthur William Russell, 1872~1970년)은 비슷한 시기에 비슷한 이유로 투옥되었다. 전쟁에 대한 견해로 인해 독일에서 아인슈타인의 인기는 높지 않았다.

그러나 실제로 그 전쟁은 아인슈타인의 이름을 늘 사람들 입에 오르내리게 하는 데 간접적이지만 나름의 역할을 했다. 일반 상대성 이론을 개발하면서 아인슈타인이 도출해 낸 아이디어는 그 단순성과 아름다움, 힘에서 여전히 경이롭다. 그것은 질량이 있는 두 물체 사이에 작용하는 중력의 인력이 그 질량에 비례해 근처에 있는 통상의 유클리드 공간(Euclidean space, 유클리드 기하학의 공리가 성립하는 공간으로 삼각형을 그렸을 때 내각의 합이 180도가 되는 공간 등을 말한다. — 옮긴이)을 비틀거나 구부린다는 것이었다. 이 아이디어에 기반해 아인슈타인은 정밀한 정량적 이론을 수립했고, 뉴턴의 만유인력 법칙을 놀라운 정확도로 재현했다. 그리고 뉴턴의 법칙보다 더 정확하고 정밀한, 또 뉴턴의 법칙이 내놓지 못하는 예측을 내놓았다. 이것은 새로운 이론이 낡은 이론의 기존 결과를 유지하면서도, 낡은 이론이 내놓지 못하는 새로운 예측들을 제시함으로써 발전하는 과학의 고전적인 전통을 잘 보여 주는 사례이다.

아인슈타인은 일반 상대성 이론을 발표하면서 이것을 검증할 수 있는 세 가지 현상을 제시했다. 수성 공전 궤도의 이상한 움직임(수성의 근일점 이동 현상. — 옮긴이)과 거대한 별이 방출하는 빛의 스펙트럼선에서 관찰할 수 있는 적색 이동(red shift), 그리고 태양 부근에서 별빛이 굴절되는 현상이 그것이었다. 1919년에 휴전 협정이 체결되기 전, 영국에서는 개기 일식이 일어나는 동안 별빛이 일반 상대성 이론이 예측하는 바와 일치하는 방식으로 굴절하는지 관찰하기 위해 아프리카 서해안 앞바다의 프린시페 섬과 브라질로 가는 원정대가 소집되었다. 결과는 예측과 일치했다. 아인슈타인의 이론은 입증되었으며, 두 나라가 아직 전쟁 중인 가운데 이루어진, 한 독일 과학자의 업적에 대한 영국 원정대의 검증과 인정은 과학 공동체의 선량한 천성을 대중에게 호소하는 상징적 사건이 되었다.

그러나 동시에 아인슈타인에 반대하는 공공연한 캠페인이 독일에서 일어나기 시작했다. 재정 지원도 풍부한 캠페인이었다. 반유태주의의 뉘앙스가 짙은 대중 집회가 베를린를 포함해 여러 지역에서 개최되어 상대성 이론을 맹렬히 비난했다. 아인슈타인의 동료들은 충격을 받았지만 그들 대부분이 정치적인 문제에 관해서는 지나치게 소심했던지라 이 문제에 대해 아무런 대응도 하지 않았다. 1920년대와 1930년대 초반에 나치의 세력이 커지자 아인슈타인은, 조용한 사색적인 삶을 지향하는 천성에도 불구하고, 용기 있게 자주 목소리를 높여 자기 주장을 했다. 그는 정치적인 견해 때문에 재판을 받고 있는 교수들을 도우려고 독일의 법정에서 진술했다. 또 미국의 니콜라 사코(Nicola Sacco, 1891~1927년)와 바르톨로메오 반제티(Bartolomeo Vanzetti, 1888~1927년) 사건(이 둘은 제1차 세계 대전 때 징병을 거부하고 미국으로 이민 온 이탈리아 무정부주의자들로 강도 살인 혐의로 누명을 쓰고 체포당했다. 아인슈타인, 러셀을 비롯한 세계적인 지성들이 구명 운동을 벌였음에도 결국 사형당했으나 이후 진범이 붙잡혀 이들의 억울함이 드러났다. — 옮긴이), 스코츠보로 소년들(Scottsboro Boys) 사건(1931년 화물 기차를 타고 있던 10대 흑인 소년 9명이 부랑과 질서 파괴 혐의로 체포되었고, 이후 백인 여성 2명을 강간한 혐의로 고소당했다. 그녀들이 강간당하지 않았다는 의사 소견과 여타 증거들이 있었음에도 백인들로만 구성된 배심원들은 그들 9명 모두를 기소하고 그중 8명에게 사형 선고를 내렸다. 이듬해 대법원이 기소를 뒤집고 재판을 새로 시작한 결과 그들은 사형을 면하고 한 사람씩 차례로 풀려났으며 피고인 중 마지막 한 사람은 그 후 20년 동안 감옥에 갇혀 있었지만 결국 자유의 몸이 되었다. — 옮긴이)을 비롯해 독일과 해외에서 일어난 정치적 사건으로 구속된 정치범들의 사면을 간청했다. 1933년 히틀러가 수상이 되자 아인슈타인과 그의 두 번째 아내는 독일을 떠났다.

나치는 아인슈타인의 과학 저서들을 다른 반파시스트 작가들의 책과 함께 공개적으로 불살랐다. 아인슈타인의 과학적인 위상에 대한 전면 공격이 시작되었다. 그 공격을 주도한 이는 노벨상 수상자인 물리학자 필리프 에두아르트 안톤 폰 레나르트(Philipp Eduard Anton von Lenard, 1862~1947년)였다. 그는 아인슈타인의 견해와 업적을 "수학적으로 형편없는 아인슈타인의 이론", "아시아적인 과학 정신" 운운하며 맹렬히 비난했다. 계속해서 그는 이렇게 말했다. "우리 총통은 마르크스주의로 알려진 이 정신을 정치와 국가 경제에서 제거했다. 그러나 아인슈타인을 지나치게 옹호하는 자연 과학 분야는 여전히 그 정신이 지배하고 있다. 우리는 독일인으로서 유태인의 지적인 추종자가 되는 일이 가치가 없음을 인식해야 한다. 진정한 의미의 자연 과학은 전적으로 아리아 혈통의 것이다. …… **하일 히틀러**!"

많은 나치 학자들이 아인슈타인의 "볼셰비키 유태인" 물리학을 비난하는 일에 가담했다. 모순적이게도 거의 비슷한 시기에 (구)소련에서는 특출한 스탈린주의자 지식인들이 상대성 이론을 "부르주아 물리학"이라고 맹렬히 비난하고 있었다. 공격 대상인 이론의 본질이 참이냐 아니냐는, 물론 여기서 전혀 고려되지 않았다.

전통 종교와 상당히 소원하게 지냈음에도 아인슈타인이 자신을 유태인으로 인지하게 된 원인은 전적으로 1920년대 독일에서 반유태주의가 활개친 데 있었다. 이러한 이유로 그 역시 유태인 국가 건설을 지지하는 시온주의자가 되었다. 그러나 그의 전기 작가인 필리프 프랑크(Philipp Frank, 1884~1966년)에 따르면, 시온주의자들이 다 그를 환영하지는 않았다. 그가 유태인들이 아랍 인들과 친구가 되어 서로의 삶의 방식을 이해하려고 노력해야 한다고 요구했기 때문이다. 그의 요구는 여러 감정적 문제를 야기했지만, 아인슈타인은 문화 상대주의를 고수했다. 이것은 상당히 인상적이다. 그러나 그는 계속 시온주의를 지지했고, 특히 1930년대 후반에 유럽 내 유태인들의 절망이 커지고 있다는 사실이 알려지면서 더 그렇게 했다. (1948년에 아인슈타인은 이스라엘의 대통령 자리를 제의받았지만 정중하게 사양했다. 이스라엘 대통령으로서 아인슈타인이 근동 지역의 정치에 어떤 차이를 만들었을지 추측해 보는 일은 재미있다.)

독일을 떠난 후, 아인슈타인은 나치가 자신의 머리에 2만 마르크의 현상금을 걸었다는 사실을 알았다. ("그만 한 가치가 있는지 모르겠군요.") 그는 당시 막 설립된 뉴저지의 프린스턴 고등 연구소가 제안하는 자리를 받아들였다. 그는 거기서 여생을 보냈다. 어느 정도의 연봉이 적당하다고 생각하는지 물었을 때 그는 3,000달러를 제시했다. 연구소 소장의 얼굴에 깜짝 놀라는 표정이 스치는 모습을 보고 그는 자신이 너무 많은 액수를 제안했다고 생각해 더 적은 금액을 불렀다. 그의 연봉은 1930년대에는 상당한 액수인 1만 6000달러로 결정되었다.

당시 아인슈타인의 명망은 대단했다. 1939년, 미국에 망명 중이던 다른 유럽 출신 물리학자들이 그에게 접근해, 프랭클린 델러노어 루스벨트(Franklin Delano Roosevelt, 1882~1945년) 대통령에게 핵무기를 보유하게 될 가능성이 큰 독일보다 먼저 원자 폭탄을 개발하라고 제안하는 편지를 쓰게 한 것도 무리는 아니었다. 아인슈타인은 핵물리학 분야에서 일한 적이 없으며, 나중에 원자 폭탄 개발 계획인 맨해튼 계획(Manhattan Project)에서 아무런 역할도 하지 않았지만, 맨해튼 계획을 발족하게 한 최초의 편지를 썼다. 그러나 아인슈타인의 간청과는 상관없이 미국에서 폭탄이 개발되었을 가능성이 크다. 심지어 $E=mc^2$이라는 방정식이 없어도 앙투안 앙리 베크렐(Antoine Henri Becquerel, 1852~1908년)의 방사능 발견과 어니스트 러더퍼드(Ernest Rutherford, 1871~1937년)의 원자핵 연구 — 둘 다 아인슈타인과는 완전히 무관하게 이루어졌다. — 는 핵무기의 개발로 이어졌을 가능성이 매우 농후하다. 오랫동안 아인슈타인이 가지고 있던 나치 독일에 대한 두려움은, 그로 하여금 평화주의자로서의 신념을 버리도록 만들었다. 그 일로 그는 상당한 마음의 고통을 감내해야 했다. 그러나 나중에 나치가 핵무기를 개발할 수 없다는 사실을 알았을 때, 아인슈타인은 후회했다. "독일인들이 원자 폭탄 개발에 성공하지 못하리란 걸 알았다면, 나는 폭탄을 위한 어떤 일도 하지 않았을 텐데."

1945년에 아인슈타인은 미국이 제2차 세계 대전 때 나치를 지지했던 스페인의 프랑코 정권과 관계를 단절할 것을 간청했다. 미시시피 주의 보수적인 하원 의원이었던 존 엘리엇 랭킨(John Elliott Rankin, 1882~1960년)은 하원 의원들을 대상으로 한 연설에서 아인슈타인을 공격했다. "이 외국인 선동가는 전 세계에 공산주의를 성공적으로 확산시키기 위해 우리를 또 다른 전쟁 속으로 뛰어들게 만들 것이다. …… 미국 국민들이 아인슈타인의 정체를 인지해야 할 시점이다."

1940년대와 1950년대 초반 매카시즘(McCarthyism)이 맹위를 떨치던 암흑기에 아인슈타인은 미국에서 시민의 자유를 옹호하는 유명 인사였다. 히스테리가 밀물처럼 들이닥치는 모습을 보면서, 그는 1930년대의 독일과 비슷한 모습을 보고 있다는 불안감을 느꼈다. 그는 피고들에게 모든 사람은 "국가의 …… 이익을 위해 개인의 복지가 희생당하는 일과 …… 투옥과 경제적 파탄에 대비"해야만 한다고 말하며, 하원 비미활동 위원회(House Un-American Activities Committee, 1938년에 미국에서 국내의 파시스트와 공산주의자의 반미 활동을 조사하기 위해 설립된 임시 위원회. — 옮긴이)에 출석해 증언하기를 거부하라고 간청했다. 그는 "헌법에 규정된 개인의 권리를 훼손하는 어떤 일에도 협조를 거부할 의무가 있다. 이것은 특히 사생활과 시민의 정치 단체 가입과 관련된 모든 심문들에 적용된다."라고 주장했다. 이 입장에서 아인슈타인은 언론을 광범위하게 공격했다. 조지프 레이먼드 매카시(Joseph Raymond McCarthy, 1908~1957년) 상원 의원은 1953년에 이런 주장을 하는 사람은 누구든 "미국의 적"이라고 불렀다.

아인슈타인의 말년에는 그의 과학적 천재성은 인정하면서도 정치적인 견해는 '순진'하다고 깔보듯 일축하는 태도가 유행했다. 그러나 시대가 달라졌다. 그렇다면 이 문제를 기존과는 꽤 다른 방향에서 살펴보는 게 보다 합리적이지 않을까? 어떤 아이디어든 정량화할 수 있으며 상당히 정밀하게 검증할 수 있는 물리학 같은 분야에서 아인슈타인의 통찰에 대적할 만한 경쟁자는 없다. 우리는 그가 다른 사람들이 혼돈 속에서 길을 잃은 지점을 매우 또렷하게 알 수 있다는 사실에 깜짝 놀란다. 그렇다면 정치처럼 훨씬 모호한 분야에서도, 그의 통찰이 어떤 근본적인 타당성을 지니고 있지는 않은지 고려해 볼 가치가 있지 않을까?

프린스턴 고등 연구소에 재직하던 시절 아인슈타인의 열정은, 늘 그래 왔듯, 정신적인 삶에서 발휘되었다. 그는 중력과 전기, 자기를 통합하는 통일장 이론(unified field theory)을 오랫동안 열심히 연구했지만 그의 시도는 성공적이지 못하다고 여겨졌다. 그는 자신의 일반 상대성 이론이 우주의 진화와 방대한 구조를 이해하는 기본 도구로 통합되는 모습을 보기 위해 살았다. 오늘날 천체 물리학 분야에서 일반 상대성 이론이 활발히 적용되는 모습을 목격한다면 그는 분명 기뻐할 것이다. 그는 결코 자신을 향한 숭배를 이해하지 못했으며, 동료들과 프린스턴의 대학원생들이 자신을 방해할까 두려워하면서 예고 없이 불쑥 찾아오지 않는다고 불평했다.

그는 이렇게 썼다. "사회적 정의와 책임에 대한 열정적인 관심은 사람들과의 직접적인 유대에 대한 욕구가 뚜렷이 결핍된 것과는 대조적으로 항상 호기심이 넘치는 상태였다. 나는 2인용이나 협동 작업을 위한 마구가 아닌, 1인용 마구에 맞는 말이었다. 나는 결코 나라나 지역, 친구들과의 모임이나 심지어는 가족들에도 전적으로 속했던 적이 없다. 이 유대 관계들은 항상 모호한 무관심을 수반했으며, 내 안으로 침잠하려는 소망은 해가 갈수록 커졌다. 때로 이러한 고립이 쓰기는 했어도 다른 사람들의 이해와 동조로부터 단절된 것을 후회하지 않는다. 그로 인해 내가 무언가를 상실했음은 분명하지만 타인의 견해와 편견, 관습에서 벗어나는 것으로 보상을 받았고 그처럼 변화하기 쉬운 토대에 마음의 평화를 기대고 싶은 생각은 없다."

평생 그의 주된 취미는 바이올린 연주와 배를 타는 것이었다. 말년의 아인슈타인은 일종의 나이 든 히피처럼 보였으며 어느 면에서는 실제로 그랬다. 그는 백발을 길게 길렀고 유명인이 방문했을 때조차 정장과 넥타이보다 스웨터와 가죽 재킷을 더 선호했다. 그는 겉치레를 전혀 하지 않았으며 아무런 꾸밈없이 "나는 모든 사람에게 동일한 방식으로 말을 합니다. 그가 청소부든 미국 대통령이든 구애받지 않고요."라고 설명했다. 그는 종종 대중에게 시간을 내줬으며, 때때로 고등학생들이 기하학 문제를 푸는 것을, 항상 성공하지는 못했지만, 기꺼이 도와주기도 했다. 과학의 훌륭한 전통에 따라 그는 늘 새로운 아이디어에 열려 있었지만 그것들이 엄격한 검증 기준을 통과할 것을 요구했다. 그는 편견이 없는 사람이었지만 최근 지구 역사에서 행성이 격변했다는 주장과 초감각 지각(extrasensory perception, ESP)을 주장하는 실험들에 대해서는 회의적이었다. 후자에 대한 의심은 정신 감응 능력(telepathic ability)이 수신자와 송신자 사이의 거리가 증가해도 감소하지 않는다는 이야기를 듣자마자 생겼다고 한다.

종교 문제에 있어, 아인슈타인은 다른 사람들보다 더 깊이 있게 고민했고 거듭해서 오해를 받았다. 아인슈타인이 미국을 처음 방문했을 때 보스턴 대교구의 윌리엄 헨리 오코넬(William Henry O'Connell, 1859~1944년) 추기경은 상대성 이론이 "무신론의 섬뜩한 유령을 숨기고 있다."라고 경고했다. 이 경고에 불안해진 뉴욕의 한 랍비는 아인슈타인에게 다음과 같은 전보를 보냈다. "당신은 신을 믿습니까?" 아인슈타인은 답신을 보냈다. "저는 바뤼흐 스피노자(Baruch Spinoza, 1632~1677년)의 신, 모든 존재의 조화 속에서 자신을 구현하는 신은 믿지만 인간의 운명과 행동에 간섭하는 신은 믿지 않습니다." 이보다 미묘한 종교관을 오늘날 많은 신학자들이 수용하고 있다. 아인슈타인의 종교적인 믿음은 매우 진실했다. 1920년대와 1930년대에 그는 양자 역학의 기본 규칙에 대해 심각한 의심을 표명했다. 양자 역학에 따르면 물질의 가장 근본적인 수준에서 입자들은, 하이젠베르크의 불확정성 원리에 따라 예측할 수 없는 방식으로 행동한다. 그러나 아인슈타인은 "신은 우주로 주사위 놀이를 하지 않는다."라고 말했다. 한번은 "신은 감지하기 힘들지만 악의가 있지는 않다."라고 단언했다. 사실 아인슈타인은 이러한 경구들을 너무 좋아해서 덴마크의 물리학자인 닐스 헨리크 다비드 보어(Niels Henrik David Bohr, 1885~1962년)는 그를 보고 다소 화를 내며 "신이 무얼 하는지 그만 말하세요."라고 한 적도 있다. 그러나 많은 물리학자들이 누군가 신의 의도를 알고 있는 사람이 있다면, 아인슈타인일 것이라고 생각했다.

특수 상대성 이론의 토대 중 하나는 어떤 사물도 빛처럼 빠르게 여행할 수 없다는 규칙이다. 이 빛의 장막은, 궁극적으로 인간이 할 수 있는 일에 제한이 없기를 희망하는 사람들을 성가시게 했다. 그러나 빛의 속도 제한은 전에는 이해하기 힘들었던 세계의 많은 부분들을 단순하고 명쾌한 방식으로 이해할 수 있게 도와준다. 아인슈타인은 뺏어 간 만큼 돌려준 것이다. 특수 상대성 이론에 따르면, 우리가 빛의 속도라는, 상식이 거의 경험하지 못한 속도에 가깝게 여행하게 되면, 일상 경험과는 너무 다르며, 직관에 반하는 것처럼 보이는 현상들을 감지하게 된다. (2장 참조) 이 결과들 중 하나는 우리가 빛의 속도에 충분히 가까운 속도로 여행하면 시간이, 즉 우리의 손목 시계가, 원자 시계가, 심지어 생물학적 노화 속도가 느려진다는 것이다. 따라서 빛의 속도에 근사하게 여행하고 있는 우주 탐사선은 어떤 두 공간 사이를, 그 거리가 얼마나 멀든, 편리하게도 짧은 시간 안에 여행할 수 있다. (이것은 우주 탐사선에 탄 우주인이 잰 시간이다. 탐사선이 출발한 행성에서 잰 시간은 다르게 흐른다.) 그러므로 우리는 우리 은하의 중심으로 어느 날 여행을 떠났다가 선상에서 측정한 시간 기준으로 몇십 년 만에 돌아올 수도 있다. 그러나 지구 시간 기준으로는 6만 년이 경과했을 것이며, 우리를 배웅했던 친구들 중 귀환을 기념하려고 찾아온 친구는 거의 없을 것이다. 이 시간 지연(time dilation)이라는 개념은, 비록 아인슈타인이 외계인일 것이라는 불필요한 견해가 더해지기는 했지만, 「미지와의 조우(Close Encounters of the Third Kind)」(1977년)라는 영화에서 잘 재현되었다. 아인슈타인의 통찰은 확실히 경탄할 만하지만 그는 대단히 인간적이며 그의 삶은 충분한 재능과 용기가 있다면 인간이 무엇을 성취할 수 있는지 보여 주는 하나의 사례이다.

아인슈타인이 마지막으로 취한 공적인 행동은 러셀 같은 다른 과학자, 지식인 들과 함께 핵무기 개발을 금지하자는, 성공하지 못한 시도에 가담한 것이었다. 그는 핵무기가 우리의 사고 방식을 제외한 모든 것을 변화시킬 것이라고 주장했다. 적대 관계에 있는 나라들로 분열된 세상에서 그는 핵에너지가 인류의 생존을 가장 크게 위협하는 존재라고 여겼다. "우리에게는 선택권이 있습니다."라고 그는 말했다. "핵무기를 추방하거나 전멸을 마주하거나 둘 중 하나를 고를 수 있을 것입니다. …… 국가주의는 유치한 질병입니다. 그것은 인류가 앓고 있는 홍역입니다. …… 교과서들은 전쟁을 미화하고 그 공포를 숨깁니다. 교과서들은 아이들에게 증오를 심어 줍니다. 저는 전쟁보다는 평화를 가르칠 것입니다. 증오보다는 사랑을 심어 주겠습니다."

그는 1955년에 사망했는데, 타계하기 9년 전인 67세 때 자신의 평생 탐구를 이렇게 묘사했다. "저 바깥쪽에 거대한 세계가 있다. 그곳은 우리 인간들과는 무관하게 존재하며 우리 앞에 거대하고 영원한 수수께끼로 놓여 있다. 우리는 조사와 성찰을 통해 이 수수께끼에 최소한 어느 정도는 접근할 수 있다. 이 세계에 대한 고찰은 해방처럼 유혹적이다. …… 이 천국에 이르는 길은 종교적인 천국에 이르는 길처럼 그렇게 편하거나 매혹적이지는 않다. 그러나 믿을 만한 가치가 있다는 것이 입증되었으며, 나는 이 길을 택한 것을 결코 후회하지 않는다."

4장

과학과 기술 예찬

마음의 경작은 인간의 영혼을 위해 제공되는 일종의 음식이다.

—마르쿠스 툴리우스 키케로, 『최선과 최악에 관하여』 19권,
기원전 45~44년

어떤 사람에게 과학은 고원한 여신이다.
다른 사람에게 그것은 버터를 공급해 주는 젖소이다.

—프리드리히 폰 실러, 『크세니엔』, 1796년

19세기 중반, 주로 독학으로 공부했던 영국의 물리학자 마이클 패러데이(Michael Faraday, 1791~1867년)가 자신의 군주인 빅토리아 여왕의 방문을 받았다. 패러데이의 유명한 많은 발견들 중 일부는 즉각적이고 분명한 실용적인 이점이 있지만, 나머지는 당시 기준으로 실험실의 호기심거리에 지나지 않는 전자기에 관한 불가사의한 발견들이었다. 국가 원수와 실험실 책임자 사이에 오갈 법한 관례적인 대화를 나누다가 여왕이 패러데이에게 이러한 연구에 어떤 쓸모가 있는지 묻자 그는 이렇게 대답했다고 한다. "여왕님, 아기는 무슨 쓸모가 있나요?" 패러데이는 언젠가 전자기가 실용화될 것이라고 생각했다.

같은 시기, 스코틀랜드 물리학자인 제임스 클러크 맥스웰(James Clerk Maxwell, 1831~1879년)은 패러데이의 연구와 자신의 이전 실험들에 기초해서 전하와 전류를 전자기장과 연관시키는 4개의 수학 방정식을 만들었다. 이 방정식들에는 기이하게 균형이 깨진 부분이 있었는데 그 점이 맥스웰을 괴롭혔다. 당시 알려진 것처럼 이 방정식에는 아름답지 않은 부분이 있었고 균형을 잡기 위해 맥스웰은 이 방정식들 중 하나에 새로운 개념을 추가해야 한다고 제안했다. 그리고 그것을 변위 전류(displacement current)라고 불렀다. 그의 주장은 근본적으로 직관적이었다. 당시에는 변위 전류에 대한 확실한 실험 증거가 하나도 없었기 때문이다. 맥스웰의 제안은 놀라운 결과를 낳았다. 수정된 맥스웰 방정식은 감마선, 엑스선, 자외선, 가시광선, 원적외선과 전파를 아우르는 전자기 복사(electromagnetic radiation)의 존재를 예견했다. 이것은 아인슈타인에게 자극을 주어 특수 상대성 이론을 발견하게 만들었다. 패러데이의 실험 연구와 맥스웰의 이론 연구는 하나로 결합했고, 1세기 뒤 지구에서 기술 혁신을 이끌었다. 전등과 전화, 축음기와 라디오와 텔레비전, 농장에서 멀리 떨어진 곳까지 신선 상품을 보낼 수 있는 냉장 열차, 심박 조율기, 수력 발전소, 자동 화재 경보기와 스프링클러, 전기 카트와 전동차, 전자계산기 등은 패러데이의 불가사의한 실험실과 맥스웰의 미학적인 불만족에서 직접적으로 진화한 계보에 속하는 몇 가지 도구들이다. 과학을 가장 실용적으로 적용한 사례들 중 상당수가 이렇게 우연하고도, 예측할 수 없는 방식으로 이루어졌다. 빅토리아 시대에는 영국의 선구적 과학자들이 그저 앉아서, 이를테면 텔레비전을 발명하고 있을 만큼 돈이 충분하지 않았다. 이 발명품들의 효과가 긍정적이지 않다고 주장할 사람은 거의 없을 것이다. 나는 서구의 기술 문명에 깊은 환멸을 느끼는 젊은 사람들조차도 종종 타당한 이유를 들며 첨단 기술의 특정 측면들 — 예를 들어, 고성능 전자 음악 장치 — 을 여전히 열정적으로 애호하는 것을 알고 있다.

이 발명품들 중 일부는 국제 사회를 근본적으로 변화시켰다. 통신의 편의성은 세계 곳곳의 지방색을 없앴지만 문화적 다양성 역시 비슷하게 줄였다. 이 발명품들의 실질적인 이점은 거의 모든 인간 사회에서 인정받고 있다. 신흥국들이 첨단 기술의 부정적인 영향들(예를 들어 환경 오염)에 얼마나 무관심한지는 주목할 만하다. 그들은 분명히 위험보다 이익이 더 크다고 판단했다. 심지어 블라디미르 일리치 레닌(Vladimir Ilyich Lenin, 1870~1924년)은 사회주의에 전기를 더하면 공산주의가 된다고 선언하기도 했다. 그러나 서구 사회보다 첨단 기술을 활발하게 창의적으로 추구한 곳은 없다. 그 결과, 변화의 속도가 너무 빨라져서 우리 중 상당수는 그것을 따라가기조차 어려워한다. 오늘날 살아 있는 많은 사람이 최초의 비행기가 만들어지기 전에 태어나서 바이킹 호가 화성에 착륙하는 광경과 최초의 성간 탐사선인 파이오니어 10호가 태양계 끝에 도달하는 모습을 목격했다. 또 빅토리아 시대의 엄격한 성적 윤리 속에서 성장했지만 이제는 널리 보급된 효과적인 피임 기구들 덕분에 상당한 성적 자유를 만끽하는 시대를 사는 이들 역시 많다. 많은 사람이 이 변화 속도에 적응하지 못하고 어리둥절해 하고 있다. 그러니 보다 단순했던 이전 생활로 돌아가자는, 향수에 잠긴 호소가 쉽게 이해된다.

그러나 빅토리아 시대 영국에서 사람들은, 현대 산업 사회와 비교했을 때, 수준 이하의 형편없는 생활 수준과 노동 환경을 감내해야 했다. 당시의 기대 수명과 영아 사망률 통계는 충격적일 정도로 끔찍하다. 과학과 기술은 오늘날 우리가 마주하고 있는 수많은 문제에 어느 정도 책임이 있다. 그러나 그 주된 이유는 과학과 기술에 대한 대중의 이해가 지독히도 부족하며(기술은 하나의 도구이지 만병통치약이 아니다.) 우리 사회를 새로운 기술에 적응시키려는 노력 또한 불충분하다는 데 있다. 이런 사실들을 고려할 때, 나는 우리가 진행하고 있는 일들뿐만 아니라 완수한 일들 역시 놀랍다고 생각한다. 러다이트(Luddite) 같은 기술 혁신 반대 운동으로는 아무것도 해결할 수 없다. 오늘날 10억 명 이상의 사람들이 첨단 농업 기술 덕분에 굶주림에서 벗어나 간신히 영양 보충을 하고 있다. 아마도 비슷한 수의 사람들이 첨단 의료 기술 덕분에 흉터를 남기거나 심한 손상을 입히거나 목숨을 앗아 가는 질병들에 감염되지 않고 살아남을 수 있었다. 첨단 기술을 버린다면 이 기술들 역시 버려질 것이다. 과학과 기술이 우리가 가진 문제 중 일부를 초래했을지도 모르지만, 국가적으로도 전 지구적으로도 이 문제들의 해결책을 모색하는 데에 꼭 필요한 요소임은 분명하다.

과학과 기술이 발전해 오는 과정에서 과학자들은 우리의 궁극적인 목표라고 할 인본주의적 과제에 주의를 기울이지도, 대중을 설득하기 위해 충분한 노력을 쏟지도 않았다. 일례로, 인간 활동이 해당 지역뿐만 아니라 지구 환경에도 부작용을 초래할 수 있다는 사실이 점점 분명해지고 있는 현실을 살펴보자. 대기 광화학(atmospheric photochemistry)을 연구하는 몇몇 과학자들은 에어로졸 스프레이에서 나온 할로카본(halocarbon, 할로겐화 탄소) 압축 기체가 대기 중에 아주 오래 머무르면서 그곳에 있는 오존을 일부 파괴하고, 그 틈 사이로 태양 자외선이 비집고 들어와 지표면에 도달한다는 사실을 우연히 발견했다. 이 오존 파괴가 낳은 결과들 중 가장 널리 알려진 것이 백인들의 피부암 증가였다. (흑인들은 이미 오래전에 자외선 플럭스(flux, 단위 시간당 단위 면적을 통해 수송되는 특정 물리량의 비율. — 옮긴이)의 증가에 말끔하게 적응했다.) 그러나 대중은 호모 사피엔스(*Homo sapiens*)가 정점에 존재하는 정교한 먹이 피라미드에서 기초를 이루는 미생물들 역시 증가한 자외선으로 인해 파괴될지도 모른다는 훨씬 더 심각한 가능성에는 거의 주의를 기울이지 않았다. 마침내 마지못해 스프레이 깡통에서 할로카본을 금지하는 조치가 취해졌고(그러나 누구도 냉장고에 사용되는 동일한 분자들에 대해서는 걱정하지 않는 듯하다.) 그 결과 즉각적인 위험은 다소 줄어든 듯하다. 이 사건에서 가장 우려하는 부분은, 이러한 문제가 존재한다는 사실이 얼마나 우연히 발견되었는가 하는 점이다. 사실 우리는 한 연구 집단이 꽤 다른 맥락에서 작성한, 적절한 컴퓨터 프로그램 덕분에 이 문제에 접근하게 되었다. 그 프로그램은 염산과 불산이 포함된 금성의 대기 화학에 관한 것이었다. 인간의 지속적인 생존을 위해서 우리에게는 순수 과학 분야에서 매우 다양한 문제들을 연구하는 연구 집단들이 광범위하게 필요하다. 앞서의 사례보다 훨씬 심각한 사태를 야기할 수 있는 문제임에도 불구하고, 어떤 연구 집단도 아직 발견하지 못해 우리가 미처 모르고 있는 다른 문제들이 있을지도 모르기 때문이다. 할로카본이 오존층에 미치는 영향 같은, 우리가 이미 알아낸 문제들에도 다른 문제가 수없이 숨어 있을지도 모른다. 그러므로 연방 정부나 주요 대학, 혹은 사설 연구소 어디에도 신기술 개발이 초래할 수 있는 미래의 재앙들을 찾아내고 해결하는 기능을 하는, 상당한 능력과 폭넓은 권한을 가지고 충분한 지원을 받는 연구 집단이 단 하나도 없다는 사실은 충격적이다.

이러한 연구 집단과 환경 평가 조직을 수립하고 그 기관들이 자신의 권능을 발휘하게 만드는 일은 상당한 정치적 용기를 필요로 한다. 기술 사회는 생산과 소비를 수행하는 수많은 경제 주체들이 촘촘하게 네트워크로 얽혀 있는 산업 생태계를 가지고 있다. 전체 네트워크에 진동을 일으키지 않으면서 그 내부의 한 가닥을 바꾸기란 매우 어렵다. 기술 발달이 인간에게 부정적인 결과를 낳을 것이라는 판단은 누군가에게는 이익의 손실을 뜻한다. 예를 들어 할로카본 압축 기체의 주요 제조업체인 듀폰 사(DuPont Company)는 공개 토론에서 오존층을 파괴하는 할로카본에 대한 모든 결론들이 "이론적"일 뿐이라는 기이한 입장을 밝혔다. 그들은 은연중에 그 결론들이 실험적으로 검증된 이후라야, 즉 오존층이 파괴된 뒤에야 할로카본 제조를 멈출 것이라고 이야기하는 셈이다. 몇 가지 문제들에서는 추론상의 증거가 우리가 가질 수 있는 전부이다. 이런 경우에는 일단 재앙이 발생하고 나면, 너무 늦어서 그 문제들을 처리할 수 없다.

마찬가지로, 미국 정부의 새로운 부처인 에너지부(Department of Energy, 1977년 세워졌다. — 옮긴이)는 기득권의 상업적인 이익과 거리를 유지할 수 있을 경우에만, 또 기업이나 산업체가 손실을 입을 경우에도 새로운 대안들을 자유롭게 모색할 수 있을 경우에만 유능해질 수 있다. 제약 연구와 내연 기관에 대한 대안 모색, 그 외 많은 새로운 기술 분야에서도 동일한 사실이 분명히 적용된다. 나는 새로운 기술 개발이 기존 기술의 통제 아래 놓여야 한다고 생각하지 않는다. 그럴 경우 경쟁을 억제하려는 유혹이 너무나 강해지기 때문이다. 만약 미국인들이 자유 기업(free enterprise) 사회에서 살고 있다면, 실질적으로 독립적인 기업들이 미래 기술 개발 분야에서 활약하는 모습을 보게 될 것이다. 만약 기술 혁신에 헌신하는 조직들과 그들이 넓혀 가는 영토가 **소수의** 기득권 집단들에게 도전적인 것으로 받아들여지지 않는다면(그리고 심지어 상대를 불쾌하게 만들지 않는다면) 그들은 자신들의 목적을 달성하지 못하고 있는 것이다.

정부의 지원이 없어서 개발하지 못하고 있는 실용적인 기술들은 많다. 예를 들어 암처럼 괴로운 질병이 있지만, 나는 우리 문명이 이 질병 때문에 위기에 처했다는 말을 듣게 되리라고 생각하지 않는다. 암이 완전히 치유된다고 하더라도 우리의 평균 기대 수명은 오늘날 암 희생자들에게 작용할 기회를 얻지 못한 어떤 다른 질병이 암을 대체할 때까지 겨우 몇 년 동안만 늘어날 것이다. 그러나 적절한 출산율 조절 실패는 우리 문명을 근본적으로 위협하는 상황을 만들어 낼 수 있다. 인구의 기하급수적인 증가는, 토머스 로버트 맬서스(Thomas Robert Malthus, 1766~1834년)가 오래전에 깨달았듯이, 식량과 자원의 산술적인 증가보다 우세할 것이다. 새로운 기술과 경제 계획이 그 효율성을 아무리 제고한다고 해도 말이다. 일부 산업 국가들에서는 인구 성장률이 0에 가깝지만, 이것은 전세계적인 상황이 아니다.

경제 발전이 미미한 사회에서는 사소한 기후 변화가 인구 전체를 파괴할 수도 있다. 기술이 부족하고 성인으로 성장할 전망이 불투명한 사회에서는 아이를 많이 낳는 것이 절망적이고 불확실한 미래에 대한 유일한 대비책이다. 엄청난 기근에 시달리고 있는 이런 사회들은 이를테면 잃을 것이 거의 없다. 핵무기가 부도덕하게 확산되고 있으며, 핵폭탄 개발이 가내 수공업에 진배없어진 시기에, 널리 퍼진 기근과 큰 빈부 격차는 선진국과 저개발국 모두에게 심각한 위험을 초래한다. 이러한 문제에 대한 해결책은 최소한 기술적으로 자기 충족적이 되는 수준까지 향상된 교육과, 특히 세계 자원의 공정한 분배를 분명히 요구한다. 또 완벽한 피임약, 여성뿐만 아니라 남성들에게도 유용하며 한 달에 한 번이나 훨씬 더 긴 간격으로 복용하는, 장기적이며 안전한 출산 조절 알약이 절실히 필요하다. 이러한 피임약의 개발은 해외에서뿐만 아니라, 기존의 에스트로겐 경구 피임약의 부작용에 대해 상당한 우려가 표출되고 있는 이곳 가정에서도 매우 유용할 것이다. 이것을 개발하려는 주요한 노력들이 왜 행해지지 않고 있을까?

다양한 기술과 계획을 많이 제안하고 매우 진지하게 검토해야 한다. 이 기술은 비용이 매우 적게 드는 것부터 극도로 많이 드는 것까지 아우른다. 한쪽 끝에는 연성 기술(soft technology)이 있다. 연성 기술의 사례로는 시골 연못 속에 거주하면서, 영양가는 높고 비용은 극히 적게 드는 식이 보충제를 제공하는 조류와 새우, 어류가 포함된 폐쇄 생태계(closed ecological system)의 개발을 들 수 있다. 다른 쪽 끝에는 달과 소행성의 물질들을 이용해 자기 증식적인 커다란 궤도 도시들을 건설하자는 프린스턴 대학교의 제러드 키친 오닐(Gerard Kitchen O'Neill, 1927~1992년)의 제안이 있다. — 한 도시가 외계 자원으로 다른 도시를 건설할 수 있다. — 지구 궤도에 건설된 이러한 도시들은 태양 에너지를 마이크로파로 전환해 지상으로 보내는 데 활용될 것이다. 우주 공간에 독립적인(각자 상이한 사회적, 경제적, 정치적인 전제들 위에 세워지거나 다른 민족을 선조로 둔) 도시들을 건설하자는 발상은 매력적이며 지구 문명에 깊은 환멸을 느낀 사람들이 자력으로 어딘가 다른 곳에서 독립할 수 있는 기회이기도 하다. 예전에 아메리카 대륙은 지루해서 가만히 못 있는 사람이나 야심가와 모험가에게 그러한 기회를 제공했다. 우주 도시는 일종의 하늘에 있는 신대륙이다. 그들은 또한 인류의 생존 가능성을 크게 향상시킬 것이다. 그러나 이 프로젝트는 대략적으로만 따져도 최소한 베트남 전쟁에 소모된(생명이 아니라 자원 측면에서) 비용이 들 정도로 극단적으로 돈이 많이 든다. 덧붙여, 이 아이디어에는 지상의 문제들을 버리고 떠난다는 걱정스러운 함의가 있다. 어쨌든 지구에서는 훨씬 적은 비용으로 자족적인 개척 사회들을 수립할 수 있다.

확실히, 우리가 감당할 수 있는 수준보다 현재 가능한 기술 계획들이 더 많다. 그것들 중 일부는 비용 대비 효용이 극히 높은데도 착수 비용이 너무 커서 실현되지 못하고 있을지도 모른다. 또 어떤 프로젝트들은 초기에 대담한 자원 투자를 요구할 수도 있으며, 이것은 우리 사회에서 자애로운 혁명을 일으킬 것이다. 이 대안들은 굉장히 조심스럽게 고려되어야 한다. 가장 신중한 전략은 '낮은 위험/보통 생산성'과 '보통 위험/높은 생산성'의 결합을 찾는 것이다.

이러한 기술 계획들이 받아들여져 지원을 받으려면, 과학과 기술에 대한 공공의 이해가 상당히 향상되어야 한다. 우리는 생각하는 존재들이다. 마음은 다른 종과 구별되는 우리의 특징이다. 우리는 이 행성을 공유하고 있는 다른 동물들보다 더 강하거나 빠르지 않다. 오직 더 영리할 뿐이다. 과학 지식을 갖춘 대중이 과학과 기술에 대한 성찰까지 갖추게 된다면 우리는 지적 능력을 한계까지 발휘할 수 있다. 과학은 우리가 사는 복잡하고 미묘하며 경탄할 만한 우주에 대한 탐구이다. 과학을 수행하는 사람들은 적어도 가끔씩, 소크라테스가 말했던 인간의 기쁨 중 가장 큰, 드문 종류의 유쾌한 기분을 느끼게 된다. 이 기쁨은 전달 가능하다. 기술적인 결정을 내릴 때 박식한 대중의 참여를 용이하게 만들고, 많은 시민이 기술 사회에서 느끼는 소외감을 줄이며, 심오한 사실을 알게 되는 데에서 오는 순수한 즐거움을 위해서, 우리에게는 더 좋은 과학 교육과 과학의 힘과 즐거움에 대한 향상된 의사 소통이 필요하다. 쉽게 시작할 수 있는 지점은 과학 연구자들과 대학 교수들, 대학원생들과 박사 후 연구생들에게 주는 연방 정부의 장학금과 연구비를 괴멸적인 감소 상태에서 원상태로 되돌리는 일이다.

과학을 대중에게 전달하는 가장 효과적인 매체는 텔레비전과 영화, 신문이다. 여기서 과학은 종종 따분하고 부정확하며 장황한 내용으로 지독히 왜곡되거나 (아이들을 위한 토요일 아침 방송의 여러 상업 프로그램들에서처럼) 적대적인 존재로 제시된다. 최근 행성 탐사와 우리의 정서적인 삶에 영향을 주는 작은 뇌 단백질의 역할, 대륙 충돌과 인류 진화(그리고 우리의 과거가 우리의 미래를 예견하는 정도), 또 물질의 기본 구조(와 기본 입자가 존재하는지 아니면 그것보다 더 작은 입자로 무한정 환원될 수 있는지에 대한 의문), 다른 별의 문명과 교신하려는 시도, 유전 암호(genetic code)의 성질(우리의 유전을 결정하며 우리를 지구의 다른 모든 동식물의 사촌으로 만든다.), 생명과 세계, 전체로서의 우주의 기원과 본성, 운명에 대한 근본적인 질문들에 관한 놀라운 발견들이 이루어졌다. 이 문제들에 관한 최근의 발견들은 지능이 있는 사람이면 누구나 이해할 수 있다. 그런데도 이 발견들이 대중 매체나 학교, 또는 일상 대화에서 그렇게 드물게 논의되는 이유는 무엇일까?

문명은 이러한 질문들에 접근하는 방식과, 신체뿐만 아니라 정신에도 자양분을 공급하는 방식으로 특징지을 수 있다. 이 의문들에 대한 현대 과학의 연구는 궁극적으로는 우주에서 우리가 어디 있는지를 알기 위한 시도이다. 그것은 개방적인 창조성과 의지력이 강한 회의적인 태도, 건강한 경이감을 요구한다. 이 의문들은 내가 앞서 논의했던 현실적인 쟁점들과는 다르지만 그 쟁점들과 연결되어 있으며, 패러데이와 맥스웰의 사례에서처럼, 순수 연구에 대한 격려가 우리가 대면하고 있는 현실적인 문제들을 다룰 지적이고 기술적인 수단들을 갖추게 할 약속으로 이어질 수도 있다. 경우에 따라서는 지금 당장 유용함을 가져다주는 가장 믿을 만한 약속이 될 수도 있다.

대부분의 재능 있는 젊은이들 중 극소수만이 과학계에 입문한다. 나는 초등학교 학생들의 과학에 대한 열정과 역량이 대학생들보다 더 낫다는 데 놀라고는 한다. 아이들의 흥미를 꺾을 만한 어떤 일이 학창 시절에 일어난다. (그 시기가 주로 사춘기는 아니다.) 우리는 이 위험한 좌절을 이해하고 피해야만 한다. 누구도 미래의 과학 지도자가 어디에서 나타날지 예측할 수 없다. 아인슈타인은 학교 교육 덕분이 아니라, 학교 교육에도 불구하고 과학자가 되었다. (3장 참조) 맬컴 엑스(Malcolm X, 1925~1965년)는 자서전에서 기록을 전혀 남기지 않고도 머릿속에 평생 동안의 거래를 완벽하게 기억하고 있는 도박꾼 이야기를 묘사한다. 맬컴 엑스는 이런 사람이 적절한 교육과 격려를 받았다면 사회에 어떤 기여를 했을지 묻는다. 우수한 젊은이들은 한 나라의 자원인 동시에 지구의 자원이다. 그들은 특별한 보살핌과 영양 공급을 필요로 한다.

우리가 대면하고 있는 문제들 중 상당수는 우수하고 대담하며 복잡한 해결책들을 기꺼이 받아들일 경우에만 해결될 수 있다. 이러한 해결책들은 우수하고 대담하며 복잡한 사람들을 필요로 한다. 나는 그들이 우리가 알고 있는 것보다 훨씬 더 많이 우리 주위 — 모든 나라와 모든 민족, 모든 경제 체제 — 에 존재한다고 믿는다. 이러한 젊은이들에 대한 훈련은 과학과 기술에 한정되지 말아야 한다. 실제로 새로운 기술을 인간의 문제들에 인도주의적으로 깊이 있게 적용하는 일은 인간의 본성과 문화에 대한 깊은 이해와 가장 넓은 의미에서의 교양 교육을 요구한다.

우리는 인류 역사의 교차로에 서 있다. 이처럼 위태로우면서도 동시에 전도유망한 순간은 지금이 처음이다. 우리는 자신의 진화를 직접 다루는 첫 번째 종이다. 처음으로 우리는 의도했든 아니든 자멸의 수단을 손에 넣었다. 나는 우리가 기술의 청소년기를 통과해 전 인류를 오래 지속되며 풍요롭고 성취감을 주는 성숙한 단계로 이끌고 갈 수단을 가지고 있다고 믿는다. 다만, 우리가 아이들과 미래를 어느 갈림길로 인도할지 결정할 시간이 얼마 남지 않았을 뿐이다.

2부

역설가들

5장

몽유병자들과 미스터리를 퍼뜨리는 사람들

옥스퍼드 회의에서 식물의 심장 박동이 과학자들을 전율시킨다.
힌두교도 학자가 식물에서 '피'가 흐르는 모습을 보여 주어
더 큰 파장을 일으킨다.
자리에 앉아 열중하는 청중은
강연자가 금어초를 사투로 몰아넣는 모습을
무아경이 되어 지켜본다.

—《뉴욕 타임스》, 1926년 8월 7일

윌리엄 제임스는
'믿으려는 의지'를 설파하고는 했다.
나로서는, '의심하려는 의지'를
설파하기를 희망한다. ……
필요한 것은 믿으려는 의지가 아니라
정확히 정반대되는, 알아내려는 소망이다.

— 버트런드 러셀, 『우리는 합리적 사고를 포기했는가』, 1928년

2세기 로마 황제 마르쿠스 아우렐리우스(Marcus Aurelius, 121~180년)가 통치하던 시대 그리스에는 아보누티쿠스의 알렉산드로스(Alexandros of Abonotechus, 105?~170년)라는 일류 사기꾼이 살았다. 잘생기고 영리하며 완벽하게 파렴치한 그는 "불가사의한 주장들에 기식(寄食)해서 살았다." 그가 저지른 사기 행각 중 가장 유명한 사례를 보자. "그는 황금빛 스팽글로 장식된 샅바만 걸치고 시장에 난입했다. 샅바와 언월도 외에는 아무것도 지니지 않고 키벨레(Cybele, 고대 소아시아 지방의 대지모신으로 풍요와 다산의 여신이다. — 옮긴이)의 이름을 팔아 돈을 모으는 광신도처럼, 그는 긴 머리를 풀어 헤쳐 흔들면서 우뚝 솟은 제단 위로 기어오르고 새로운 신의 출현을 예언하는 열변을 토했다." 그 후 알렉산드로스는 한 무리의 군중들을 이끌고 신전의 건축 부지로 쏜살같이 달려가, 내부에 새끼 뱀을 봉해 넣은 거위 알을 자신이 미리 묻어 놓은 장소에서 발견했다. 알을 연 후 그는 그 안의 작은 뱀이 예언된 신이라고 선언했다. 알렉산드로스는 며칠 동안 자택에서 은둔한 후 군중을 맞았다. 그들은 이제 커다란 뱀이 그의 몸을 감고 있는 것을 목격하고는 숨을 죽였다. 그 작은 뱀은 그사이에 인상적으로 성장해 있었다.

그 큰 뱀은, 사실, 이 일을 위해 마케도니아에서 조달한 크고 다루기 편리한 품종이었고 인간의 얼굴과 비슷한 모습을 한 리넨으로 만든 탈을 쓰고 있었다. 방 안의 불빛은 어둑했고 북새통을 이루는 군중 때문에 어떤 방문객도 아주 오래 머물거나 그 뱀을 찬찬히 검사할 수 없었다. 여론은 이 예언자가 실제로 신을 인도했다는 것이었다.

그 뒤 알렉산드로스는 신이 대답할 준비가 되었다고 선언했다. 질문을 적어 봉투에 담고 밀봉해 제출하면 봉투를 열어 보지 않고도 질문이 뭔지 알고 답한다는 것이었다. 그러나 그는 혼자 있을 때 몰래 봉랍을 들어내거나 복제한 다음 봉투를 열고 질문을 읽었다. 그리고 그 사실을 감추고 회신을 달았다. 사람들은 사람의 머리를 가진 신성한 큰 뱀이라는 경이를 목격하려고 전국에서 떼를 지어 몰려왔다. 나중에 신탁이 모호할 뿐만 아니라 지독히 잘못되었다고 밝혀진 경우에도 알렉산드로스는 단순한 해결책을 사용했다. 그는 자기가 쓴 답신 기록을 바꿨다. 만약 어떤 부자의 질문에서 그들의 어떤 약점이나 죄책감을 느끼게 하는 비밀을 발견할 경우, 알렉산드로스는 그들의 재산을 부당하게 취득하는 데 조금의 가책도 느끼지 않았다. 이 모든 사기 행위의 결과, 그는 오늘날로 치면 연봉 수만 달러에 달하는 수입과 당대에는 견줄 사람이 거의 없는 명성을 얻었다.

신탁을 사칭한 알렉산드로스를 보고 웃을지도 모른다. 물론 우리는 모두 미래를 예언하고 신과 접촉하고 싶어 한다. 그러나 현대인들은 이러한 사기꾼들의 속임수에 넘어가지 않을 것이다. 아니다. 벌써 넘어갔을지도 모른다. 모리스 러마 킨(Morris Lamar Keenc, 1936~1996년)은 13년을 영매로 지냈다. 그는 미국 플로리다 주 탬파에 있는 뉴에이지 집회 교회(New Age Assembly Church)의 목사이자 세계 심령술사 협회(Universal Spiritualist Association)의 이사였으며 오랫동안 미국 심령술사 운동(American spiritualist movement)에서 중요한 역할을 한 인물이었다. 그는 또한 직접 경험해 알게 된 사실로부터, 영혼 읽기와 교령회(交靈會), 죽은 자로부터 영매가 받은 메시지는 거의 모두 사망한 친구나 친척에 대한 우리의 비탄과 갈망을 착취하기 위한 의도적인 속임수라고 자백한 사기꾼이기도 했다. 킨은 알렉산드로스처럼 밀봉된 봉투에 담겨 전해지는 질문들에 답했다. (이 경우에는 사적으로가 아니라 설교단에서 그렇게 했다.) 그는 봉투를 일시적으로 투명하게 만드는 방법을 사용했다. 밝은 램프를 숨겨서 비춰 보거나 봉투 위에 라이터 기름을 마구 발라서 그 내용을 보았다. 그는 잃어버린 물건들을 발견했고 "누구도 알 수 없는" 사람들의 사생활을 경악스럽게 폭로했으며, 영혼과 교감하고 교령회의 어둠 속에서 심령체를 구현했다. 이 모든 일들은 아주 단순한 속임수와 변함없는 자신감, 무엇보다도 그가 자신의 교구민들과 고객들에게서 발견한 전혀 의심하지 않는 태도와 엄청난 맹신에 기초해 이루어졌다. 킨은 해리 후디니(Harry Houdini, 1874~1926년. 1900년대 초 '벽을 통과하는 마술'로 유명한 탈출 마술의 대가로 가짜 초능력자나 영매를 적발하는 일도 했다. — 옮긴이)처럼, 이러한 사기가 심령술사들 사이에서 만연할 뿐만 아니라, 심령술사들이 교령회를 더 놀라운 것으로 만들려고 잠재적인 고객에 대한 정보를 교환할 만큼 극도로 조직화되었다고 믿었다. 알렉산드로스의 큰 뱀 사기극처럼 교령회들은 모두 어둑한 방에서 벌어진다. 빛 속에서는 속임수가 너무 쉽게 간파되기 때문이다. 가장 많이 벌던 시절에 킨은 아보누티쿠스의 알렉산드로스와 동등한 재산을 일궜으며, 그만큼 많이 벌었다.

알렉산드로스의 시대부터 우리 시대까지, 실제로는 아마도 인간이 이 별에 거주해 온 시간만큼이나 오랫동안, 사람들은 불가사의하거나 초자연적인 지식을 가지고 있는 척하면 돈을 벌 수 있다는 사실을 알고 있었다. 이 속임수들 중 일부에 대한 매력적이고 계몽적인 설명을 1852년, 런던에서 출간된 놀라운 책인, 찰스 맥케이(Charles Mackay, 1814~1889년)의 『대중의 미망과 광기(*Extraordinary Popular Delusions and the Madness of Crowds*)』에서 발견할 수 있다. 버나드 맨스 바루크(Bernard Mannes Baruch, 1870~1965년)는 이 책이 수백만 달러를 아끼게 해 주었다고 주장했다. 아마도 투자하지 말아야 하는 멍청한 계획들을 경고해 주었기 때문이리라. 맥케이는 연금술과 예언, 신앙 치료에서 흉가와 십자군, "전쟁과 종교가 머리카락과 수염에 미치는 영향력"까지 다루었다. 이 책의 가치는, 신탁을 사칭한 사기꾼인 알렉산드로스 사건의 전말처럼, 묘사된 사기와 속임수가 과거의 이야기라는 데 있다. 상당수의 사기 행위는 우리 시대에는 무의미하고 우리의 열정도 강하게 사로잡지 못한다. 다른 시대의 사람들이 어떻게 속았는지는 분명하다. 그러나 이런 사례들을 읽고 나면 이것과 비슷한 현재의 속임수들은 무엇일지 궁금해지기 시작한다. 사람들은 언제나처럼 감정적이며, 의심은 아마도 다른 시대에 그랬던 것처럼 오늘날에도 인기가 없다. 따라서 우리 시대에도 사회 곳곳에 속임수들이 많이 존재할 것이며 실제로도 그렇다.

알렉산드로스의 시대에도 맥케이의 시대처럼 종교는 가장 많이 받아들여지는 통찰력의 원천이자 지배적인 세계관이었다. 대중을 속이는 사업은 종종 종교적인 언어로 스스로를 포장했다. 물론, 이런 일들은 참회한 심령술사들의 증언과 최신 뉴스 속보들이 충분히 입증해 주듯이 여전히 벌어지고 있다. 과거 수백 년 동안, 좋든 나쁘든, 과학은 우주의 신비를 이해하는 주된 수단으로 대중의 마음속에 자리 잡았다. 따라서 당대의 많은 속임수들이 '과학스러움'의 탈을 쓰리라고 기대할 수 있으며 실제로도 그렇다.

19세기에는 대중의 흥미를 자극하는 주장들과, 사실로 밝혀질 경우 상당한 과학적인 중요성을 지니게 될 주장들이 과학의 변경 지대나 경계에서 많이 만들어졌다. 우리는 그중 대표적인 사례들만 간략히 살펴볼 예정이다. 이 주장들은 상궤를 벗어나는, 단조로운 세상에서의 탈피이며 일종의 암시적 희망이다. 일례로, 우리에게 아직 개발되지 않은 막대한 힘이 내재되어 있다거나, 보이지 않는 힘들이 우리를 스스로에게서 구해 주려고 한다거나, 우주에 아직 의식되지 않은 패턴과 조화가 존재한다는 주장들이 있다. 좋다. 과학도 때때로 이런 주장들을 한다. 예를 들어, 우리가 세대 간에 물려받는 유전 정보가 DNA라고 불리는 하나의 긴 분자 속에 암호화되어 있다는 사실을 처음 깨달았을 때나 만유인력이나 대륙 이동, 핵에너지 이용 방법, 생명의 기원에 대한 연구나 우주의 초기 역사에 대한 가설들을 처음 내놓았을 때 그런 주장을 했다. 그렇다면 몇몇 추가 주장들, 예를 들어 특별한 의지를 발휘하면 다른 사물에 기대지 않고도 공중에 떠 있을 수 있다는 주장은 이 주장들과 어떤 점에서 그렇게 다른 것일까? 전혀 다르지 않다. 증명의 문제만 제외하면 말이다. 공중 부양이 가능하다고 주장하는 사람은 통제된 조건에서 의심하는 청중 앞에서 자신의 주장을 증명할 의무가 있다. 입증 책임은 의심하는 사람들이 아니라 주장하는 사람들에게 있다. 이러한 주장들은 너무나 중요해서 경솔하게 생각할 수 없다. 공중 부양에 관한 많은 주장들이 지난 100년 동안 만들어졌지만, 환한 빛 속에서 누구의 도움도 없이 공중으로 5미터 가까이 솟아오르는 사람의 영상이 속임수를 배제한 조건에서 촬영된 적은 결코 없다. 만약 공중 부양이 가능하다면, 그것이 과학에 미치는, 더 일반적이게는 인간에 미치는 영향은 어마어마할 것이다. 무비판적인 관찰이나 사기성 주장을 만들어 내는 사람들은 우리를 오류로 이끌며 세계가 작동하는 방식을 이해하려는 인간의 중요한 목표를 이루지 못하게 막는다. 이런 이유로 진리를 아무렇게나 대하는 태도는 상당히 심각한 문제이다.

유체 이탈

먼저 유체 이탈(astral projection)이라고 불리는 상태를 살펴보자. 종교적인 황홀경이나 최면 상태, 혹은 이따금 환각제의 영향을 받은 사람들 중에는 신체 밖으로 걸어 나오거나 하는 식으로 몸을 떠나 방 안의 다른 장소로(종종 천장 근처로) 이동하거나 힘들이지 않고 공중을 떠다니다가 이 경험이 끝나면 신체와 재결합했다고 구체적으로 보고하는 이들이 꽤 있다. 이러한 일이 실제로 일어난다면, 확실히 상당한 중요성을 지닐 것이다. 이 상태는 인간 본성의 성격에 관한, 심지어는 '삶과 죽음'에 관한 어떤 사실을 시사할지도 모른다. 실제로 근사(近死) 체험을 한 사람들이나 임상적으로 사망을 선고받았다가 부활한 사람들은 비슷한 느낌을 받았다고 보고한다. 그러나 어떤 느낌이 보고되었다는 사실이 그 느낌을 주는 사건이 주장대로 일어났다는 의미는 아니다. 예를 들어 인간에게 특정 조건에서 항상 유체 이탈과 동일한 환각을 경험하게 만드는 공통 경험이나 신경 해부학적 결함이 있을지도 모른다. (25장 참조)

유체 이탈을 검증할 수 있는 간단한 방법이 있다. 당신이 없을 때, 친구에게 도서관에 높이 달린 접근이 불가능한 선반 위에 표지가 위로 오도록 책을 놓아두게 한다. 그 뒤, 당신이 유체 이탈을 경험하면, 책으로 날아가서 그 제목을 읽는다. 신체가 다시 깨어났을 때, 당신이 제목을 정확하게 말할 수 있으면 당신은 유체 이탈의 물리적 실재성에 대해 약간의 증거를 제공하게 될 것이다. 물론, 주위에 아무도 없을 때 몰래 훔쳐본다거나 친구나 그 친구가 말해 준 다른 사람에게서 전해 듣는 일처럼 당신이 이 책의 제목을 알 수 있는 디른 방법이 없어야만 한다. 후자의 가능성을 없애려면 실험을 '이중 맹검(double blind)' 방식으로 진행해야 한다. 즉 당신의 존재를 완전히 모르며, 당신 역시 전혀 알지 못하는 누군가가 책을 골라서 놓아두고 당신의 대답이 정확한지 판단해야만 한다. 내가 아는 한, 이처럼 통제된 조건에서 회의론자들이 참석한 가운데 유체 이탈에 대한 실증이 이루어졌다는 보고는 없다. 나는 유체 이탈의 가능성을 배제하지는 않지만 그것을 믿을 만한 이유가 거의 없다는 결론을 내렸다. 하지만 버지니아 주립 대학교의 정신과 의사인 이언 프레티맨 스티븐슨(Ian Pretyman Stevenson, 1918~2007년)은 몇 가지 증거들을 축적해 놓고 있다. 그는 인도와 근동 지역에 사는 어린이들 중에 방문한 적이 한번도 없는데다가 현재 사는 곳과 적당히 떨어진 지역에서 살았던 전생을 굉장히 상세하게 기억하고 있는 이들이 있다는 사실을 보고하고 있다. 추가 연구는 아이가 묘사한 전생에 매우 잘 부합하는 인물이 최근 사망한 사람들 중에 있다는 사실을 입증했다. 그러나 이것은 통제된 조건에서 수행된 실험이 아니며, 최소한 그 아이가 우연히 들었거나 조사자가 무의식중에 정보를 줬을 가능성도 존재한다. 스티븐슨의 연구는 아마도 '초감각 지각'에 관한 동시대의 모든 연구들 중에서 가장 흥미로울 것이다. (스티븐슨의 환생 연구는 그의 제자인 짐 터커(Jim B. Tucker, 1960년~)를 통해 2019년 현재도 버지니아 주립 대학교에서 수행되고 있다. — 옮긴이)

강신술

1848년 뉴욕 북부에 마거릿 폭스(Margaret Fox, 1833~1893년)와 케이트 폭스(Kate Fox, 1837~1892년)라는 두 소녀가 살고 있었다. 내가 하려는 이 믿기 어려운 이야기는 이 소녀들에 대한 것이다. 그녀들 앞에서는 톡톡 두드리는 불가사의한 소음이 들렸고 나중에 이 소리는 영적인 세계에서 온 메시지를 암호화한 것으로 이해되었다. 영혼에게 무엇인가 물었을 때, 한 번 두드리는 것은 '아니요.'를, 세 번 두드리는 것은 '예.'를 의미했다. 폭스 자매는 큰 파장을 일으켰고, 그녀들의 언니가 조직한 전국 순회 행사를 다녔으며, 엘리자베스 배럿 브라우닝(Elizabeth Barrett Browning, 1806~1861년) 같은 유럽 지성인들의 열렬하고 집중적인 관심을 받았다. 폭스 자매의 (영혼의) '현현(顯現, manifestation)'은 소수의 재능 있는 사람들이 특별한 의지를 기울이면 죽은 자의 영혼과 소통할 수 있다고 믿는, 현대 강신술 또는 강령술의 기원이 되었다. 킨의 동료들은 폭스 자매에게 실질적으로 빚을 지고 있다.

맨 처음 '현현'이 나타나고 40년 후, 양심의 가책을 느낀 마거릿 폭스는 자백서를 작성하고 서명했다. 그 톡톡 소리는 손가락 마디를 꺾는 것과 아주 똑같이, 외관상 움직이거나 힘을 쓰지 않고 선 자세에서 발가락과 발목의 관절들을 꺾어서 만든 것이었다. "이렇게 그 일은 시작되었어요. 처음에는, 엄마를 놀래 주기 위한 단순한 장난이었어요. 그 뒤, 너무나 많은 사람이 어린 우리를 보러 왔고 우리는 겁을 먹었죠. 자신을 보호하려고 그 일을 계속할 수밖에 없었어요. 우리가 매우 어렸기 때문에 누구도 우리가 장난을 치고 있다고 의심하지 않았어요. 언니는 고의로, 엄마는 무심코 우리를 이끌어 갔죠." 그들의 순회 공연을 조직했던 맏언니는 이 사기 행각을 완전히 인식하고 있었던 것 같다. 그녀의 동기는 돈이었다.

폭스 자매 사건의 가장 교훈적인 측면은 그렇게 많은 사람이 기만당했다는 사실이 아니다. 그것보다는 오히려 마거릿 폭스가 자신의 "초자연적으로 큰 발가락"으로 뉴욕 시어터(New York Theater)의 무대 위에서 공개 시연회를 열어 거짓말을 자백한 후에도 속임수에 넘어갔던 사람들 중 상당수가 여전히 그 사기 행각을 인정하기 거부했다는 점이다. 그들은 마거릿이 어떤 급진주의자의 심문 때문에 고백을 강요받았다고 상상했다. 사람들은 자신들의 맹신이 입증되는 것을 좀처럼 고마워하지 않는다.

카디프 거인

1869년에 실물보다 큰 조각상이 뉴욕 서부에 있는 카디프(Cardiff) 마을 근처에서 한 농부가 "우물을 파는 동안" 출토되었다. 성직자들과 과학자들은 이 상이 과거 수 세기 전에 살았던 사람이 화석화된 것이며 아마도 성서의 설명을 확인시켜 줄 것이라고 엇비슷하게 단언했다. "그 시대에는 거인이 있었습니다." 꽤나 정교한 이 조각상의 세부 사항들을 놓고 많은 사람이 논평을 했다. 심지어 이 조각상에는 세밀한 정맥 혈관 조직들까지 있었다. 그러나 이 조각상을 좋아하지 않는 사람들도 있었다. 코넬 대학교의 초대 총장이었던 앤드루 딕슨 화이트(Andrew Dickson White, 1832~1918년)는 이것이 축출해야 하는 경건한 거짓말이자 형편없는 조각품이라고 선언했다. 이후 세밀한 조사로 이 조각상이 매우 최근에 만들어졌다는 사실이 밝혀졌으며, 그 결과 카디프 거인이 그저 조각상에 지나지 않으며, 스스로를 "담배 장수이자 발명가, 연금술사이자 무신론자"로 묘사하는 사업가, 빙엄턴의 조지 헐(George Hull of Binghamton)이라는 사람이 획책한 거짓말이라는 사실이 드러났다. 그 '정맥 혈관'은 조각을 새긴 바위의 자연적인 무늬였다. 속임수의 목적은 구경꾼들에게 바가지를 씌우는 것이었다.

그러나 이 불편한 폭로에도 카디프 거인을 석 달간 대여하는 데 6만 달러를 지불한 미국의 사업가 피니어스 테일러 바넘(Phineas Taylor Barnum, 1810~1891년)은 당황하지 않았다. 바넘이 이동 전시회에 이 조각상을 내놓는 데 실패하자(주인이 너무 많은 돈을 벌고 있어서 조각상을 빌려주지 않았다.), 넉넉한 주머니 사정과 고객들의 외경심에 힘입어, 그는 간단히 복제품을 만들어서 전시회에 내보냈다. 대부분의 미국인이 보았던 카디프 거인은 이 복제품이다. 바넘은 가짜의 가짜를 전시한 셈이다. 현재 원본은 뉴욕의 쿠퍼스타운에 있는 파머스 뮤지엄(Farmer's Museum)에 있다. 바넘과 헨리 루이스 멩켄(Henry Louis Mencken, 1880~1956년)은 둘 다, 지금껏 미국 대중의 지능을 평가 절하한 사람치고 돈 못 번 사람이 없다는 우울한 의견을 말했다고 전해진다. 이 말은 전 세계에 적용될 수 있다. 그러나 부족한 것은 지능이 아니다. 지능은 충분하다. 오히려, 부족한 것은 비판적인 사고의 체계적인 훈련이다.

영리한 한스, 계산할 줄 아는 말

20세기 초반에 읽고 계산할 줄 알며 세상의 정치적인 사건들에 깊은 식견을 보이는 말이 있었다. 혹은 그렇게 보이는 말이 있었다. 이 말은 영리한 한스(Clever Hans, 1895~1916년)라고 불렸다. 그의 주인은 모든 사람들이 절대 사기는 못 치는 성격이라고 말하는 나이 든 베를린 사람인 빌헬름 폰 오스텐(Wilhelm von Osten, 1838~1909년)이었다. 유명한 과학자들로 꾸려진 대표단이 이 말의 경이로운 행동을 관찰한 후 진짜라고 선언했다. 한스는 자신에게 제출된 수학 문제에 앞발을 부호처럼 두드려서 대답했으며, 비수학적인 질문에는 서구인들의 전통에 따라 머리를 위아래로 끄덕이거나 좌우로 저어서 대답했다. 예를 들어 누군가 "한스, 9의 세곱근에 2를 곱한 뒤 1을 빼면 얼마야?"라고 물으면, 한스는 잠시 멈춰 있다가 얌전하게 오른쪽 앞발을 들어 땅을 5번 두드릴 것이다. 모스크바가 러시아의 수도였지? 고개를 가로젓는다. 상트페테르부르크는 어때? 고개를 끄덕인다.

프로이센 과학 아카데미는 더 자세한 조사를 위해 오스카어 풍스트(Oskar Pfungst, 1874~1932년)가 이끄는 조사단을 파견했다. 한스의 능력을 열렬히 믿었던 오스텐은 이 조사를 환영했다. 풍스트는 흥미로운 규칙을 여럿 알아챘다. 질문이 어려우면 어려울수록, 한스가 대답하는 데 더 많은 시간이 걸렸다. 오스텐이 정답을 모를 때에는 한스도 마찬가지로 몰랐다. 오스텐이 방 밖에 있을 때나 말이 안대를 찼을 때에는 정확한 답변이 제출되지 않았다. 그러나 어떤 때에는, 오스텐이 방 밖에 있을 뿐만 아니라 마을에서 벗어나 있고, 한스가 자신을 의심하는 사람들에게 둘러싸여 낯선 장소에 있을 때 올바른 대답을 하는 적도 있었다. 드디어 해답이 명확해졌다. 수학적인 질문이 제시되었을 때, 오스텐은 한스가 너무 적게 두드리지나 않을지 걱정하면서 다소 긴장하고는 했다. 그러나 한스가 두드리는 횟수가 정답에 이르면, 오스텐은 무의식적으로 미세하게 고개를 끄덕이거나 긴장을 풀었다. 대부분의 인간들은 감지할 수 없을 정도로 미세한 변화였지만, 정확하게 대답하면 보상으로 각설탕을 받는 한스에게는 그렇지 않았다. 회의적인 관찰자들 역시 질문이 제출되자마자 한스의 발을 쳐다보면서 말의 두드림이 정답에 가까워지면 몸짓이나 자세를 바꿔 반응을 나타냈다. 한스는 수학에 대해 전혀 몰랐지만 무의식적이며 비언어적인 실마리들에는 매우 민감했다. 구두로 질문을 제시했을 때에도 비슷한 신호들이 부지불식간에 이 말에게 전달되었다. 영리한 한스라는 이름은 적절했다. 이 말은 사람을 길들였으며, 이전에는 결코 만난 적이 없는 다른 사람들이 자신에게 필요한 실마리들을 제공한다는 사실을 발견했다. 그러나 풍스트의 분명한 증거에도 불구하고 정치적으로 현명하며 숫자 세기와 읽기를 할 줄 아는 말들, 돼지들,

거위들에 대한 비슷한 이야기들이 여러 나라들에서 속기 쉬운 사람들을 계속해서 괴롭히고 있다.*

예지몽

초감각 지각의 가장 명백한 놀라운 사례 중 하나는 사전 인지 경험으로 임박한 재난이나 사랑하는 사람의 죽음 또는 오랫동안 연락이 끊긴 친구로부터 온 소식을 사람이 강렬하게 지각하고 그 뒤 예측된 사건이 일어나는 경우를 말한다. 이러한 경험을 한 적이 있는 많은 사람들이 예지의 정서적인 강도와 차후의 입증이 다른 현실 세계와 접촉했다는 아주 강한 느낌을 일으킨다고 보고한다. 나 역시 그런 경험을 한 적이 있다. 몇 년 전, 한밤중에 식은땀에 젖어 깨어났다. 가까운 친척이 갑자기 죽었다는 확고한 생각이 들었다. 이 강렬한 느낌에 사로잡힌 나는 안부 확인 장거리 전화조차 걸기가 꺼려졌다. 혹시나 그 친척이 전화선(혹은 다른 무언가)에 발이 걸려 넘어지는 바람에 이 느낌이 자기 실현적 예언이 될지도 모른다는 두려움이 들어서였다. 사실, 그 친척은 살아서 잘 지내고

* 예를 들어 버지니아 주 출신인 '레이디 원더(Lady Wonder)'라는 말은 코로 문자가 적힌 나무 블록을 배열해 질문에 답할 수 있었다. 이 말은 주인에게 은밀하게 제출한 질문에도 대답할 수 있었기 때문에 초심리학자인 조지프 뱅크스 라인(Joseph Banks Rhine, 1895~1980년)은 이 말이 글자를 읽고 쓸 수 있을 뿐만 아니라 텔레파시 능력도 있다는 의견을 표명했다. (*Journal of Abnormal and Social Psychology*, 23, 449, 1929) 마술사인 존 스카니(John Scarne, 1903~1985년)는 레이디 원더가 자신의 머리를 블록 쪽으로 향할 때 주인이 블록들에서 단어를 유도해 내려고 채찍으로 말에게 의도적으로 신호를 보내고 있음을 발견했다. 주인은 말의 시야 밖에 있는 것처럼 보였지만 말들은 주변시가 아주 뛰어나다. 영리한 한스와 달리, 레이디 원더는 사기의 의도적인 공범이었다.

있었고 그 경험의 심리적인 근원이 무엇이었든, 여기에는 현실 세계에 임박한 사건이 반영되지 않았다.

그러나 그 친척이 실제로 그날 밤 죽었다고 가정해 보자. 당신은 그것은 우연이었을 뿐이라고 나를 설득하느라 애먹었을 것이다. 미국인들이 모두 인생에 한두 번만이라도 이렇게 전조를 느끼는 경험을 한다면, 보험 통계만으로도 미국 곳곳에서 일어나는 이런 예지적인 사건들이 1년에 몇 번 일어나는지 쉽게 산출할 수 있을 것이다. 우리는 이러한 사건들이 꽤 빈번하게 일어나고 있다고 추정할 수 있지만, 흉몽을 꾸고 곧바로 그 꿈이 실현된 사람들은 이 경험을 기괴하다고 경외롭다고 느낄 것이다. 이러한 우연이 몇 달에 한 번씩 **누군가**에게 일어나고 있는 것이 틀림없지만 예언의 실현을 경험한 사람들은 당연히 그것을 우연으로 설명하기를 거부한다.

그 경험 후 나는 현실로 입증되지 않은 강렬한 예지몽에 관해 초심리학 연구소에 편지를 보내지 않았다. 기록할 만한 가치가 없었기 때문이다. 그러나 내가 꾼 죽음이 실제로 일어났다면, 그 편지는 예견의 증거로 인식되었을 것이다. 안타는 기록되지만 실책은 그렇지 않다. 따라서 인간 본성은 이러한 사건들의 빈도를 편향되게 보고하도록 무의식적으로 모의한다.

신탁을 사칭한 사기꾼인 알렉산드로스와 킨, 유체 이탈, 폭스 자매와 카디프 거인, 영리한 한스와 예지몽 같은 사례들은 과학의 경계나 주변부에서 만들어지는 전형적인 주장들이다. 놀라운 주장들 — 일상에서 벗어나거나 경이롭거나 굉장한 주장들, 아니면 적어도 지루하지 않은 주

장들이 제기된다. 이 주장들은 비전문가들이 수행하는 피상적인 정밀 검사에서 살아남고, 때로는 훨씬 정밀한 조사도 통과해 유명인들과 과학자들의 지지까지 얻기도 한다. 이 주장이 타당하다고 한번 받아들인 사람들은 관습적인 설명 시도에 저항한다. 일반적으로 가장 정확한 설명은 두 가지이다. 하나는 폭스 자매와 카디프 거인 사례처럼 대개 그 결과에 경제적인 이해 관계가 있는 사람들이 저지른 의도적인 사기라는 것이다. 이 현상을 받아들인 사람들은 미혹당한 것이다. 다른 하나는 그 현상이 굉장히 미묘하고 복잡해, 우리가 추측한 것보다 그 성질이 더 복잡하며 제대로 이해하기 위해서는 더 깊은 연구가 필요한 경우이다. 영리한 한스와 많은 예지몽들의 사례가 이 두 번째 설명에 부합한다. 이때 우리는 매우 자주 스스로를 속인다.

나는 또 다른 이유로 앞에서 이야기한 사례들을 선택했다. 그것들은 모두 상식을 발휘하면 속지 않을 수 있는 사례들이며 우리가 일상적으로 보는 인간과 동물의 행동으로 증거의 신뢰도를 평가할 수 있다. 이 사례들 중에서 복잡한 기술이나 불가사의한 이론이 필요한 것은 없다. 예를 들어 현대 심령술사들의 가식을 미심쩍어하며 분노하는 데 물리학 석사 학위나 박사 학위는 필요 없다. 그럼에도 불구하고 이러한 거짓말과 사기, 그리고 오해가 수백만 명의 마음을 사로잡아 왔다. 이것보다 덜 친숙한 과학의 주변부에서 만들어지는 경계선 상의 주장들, 말하자면 복제 인간이나 우주 재앙, 혹은 잃어버린 대륙이나 미확인 비행 물체(unidentified flying object, UFO) 들이 사람들을 미궁에 빠뜨리는 것도 이런 의미에서 이해할 수 있다.

나는 경계선 상의 신념 체계를 만들고 퍼뜨리는 사람들과, 그것을 받아들이는 사람들을 구별한다. 후자는 종종 그 체계의 참신함과 그들의 권위와 통찰력에 사로잡힌다. 그것은 사실 과학적인 태도이며 과학의 목표이다. 인간과 비슷한 모습을 하고 있고 우주 비행선, 심지어 인간의 비행기와 유사한 비행선으로 날며 우리의 선조들에게 문명을 가르친 외계의 방문자들을 상상하기는 쉽다. 이 이야기는 우리의 상상력을 지나치게 혹사하지 않으면서 편하게 느껴질 만큼 익숙한 서구의 종교적인 이야기들과 충분히 비슷하다. 색다른 생화학 체계를 가진 화성의 미생물들을 탐색하는 일이나 생물학적으로 매우 다른 지적인 존재로부터 온 성간 전파 메시지를 찾는 일은 훨씬 이해하기 어려우며 그만큼 편하지 않다. 전자의 견해는 널리 퍼져 있고 쉽게 유용할 수 있는 반면, 후자는 훨씬 덜 그렇다. 그러나 나는 고대 우주인이라는 발상에 흥분하는 많은 사람이 진실로 과학적인(그리고 때로는 종교적인) 느낌에 고무된 것이라고 생각한다. 대중은 굉장히 심오한 과학적인 질문들에 대해 대해서 깊은 관심을 보일 수 있다. 그 잠재력은 어마어마하다. 경계 과학의 조잡한 교리는 대중에게 과학을 알기 쉽게 풀어놓은 것처럼 보인다. 경계 과학의 인기는 학교와 언론, 상업 방송이 과학 교육에 좀처럼 노력을 쏟지 않은 데 대한 질책이다. 과학 교육을 위한 시도가 없는 것은 아니지만 대개 비효율적이고 상상력도 부족하다. 또한 과학자들이 자신들의 연구 주제를 대중화하기 위해 거의 아무런 일도 하지 않은 데 대한 질책이기도 하다.

고대 우주인 가설을 지지하는 사람들은 — 그중 가장 눈에 띄는 이는 『신들의 전차(*Chariots of the Gods*)』를 지은 에리히 안톤 파울 폰 데니켄(Erich Anton Paul von Däniken, 1935년~)인데 — 과거 우리 조상들과 외계 문명이 접촉했다고 봐야만 이해할 수 있는 수많은 고고학적인 증거들이 있다고 주장한다. 인도에 있는 철제 기둥, 멕시코의 팔렝케 석판, 이집트의 피라미드, 이스터 섬의 거대 석상(제이콥 브로노프스키(Jacob Bronowski, 1908~1974년)에 따르면 베니토 안드레아 아밀카레 무솔리니(Benito Andrea Amilcare Mussolini, 1883~1945년)와 닮았다.), 그리고 페루의 나스카 라인은 모두 외계인의 손이나 외계인의 지휘를 통해 만들어졌다고 주장되었다. 그러나 모든 사례에서 의문의 인공물들은 훨씬 단순한 방식으로 그럴듯하게 설명할 수 있다. 우리 조상들은 바보가 아니었다. 그들은 첨단 기술이 부족했지만 우리만큼 똑똑했고 때때로 헌신과 지능, 고된 노동을 결합해 우리조차 감탄하게 하는 결과를 생산했다. 고대 우주인이라는 발상은 흥미롭게도 (구)소련의 관료들과 정치인들 사이에서 인기가 많다. 아마도 오래된 종교적인 발상들을 적당히 과학적인 맥락 속에 보존하고 있기 때문인 듯하다. 고대 우주인 이야기의 가장 최근 버전은 말리 공화국의 도곤(Dogon) 족이 외계 문명과 접촉해야만 획득할 수 있는, 시리우스(Sirius)라는 별에 관한 천문학적인 전통 지식을 가지고 있다는 것이다. 이 이야기는 정확한 설명처럼 보이지만, 사실상 그것은 고대든 현대든 우주인과는 상관이 없다. (6장 참조)

피라미드가 고대 우주인에 관한 저술들에서 한몫한다는 사실도 그리 놀랍지 않다. 나폴레옹이 이집트를 침략해 유럽 인들의 의식에 고대 이집트 문명에 대한 깊은 인상을 심어 준 이래로, 피라미드는 수많은 허튼 소리들의 초점이 되어 왔다. 피라미드, 특히 기자의 대피라미드의 치수에 담긴, 이른바 수비학(numerology) 정보들은 인기 주제이다. 그중 상당수는, 예를 들어 특정 단위로 잰 높이 대 너비의 비가 아담과 예수 사이의 연도 차이라고 이야기하는 식이다. 유명한 사례에서는 어떤 피라미드 학자가 관찰 결과와 그의 가설이 더 잘 일치하도록 돌출된 부분을 줄질하는 모습이 목격되기도 했다. 피라미드에 대한 관심은 최근에 '피라미드학(pyramidology)'으로 나타나고 있는데, 그것은 인간과 면도날이 정육면체 안에서보다 피라미드 안에서 더 건강해지고 더 오래간다는 주장을 한다. 그럴지도 모른다. 나는 정육면체 모양의 주거지에 사는 것이 사람을 우울하게 만든다고 생각한다. 역사적으로 인류는 대부분 그런 주거지에 살지 않았다. 하지만 피라미드학의 주장이 적절하게 통제된 조건에서 입증된 적은 결코 없다. 다시 한번 입증 책임은 충족되지 않았다.

버뮤다 삼각 지대 '미스터리'는 버뮤다 주변 바다의 광대한 지역 내에서 배와 비행기가 설명할 수 없는 방식으로 실종되는 사건과 상관 있다. 이 실종에 대한 가장 합리적인 설명은 그 물체가 가라앉았다는 것이다. (실제로 이런 일이 일어날 경우에 말이다. 이런 주장에서 거론된 실종 사건의 상당수는 그저 일어나지 않았던 일로 밝혀졌다.) 언젠가 나는 한 텔레비전 프로그램에서 배와 비행기는 불가사의하게 사라진 반면에 기차는 결코 그런 적이 없다는 사실이 이상해 보인다고 반박한 적이 있다. 진행자인 딕 캐빗(Dick Cavett, 1936년~)은 이렇게 대답했다, "당신은 롱아일랜드 철도를 기다린 적이 한 번도 없나 보네요." (롱아일랜드 철도는 맨해튼과 롱아일랜드를 잇는 통근 열차이다. 미국에서 가장 붐비는 노선 중 하나이다. — 옮긴이) 고대 우주인의 열렬한 지지자들처럼 버뮤다 삼각 지대 옹호자들은 엉성한 학문과 수사적인 질문을 사용한다. 그러나 그들은 강력한 증거를 제시하지는 않았다. 즉 그들 역시 입증 책임을 충족시키지 못했다.

비행 접시 혹은 UFO는 대부분의 사람에게 잘 알려져 있다. 그러나 하늘에서 본 이상한 빛이 스펙트라(Spectra)라고 불리는 멀리 떨어진 은하나 금성에서 온 누군가의 방문을 의미하지는 않는다. 그것은, 예를 들어 높은 고도에 있는 구름에 반사된 자동차의 헤드라이트 불빛일 수도 있다. 아니면 발광 곤충들이나 색다른 조명 패턴을 가진 독특한 항공기 또는 기상 관측에 사용되는 고강도의 탐조등일 수도 있다. 또 한두 사람이 외계 우주 탐사선에 태워져서 기존에 없던 의학 기구들로 쿡 찔리고 조사당한 뒤 풀려났다고 주장하는 사례들 — 수치상 지수가 다소 높은, 고강도 근접 조우 — 도 많다. 그러나 이 사례들에는, 아무리 진심 어리고 진실해 보일지라도, 한두 사람의 입증되지 않은 증언만이 있을 뿐이다. 내가 아는 한, 1947년 이래 보고된 수십만 건의 UFO 보고들 중에서 많은 사람이 서로 독립적으로 신뢰할 수 있을 만큼 반복적으로 일관되게 보고한, 외계의 우주 탐사선이 분명한 물체와의 근접 조우 사례는 단 한 건도 없다.

적절한 일화 증거가 없을 뿐만 아니라 물리적인 증거 역시 없다. 우리 실험실은 매우 정교하다. 외계인이 제조한 물건은 굉장히 쉽게 식별할 수 있다. 그러나 지금껏 누구도 이러한 물리적, 화학적 실험을 통과한 외계 우주 탐사선의 작은 파편조차 찾아낸 적이 없다. 하물며 탐사선 선장의 항해 일지는 더욱 그렇다. 1977년에 NASA가 UFO 보고서들을 진지하게 조사하라는 백악관의 제안을 사양한 이유가 이것이었다. 거짓말과 단순한 일화 들을 배제하고 나면 연구할 대상이 남아 있지 않아 보였다.

언젠가 '공중에 정지해 있는' 밝은 UFO를 발견하고 그것을 가리켜 식당에 있는 몇몇 친구들에게 보여 주었을 때, 나는 곧 손가락과 포크로 하늘을 가리키며 놀라서 헉 소리를 내는 고객과 웨이트리스, 요리사와 보도 위를 서성대는 주인 들 한가운데에 있게 되었다. 사람들은 기쁨과 경이 사이의 어느 지점에 있었다. 그러나 내가 쌍안경을 가지고 되돌아와서 그 UFO가 색다른 항공기(나중에 NASA의 기상 관측기임이 밝혀졌다.)임을 분명히 보여 줬을 때, 그곳에 있던 사람들은 모두 하나같이 실망감을 내비쳤다. 어떤 사람들은 경솔히 믿어 버리는 자신의 성향을 공공연히 드러낸 상황에 당황스러워했다. 또 어떤 사람들은 일상에서 벗어나게 해 줄 좋은 이야깃거리 — 다른 세계에서 온 방문자 — 가 증발해 버린 것을 아쉬워했다.

이런 많은 사례에서 보듯이 우리는 선입견이 없는 관찰자가 아니다. 우리는 관찰 결과와 감정적인 이해 관계에 있다. 이것은 아마도 경계선

상의 신념 체계가 만일 사실일 경우, 세계를 보다 흥미로운 장소로 만들어 주기 때문인 듯하다. 어쩌면 거기에는 인간의 마음속보다 깊은 곳을 건드리는 무언가가 있을지도 모른다. 만약 유체 이탈이 실제로 일어난다면, 생각과 지각을 담당하는 부위는 신체를 떠나 사부자기 다른 장소로 이동할 것이다. 아주 신나는 전망이다. 만약 영혼 불멸설이 사실이라면, 신체가 죽은 뒤에도 영혼은 살아남는다. 이 생각은 아마도 위안을 줄 것이다. 만약 초감각 지각이 존재한다면 우리 중 상당수는 자신을 현재보다 더 강하게 만들기 위해 단지 이용하기만 하면 되는 잠재력을 소유하게 된다. 점성술이 옳다면 우리의 성격과 운명은 우주의 다른 부분들과 단단히 묶이게 된다. 만약 요정과 도깨비가 실재한다면(어떤 사랑스러운 빅토리아 시대의 그림책에는 잠자리처럼 섬세한 날개를 단 15센티미터 크기의 나체 숙녀가 빅토리아 시대의 신사와 대화를 나누는 사진이 실려 있다.) 세상은 대부분의 성인들이 생각하는 것보다 훨씬 흥미진진한 장소가 될 것이다. 만약 지금 우리가 선진 외계 문명에서 온 상냥한 대표의 방문을 받고 있거나 과거에 방문받은 적이 있다고 한다면 아마도 인류의 곤경은 현재 보이는 것만큼 그렇게 끔찍한 일이 아닐지도 모른다. 외계인들이 우리를 구원해 줄 것이기 때문이다. 그러나 이 문제들이 우리를 매혹시키거나 동요시킨다는 사실이 그 진실성을 보장해 주지는 않는다. 진실성은 오직 증거의 설득력에 달려 있다. 나는, 이따금 마지못해서, 이 진술들과 비슷한 진술들에 대한 강력한 증거들이 그저 (적어도 아직은) 존재하지 않는다고 판단한다.

덧붙여 이 교리들 중 상당수는, 만약 틀릴 경우, 치명적이다. 간단한 대중 점성술에서 우리는 태어난 달에 따라 달라지는 열두 가지 성격 유형 중 하나로 사람들을 판단한다. 만약 이러한 유형화가 잘못된 것이라면 우리는 우리가 분류한 사람들을 부당하게 대우하는 셈이다. 우리는 상대를 미리 수집해 놓은 칸 안에 집어넣은 채 그들을 그들 자신으로 판단하지 않고 성차별주의와 인종주의에서 흔히 쓰이는 유형화를 사용하는 꼴이 된다.

UFO와 고대 우주인들에 대한 관심은 적어도 일부분, 충족되지 않은 종교적인 필요 때문인 듯하다. 외계인들은 종종 현명하고 강하며 선량하고 인간의 외양을 한 존재로 묘사되며 때때로 긴 흰색 예복을 차려입고 있다. 그들은 날개 대신에 우주 탐사선을 사용할 뿐, 천국 대신 다른 행성에서 온 신과 천사와 매우 많이 닮았다. 유사 과학(pseudoscience, 사이비 과학) 같은 요소가 다소 덧씌워지기는 했지만 신학적인 전력은 또렷하다. 많은 사례에서 이른바 고대 우주인들과 UFO 탑승자들은 살짝 변장을 하고 현대화되기는 했지만 우리는 그들이 신임을 쉽게 알아챌 수 있다. 사실, 최근 영국에서 실시된 한 설문 조사는 신을 믿는 사람들보다 외계인의 방문을 믿는 사람들이 더 많아졌음을 보여 준다.

고대 그리스 신화에는 신이 지구로 내려와 인간과 대화하는 이야기들이 가득하다. 중세에는 이것과 비슷한 정도로 성인과 성녀가 많이 출현했다. 신과 성인, 성녀 들은 모두 상당히 믿을 만한 사람들에 의해 여러 세기 동안 되풀이돼서 기록되었다. 무슨 일이 벌어졌던 것일까? 성녀들은 모두 어디로 가 버렸을까? 올림푸스 산의 신들에게 무슨 일이 일어났을까? 근래에 들어 종교 교리에 대한 의심이 한층 심해지자 그들은 그저 우리를 떠나 버린 것일까? 아니면 이 고대의 기록들은 미신과 인간이 가진 경신(輕信)의 경향과 목격자의 신뢰할 수 없는 특성들을 반영한 것일지도 모른다. 이것은 UFO 예찬이 급증하면서 생길 수 있는 사회적 문제가 무엇일지 알려준다. 만약 선량한 외계인들이 우리의 문제를 해결해 줄 것이라고 믿는다면, 우리는 그 문제들을 스스로 해결하는 일에 힘을 덜 쓰게 될지도 모른다. 인류 역사에서 여러 번 일어난 종교적 천년왕국 운동처럼 말이다.

정말로 흥미로운 UFO 사건들은 모두 한 사람 혹은 소수의 목격자들이 속이고 있거나 속고 있지 않다는 믿음에 의존한다. 그러나 목격자의 설명에서 속임수가 만들어질 기회는 깜짝 놀랄 만큼 많다. ① 로스쿨 수업을 위해 위장 강도 사건을 벌였을 때, 불법 침입자의 수와 그들이 입은 옷, 그들이 한 말과 무기, 사건의 진행 순서, 강도가 일어난 시간에 대해 의견을 같이한 학생들은 거의 없었다. ② 모든 시험에서 비슷하게 좋은 성적을 얻은 두 무리의 아이들을 교사들에게 맡겼다. 교사들에게는 시험 성적을 알려 주지 않고 한 무리는 똑똑하지만 다른 무리는 멍청하다고 말해 주었다. 그 뒤에 나온 성적은 학생들의 수행 성과와는 상관없이 처음에 교사들이 가졌던 잘못된 판단을 반영했다. 선입견은 결과를 편향되게 만든다. ③ 목격자들에게 자동차 사고에 대한 영화를 보여 주었다. 그 뒤 그들에게 "그 파란 차가 정지 표시를 무시했나요?" 같은 일련의 질문들을 했다. 1주 후, 다시 질문을 던졌을 때, 목격자의 상당 비율이 자신들이 파란 차를 봤다고 주장했다. 실제로 영화 속에서 파란 차는 잠시도 등장하지 않았는데 말이다. 눈으로 본 직후와 우리가 보았다고 생각하는 바를 말로 표현하고 그 뒤 그것을 영원히 기억 속에 봉인해 넣는 사이에 어떤 단계가 있는 것 같다. 우리는 이 단계에 매우 취약해지는 것 같다. 올림푸스의 신들이나 기독교의 성인들 혹은 외계인 같은 존재들에 대한 믿음도 무의식중에 목격자의 설명에 영향을 미칠 수 있다.

경계선 상의 신념 체계들을 의심하는 사람들이 반드시 새로움을 두려워하지는 않는다. 예를 들어, 나와 상당수의 내 동료들은 다른 행성에 생명체(지적이든 아니든)가 존재할 가능성에 흥미가 있다. 그러나 우리는 우주에 대한 우리의 소망과 두려움을 사실인양 세계에 투영하는 것을 경계해야만 한다. 대신, 통상적인 과학의 전통에 따라 자신의 정서적인 경향성과는 무관하게 진짜 답을 찾아내는 것이 우리의 목표이다. 만약 다른 생명체가 없다고 해도, 그것 역시 가치 있는 진실이다. 만약 외계 지성체들이 지구를 방문한다면, 나보다 더 기뻐할 사람은 없을 것이다. 외계인의 방문은 내 일을 훨씬 수월하게 만들어 줄 것이다. 사실, 나는 UFO와 고대 우주인 미스터리들에 대해 실제로 필요한 것보다 더 많은 시간과 관심을 쏟고 있다. 이 문제들에 대한 대중의 관심은, 적어도 어느 정도는 좋다고 생각한다. 그러나 현대 과학이 가져온 현혹적인 가능성들에 개방적인 태도는 냉철한 회의주의로 완화시켜야만 한다. 흥미로운 가능성들이 그저 잘못된 것으로 드러날 때가 많다. 기꺼이 어려운 질문을 던지려는 태도와 새로운 가능성에 열린 마음은 둘 다 우리의 지식을 진전시키는 데 필요하다. 힘든 질문을 던지는 일에는 부수적인 이점이 따른다. 미국에서 정치적이고 종교적인 삶은, 특히 지난 15년 동안, 대중의 과잉된 경신과 어렵고 진지한 질문에 대한 회피적인 태도로 특징지을 수 있으며, 이들은 나라의 건강에 명백한 손상을 입혔다. 소비자의 회의적인 태도가 양질의 상품을 만들어 낸다. 이것은 정부와 교회와 학교가 비판적인 사고를 격려하는 일에 부적절할 만큼 열의를 보이지 않는 이유일지도 모른다. 그들은 스스로가 취약하다는 사실을 잘 알고 있다.

전문 과학자들은 대부분 자신들의 연구 목표를 선택해야만 한다. 달성할 경우 매우 큰 중요성을 가지지만 성공할 가능성이 너무 작아서 누구도 추구하지 않으려는 목표들이 있다. (여러 해 동안 외계 지적 생명체 연구가 여기에 해당되었다. 그러나 전파 통신 기술의 진보로 지구 쪽으로 발송되는 어떤 메시지도 감지할 수 있는 민감한 수신기가 달린 거대한 전파 망원경을 건설할 수 있게 되면서 상황이 달라졌다. 인류 역사에서 이전에는 결코 가능하지 않았던 일이다.) 또 다루기는 아주 쉽지만 중요성은 너무 작은 목표도 있다. 대부분의 과학자들은 그 중도를 택한다. 그 결과, 극소수의 과학자들만이 경계선 상의 과학이나 유사 과학적인 믿음들에 도전하거나 검증하는 흙탕물 속으로 뛰어든다. 인간 본성에 관한 것을 제외하면 정말로 흥미로운 무언가를 찾아낼 기회는 매우 적어 보이고 요구되는 시간은 많아 보인다. 나는 과학자들이 이 주제들을 논의하는 데 더 많은 시간을 들이게 되리라고 믿는다. 하지만 어떤 가설적인 주장에 대한 격렬한 과학적인 반대가 없다고 해서 결코 과학자들이 그것을 합리적이라고 생각한다는 의미는 아니다.

신념 체계가 너무나 터무니없어서 과학자들이 즉시 묵살하고 자신의 견해를 출간하려고 하지 않는 사례들도 많다. 이러한 태도는 실수라고 생각한다. 과학은, 특히 오늘날에는, 대중의 지지에 의존한다. 대부분의 사람들은, 불행히도 과학과 기술에 대한 지식이 굉장히 부족하기 때문에 과학적 현안에 대해 지적인 의사 결정을 내리기가 힘들다. 일부 유사 과학 활동은 고수익의 대규모 사업이다. 뿐만 아니라 거기서 공동체 소속감을 느끼고 생계를 꾸려 가는 지지자들을 가지고 있다. 그들은 자신들의 주장을 옹호하기 위해 기꺼이 많은 노력을 기울인다. 일부 과학자들은 요구되는 노력과 자신들이 공개 토론에서 졌다고 여겨질 가능성 때문에 경계 과학과 관련된 현안들에 대한 공개적인 대립에 개입하기를 꺼려하는 것 같다. 그러나 그것은 과학이 보다 흐릿한 경계에서 어떻게 기능하는지 보여 줄 수 있는 최상의 기회이며 과학의 즐거움과 그 힘을 전달할 수 있는 방법이다.

과학 활동의 경계의 양면에는 움직이지 않으려는 답답한 태도가 있다. 새로움에 대한 과학의 무관심과 저항은 대중의 맹신적 태도만큼이나 큰 문제이다. 한 저명한 과학자는 만약 내가 UFO의 기원에 대한 외계 우주 탐사선 가설의 지지자들과 반대자들이 모두 발언할 수 있는 미국 과학 진흥 협회 모임을 계속해서 조직한다면, 당시 부통령이었던 스피로 시어도어 애그뉴(Spiro Theodore Agnew, 1918~1996년)에게 나를 공격하는 말을 할 것이라며 협박한 적이 있다. 임마누엘 벨리콥스키(Immanuel

Velikovsky, 1895~1979년)가 쓴 『충돌하는 세계(*Worlds in Collision*)』의 결론에 기분이 상했으며, 이미 확립된 많은 과학적인 사실들을 완전히 무시하는 그의 태도에 심기가 불편해진 과학자들은 부끄럽게도 그 책을 펴낸 출판사에 책을 포기하라는 압박을 가했고 목적을 이루는 데 성공했다. 그 뒤 그 책은 다른 회사가 출판해서 많은 이익을 보았다. 벨리콥스키의 생각을 논의하기 위해 미국 과학 진흥 협회의 두 번째 심포지엄을 주선하고 있을 때, 나는 대중의 관심은, 아무리 부정적인 것일지라도, 벨리콥스키의 주장에 힘을 실어 줄 뿐이라고 주장하는 한 유력 과학자의 비난을 받았다.

그러나 심포지엄은 개최되었고 청중은 거기에 흥미를 느끼는 것 같았다. 학술 논문집이 출간되어 이제 미네소타 주의 덜루스나 캘리포니아 주의 프레즈노에 있는 젊은이들도 도서관에서 이 이슈의 이면을 보여 주는 책들을 몇 권 발견할 수 있다. 만약 학교와 언론이 과학을 형편없이 소개한다면, 어쩌면 과학의 주변부에서 잘 준비된, 알기 쉬운 공공 토론을 통해 약간이나마 과학에 대한 관심을 불러일으킬 수 있을 것이다. 점성술은 천문학 토론에 활용될 수 있다. 화학은 연금술을 활용할 수 있으며, 지리학은 벨리콥스키의 격변론(catastrophism)과 아틀란티스 같은 잃어버린 대륙을 활용할 수 있다. 또 심령론과 사이언톨로지(Scientology, SF 소설가 라파예트 로널드 허버드(Lafayette Ronald Hubbard, 1911~1986년)가 1954년에 만든 신흥 종교. —옮긴이)는 심리학과 정신 의학의 방대한 쟁점들을 설명하는 데 활용할 수 있다.

미국에서는 여전히 많은 사람이 출간된 내용들은 틀림없는 사실이라고 믿는다. 책 속에는 논증되지 않은 추측들과 걷잡을 수 없는 허튼소리들이 너무나도 많이 등장하기 때문에 진실은 무엇인가에 대해 지독하게 곡해된 견해가 나타난다. 전 대통령 보좌관이자 유죄 판결을 받은 중

죄인인 해리 로빈스 홀더먼(Harry Robbins Haldeman, 1926~1993년)이 쓴 책의 내용이 신문에 너무 이르게 보도된 사실을 알고 분노하던 나는 세계에서 가장 큰 출판사 중 하나의 수석 편집장이 한 말을 읽고 기분이 달라졌다. "우리는 출판사가 논란이 많은 논픽션 저작의 정확성을 확인할 의무가 있다고 믿는다. 우리는 그 분야의 독립적인 권위자에게 책을 보내어 객관적인 독서를 부탁하는 절차를 거친다." 이 말은 최근 몇십 년 동안 가장 터무니없는 유사 과학에 대한 책을 몇 권 출판한 회사의 편집자가 한 말이다. 그러나 이 이야기의 이면을 제시하는 책들 역시 현재 점점 늘어나고 있다. 다음 쪽 표에서 나는 유사 과학의 교리 가운데 유명한 것 몇 가지와 그것을 과학적으로 비평하는 최근의 시도들을 열거했다. 비난의 대상이 된 주장들 중 하나는 식물이 정서적인 삶을 살며 음악적인 기호(嗜好)를 가진다는 주장으로 몇 년 전에 한바탕 소란스러운 관심을 일으켰다. 여기에는 게리 트뤼도(Gary Trudeau, 1948년~)의 만화 「둔즈베리(Doonesbury)」에서 채소들과 몇 주간 대화하는 내용(금어초의 사투에 대해)도 포함된다. 이 장 첫머리에 붙인 인용문에서 알 수 있듯이, 그것은 오래된 견해이다. 아마도 유일하게 고무적인 점은 이 주장이 1926년보다 오늘날 더 회의적으로 받아들여지고 있다는 사실일 것이다.

몇 년 전, 과학자들과 마술사들, 그 외 사람들로 이루어진 위원회가 과학의 경계에 대한 회의주의를 논의하기 위해 조직되었다. 이 비영리 단체는 "초상 주장 조사 위원회(Committee for the Scientific Investigation of Claims of the Paranormal)"라고 불리며 현재 뉴욕 주 버펄로 시 켄싱턴 가 923번지, 우편 번호 14215에 위치한다. 이 위원회는 뭔가 유용한 활동을 하기 시

최근의 경계선 교리들 몇 가지와 그 비평.

버뮤다 삼각 지대	로런스 커셰(Laurence Kusche), 『버뮤다 삼각 지대의 미스터리, 해결되다(*The Bermuda Triangle Mystery, Solved*)』(1975년)
강령술	해리 후디니, 『신들린 마술사(*A Magician Among the Spirits*)』(1924년) M. 러마 킨, 『심령술사 마피아(The Psychic Mafia)』(1976년)
유리 겔러(Uri Geller)	제임스 랜디(James Randi), 『유리 겔러의 마술(*The Magic of Uri Geller*)』(1975년)
아틀란티스와 다른 '사라진 대륙들'	도로시 비탈리아노(Dorothy B. Vitaliano), 『지구의 전설: 지리학적인 기원(*Legends of the Earth: Their Geologic Origins*)』(1973년) L. 스프레이그 디 캠프(L. Sprague de Camp), 『사라진 대륙들(*Lost Continents*)』(1975년)
UFO	필립 클라스(Philip Klass), 『UFO가 설명되다(*UFOs Explained*)』(1974년) 칼 세이건과 손턴 페이지 (Thornton Page) 엮음, 『UFO: 과학적 논쟁(*UFOs: A Scientific Debate*)』(1973년)
고대 우주인	로널드 스토리(Ronald Story), 『우주의 신을 밝히다: 에리히 폰 데니켄의 이론에 대한 면밀 조사(*The Space Gods Revealed: A Close Look at the Theories of Erich von Däniken*)』(1976년) L. 스프레이그 디 캠프, 『고대 기술자들(*The Ancient Engineers*)』(1973년)
벨리콥스키의 『충돌하는 세계』	도널드 골드스미스(Donald Goldsmith) 엮음, 『벨리콥스키와 맞선 과학자들(*Scientists Confront Velikovsky*)』(1977년)
식물의 정서적인 삶	K. A. 호로위츠(K. A. Horowitz) 외, 「식물의 1차 지각 능력(Plant'Primary Perception)」, 《사이언스(*Science*)》 189호, 1975년, 478~480쪽.

최근 많은 경계선 교리들이 널리 알려지고 있는 반면에, 그들의 치명적인 오류에 대한 회의적인 논의와 정밀한 분석은 그다지 널리 알려지지 않았다. 이 표는 이 비평들 중 일부에 관한 안내이다.

작했으며, 여기에는 이성주의자와 비이성주의자 사이의 대립 — 그 시발점이 신탁을 사칭한 사기꾼 알렉산드로스와 당시 이성주의자들이었던 에피쿠로스 학파 학자들 사이의 대면까지 거슬러 올라가는 논쟁 — 에 대한 최신 뉴스를 출간하는 일도 포함된다. 이 위원회는 유사 과학에 대한 텔레비전 방송 프로그램들 중 특히 무비판적인 프로그램에 대해 미국 연방 통신 위원회(Federal Communications Commission)와 방송 네트워크에 공식적으로 항의를 제기하는 활동도 한다. 이 위원회 내부에서 유사 과학의 냄새를 풍기는 모든 교리에 맞서 싸워야 한다고 생각하는 사람들과, 쟁점들마다 그 장점을 평가해야만 하나 입증 책임은 그 제안을 한 사람들에게 곧바로 부과되어야 한다고 믿는 사람들 사이에 흥미로운 토론이 진행되었다. 나는 자신이 후자에 매우 가깝다고 생각한다. 나는 비범한 일들은 확실히 탐구할 만한 가치가 있다고 믿는다. 그러나 비범한 주장에는 비범한 증거가 요구된다.

과학자들도 당연히 인간이다. 열정이 지나칠 때, 그들은 일시적으로 자기 분야의 이상을 포기할지도 모른다. 그러나 그 이상은, 즉 과학적인 방법은 엄청나게 효과적이라는 사실이 입증되었다. 세계가 실제로 굴러가는 방식을 발견하는 작업은 예감과 직관, 훌륭한 창조성의 조합을 필요로 한다. 나아가 모든 단계에 대한 회의적인 정밀 조사를 요구한다. 과학에서 예기치 않은 놀라운 발견을 만들어 내는 것은 창의성과 회의주의 사이의 긴장이다. 내가 보기에 경계 과학의 주장들은 진짜 과학에서 이루어진 최근의 수백 가지 활동 및 발견에 비하면 내리막길을 걷고 있다. 여기에는 인간의 머리뼈 안에 서로 반독립적인 뇌가 2개 들어 있다는 사실과 블랙홀의 실재 여부, 대륙의 이동과 충돌, 침팬지의 언어, 화성과 금성의 엄청난 기후 변화, 인류의 기원, 외계 생명체에 대한 탐색, 우리의 유전과 진화를 통제하는 자기 복제 분자의 우아한 구조, 우주 전체의 기원과 성질, 운명에 대한 관측 증거 등을 발견하고 연구하는 활동이 포함된다.

그러나 과학의 성공은, 그것이 가져다주는 지적 흥분과 그것을 가지고 한 실질적인 응용을 포함해, 모두 다 과학의 자기 수정적인 특성에 의존한다. 아무리 타당한 아이디어라고 해도 검증할 방법이 반드시 존재해야 한다. 실험도 그것이 타당하다면 반드시 재현할 수 있어야 한다. 과학자의 성격이나 신념과는 무관하다. 중요한 것은 증거가 그의 견해를 지지하느냐 아니냐이다. 이것이 전부이다. 권위에의 호소는 그야말로 중요하지 않다. 너무 많은 권위들이 너무나 많은 오해를 낳았다. 이 매우 효과적인 과학적 사고 방식이 학교와 언론 매체에서 알려지는 모습을 보고 싶다. 그것이 정치에 도입되는 모습을 보는 것은 분명 놀라우면서도 큰 즐거움을 줄 것이다. 과학자들은 새로운 증거나 주장이 제시되면 자신의 마음을 공개적으로, 완전히 바꿔야 한다. 나는 정치인이 그런 변화를 열린 마음으로 기꺼이 받아들인 게 언제였는지 생각나지 않는다.

과학의 경계 혹은 주변부에 있는 신념 체계 중 상당수가 명쾌한 실험의 대상은 아니다. 그것들은 대개, 신뢰할 수 없기로 악명 높은, 목격의 타당성에 완전히 의존하는 일화들이다. 과거의 행적에 기초해 보면 이러한 경계선 상의 신념들은 대부분 타당하지 않다고 판명될 것이다. 그러나 그 모든 주장을 액면 그대로 받아들일 수 없는 것처럼 즉각 거부할 수도 없다. 일례로, 커다란 바위들이 하늘에서 떨어질 수 있다는 생각은 18세기 과학자들에게는 터무니없다고 여겨졌다. 토머스 제퍼슨(Thomas Jefferson, 1743~1826년)은 이러한 설명에 대해서 돌이 하늘에서 떨어질 수 있다는 주장보다는 차라리 '양키' 과학자 둘이 거짓말을 했다는 주장을 믿겠다고 말한 적이 있다. 그럼에도 불구하고 돌은 정말로 하늘에서 떨어진다. 운석 말이다. 우리의 예상은 문제의 진실과는 아무런 관계가 없다. 그러나 진실은 집의 처마나 경작한 밭의 고랑에서 찾아낸 운석들을 비롯해 방대한 양의 물리적인 증거들의 지지를 받는, 공통된 운석 낙하에 대한 서로 독립적인 수많은 목격들을 신중히 분석함으로써만 확립될 수 있다.

편견 또는 선입관으로 번역되는 prejudice는 문자 그대로 사전(pre) 판단(judgement)을 뜻한다. 증거를 조사하기도 전에 특정 주장을 즉시 기각했다는 것이다. 편견은 강한 감정의 산물이지 건전한 추론의 결과가 아니다. 만약 문제의 진상을 찾기를 바란다면 우리는 그 질문에 할 수 있는 한 마음을 열고 자신의 한계와 성향을 깊이 의식하면서 접근해야 한다. 반면에, 만약 우리가 주의 깊고 솔직하게 증거를 조사한 후 그 명제를 거부한다면, 그것은 편견이 아니다. '사후 판단(post-judice)'이라고 불러야 할 것이다. 그것은 제대로 된 지식을 위한 꼭 필요한 전제 조건이다.

비판적이고 회의적인 조사는 과학에서뿐만 아니라 일상의 현실적인 문제들에서도 사용되는 방법이다. 새 차나 중고차를 구입할 때, 우리는 문서화된 품질 보증서와 시험 운전을 요구하고 특수 부품을 신중하게 점검해야 한다고 생각한다. 우리는 이 문제들에 대해 얼버무리는 자동차 판매원들을 경계한다. 그러나 경계선 상의 신념들에 종사하는 많은 사람이 비슷한 정도로 정밀한 조사의 대상이 되었을 때 기분 상해한다. 초감각 지각을 갖고 있다고 주장하는 사람들 역시 타인이 주의 깊게 지켜보는 상황에서는 자신들의 능력이 감소한다고 주장한다. 마술사인 유리 겔러는 자연과 대치하며 공정하게 싸우는 적수에 익숙한 과학자들 근처에서는 열쇠와 날붙이류를 기쁘게 비틀었지만, 인간의 한계를 이해하며 교묘한 속임수로 비슷한 결과를 낼 수 있는 회의적인 마술사들로 구성된 청중 앞에서 공연하는 계획에는 크게 화를 냈다. 회의적인 관찰과 논의를 억압하면 진실은 숨는다. 이러한 경계선 상의 신념들의 지지자들은 비판을 받았을 때, 종종 비웃음을 받았던 과거의 천재들을 들먹인다. 일부 천재들이 비웃음을 샀다는 사실이 비웃음을 산 모든 사람이 천재라는 뜻은 아니다. 사람들은 콜럼버스를 비웃고 풀턴을 비웃었으며 라이트 형제를 비웃었다. 그러나 또한 얼간이 같은 어릿광대도 비웃었다.

나는 유사 과학에 대한 최상의 해결책이 과학이라고 확신한다.

- 눈이 먼 아프리카의 민물고기가 있다. 이 물고기는 지속적으로 전기장을 형성해 그 안에서 섭동(perturbation)을 통해 포식자와 먹이를 구분하고 상당히 정교한 전기적 언어로 잠재적인 배우자와 동종의 다른 개체들과 의사 소통한다. 여기에는 기술이 발달하기 이전에는 인간이 완전히 모르고 있던 기관계 전체와 능력이 관여한다.
- 완벽하게 합리적이며 자족적인 일종의 연산 체계가 있다. 여기서 2 곱하기 1은 1 곱하기 2와 같지 않다.
- 비둘기 — 지상에서 가장 매력 없는 동물 중 하나 — 가 지구의 자기 쌍극자(magnetic dipole, 한쪽은 N극이고 반대쪽은 S극인 자석처럼 반대되는 자극이 일정 길이를 두고 쌍을 이룬 물질. — 옮긴이)의 10만분의 1 정도만큼이나 약한 자계 강도(magnetic field strength)에도 놀랄 만한 민감성을 보인다는 사실이 발견되었다. 비둘기들은 길을 찾거나 금속 홈통, 송전선, 비상 계단과 비슷한 물건들이 가진 자기 신호로 주변 환경을 감지하는 데 이 감각 능력을 사용한다. 이것은 지금까지 지상에 살았던 어떤 인간도 이해하지 못한 감각 양상이다.
- 퀘이사(quasar, 별이 아니지만 별처럼 보인다고 해서 준성이라고도 불리는 강력한 전파원. — 옮긴이)는 은하 중심부에서 거의 상상도 할 수 없을 만큼 격렬하게 폭발하며 그중 상당수에 생명이 서식할 것이라고 여겨지는 수백만 개의 세계를 파괴하는 것처럼 보인다.
- 350만 년 전에 흘러내린 아프리카 동부의 화산재에는 유인원과 인간의 공통 조상일지도 모르는, 키가 1.2미터 정도 되며 단호한 걸음걸이를

보이는 생물의 발자국이 있다. 그 인근에는 지금껏 발견된 어떤 동물에도 해당되지 않는 영장류의 주먹 보행(knuckle walking, 고릴라와 침팬지에서 볼 수 있는 이동 방식으로 손바닥을 지면에 대지 않고 가볍게 주먹을 쥐고 손가락 중절골의 배면에 몸무게를 싣고 걷는 동작. — 옮긴이) 자국이 있다.

- 우리 몸의 세포는 미토콘드리아(mitochondria)라는 수십 개의 작은 공장들을 포함하고 있으며, 이들은 편리한 형태로 에너지를 추출해 내기 위해 우리가 섭취한 음식물을 산소 분자와 결합시키는 역할을 한다. 최근의 증거는 수십억 년 전에는 미토콘드리아가 자유로운 독립된 유기체였으며, 점차 세포와 상호 의존적인 관계를 진화시켰음을 보여 준다. 다세포 생물들이 생길 때, 이 관계가 유지되었다. 실은 그때 우리는 단일한 유기체가 아니었으며, 모두 똑같은 종류로 이루어지지 않은 생명체 약 10조 마리의 집합체였다.
- 화성에는 약 10억 년 전에 만들어진 높이가 거의 24킬로미터에 이르는 화산이 있다. 심지어 금성에는 이것보다 더 큰 화산이 있을지도 모른다.
- 전파 망원경이 대폭발(Big Bang)이라고 불리는 사건의 메아리인 우주의 흑체 배경 복사(black body background radiation)를 추적했다. 창조의 불꽃을 오늘날 관찰하고 있는 것이다.

이런 목록을 거의 무한정 열거할 수 있다. 나는 비록 아직 어설프게 아는 상태지만 현대 과학과 수학의 이러한 발견들이 유사 과학의 교리들 대부분보다 훨씬 더 강렬하고 흥미진진하다고 생각한다. 유사 과학의 추종자들은 기원전 5세기 무렵부터 일찍이 이오니아의 철학자인 헤라클레이토스(Herakleitos, 기원전 535?~475?년)에게 "몽유병자들과 마술사들, 바쿠스의 사제들, 포도주통의 사제들, 미스터리를 퍼뜨리는 사람들"이라는 비난을 받았다. 그러나 과학은 보다 복잡하고 미묘하고 우주를 훨씬 풍부하게 드러내 주며 우리에게 경이감을 강하게 불러일으킨다. 또 과학은 참되다는, 특별하고 중요한 미덕 — 이 단어가 어떤 의미를 가지든 — 을 가지고 있다.

6장

백색 왜성과
작은 초록 외계인

증언이 거짓일 가능성이 그 증언으로 확증하려는 사실보다
더 기적적이지 않는 한,
어떤 증언도 기적을 확증하기에는 충분하지 않다.

—데이비드 흄, 『기적에 관하여』

인류는 이미 성간 우주 비행을 완수했다. 목성 중력의 도움을 받아 파이오니어 10호와 11호, 보이저 1호와 2호 탐사선은 태양계를 떠나 별들의 왕국으로 가는 궤도에 올랐다. 그들은 인간이 지금까지 발사했던 가장 빠른 물체임에도 불구하고 우주 탐사의 관점에서 보면 매우 느리게 날아가고 있다. 그들의 성간 여행에는 수만 년이 걸릴 것이다. 방향을 돌리려는 특별한 노력을 기울이지 않는 한, 앞으로 수백억 년이 흘러도 그들은 결코 우리 은하의 다른 행성계로 들어가지 않을 것이다. 성간 거리는 매우 멀다. 그들은 별들 사이의 어둠 속을 영원히 헤맬 수밖에 없는 운명이다. 그럴지라도 언젠가 외계인들이 우주 탐사선을 가로채서 누가 그들을 보냈는지 궁금해 할지도 모른다. 이러한 만일의 사태에 대비해서 이 우주 탐사선에는 메시지가 부착되어 있다.•

이처럼 비교적 낙후된 기술 상태를 가진 우리도 우주 탐사선을 만들어 낼 수 있는데, 우리보다 수천 년 혹은 수백만 년 더 진보한 문명이 다른 별에 있다면 그들은 빠르고 통제된 성간 여행을 할 수 있지 않을까?

• 파이오니어 10호와 11호의 명판에 대한 자세한 논의는 1973년에 출간된 내 책 『코스믹 커넥션(*The Cosmic Connection*)』에서 찾아볼 수 있다. 보이저 1호와 2호에 실린 레코드판에 대해서는 『지구의 속삭임(*Murmurs of Earth*)』(1978년)에 알기 쉽게 설명되어 있다.

성간 우주 비행은 시간이 오래 걸리는, 어렵고 비용도 많이 드는 일이다. 아마도 우리보다 훨씬 더 많은 자원을 가진 다른 문명에서도 마찬가지일 것이다. 그러나 앞으로 우리가 물리학이나 성간 우주 비행 공학에 대해 개념적으로 새로운 접근 방식을 발견하지 못할 것이라는 주장은 확실히 어리석다. 경제성과 효율성, 편의성 면에서 성간 전파 통신이 성간 우주 비행보다 더 우세하다는 점은 분명하며 이런 이유로 우리는 전파 통신에 노력을 집중해 왔다. 그러나 전파 통신은 우리보다 기술이 낙후한 사회들이나 종들과 접촉하는 수단으로는 명백히 부적절하다. 이 방법이 아무리 기발하고 강력하다고 해도 20세기 이전의 지구인들은 이 전파 메시지를 수신하거나 이해하지 못했을 것이다. 지구에 생명이 존재한 지 약 40억 년 되었으며, 인류는 수백만 년 동안 존재했고, 문명은 1만 년 정도 되었다.

우리 은하 도처에 있는 수많은 행성의 문명들이 협력해서, 신생 행성들을 계속해서 주시하고 발견되지 않은 세계를 찾는, 일종의 은하 조사가 진행 중이라고 충분히 상상할 수 있다. 그러나 태양계는 우리 은하의 중심에서 매우 멀리 떨어져 있어서 이러한 탐색을 잘 피했을 수 있다. 혹은 탐사선이 1000만 년마다 한 번씩만 이곳을 찾는 것일 수도 있다. 즉 유사 이래 아무도 지구를 찾지 않았을 수 있다. 그러나 몇몇 조사단이 인류의 역사가 시작된 이후에 우리 조상들이 그들의 존재를 주목할 수 있을 만큼, 심지어 인류의 역사가 이 접촉으로부터 영향을 받을 수 있을 만큼 충분히 최근에 방문했을 수도 있다.

(구)소련의 천체 물리학자인 이오시프 사무일로비치 시클롭스키(Iosif Samuilovich Shklovsky, 1916~1985년)와 나는 1966년에 우리 책, 『우주의 지적 생명체(*Intelligent Life in the Universe*)』에서 이 가능성에 대해 논의했다. (이 책은 러시아 어로 씌어진 시클롭스키의 책을 세이건이 영역한 것이다. 다만 세이건이 번역 과정

에서 대폭 가필을 했고 시클롭스키는 세이건을 영어판의 공저자로 인정했다. — 옮긴이) 우리는 많은 문화에서 유래한 다양한 인공 유물과 전설, 민간 전승 들을 조사하고 그중 어떤 것도 외계와의 접촉에 대한 확정적인 증거를 제공하지 못한다는 결론을 내렸다. 항상 이미 알려진 인간의 능력과 행동에 근거한, 더 그럴듯한 대안 설명들이 존재했다. 논의된 사례들 중에는 에리히 폰 데니켄과 다른 무비판적인 작가들이 나중에 외계와의 접촉에 대한 증거로 수용한 사례들도 있었다. 신화와 천문학적 상징으로 가득한 수메르의 원통 인장들, 천사가 화자를 하늘나라로 데리고 가는 내용이 적혀 있는 「에녹 2서」(슬라브 어로 씌어진 기독교 성서의 위경 중 하나. — 옮긴이)와 천사가 하늘에서 내려와 도시를 멸망시킨 성서의 소돔과 고모라 이야기, 북아프리카 타실리 고원의 암벽화, 고대의 퇴적물 속에서 발견되었고 오스트리아의 한 박물관에 소장되어 있다고 전해지는 가공된 금속 입방체 등이 여기에 속한다. 여러 해에 걸쳐 할 수 있는 한 면밀하게 이 이야기들을 계속 조사했으며 주의를 더 기울일 만한 것들이 거의 없다는 판단을 내렸다.

'고대 우주인' 고고학의 장황한 설명 속에서 흥미로워 보이는 사례들은 완벽하게 합리적인 대안 설명들이 있거나 그저 오보이거나 단순한 기만 혹은 거짓말, 또는 왜곡의 결과물이었다. 이 상황은 피리 제독의 지도(Piri Reis Map, 16세기에 오스만 제국의 해군 제독이었던 아흐메드 무히딘 피리(Ahmed Muhiddin Piri, 1465/1470~1553년)가 전해져 내려오는 자료들을 바탕으로 제작한 지도로, 얼음 속에 묻혀 있던 남극 대륙이 발견되기 이전임에도 남극의 지도가 명확하게 그려져 있다. — 옮긴이)와 이스터 섬의 거대 석상, 나스카 평원의 대형 지상화와 멕시코와 우즈베키스탄, 중국의 다양한 인공 유물들에 대한 주장들에도 적용된다.

그럼에도 불구하고 선진 외계 문명이 자신들의 방문과 관련해 분명한 명함을 남겼다고 주장하기는 매우 쉽다. 예를 들어 많은 핵물리학자들이 양성자 114개와 중성자 184개를 가진 원자핵은 '안정성의 섬(island of stability)'이라고 불리는 가설적인 초중량 원자를 이룰 것이라고 믿는다. 우라늄(원자핵 속에 238개의 양성자와 중성자를 갖고 있다.)보다 무거운 화학 원소들은 모두 우주적으로 봤을 때 짧은 시간 안에 자연스럽게 붕괴한다. 그러나 양성자 114개와 중성자 184개를 가지는 원자핵을 만들 수 있다면, 양성자와 중성자가 안정적으로 결합해 반감기가 긴 원소가 만들어질 것이라고 여겨진다. 이 원자핵을 합성해 내는 일은 현대 기술을 넘어서는 것이며 우리 조상들의 기술도 확실히 넘어선다. (양성자가 114개인 원소는 1998년 발견된 플레로븀(flerovium, Fl)이다. 세이건이 이야기한 안정성의 섬 원자는 이 플레로븀의 동위 원소인 플레로븀 298인데, 아직 발견되지 않았다. — 옮긴이) 이런 원자들을 포함하는 금속 인공 유물들은 과거에 선진 외계 문명과 접촉이 있었다는 분명한 증거가 될 것이다. 아니면 테크네튬(technetium, Tc) 같은 원소를 고려해 보자. 이 원소의 가장 안정된 형태는 99개의 양성자와 중성자를 가진다. 방사성 붕괴로 이 원소의 핵자들이 반이 줄어 다른 원소가 되는 데 약 20만 년이 걸리고 그 나머지가 반감되는 데 다시 20만 년이 걸린다. 그 나머지도 마찬가지이다. 그 결과, 수십억 년 전에 다른 원소들과 함께 별에서 생성된 테크네튬은 지금은 모두 사라지고 없다. 따라서 지구에서 테크네튬이 발견되면 그것은, 바로 그 이름이 가리키듯이, 외계에서 만들어진 인공물일 수밖에 없다. 데크네튬 인공물은 오직 한 가지 의미만을 가질 수 있다. 비슷하게, 지구에는 서로 잘 섞이지 않는 원소들이 있다. 일례로, 알루미늄과 납을 들 수 있다. 만약 당신이 그들을 함께 녹이면, 훨씬 더 무거운 납이 아래로 가라앉고 알루미늄은 위로 뜬다. 그러나 무게가 0인 우주 공간에서는 혼합물에서 더 무거운 납을 아래로 끌어당길 중력이 없어서 알루미늄/납 합금 같은 이국적인 금속이 생성될 수 있다. NASA 우주 탐사선 초기 임무 중 하나는 이러한 합금 기술을 시험해 보는 일이 될 것이다. 알루미늄/납 합금 위에 씌어진, 고대 문명의 메시지가 발견된다면 그것이 어떤 것이든 오늘날 우리의 주의를 끌 것이 분명하다.

메시지에 사용된 물질보다 그 내용이 우리 조상들의 능력을 넘어서는 과학이나 기술을 확실히 알려 주는 일도 가능하다. 이를테면, 맥스웰 방정식의 벡터 미적분 해석(자기 홀극(magnetic monopole)이 있든 없든 상관없다.)이나, 여러 다양한 온도에서 플랑크 흑체 복사의 분포를 나타내는 그래프나, 특수 상대성 이론의 로런츠 변환 수식 같은 게 그려져 있다면 단번에 고대 우주인의 방문을 입증할 수 있을 것이다. 지구의 고대 문명 거주자들이 이 숫자와 도형의 의미를 이해할 수 없었다고 하더라도, 그들은 그것을 신성한 문자로서 숭배했을지도 모른다. 그러나 이러한 사례들은 발견되지 않았다. 고대든 현재든 이것이 외계 우주인과 관련해서 확실한 수익을 보장해 주는 시장을 창출할 게 분명한데도 말이다. UFO 파편이라고 주장되는 것들에서 추출한 마그네슘 샘플의 순도 역시, 논란이 있기는 하지만, 사건 당시 미국인의 기술로 만들 수 있는 수준이었다. 비행 접시의 내부에서 (기억을 통해) 회수했다고 말해지는 이른바 '성도(star map)'는, 주장대로, 태양처럼 지구와 아주 가까이 있는 별들의 상대적인 위치가 실제와 유사하다. 그러나 면밀히 조사한 결과, 당신이 오래된 깃펜을 쥐고 빈 종이 몇 장에 잉크 얼룩을 튀겼을 때 만들어질 '성도'보다 별로 나을 것이 없음이 밝혀졌다. 한 가지 명백한 예외를 제외하면, 다른 대안 설명들을 기각할 만큼 충분히 상세하고, 근대 과학이나 기술이 등장하기 이전의 사람들에게 현대 물리학이나 천문학을 제대로 설명해 주는 충분히 정확한 이야기가 없다. 그 한 가지 예외는 말리 공화국의 도곤 족들 사이에서 전해지는, 시리우스를 둘러싼 놀라운 신화이다.

오늘날 살아 있는 도곤 족은 많아야 수십만 명 정도로, 인류학자들은 1930년대 이후에 와서야 그들을 집중적으로 연구하기 시작했다. 그들 신화의 몇몇 요소들이 고대 이집트 문명의 전설을 연상시켜서 일부 인류학자들은 도곤 족 문화와 고대 이집트 사이에 약한 관련성이 있다고 가정했다. 시리우스의 신출(新出, helical rising. 별이나 행성이 태양과 함께 동쪽 하늘에 처음 떠오르는 것. — 옮긴이)은 이집트 역법의 핵심이며 나일 강의 범람을 예측하는 데 사용되었다. 도곤 족 천문학의 가장 놀라운 측면은 1930년대와 1940년대에 활동했던 프랑스 인류학자 마르셀 그리올(Marcel Griaule, 1898~1956년)에 의해 전해졌다. 그리올의 설명을 의심할 이유는 없지만 이 놀라운 도곤 족의 민간 신앙에 대해 이전에 서구에서 기록한 적이 없다는 점과 모든 정보가 그리올을 통해 전달되었다는 점에 주목할 필요가 있다. 이 이야기는 최근에 영국 작가인 로버트 카일 그렌빌 템플(Robert Kyle Grenville Temple, 1945년~)을 통해 많은 사람들에게 알려졌다. (1976년에 출간되어 베스트셀러가 된 템플의 『시리우스 미스터리(*The Sirius Mystery*)』를 말한다. — 옮긴이)

현대 과학이 발달하지 않은 거의 모든 사회들과는 대조적으로, 도곤 족은 지구뿐만 아니라 행성들이 자전을 하며 태양 주위를 공전한다는 사실을 받아들인다. 물론 이것은 니콜라우스 코페르니쿠스(Nicolaus Copernicus, 1473~1543년)도 주장했듯이, 첨단 기술이 없어도 얻을 수 있는 결론이지만, 그것은 지구인들 사이에서는 오랫동안 굉장히 드문 통찰이었다. 그러나 고대 그리스에서 피타고라스(Pythagoras, 기원전 570?~495?년)와 필로라오스(Philolaus, 470?~385?년)도 이 통찰을 가르쳤다. 피에르 시몽 마르키스 드 라플리스(Pierre Simon Marquis de Laplace, 1749~1827년)에 따르면, 그들은 아마도 "행성에는 생물이 서식하며, 별들은 행성계의 중심이 되는, 우주에 흩뿌려진 태양이다."라고 생각했을 것이다. 이 가르침은 갖가지 모순적인 발상들 중에서 단지 운이 좋았던 탁월한 추측이었을지도 모른다.

고대 그리스 인들은 만물이 오직 물, 불, 공기, 흙의 네 가지 원소로부터 만들어진다고 믿었다. 소크라테스 이전의 철학자들 중에는 이 원소들 중 하나를 특별히 중시하는 사람들도 있었다. 실제로 이 원소들 중 하나가 만물을 이루는 데 다른 것들보다 더 많이 쓰인다고 밝혀져도, 우리는 그렇게 제안한 소크라테스 이전 철학자가 놀라운 혜안을 가지고 있었다고 보지는 않을 것이다. 통계적인 근거만으로도 그들 중 한 사람은 반드시 맞게 되어 있다. 마찬가지로, 만약, 수백, 수천 가지 문화가 있어 각자 자신만의 우주론(cosmology)을 보유하고 있다고 한다면, 그 우주론 중 하나가 순전히 우연히 현대 과학이 알고 있는 것과 정확히 일치할 뿐만 아니라, 그들이 제시하는 아이디어가 추론이 불가능한 것이라고 해도 우리는 크게 충격 받지 않을 것이다.

그러나 템플에 따르면, 도곤 족은 이것보다 한 발 더 나아간다. 그들은 목성에 4개의 위성이 있으며 토성 주위를 고리가 둘러싸고 있다고 주장한다. 최상의 관찰 조건에서 특출하게 시력이 좋은 사람들은 망원경이 없어도 목성의 갈릴레오 위성들과 토성의 고리를 관찰할 수도 있을 것이다. 그러나 다음 이야기는 믿기 어렵다. 요하네스 케플러(Johanness Kepler, 1571~1630년) 이전의 모든 천문학자들과 달리, 도곤 족은 행성들이 원형이 아니라 타원형 궤도를 따라 정확하게 움직인다고 묘사했다.

더 놀라운 점은 하늘에서 가장 밝은 별인 시리우스에 대한 도곤 족의 신앙이다. 그들은 시리우스가 50년마다 한 번씩 시리우스 주위의 궤도(템플이 말한 타원형 궤도)를 도는, 눈에 보이지 않는 어두운 동반성을 가진다고 주장했다. 그들은 동반성이 지구에서는 발견되지 않는 '사갈라(Sagala)'라고 불리는 특별한 금속으로 만들어져 있어서 매우 작지만 아주 무겁다고 주장했다.

놀랍게도 눈으로 볼 수 있는 별인 시리우스 A에는 50.04±0.09년마다 한 번씩 타원형 궤도로 그 주위를 도는, 보기 드물게 어두운 동반성인 시리우스 B가 정말로 있다. 시리우스 B는 현대 천체 물리학자가 발견한 백색 왜성(white dwarf)의 첫 번째 사례이다. 이 별의 물질은 이른바 '상대론적 축퇴(relativistically degenerate)' 상태에 있다. 이 물질은 지구에는 존재하지 않으며, 이러한 축퇴 물질 내부에서는 전자들이 원자핵에 묶여 있지 않기 때문에 이 별이 금속성을 띤다는 묘사는 적절하다. 시리우스 A가 '개의 별(Dog Star)'이라고 불리기 때문에 시리우스 B는 때때로 '강아지(The Pup)'라는 별명으로 불려 왔다. (시리우스 B가 발견된 것은 1862년이고 이 백색 왜성을 이루는 물질이 축퇴 물질이라는 이론적 설명이 이루어진 것은 1926년이다. — 옮긴이)

겉보기에 도곤 족의 시리우스 전설은 과거에 선진 외계 문명과 접촉이 있었다는 주장과 관련해 현대인이 활용할 수 있는 증거들 중 최상의 후보로 보인다. 그러나 이 이야기를 더 자세히 들여다보기 전에, 도곤 족의 천문학 전통이 순전히 구전에 의존했고, 날짜가 확실히 기록된 시점이 1930년대 이후이며, 모래와 막대기로 도표를 그렸다는 점을 기억해야 한다. (그리고 도곤 족이 타원형 틀이 있는 사진 액자를 좋아하며 도곤 족 신화에서 행성과 시리우스 B가 타원 궤도로 움직인다는 주장이 템플의 오해에서 비롯되었을지도 모른다는 몇 가지 증거가 있다.)

도곤 족 신화 전체를 조사해 보면 우리는 전설의 구조가 매우 풍부하고 세부적임을 발견할 수 있다. — 많은 인류학자들이 이야기한 것처럼 지리적으로 그들과 가까운 이웃들의 전설보다 훨씬 더 그러하다. — 물론, 풍부한 전설이 다수 존재하는 지역에서는 그 신화들 중 하나가 현대 과학의 발견과 우연히 일치할 가능성도 더 커진다. 매우 빈약한 신화가 이러한 우연의 일치를 만들어 낼 확률은 훨씬 더 낮다. 그러나 도곤 족 신화의 나머지 부분들은 어떨까? 기대하지 않게 현대 과학의 발견들을 강렬하게 연상시키는 다른 사례들을 발견하게 될까?

도곤 족의 우주 창조 신화는 창조주가 아가리가 둥글고 바닥이 네모난 바구니를 살펴보는 장면에서 시작된다. 이러한 바구니들은 말리 공화국에서 오늘날에도 여전히 사용된다. 창조주는 바구니를 거꾸로 뒤집어서 세계 창조의 틀로 사용한다. 여기서 네모난 바닥은 하늘을, 둥그런 아가리는 태양을 표상한다. 이러한 설명이 내게는 현대의 우주론적 사고를 놀랍게 예측했다는 인상을 주지는 않는다. 지구 창조에 대한 도곤 족의 묘사도 살펴보자. 창조주는 하나의 알 속에, 각기 남성 한 명과 여성 한 명으로 구성된 쌍둥이 두 쌍을 집어넣는다. 이 쌍둥이들은 알 속에서 자라 하나의 '완벽한' 자웅동체로 합쳐질 계획이었다. 지구는 이 쌍둥이들 중 한 쌍이 성숙하기 전에 알을 깨고 나왔을 때 비롯되었다. 그 결과 창조주는 어떤 우주의 조화를 유지하기 위해 다른 쌍둥이를 희생시킨다. 이것은 다채롭고 흥미로운 신화이지만 인류의 탄생을 다룬 다른 신화나 종교와 질적으로 다르게 보이지 않는다.

시리우스의 동반성 가설은 쌍둥이가 중요한 역할을 하는 도곤 족 신화에서는 자연스럽게 도출되는 것 같다. 하지만 시리우스 동반성의 공전 주기와 밀도에 관해서는 이 단순한 설명 외에 어떤 설명도 없는 듯하다. 도곤 족의 시리우스 신화는 우연으로 치부하기에는 현대의 천문학적 사고와 너무 비슷하며 정량적으로 상당히 정확하다. 그러나 그것은 정도의 차이는 있어도 표준적인 전(前)과학적 전설 속에 담겨 있다. 이것을 어떻게 설명할 수 있을까? 도곤 족이나 그들의 문화적 조상들이 실제로 시리우스 B를 보고 그 별이 시리우스 A 주위를 회전하는 주기를 관찰할 수 있었던 기회가 있었던 것일까?

시리우스 B 같은 백색 왜성들은 적색 거성(red giant)이라고 불리는 별로부터 진화한다. 이 별은 매우 밝고, 놀랍게 들리지는 않겠지만, 붉다. 기원후 첫 몇 세기 동안 고대 작가들은 실제로 시리우스를 붉은색(오늘날에는 확실히 그 색깔이 아니다.)으로 묘사했다. 고대 로마 시인 퀸투스 호라티우스 플라쿠스(Quintus Horatius Flaccus, 기원전 65~8년)가 쓴 『풍자시(*Satires*)』 2권 5장 「이 또한, 테이레시아스여(*Hoc Quoque Tiresia*)」에 출전을 명시하지 않은 더 이전 시기 작품에서 인용한 다음과 같은 문구가 있다. "붉은 개의 별에서 나오는 열이 말 못 하는 조각상을 쪼갰다." 결코 강력하지는 않지만 이러한 고대 자료들이 있어서, 천체 물리학자들 사이에서는 백색 왜성인 시리우스 B가 역사 시기에 적색 거성이었고 시리우스 A의 빛을 완전히 집어삼켜 맨눈으로 볼 수 있던 시기가 있었을 가능성을 고려하고 싶다는 유혹이 다소 존재했다. 이 경우, 즉 시리우스 B의 밝기가 시리우스 A에 견줄 만했던 시기가 존재했다면, 그 시기는 시리우스 B의 진화에서 후기였을 것이고, 지구에서는 두 별들의 상대적인 움직임을 맨눈으로 볼 수 있었을지도 모른다. 그러나 별의 진화 이론이 내놓은 최근 정보에 따르면, 시리우스 B가 호라티우스 이전 몇 세기 동안 적색 거성이었다면 현재 백색 왜성 상태에 도달하기에는 시간이 충분하지 않다고 한다. 게다가 도곤 족 이외의 누구도 하늘에서 가장 밝은 별 중 하나였던 이 두 별들이 50년 주기로 서로를 돌고 있음을 눈치 채지 못했다는 점은 기이해 보인다. 중국과 한국의 천문 관측 기관을 언급하지 않더라도 고대 메소포타미아와 알렉산드리아에도 수준이 대단히 높은 관측 천문학자 양성 기관이 있었고 그들이 아무것도 인지하지 못했다는 것은 놀라운 일이다.* 그렇다면 외계 문명의 대표들이 도곤 족이나 그들의

* 화성을 나타내는 고대 이집트 문자는 직역하면 '붉은 호루스'이다. 호루스는 파라오의 왕

선조를 방문했다는 믿음이 유일한 대안인가?

도곤 족은 망원경 없이는 얻을 수 없는 지식을 가지고 있다. 간단한 결론은 그들이 선진 기술 문명과 접촉했다는 것이다. 유일한 의문은 그 문명이 어떤 문명인가, 즉 '외계 문명이냐 아니면 유럽 문명이냐?'이다. 고대 외계 수학 여행보다 훨씬 더 받아들일 만한 설명은 도곤 족이 과학 지식이 있는 유럽 인들과 상대적으로 최근에 접촉했으며, 그 유럽 인들이 도곤 족에게 시리우스와 그 별의 동반성인 백색 왜성에 대한 놀라운 유럽의 신화, 다시 말해 겉보기에 신화처럼 보이는 특징을 모두 갖춘, 뛰어나게 독창적이고 믿기 힘든 이야기를 전달했다는 것이다. 아마도 서구와의 접촉은 아프리카를 방문한 유럽 인들과의 만남이나 지역 프랑스 학교들에서 이루어졌을 수 있고, 어쩌면 제1차 세계 대전 때 프랑스군으로 참전한 서아프리카 사람들을 중심으로 유럽에서 이루어졌을 수도 있다. (도곡 족이 사는 말리 공화국은 1959년까지 프랑스의 식민지, 프랑스령 수단이었다. — 옮긴이)

최근 천문학 분야에서 이루어진 발견으로 이 이야기들이 외계인들보다는 유럽 인들과의 접촉에서 유래했을 가능성이 증가했다. 제임스 러들로 엘리엇(James Ludlow Elliot, 1943~2011년)이 이끄는 코넬 대학교 연구진은 1977년에 인도양 상공에서 고공 항공 천문대를 사용해 천왕성이 고리를 두르고 있음을 발견했다. 지상에서 관측했을 때에는 전혀 눈치 채지 못한 발견이었다. 지구에 접근하면서 태양계를 관찰한 선진 외계인들은 이 고리를 발견하는 데 어려움이 거의 없었을 것이다. 반면 19세기와 20세기 초 유럽의 천문학자들은 이 사실을 전혀 몰랐다. 도곤 족이 토

권을 보호하는 매의 머리를 한 신이다. 이처럼 이집트 천문학은 천체의 색채를 놀랄 만큼 잘 인지했다. 그러나 시리우스에 대한 묘사에서는 그 색깔에 대한 언급이 보이지 않는다.

성 궤도 너머에 있는 고리를 가진 다른 행성에 대해 말하지 않는다는 사실은 그들의 정보원이 외계인들이 아니라 유럽 인들이었으리라는 점을 시사한다.

1844년에 독일의 천문학자인 프리드리히 빌헬름 베셀(Friedrich Wilhelm Bessel, 1784~1846년)은 시리우스(시리우스 A)의 장기적인 움직임이 멀리 떨어진 별들을 배경으로 볼 때 직선이 아니라 오히려 물결 모양이라는 점을 발견했다. 베셀은 시리우스에 어두운 동반성이 있으며 그 별의 중력이 미치는 영향으로 관찰된 바와 같은 사인 곡선 운동이 만들어졌을 것이라고 주장했다. 이 꿈틀거리는 움직임이 50년 주기였기 때문에 베셀은 공통 질량 중심에 대한 시리우스 A와 B의 연계 운동에서 그 어두운 동반성의 주기가 50년이라고 추론했다.

18년 뒤, 앨번 그레이엄 클라크(Alvan Graham Clark, 1832~1897년)는 새로운 구경 50센티미터의 굴절 망원경을 점검하는 과정에서 시리우스 A의 동반성인 시리우스 B를 우연히 발견했다. 눈으로 직접 본 것이다. 우리는 뉴턴의 중력 이론을 사용해 이 상대적인 움직임들로부터 시리우스 A와 B의 질량을 추정할 수 있다. 이 동반성은 태양과 거의 동일한 질량을 가진다는 것이 밝혀졌다. 그러나 시리우스 A와 B의 질량이 거의 같으며 둘 다 지구에서 같은 거리만큼 떨어져 있는데도 시리우스 B는 시리우스 A보다 거의 1만 배 이상 더 희미하다. 이 사실들은 시리우스 B의 반지름이 훨씬 더 작거나 온도가 굉장히 더 낮을 경우에만 서로 부합한다. 그러나 19세기 후반에는 천문학자들이 질량이 동일한 별들은 대략적으로 온도가 같다고 믿었고, 세기 전환기까지 시리우스 B의 온도가 현저하게 낮지 않다는 주장이 널리 받아들여졌다. 1915년에 월터 시드니 애덤스(Walter Sydney Adams, 1876~1956년)가 시행한 분광 관측(spectroscopic observation)은 이 주장을 확인해 주었다. 이것은 시리우스 B가 매우 작은 것이 틀림없다는 뜻이었다. 오늘날 우리는 그 별이 겨우 지구 정도의 크기라는 사실을 알고 있다. 그 크기와 색깔 때문에 이 별은 백색 왜성이라고 불린다. 그러나 시리우스 B가 시리우스 A보다 훨씬 작다면 그 밀도는 상당히 더 높아야 한다. 따라서 시리우스 B에서 유래한 극단적으로 밀도가 높은 별이라는 개념이 20세기 초반 몇십 년에 걸쳐 널리 퍼져나갔다.

시리우스 동반성의 기이한 특성은 책과 언론에서 널리 보고되었다. 예를 들어, 아서 스탠리 에딩턴(Arthur Stanley Eddington, 1882~1944년) 경의 저서 『물리적 세계의 본성(*The nature of the Physical World*)』에는 "천문학 증거는 소위 **백색 왜성**이라고 불리는 별들에서 물질의 밀도가 우리가 지구에서 경험한 어떤 물질보다도 초월적으로 높다는 주장에 사실상 아무런 의심도 남기지 않는다. 예를 들어 시리우스 동반성의 밀도는 1세제곱인치(약 16세제곱센티미터)당 약 1톤의 무게에 달한다. 이 상태는 고온과 그것으로 인한 물질의 강렬한 요동이 원자 바깥쪽의 전자계를 이온화하며, 그 결과 파편들이 서로 훨씬 더 긴밀하게 다져진다는 사실로 설명된다."라는 구절이 나온다. 이 책은 출간된 1928년 한 해에만 영국에서 10번 중쇄되었으며 프랑스 어를 비롯한 여러 언어로 번역되었다. 백색 왜성이 축퇴 물질로 이루어져 있다는 아이디어는 1925년에 랠프 하워드 파울러(Ralph Howard Fowler, 1889~1944년)가 제안했으며 빠르게 받아들여졌다. 한편, 백색 왜성이 '상대론적' 축퇴 물질로 구성되어 있다는 아이디어는 1934년과 1937년 사이에 인도의 천체 물리학자인 수브라마니안 찬드라세카르(Subrahmanyan Chandrasekhar, 1910~1995년)가 영국에서 처음 제안했다. 양자 역학을 배우지 않고 자란 천문학자들은 이 생각에 상당히 회의적인 태도를 보였다. 가장 격렬한 회의론자 중 한 사람이 에딩턴이었다. 이 문제에 대한 논쟁이 과학 언론을 뒤덮었으며, 지적인 비전문가들도 여기에 접근할 수 있었다. 이 모든 일들이 그리올이 도곤 족의 시리우스 전설과 만나기 직전에 벌어지고 있었다.

20세기 초반, 당시 프랑스령 서아프리카에서 도곤 족 사람들을 방문한 한 프랑스 인을 상상해 보자. 그는 외교관이었을 수도 있고 탐험가나 모험가나 초창기 인류학자였을 수도 있다. 이러한 사람들 — 예를 들어 리처드 프랜시스 버턴(Richard Francis Burton, 1821~1890년) 경 같은 이들 — 은 서아프리카에 수십 년 전부터 있었다. 대화 주제가 천문학 전설에 대한 것으로 옮겨 간다. 시리우스는 하늘에서 가장 밝은 별이다. 도곤 족 사람들은 자신들의 시리우스 전설로 방문자를 즐겁게 해 준다. 그 뒤 예의바르게 웃으면서 기대감 어린 말투로 방문자에게 그의 시리우스 신화는 무엇인지 묻는다. 아마도 그는 대답하기 전에 자신의 가방 속에 들어 있는 해진 책 한 권을 훑어 볼 것이다. 시리우스의 백색 왜성 동반성은 당시 천문학 분야의 최신 화제였다. 그 여행자는 극적인 신화를 판에 박힌 신화와 교환한다. 그가 떠난 후, 그의 설명은 기억되고 다시 이야기되고 마침내 채록된 도곤 족 신화 속에 통합되거나, 아니면 적어도 "시리우스 신화, 피부가 흰 사람들의 설명"으로 분류되어 부수적인 이야깃거리로 통합된다. 마르셀 그리올이 1930~1940년대에 도곤 족 사람들의 신화를 조사했을 때, 그는 유럽에서 유래한 시리우스 신화를 다시 들은 것이다.

부주의한 인류학자를 통해 신화가 이렇게 한 바퀴 돌아서 본래의 기원지로 되돌아오는 일은 있을 법하지 않은 일로 들릴 것이다. 그러나 인류학의 역사에서 비슷한 사례를 많이 찾아볼 수 있다. 여기서 몇 가지 사례들을 이야기해 보자.

20세기의 첫 10년 동안 한 초보 인류학자가 사우스웨스트에서 아메리카 원주민들로부터 고대 전통에 대한 설명을 수집하고 있었다. 그는 전통들이 사라져 버리기 전에 기록하려고 했으며, 그의 관심사는 거의 전적으로 구전되는 전통에 한정되어 있었다. 아메리카 원주민 젊은이들은 이미 자신들의 유산과 뚜렷이 단절되어 있어서 그 인류학자는 부족의 나이 든 구성원들에게 집중했다. 어느 날 그는 나이는 들었지만 생기 넘치고 협조적인 한 정보원과 호간(hogan, 북아메리카 원주민 나바호 족의 주거 형태. — 옮긴이) 밖에 앉아 있었다.

"아이들이 태어났을 때 당신 조상이 하던 의식에 대해 말해 줘요."

"잠시만요."

그 나이 든 원주민은 어두워진 호간 안쪽 깊은 곳으로 발을 끌며 걸어갔다. 15분 뒤 그는 다시 나타나 출산 후 의식들에 대해 상당히 유용하고 세부적인 묘사를 했다. 여기에는 금기 선물, 태와 탯줄, 첫 호흡과 첫 울음에 관한 의식들이 포함되어 있었다. 인류학자는 잔뜩 고무되어 열광적으로 받아 적었고, 그 뒤 사춘기와 결혼, 출산과 죽음을 포함하는 통과 의례들의 전체 목록을 체계적으로 살펴보았다. 매번 그 정보원은 호간 속으로 사라졌다가 15분이 지난 뒤에야 풍부한 답변을 들고 나타났다. 인류학자는 놀랐다. 그는 호간 안에 어쩌면 노쇠하거나 아파서 누워 있는, 더 나이 든 정보원이 있는 것은 아닐지 궁금했다. 마침내 그는 더 이상 참지 못하고 용기를 끌어 모아 정보원에게 매번 호간으로 들어가는데, 안에서 무슨 일을 하냐고 물었다. 노인은 웃으며 마지막으로 호간 속에 들어간 뒤 손때가 묻은 『아메리카 민족지학 사전(*Dictionary of American Ethnography*)』 한 권을 움켜쥐고 되돌아왔다. 그 책은 이전 10년 동안 인류학자들이 엮은 책이었다. 그 정보원은 이렇게 생각한 것이 틀림없다. 저 불쌍한 백인 남성은 아주 열심이고 의도도 좋지만 무지하구나. 그에게는 우리 부족의 전통을 담고 있는 이 놀라운 책이 없다. 내가 그에게 이 책의 내용을 말해 주어야겠다.

다른 이야기 두 가지는 비범한 의사인 대니얼 칼턴 가이듀섹(Daniel Carleton Gajdusek, 1923~2008년) 박사의 모험에 관한 것이다. 그는 여러 해 동안 뉴기니 주민들 사이에서 유행하는 희귀한 바이러스 질환인 쿠루(kuru)를 연구해 왔다. 이 업적으로 그는 1976년에 노벨 생리·의학상을 수상했다. 몇 년 전, 처음 들은 그의 이야기에 대한 내 기억을 확인해 준 데 대해 가이듀섹 박사에게 감사드린다. 뉴기니는 섬이지만 산악 지형이 많은데 고대 그리스의 산들과 비슷한 이 산들이 한 계곡의 주민들을 다른 계곡의 주민들과 완전하게 분리하고 있다. 그 결과 문화 전통이 매우 풍성하고 다양하다.

1957년 봄, 가이듀섹과 당시 파푸아 뉴기니 신탁 통치령의 공중 보건 및 의료 책임자였던 빈센트 지거스(Vincent Zigas, 1920~1983년) 박사는 "통제되지 않은 지역"으로 떠난 탐사에서 오스트레일리아 순찰 경관과 함께 사우스포레 문화와 언어 집단 지역을 통과해 푸로사(Purosa) 계곡에서 아가카마타사(Agakamatasa) 마을로 여행했다. 그곳에는 석기가 여전히 사용되고 있었고 거주 집단 내에서 이루어지는 식인 전통이 남아 있었다. 가이듀섹과 그의 동료들은 쿠루의 사례들을 발견했다. 이 병은 사우스포레 마을의 최벽지에서 식인을 통해 전파되었다. (그러나 대개 소화관을 통해 전파되지는 않았다.) 그들은 크고 전통적인 와에(wa'e) 혹은 남성 숙소 중 한 군데로 이동해 며칠 지내기로 결정했다. (그것은 그렇고, 이 집들 중 한 군데에서 나온 음악이 보이저 호의 레코드판에 실려 별들 사이로 보내졌다.) 창문이 없고 문이 낮게 달린 연기가 자욱한 그 초가집은 방문객들이 똑바로 일어서거나 몸을 뻗고 누울 수도 없도록 잘게 나뉘어 있었다. 그 집은 여러 개의 침실로 분리되어 있었고 각 침실에는 작은 난로가 있어서 남자들과 소년들은 잘 때 그 주위에 옹송그리고 모여 잤는데, 덴버보다 고도가 더 높은, 해발 1,800미터 이상인 이곳에서 추운 밤 동안 따뜻하게 지낼 수 있었다. 방문객들을 수용하기 위해, 소년들과 남자들은 의례용 남성 숙소 반절의 내부 구조를 유쾌하게 잡아 뜯었고 비가 퍼붓던 이틀 동안 가이듀섹과 동료들은 강한 바람에 노출되어 있는, 구름이 뒤덮인 높은 산마루 위 집에 꼼짝없이 묶여 지냈다. 포레의 젊은 통과 의례 참가자들은 돼지기름을 바른 머리카락과 나무껍질 가닥을 함께 땄다. 그들은 커다란 코싸개를 쓰고 돼지 생식기를 완장으로 둘렀으며 주머니쥐와 나무를 기어오르는 캥거루의 생식기들을 펜던트처럼 목둘레에 걸고 있었다.

집주인들은 자신들의 전통 민요를 첫날 밤새도록 불렀고 이후 비 내리는 동안에도 계속해서 불렀다. 가이듀섹은 답례로 "그들과의 유대 관계를 돈독하게 만들기 위해 「검은 눈동자(Otchi Chornye)」와 「내 불꽃이 안개 속에 빛을 드리우네(Moi Kostyor V Tumane Svetit)」 같은 러시아 전통 민요를 그들 사이에서 불렀다." 이것이 매우 잘 받아들여져서 아가카마타사 마을 주민들은 연기가 자욱한 사우스포레의 전통 가옥에서 휘몰아치는 폭풍우를 반주 삼아 그 노래들을 수십 번 반복해 불러 줄 것을 요청했다.

몇 년 후, 가이듀섹은 사우스포레의 다른 지역에서 토착 음악들을 수집하는 데 관여했는데 한 젊은 남성 무리들에게 전통 민요의 레퍼토리들을 불러 달라고 요청했다. 가이듀섹에게 있어 놀랍고 또 기쁘게도, 그들은 「검은 눈동자」의 번안곡을 불렀다. 다소 바뀌었지만 원곡이 무엇인지는 확실히 알 수 있었다. 가수들 중 상당수가 분명히 그 노래를 전통 민요라고 생각했다. 나중에 가이듀섹은 그 노래가 훨씬 더 먼 곳까지 퍼진 것을 발견했는데 노래를 부르는 사람들 중 그 누구도 그 출처에 대해서 생각하지 않았다.

우리는 뉴기니의 유난히 잘 알려지지 않은 지역에서 일종의 세계 민족 음악학적 조사가 이루어지고, 리듬과 음악, 단어가 「검은 눈동자」와 현저히 비슷하게 들리는 전통 민요를 원주민들이 보유하고 있다는 사실을 발견하게 되는 상황을 쉽게 상상할 수 있다. 만약 원주민들이 앞서 서구인들과 접촉한 적이 없다고 믿어졌다면 이것은 엄청난 미스터리로 받아들여졌을 것이다.

그해 말 가이듀섹은 여러 오스트레일리아 의사들의 방문을 받았다. 그들은 쿠루가 식인을 통해 환자들 간에 전염된다는 놀라운 발견을 이해하기를 열망했다. 가이듀섹은 포레 사람들이 믿고 있는 여러 질병의 기원에 관한 이론을 설명했다. 포레 사람들은 선구적인 인류학자인 브로니스와프 카스퍼 말리노프스키(Bronisław Kasper Malinowski, 1884~1942년)가 멜라네시아의 해안 지방 사람들에 대해 이야기했던 것처럼, 질병이 죽은 자의 영혼에 의해 발생한다거나 산 자를 질투하는 악의가 있는 죽은 친척들이 자신들을 기분 상하게 했던 살아남은 친족들에게 질병을 일으킨다고 믿지 **않았다**. 대신 포레 인들은 질병 대부분의 원인을 사악한 마법으로 돌렸다. 이 마법은 특별히 훈련받은 마법사의 도움 없이도, 기분이 상했거나 복수심을 품은 남성이면 노소를 막론하고 누구나 실행할 수 있었다. 쿠루를 특별한 마법으로 설명했고, 만성 허파 질환, 나병(한센병. — 옮긴이), 요오스(yaws, 열대의 피부병. — 옮긴이) 등도 역시 동일하게 설명했다. 이 믿음은 오래된 것이었고 확고한 것으로 받아들여졌지만 가이듀섹이 페니실린을 주사해 요오스가 완전히 낫는 모습을 보여 주자 포레 사람들은 요오스에 관한 마법 설명이 잘못되었다는 데 빠르게 동의하고 그 설명을 폐기했다. 그 후 그 설명은 결코 다시 등장하지 않았다. (나는 서구인들이 뉴기니의 포레 사람들처럼 시대에 뒤지거나 잘못된 사회적 아이디어들을 당장이라도 폐기하기를 희망한다.) 나병을 현대적으로 치유하자 그것에 대한 마법 설명 역시, 더 오래 걸리기는 했지만 사라졌으며, 오늘날의 포레 사람들은 요오스와 나병에 대한 낙후된 초창기 견해를 비웃는다. 그러나 쿠루의 기원에 대한 전통적인 견해들은 계속 남아 있었다. 서구인들이 만족스러운 방식으로 그 병을 치료하거나 그 원인과 성질에 대해 설명할 수 없었기 때문이다. 따라서 포레 사람들은 쿠루에 관한 서구의 설명에 굉장히 회의적이었고 사악한 마법이 그 병의 원인이라는 자신들의 견해를 확고히 고수했다.

오스트레일리아의 의사 하나는 가이듀섹의 원주민 정보원들 중 한 명을 통역사로 대동하고 옆 마을을 방문해 쿠루 환자들을 조사하고 독립적으로 정보를 수집하며 한나절을 보냈다. 그는 그날 저녁 돌아와 가이듀섹이 포레 사람들이 사자의 영혼을 질병의 원인이라고 믿지 않는다고 오해했으며 나아가 그들이 마법을 요오스의 원인이라고 보는 발상을 폐기했다고 주장하는 오류를 저질렀다고 말했다. 계속해서 그는 포레 사람들은 시체가 눈에 보이지 않을 수 있으며 죽은 자의 보이지 않는 영혼이 감지할 수 없는 균열을 통해 밤에 환자의 피부 속으로 들어가 요오스를 일으킬 수 있다고 주장했다고 말했다. 이 오스트레일리아 의사의 정보원은 심지어 막대기로 모래 위에 이 유령 같은 존재들의 외양을 그려 보이기까지 했다. 그들은 조심스럽게 원을 그리고 그 안에 구불구불한 선들을 몇 개 그었다. 그들은 원 밖은 검고 원 안은 밝다고 설명했다. 병을 일으키는 악의적인 영혼의 모래 초상화였다.

그가 대동한 젊은 통역가를 통해 가이듀섹은 이 오스트레일리아 의사가 가이듀섹이 잘 알고 있고 종종 그의 집과 실험실에 손님으로 오는 마을 노인들 중 몇몇과 대화를 나눴음을 알게 되었다. 그들은 요오스를 일으키는 나선형 '세균'의 모습을 설명하려고 시도했던 것이다. 그것은 가이듀섹의 암시야 현미경을 통해 그들이 여러 번 보았던 나선상균 (spirochaeta)의 형태였다. 그들은 그것이 눈에 보이지 않는다는 점을 인정해야만 했고 — 그 세균은 현미경을 통해서만 볼 수 있다. — 오스트레일리아 의사가 이것이 죽은 자를 '상징'하는지 압박하듯이 물으니, 그들은 가이듀섹이 요오스의 병변과 가까이 접촉하면, 예를 들어 요오스에 걸린 사람과 함께 자면, 그 병에 걸릴 수 있다고 강조했음을 시인해야만 했다.

처음 현미경을 들여다봤을 때가 기억 난다. 접안 렌즈에 눈을 댔을 때 나는 내 속눈썹만을 볼 수 있었다. 초점을 조정하니 칠흑같이 어두운 원통 속을 지나, 마침내 현미경 경통 아래 환한 빛의 원반이 보이기 시작했다. 눈이 부셨다. 원반 안에 무엇이 있는지 조사하려고 눈을 훈련시키는 데에는 꽤 오랜 시간이 걸렸다. 가이듀섹이 포레 사람들에게 한 설명은 너무 강력해서(대안 가설들은 구체적인 현실성이 완전히 결여되어 있었다.) 페니실린으로 질병을 치료하는 그의 능력은 차치하더라도 많은 사람이 그의 이야기를 받아들였다. 아마도 몇몇 사람은 현미경 속에 있던 나선상균을 백인들의 신화 내지 가벼운 마법의 재미있는 사례로 여겼을지도 모른다. 다른 백인이 도착해서 질병의 원인에 대해 묻자, 그들은 예의바르게 상대의 마음에 들 것이라고 생각되는 이야기를 들려주었다. 서구와 포레 사람들의 접촉이 50년 동안 중단된다면, 미래의 방문자는 포레 사람들이 대체로 현대 기술이 발달하기 이전의 문화를 지니고 있지만, 놀랍게도 의학과 미생물학에 대해서는 다소 알고 있음을 발견하게 될 것이다. 나는 이런 일이 충분히 가능하다고 생각한다.

이 세 가지 이야기는 모두 '원시인'들에게서 고대 전설을 알아내려고 할 때 마주칠 수밖에 없는 문제들을 분명히 보여 준다. 당신은 당신보다 먼저 도착한 다른 사람들이 원주민 신화의 원래 그대로의 모습을 파괴하지 않았다고 확신할 수 있는가? 당신은 이 원주민들이 당신의 비위를 맞춰 주고 있거나 농담을 던지는 중이 아니라고 확신할 수 있는가? 말리노프스키는 자신이 트로브리앤드 제도에 있는 사람들이 성교와 출산 사이의 관계를 이해하지 못한다는 사실을 발견했다고 생각했다. 아이들을 어떻게 임신하게 되는지 물었을 때, 그들은 천상계에서 일어나는 사건들이 개입하는 정교한 신화 구조를 제시했다. 깜짝 놀란 말리노프스키는 결코 그런 방식으로 그 일이 이뤄지지 않는다고 반대하며 9개월간의 임신 기간을 내포하는 오늘날 서구의 대중적인 설명을 대안으로 제시했다. "불가능해요."라고 멜라네시아 인들이 대답했다. "당신에게는 저기 6개월 된 아이와 함께 있는 여성이 보이지 않나요? 그녀의 남편은 다른 섬에 가 있어요. 예상보다 항해가 길어져 2년이나 못 돌아왔죠." 이 일화에서 멜라네시아 인들이 남자가 아버지가 되는 일에 대해 무지했다고 해석하기보다는 그들이 말리노프스키를 점잖게 타이르고 있었다고 보는 게 더 낫지 않을까? 만약 어떤 기묘한 모습을 한 이방인이 우리 마을에 와서 **내게** 아기가 어디서 오는지 묻는다면, 그에게 황새와 양배추에 대해 말하고 싶은 유혹을 분명 느낄 것이다. 현대 과학이 발달하기 이전의 사람도 사람이다. 개인적으로 그들은 우리만큼 영리하다. 다른 문화의 정보원들에 대한 현장 탐문은 항상 어려운 일이다.

나는 서구인들로부터 자신들의 신화에서 이미 중요한 별이었던 시리우스에 대한 이례적으로 독창적인 신화를 전해 들은 도곤 족 사람들이 자신들을 방문한 프랑스 인류학자에게 그 이야기를 조심스럽게 들려줬던 것은 아닐까 생각한다. 이 설명이 상식과 현저히 모순되는 자연 과학 지식을 가진 외계의 우주 여행자가 고대 이집트로 가던 중 이곳을 방문했으며 그 지식이 수천 년 동안 서아프리카에서만 구전을 통해 보존되었다는 설명보다 더 그럴듯하지 않은가?

이러한 신화에는 너무나 구멍이 많고 대안 설명도 많아서 과거 외계와의 접촉에 대한 믿을 만한 증거를 제공할 수 없다. 만약 외계인들이 있다면, 나는 무인 행성 탐사선과 전파 망원경이 그들을 추적할 수 있는 수단이 될 가능성이 더 크다고 생각한다.

7장

금성과 벨리콥스키 박사

혜성의 움직임을 고려하고 중력 법칙을 곰곰이 생각할 때, 지구에
그들이 접근하면 몹시 비통한 사건들이 초래될 수 있다는 점이
쉽게 인지될 것이다. 전 세계에 폭우를 일으키거나 불바다 속에서
멸망시키거나 산산조각 내어 작은 먼지로 만들거나, 적어도 지구가
달을 몰고, 원 궤도에서 벗어나 떠나거나, 더 나쁘게는 지구를 토성의
궤도 밖으로 내보내 인간도 동물도 견딜 수 없는, 여러 세기 동안
지속되는 겨울을 우리에게 가져다줄지도 모른다. 만약 떠나간 혜성이
자신의 일부나 전체를 대기 속에 남겨 놓는다면 혜성의 꼬리조차도
중요한 현상일 것이다.

—요한 하인리히 람베르트, 『세계의 구조에 관한 우주론 서간』, 1761년

혜성의 충돌은 아무리 위험해도, 아주 경미해서 지구와 실제로
부딪치는 부위에만 상처를 입힐 것이다. 한 왕국이 완전히 파괴되는
동안 지구의 다른 부분들은 아주 멀리서 온 혜성이 가져다준 진귀한
선물들을 즐기고 있다면, 심지어 우리는 비긴 셈 치자고 할지도
모른다. 어쩌면 우리는 우리가 경멸했던 이 덩어리들의 잔해가 금과
다이아몬드로 이루어진 것을 발견하고 매우 놀랄지도 모른다. 그러나
가장 많이 놀랄 이는 우리일까? 아니면 지구에 그림자를 드리웠던
혜성에 거주하던 자들일까? 각자 서로를 얼마나 낯선 존재라고
여길까?

—모페르튀이, 『혜성에 관한 글』, 1752년

과학자들도 다른 사람들처럼 희망과 공포를 품고 열정을 불태우거나 낙담하며 때때로 강한 감정에 이끌려 명료한 사고와 견실한 실행이 방해받을 수도 있다. 그러나 과학은 자기 수정적이다. 과학의 가장 근원적인 공리와 결론 역시 도전받을 수 있다. 주류 가설들은 관측과의 대결에서 살아남아야만 한다. 권위에의 호소는 허용되지 않는다. 추론의 각 단계는 모두가 볼 수 있게 제시되어야 한다. 실험은 재현될 수 있어야만 한다.

과학의 역사는 전에는 받아들여졌던 이론과 가설이 완전히 전복되어 관측 자료를 더 잘 설명할 수 있는 새로운 발상으로 대체된 사례들로 가득하다. 대개 한 세대 정도 지속되는 심리적 관성(psychological inertia)이 저항할 때도 있지만, 과학 사상의 이러한 변혁은 과학의 진보를 위해 바람직하고 필수적인 요소로 널리 받아들여진다. 사실, 주류 신념에 대한 논리적인 비평은 그 신념 지지자들을 위한 서비스이다. 만약 자신의 신념을 방어할 수 없다면 그것을 버리는 편이 낫다. 이러한 자기 성찰적, 오류 수정적인 측면은 과학적 방법이 가진 가장 놀라운 특징이며 쉽게 믿는 것이 원칙인 인간 활동의 다른 많은 영역들과 차별되는 부분이다.

과학이 지식의 총체라기보다는 지식을 얻는 하나의 방법이라는 생각은 과학 외부와 실제로는 과학 내부의 일부 영역들에서도 제대로 인식되지 못하고 있다. 이런 이유로, 나와 몇몇 동료들은 대중의 흥미를 상당히 끌고 있는, 과학의 경계에 위치한 논의들을 미국 과학 진흥 협회의 연례 회의에서 다루는 것을 옹호해 왔다. 그 목적은 이러한 이슈들을 확실히 해결하기 위해서라기보다는 오히려 정연한 논쟁 과정을 보여 주고 실험하기 어렵거나 학제적인 성격으로 인해 비정통적이거나 강한 감정을 불러일으키는 문제에 과학자들이 어떻게 접근하는지 보여 주기 위해서였다.

새로운 아이디어에 대한 격렬한 비판은 과학에서는 흔하다. 비판 방식은 비평가의 성격에 따라 달라질지도 모르지만 지나치게 예의 바른 비판은 새로운 아이디어를 제안한 사람에게도 과학이라는 인류의 사업에도 도움이 되지 않는다. 어떤 실질적인 이의도 허용되고 고무된다. 제안자의 성격이나 동기에 대한 인신 공격을 배제하는 것만이 유일한 예외이다. 제안자가 그 아이디어를 제기한 이유나 그 아이디어를 비판하도록 반대자들을 촉발시킨 요인이 무엇인지는 중요하지 않다. 그 아이디어가 참인지 거짓인지, 가망이 있는지 퇴보적인지가 중요할 뿐이다.

예를 들어 다음은 과학 학술지인《이카루스(*Icarus*)》에 제출된 논문에 대한, 자격을 갖춘 심사 위원의 의견 요약문이다. (흔치는 않지만 극단적으로 드물지도 않은 유형이다.) "이 논문을《이카루스》가 전적으로 받아들일 수 없다는 것이 본 검토자의 의견입니다. 이 논문은 건전한 과학적 연구에 기초하고 있지 않으며 기껏해야 서투른 추측에 불과합니다. 저자는 자신의 가정들을 언급하지 않았고 결론은 불명확하고 모호하며 근거가 없습니다. 관련 연구는 신뢰가 가지 않습니다. 도표와 그림 들에는 제목이 분명하게 달려 있지 않습니다. 저자는 가장 기초적인 과학 문헌도 잘 모르는 것이 분명합니다. ……" 이 심사 위원은 그 뒤 계속해서 자신의 논평이 옳음을 상세하게 보여 준다. 이 논문은 게재를 거절당했다. 이러한 거절은 보통 저자에 대한 호의일 뿐만 아니라 과학에 필요한 일로 인식된다. 대부분의 과학자들은 과학 학술지에 논문을 제출할 때마다 심사 위원의 (다소 더 온화한) 비판을 받는 데 익숙하다. 거의 항상, 이 비판들은 도움이 된다. 종종 이 비판을 감안해 수정한 논문이 나중에 게재되기도 한다. 행성학 문헌에서 솔직담백한 비판의 또 다른 사례를 보고 싶은 독자들은 장 메우스(Jean Meeus, 1928년~)가 1975년에 작성한 「목성 효과에 대한 논평(Comments on The Jupiter Effect)」과 《이카루스》에 실린 그 논평 비판을 참고하기를 바란다.•

격렬한 비판은 인간의 다른 어떤 활동 분야에서보다 과학에서 더 건설적이다. 과학에서는 전 세계의 유능한 과학자들이 동의할 수 있는, 충분히 타당한 기준들이 수립되어 있기 때문이다. 비판의 목적은 새로운 아이디어의 발전을 억제하는 데 있다기보다 고무하는 데 있다. 확실한 회의주의에 기반한 정밀 조사에서 살아남은 아이디어들은 참이거나 아니면 적어도 유용해질 가능성을 가지게 된다.

임마누엘 벨리콥스키의 저서들, 특히 1950년에 출간된 그의 첫 책인 『충돌하는 세계』가 제기한 쟁점들에 대해 과학 공동체는 매우 감정적으로 반응했다. 뉴욕의 지식인들과 하퍼 출판사의 편집자들이 벨리콥스키를 아인슈타인과 뉴턴, 다윈과 지크문트 프로이트(Sigmund Freud, 1856~1939년)에 비교했기 때문에 일부 과학자들은 짜증을 냈다. 이 불쾌감은 과학자로서의 판단에서 기인했다기보다는 인간 본성의 약점에서 생긴 것이었다. 이 두 가지는 종종 동일한 개인 안에 함께 서식하기도 한

• 이 장에서 언급된 참고 문헌들을 이 책의 「참고 문헌」에서 살펴볼 수 있다.

다. 또 일부 과학자들은 천체 역학에서 극단적으로 이단적인 견해를 주장하는 데 인도어와 중국어, 아즈텍 어와 아시리아 어 혹은 성서의 문구들을 사용했다는 점에 경악했다. 덧붙이자면 나는 물리학자나 천체 역학 전문가 중 이러한 언어들을 수월하게 구사하거나 이러한 문헌에 익숙한 사람들이 많지 않았으리라고 추측한다.

추론 과정이 얼마나 비정통적인가, 혹은 결론이 얼마나 받아들이기 어려운가는 새로운 — 특히 과학자들이 제시하지 않은 — 아이디어를 억제하는 이유가 될 수 없다고 생각한다. 그래서 미국 과학 진흥 협회가 벨리콥스키가 참여하는 『충돌하는 세계』에 대한 토론회를 개최한다는 소식에 매우 기뻤다.

비평문들을 미리 읽으면서, 비평문들의 수가 매우 적다는 사실과 그 중 벨리콥스키의 논지의 핵심에 접근한 경우가 거의 없다는 데 놀랐다. 사실, 벨리콥스키를 비난하는 사람이나 지지하는 사람 중 누구도 그의 글을 주의 깊게 읽어 보지 않은 것 같았고 심지어 벨리콥스키 자신도 자기 글을 주의 깊게 읽어 보지 않은 것처럼 보이는 경우들마저 있는 것 같았다. 아마도 이 심포지엄에 제출되었던 주요 결론들을 소개해 놓은 이 글뿐만 아니라 미국 과학 진흥 협회 심포지엄의 출간물 대부분이 쟁점들을 명확히 하는 데 도움이 될 것이다. (Goldsmith, 1977)

이 글에서 나는 벨리콥스키와 나 자신의 표현 방식을 그대로 살리며 문제에 접근할 것이다. 즉 그가 자신의 주장에서 초점을 맞춘 고대 문헌들을 본격적으로 살피면서, 동시에 내가 아는 사실과 논리를 자유자재로 구사해 그의 결론들에 대응하며 『충돌하는 세계』의 논지를 비판적으로 분석하려고 최선을 다했다.

벨리콥스키의 주요 논지는 유사 이래 지구를 포함한 태양계 행성들과 관련되어 일어났던 주된 사건들이 동일 과정론(uniformitarianism)보다는 격변론으로 더 잘 설명된다는 것이다. 이 화려한 용어들은 찰스 라이엘(Charles Lyell, 1797~1875년) 경과 제임스 허턴(James Hutton, 1726~1797년)의 저서를 통해 1785년과 1830년 사이에 종료된 것처럼 보이는, 근대 과학사 초창기에 벌어진, 중요한 주된 논쟁들을 요약하기 위해 지질학자들이 사용하는 복잡한 표현이다. 물론, 이 논쟁은 동일 과정설을 지지하는 것으로 결론이 났다. 두 사람의 이름과 두 분파의 입장은 신학 분야에서 일어난 익숙한 선행 사건들을 떠올리게 한다. 동일 과정론은 오늘날 일어나고 있어 그 양상을 관찰할 수 있는 과정들이 지구의 지형을 형성했다고 주장한다. 단, 엄청나게 오랜 시간이 걸렸다. 격변론자들은 훨씬 더 짧은 기간 동안 벌어진 적은 수의 격렬한 사건들만으로도 충분하다고 주장한다. 격변론은 주로 「창세기」를, 특히 노아의 홍수에 대한 설명을 문자 그대로 해석해 받아들인 지질학자들에게서 시작되었다. 격변론자의 견해에 반대하며 우리는 평생 그러한 재앙을 결코 본 적이 없다고 주장해 봤자 아무 소용없다. 이 가설은 사건이 아주 드물게 일어나도 상관 없다. 그러나 오늘날 작용하고 있는 모습을 우리 모두가 관찰할 수 있는 과정들이 논의가 되고 있는 사건이나 지형을 만들어 낼 만큼 충분한 시간 동안 작용했음을 보여 줄 수 있다면, 적어도 격변론자의 가설은 그 필요성이 사라진다. 확실히 동일 과정론과 격변론에서 언급되는 과정들은 둘 다 지구의 역사에 작용했을 것이다.

벨리콥스키는 일련의 천체 격변들과 크고 작은 행성들이 혜성과 거의 충돌할 뻔한 일이 상대적으로 최근에 일어났다고 주장한다. 우주의 충돌 가능성은 터무니없지 않다. 천문학자들은 자연 현상을 설명하기 위해 주저하지 않고 충돌을 들먹여 왔다. 예를 들어 라이먼 스트롱 스피처(Lyman Strong Spitzer, 1914~1997년)와 빌헬름 하인리히 발터 바데(Wilhelm Heinrich Walter Baade, 1893~1960년)는 외부 은하의 전파원이 막대한 수의 별들을 포함하는 은하 전체의 충돌로 만들어졌을지도 모른다는 가설을 제안했다. (Spitzer and Baade, 1951) 이 가설은 현재는 폐기되었다. 은하 충돌이 상상도 할 수 없는 일이라서가 아니라 이러한 충돌의 빈도와 성질이 현재 우리가 전파원들에 대해 알고 있는 바와 일치하지 않기 때문이다. 퀘이사의 에너지원에 관해 여전히 인기 있는 이론은 은하 중심에서 일어난 별들의 복합적인 충돌 사건이 그 에너지를 만든다는 것이다. (현재는 은하 중심에 있는 초거대 질량 블랙홀이 그 에너지원임이 밝혀졌다. — 옮긴이) 어쨌든, 은하에서는 격변이라고 할 수 있는 사건들이 흔한 것이 틀림없다.

충돌과 격변은 오랫동안 존재해 왔던 개념으로 현대 천문학에서 핵심적인 부분이다. (이 장 서두의 인용구를 보라.) 예를 들어, 지금보다 훨씬 더 많은 천체들 — 매우 곡률이 큰 타원 궤도 위에 있는 천체들을 포함해서 — 이 있었을 초창기 태양계에서는, 충돌이 빈번했을지도 모른다. 마이런 레카(Myron Lecar)와 프레드 프랭클린(Fred Franklin)은 태양계 소행성대(asteroid belt)의 현재 배치 형태를 이해하기 위해 이 영역에서 초창기, 겨우 몇천 년 동안 일어났던 수백 개의 충돌들을 조사했다. (Lecar and Franklin, 1973) 「혜성 충돌과 지질 시대(Cometary collisions and geological periods)」라는 논문에서 해럴드 클레이턴 유리(Harold Clayton Urey, 1893~1981년)는 평균 질량이 약 10^{18}그램인 혜성과 지구의 충돌에 수반될지도 모르는 초대형 지진과 대양 온도 상승 등 다양한 결과들을 조사했다. 시베리아의 한 숲이 완전히 무너진, 1908년에 일어난 퉁구스카(Tunguska) 사건은 종종 그 원인을 소행성 충돌에서 찾는다. 수성과 화성, 그 위성인 포보스(Phobos)와 데이모스(Deimos), 그리고 달은 태양계의 역사에서 엄청나게 많은 충돌이 일어났음을 설득력 있게 증언해 왔다. 우주의 격변이라는 발상에는 비정통적인 부분이 없으며, 이것은 적어도 미국 지질조사국(U. S. Geological Survey)의 초대 국장인 그로브 칼 길버트(Grove Karl

Gilbert, 1843~1918년)가 달 표면을 연구했던 19세기 후반부터는 태양계 물리학에서 흔한 견해였다.

그렇다면 벨리콥스키 주장에 대한 이 모든 격렬한 반응들은 왜 나타났는가? 그것은 증거라고 주장되는 것들의 타당성과 시간 규모에 대한 반응이다. 태양계의 46억 년 역사 동안 많은 충돌 사건이 일어났음은 틀림없다. 그러나 지난 3,500년 동안 주요한 충돌 사건이 일어났으며, 고대 문헌에 대한 연구로 이러한 충돌 사건을 입증할 수 있을까? 이것이 이 논쟁의 핵심이다.

벨리콥스키는 광범위한 이야기와 전설로 우리의 이목을 끈다. 서로 멀리 떨어져 분리되어 있는, 다양한 문화의 사람들이 보유한 이 이야기들은 주목할 만한 유사점과 일치를 보여 준다. 나는 그가 거론한 어떤 문화나 언어에 대해서도 전문가가 아니지만 벨리콥스키가 모아놓은 놀라운 이야기들에서 연속성을 발견할 수는 있다. 이 문화들에 대한 전문가들 중 일부는 감명을 덜 받은 것도 사실이다. 나는 명문 대학의 유명한 셈학(Semitics) 교수와 『충돌하는 세계』에 대해 토론한 일을 선명하게 기억한다. 그는 "아시리아학(Assyriology), 이집트학(Egyptology)과 성서 연구, 그리고 『탈무드(*Talmud*)』와 『미드라시(*Midrash*)』의 해석 논쟁을 다루는 부분 모두, 당연한 이야기지만, 터무니없습니다. 그러나 천문학에 대해서는 깊은 인상을 받았습니다."와 같은 요지의 말을 했다. 나는 약간 반대되는 견해를 가지고 있었고 그의 견해에 휘둘리지도 않았다. 내 입장은 만약 벨리콥스키가 주장한 전설 사이의 일치 중 20퍼센트만이 사실이라고 할지라도, 설명해야 하는 중요한 사항이 존재한다는 것이다.

나아가, 고고학의 역사에는 트로이를 찾아낸 하인리히 슐리만(Heinrich Schliemann, 1822~1890년)부터 마사다를 발굴한 이가엘 야딘(Yigael Yadin, 1917~1984년)에 이르기까지 고대 문헌에 나타난 묘사들이 나중에 사실로 밝혀진 사례들이 인상적으로 늘어서 있다.

널리 분포되어 있는 각양각색의 문화들이 명백하게 동일한 전설을 공유하고 있다면, 그 사실은 어떻게 설명할 수 있을까? 네 가지 가능성이 있는 것 같다. 공통 관찰과 전파, 두뇌 배선(brain wiring)과 우연의 일치가 그것이다. 이 가능성들을 차례대로 살펴보자.

공통 관찰 논의가 되고 있는 문화들이 모두 하나의 공통 사건을 목격했고 그것을 같은 방식으로 해석했다는 설명이다. 물론, 이 공통 사건이 무엇이었는지에 대해서는 다양한 견해가 있을 수 있다.

전파 오직 한 문화에서만 비롯된 전설이 인류가 먼 거리를 넘나들며 빈번히 이주하는 동안 여러 문화로 다소 변형되어 퍼졌다는 설명이다. 명백한 예로 어린이들의 수호 성인인 유럽의 성 니콜라스(Saint Nicholas, 270~343년)에서 진화한 미국의 산타클로스 전설을 들 수 있다. (클로스는 독일어로 니콜라스의 준말이다.) 이 전설은 기독교가 생기기 전의 전통에서 유래했다.

두뇌 배선 간혹 종족 기억(racial memory)이나 집단 무의식(collective unconsciousness)으로도 알려진 가설적 개념이다. 인간은 태어날 때부터 고유한 생각과 원형(archetype), 전설의 인물과 이야기를 가지고 있다는 것이다. 아마도 갓 태어난 개코원숭이(baboon)가 뱀을 두려워할 줄 아는 것과 같은 방식으로, 또 다른 새들과 떨어져 자란 새가 둥지 짓는 법을 아는 것과 같은 방식으로 말이다. 만약 관찰이나 전파에서 유래된 이야기가 '두뇌 배선'과 공명을 일으키면 그 이야기는 그 문화 내에서 유지될 가능성이 분명히 더 커진다.

우연의 일치 독립적으로 만들어진 전설 2개가 순전히 우연히 비슷한 내용을 가지게 되었을지도 모른다. 현실적으로 이 가설은 두뇌 배선 가설로 흡수되어 사라진다.

만약 우리가 이처럼 명백한 일치를 비판적으로 평가하려고 한다면, 먼저 취해야만 하는 분명한 예방 조치들이 몇 가지 있다. 이 전설들은 정말로 같은 이야기를 하고 있거나 동일한 필수 구성 요소들을 가지고 있는가? 그 원인을 공통 관찰에서 찾는다면, 이 이야기들은 동일한 시기에 시작되었는가? 논란이 되고 있는 문화의 대표자들이 논의되는 시대나 그 전에 서로 물리적으로 접촉했을 가능성을 배제할 수 있는가? 벨리콥스키는 확실히 공통 관찰 가설을 선택하면서, 전파 가설은 너무 부주의하게 묵살하는 것처럼 보인다. 일례로, 그는 이렇게 말한다. "흔치 않은 민속학적 주제들이 토착민들이 바다를 건널 수단을 가지고 있지 않은 외떨어진 섬들까지 어떻게 전해질 수 있었을까?" (Velikovsky, 1950, 303쪽) 여기서 벨리콥스키가 어느 섬과 어떤 원주민을 거론하고 있는지 확실하게 알 수는 없지만, 섬의 거주자들이 어떻게든 그곳에 도착한 것이 틀림없다. 나는 벨리콥스키가, 말하자면, 길버트 엘리스 제도가 각기 따로 만들어졌다고 믿는다고 생각하지 않는다. 폴리네시아와 멜라네시아에서 지난 1,000년 동안, 그리고 아마도 그것보다 훨씬 오랫동안 수만 킬로미터에 달하는 원거리 항해가 많이 이루어졌다는 폭넓은 증거들이 현존한다. (Dodd, 1972)

그렇지 않다면 벨리콥스키는, 예를 들어 산 후안 테오티우아칸(San Juan Teotihuacán)이라고 불리는, 오늘날 멕시코시티 근처의 거대한 피라미드 도시, 테오티우아칸(Teotihuacán, 신들의 도시)에서처럼 톨텍(Toltec)에서도 신에 해당하는 명사가 테오(Teo)였던 것 같다는 사실을 어떻게 설명할 것인가? 생각할 수 있는 것들 중에서, 이 일치를 설명할 수 있는 천문학적 공통 사건은 없다. 톨텍과 나우아틀(Nahuatl)은 인도유럽 어족이 아니며 '신'에 해당하는 **단어**가 모든 인간의 뇌 속에 내장되어 있을 가능성도 작아 보인다. 그러나 'teo'는 특히 'deity(신)'와 'theology(신학)'라는 단어들에 잔재하는 '신'에 해당하는 인도유럽 어족의 공통 어근과 분명히 어원이 같은 말이다. 이 경우 선호되는 가설은 우연의 일치나 전파이다. 콜럼버스가 아메리카 대륙을 발견하기 이전에도 구세계와 신세계 사이에 접촉이 이루어졌다는 증거가 몇 가지 있다. 그러나 우연의 일치 역시 가볍게 받아들여서는 안 된다. 동일한 후두와 혀, 치아를 가진 인간들이 내뱉는 두 마디 단어는 수만 가지나 있다. 그것을 고려한다면 단어 몇 개가 우연히 일치한다고 해서 그다지 놀랄 일은 아닌 것이다. 마찬가지로, 몇몇 전설의 몇몇 요소가 우연히 동일하다고 해도 우리는 놀라지 않을 것이다. 나는 벨리콥스키가 찾아낸 일치들이 모두 이러한 방식으로 설명될 수 있다고 믿는다.

이 문제에 벨리콥스키가 접근하는 방식을 사례를 하나 들어 살펴보자. 그는 마녀와 쥐, 전갈이나 용과 관련이 있으며, 천체의 사건과 직접적으로나 모호하게 연관되는, 서로 일치하는 이야기들을 찾아냈다고 주장한다. (Velikovsky, 1965, 77, 264, 305, 306, 310쪽) 그의 설명은 이렇다. 지구에 가까이 접근한 갖가지 혜성들이 조수나 전기의 작용으로 뒤틀려서, 문화적으로 서로 격리되어 있는 매우 다른 배경을 가진 사람들에게도 동일한 동물이라고 분명히 해석될 수 있는 마녀나 쥐, 전갈이나 용의 형태를 띠었다는 것이다. 설혹 혜성이 지구에 가까이 접근한다는 가설을 인정한다고 할지라도, 그것이 예를 들어 끝이 뾰족한 모자를 쓰고 대가 긴

빗자루를 탄 여성처럼 명확한 형태를 띨 수 있다는 것을 증명하려고 한 시도는 없었다. 로르샤흐 검사(Rorschach test)와 다른 심리 투사 검사(모호한 자극에 대한 개인의 반응을 분석해 성향을 평가하는 심리 검사 기법. — 옮긴이)들을 통해 나는 사람마다 동일한 추상적인 이미지들을 다른 방식으로 본다는 사실을 알았다. 벨리콥스키는 심지어 자신이 화성이라고 분명히 식별한 "항성"이 지구 가까이 접근하다가 너무 뒤틀린 나머지 사자와 자칼, 개, 돼지와 물고기의 형태를 또렷이 취했다고 믿기까지 한다. (Velikovsky, 1965, 264쪽) 그는 이 주장이 이집트 사람들의 동물 숭배를 설명해 준다고 생각한다. 이것은 아주 인상적인 추론은 아니다. 차라리 기원전 2000년경에는 동물원 전체가 독립적으로 날 수 있었다고 가정하고 거기서 끝내는 것이 나을 뻔했다. 훨씬 더 그럴듯한 가설은 전파 가설이다. 사실, 나는 다른 맥락에서 상당한 시간을 들여 지구 곳곳의 용 전설을 연구해 왔는데 서구 작가들이 용이라고 부르는 이 모든 신화적인 야수들이 실제로는 서로 상당히 다르다는 인상을 받았다.

또 다른 사례로 『충돌하는 세계』 2부 8장의 주장을 살펴보자. 벨리콥스키는 고대 문화에는 여러 가지 상황에서 1년은 360일, 1개월은 36일로 이루어지며 1년은 10개월이라고 믿는 전 세계적인 경향성이 존재한다고 주장한다. 벨리콥스키는 여기에서 물리학적으로 타당한 이유를 제시하지 않고 대신 고대 천문학자들이 매번 1년에서 5일씩 또는 태음력에서는 6일씩 빼먹을 만큼 자기 일을 못했을 리는 거의 없다고 주장한다. 머지않아 점성학적으로 공식적인 그믐날에 달빛으로 밤이 밝아지고 7월에 눈보라가 몰아치는 일이 벌어져 점성술사들은 그 목을 내놓아야 했을 것이다. 현대 천문학자들 몇 명과 친하게 지낸 경험상 나는 벨리콥스키처럼 고대 천문학자들의 계산이 항상 틀림없이 정확했을 것이라고 확신하지 않는다. 벨리콥스키는 달력에 관한 이 이상한 관습이 낮의 길이와 1개월의 길이나 1년의 길이가 실제로 변화한 것을 반영하며, 그것은 지구-달로 이루어진 천문학적 체계에 혜성과 행성, 그 외 다른 천체가 가까이 접근한다는 증거라고 주장한다.

이 문제에 대한 대안 설명은 태양년(solar year)은 몇 개의 태음월로 이루어지며 태음월은 며칠로 이루어지느냐에 대한 정보가 없다는 사실에서 파생한다. 이 비교 불가능성은 최근 계산법을 발명했지만 큰 숫자나 분수까지는 다루어 보지 않은 문화에서는 짜증나는 일일 것이다. 오늘날에도 이 비교 불가능성은 라마단(이슬람력에서 9월인데, 이 기간 중에는 일출에서 일몰까지 금식한다. — 옮긴이)과 유월절(이집트 노예 생활에서 탈출한 것을 기념하는 유태인의 축제. — 옮긴이)이 태양력에서 매년 조금씩 날짜가 달라진다는 것을 발견하는 회교도들과 유태교도들을 불편하게 만든다. 인간사에는 정수(整數) 우월주의가 분명히 존재하며, 이것은 만 4세 아이와 산술 연산을 논의하다 보면 아주 쉽게 알 수 있다. 달력상의 불규칙성이 만약 존재한다면, 이러한 경향성이 그것을 훨씬 더 그럴듯하게 설명해 주는 것 같다.

1년이 360일이라는 입장은 수메르, 아카드, 아시리아, 바빌로니아처럼 60진법에 기초한 산술 체계를 갖춘 문명들에게는 확실히 편리하다. (이 편리함은 일시적이다.) 비슷하게, 1개월은 30일이며, 1년은 10개월이라는 입장도 10진법에 기초한 산술 체계에 열광하는 사람들에게 매력적이다. 나는 우리가 여기서 지구와 달의 충돌이라기보다는 60진법에 기초한 기수법이 우월하다고 여기는 사람들과 10진법에 기초한 기수법이 우월하다고 여기는 사람들 사이의 충돌의 메아리를 보고 있지 않다는 점이 의아하다. 고대 점성술사들의 숫자가 역법과 천체 현상이 일치하지 않을 때마다 극적으로 감소했을지도 모른다는 점은 사실이지만 그것은 직업상의 위험이었으며 적어도 분수를 다루는 극도의 정신적 괴로움은 덜어 주었다. 사실, 정량적인 사고를 허술하게 하는 것은 이 주제 전체의 특징인 듯하다. 고대의 시간 측정(time reckoning)에 관한 전문가는 고대 문화들에서 1년의 앞에서 여덟 달 혹은 열 달까지는 이름이 있지만 나머지 몇 달에는 이름이 없다는 점을 지적한다. (Leach, 1957) 농경 사회에서는 그 달들이 경제적으로 중요하지 않기 때문이다. 라틴 어 '*decem*'을 따서 이름을 지은 12월을 뜻하는 영어 단어 'december'는 열두 번째가 아니라 열 번째라는 뜻을 가지고 있다. (마찬가지로 september(9월)는 일곱 번째, october(10월)는 여덟 번째, november(11월)는 아홉 번째라는 뜻이다.) 큰 숫자들이 연관되기 때문에 과학 기술이 발달하기 이전 시대의 사람들은 1년의 개월수는 성실히 세더라도, 일수는 세지 않는 특징을 보인다. 고대 과학과 수학 분야의 선두적인 역사가인 오토 에두아르트 노이게바우어(Otto Eduard Neugebauer, 1899~1990년)는 메소포타미아와 이집트에서는 서로 독립적이고 상호 배타적인 달력 2개가 같이 사용되었다는 사실을 언급한다. (Otto Neugebauer, 1957) 계산상의 편의를 특징으로 하는 서민 달력과, 다루기가 더 골치 아프지만 계절과 천문학적인 실제 상황에 훨씬 더 가깝고 자주 갱신되는 농경 달력이 그것이었다. 많은 고대 문화들이 단순히 1년의 끝에 휴일을 5일 덧붙이는 것으로 두 달력이 가진 문제를 해결했다. 나는 과학 기술 이전 시대에 1년을 360일로 보는 관례가 존재했다는 사실이, 당시에 지구가 태양 주위를 공전할 때 실제로 365.25일에 한 번 돌기보다 360일에 한 번 돌았다는 강력한 증거라고는 도저히 생각할 수 없다.

이론적으로 이 문제는 산호의 나이테를 조사하면 해결할 수 있다. 산호의 나이테는 한 달의 날수와 한 해의 날수를 다소 정확하게 보여 준다고 알려져 있다. 그중 전자는 조간대 해안에 서식하는 산호에만 해당된다. 최근에는 현재의 태음월의 날수나 태양년의 날수에서 큰 변화의 징후가 나타나지 않으며 시간을 거슬러 올라갈 경우 1년에서 날과 달의 길이가 (길어지는 것이 아니라) 점점 짧아지는 현상은 혜성이나 다른 외부의 개입을 찾아볼 필요 없이 지구-달 계 내부의 에너지와 각운동량의 보존, 조석 이론으로 깔끔하게 설명할 수 있다.

벨리콥스키의 방법이 가진 또 다른 문제점은 모호하게 비슷한 이야기들이 꽤 다른 시기에 나타났을지도 모른다는 의혹이다. 전설이 동시에 발생했느냐에 대한 이 의문은 비록 벨리콥스키의 이후 저작들 중 일부에서 다루어지기는 했지만 『충돌하는 세계』에서는 거의 완전히 무시된다. 예를 들어 『충돌하는 세계』의 31쪽에서 벨리콥스키는 고대에 네 차례의 멸망 사건이 있었다는 아이디어가 서구의 종교 문헌뿐만 아니라 인도의 종교 문헌들에서도 공통적으로 나타난다는 점에 주목한다. 그러나 고대 인도의 서사시 「바가바드 기타(Bhagavad Gita)」와 힌두교 경전인 『베다(*Vedas*)』에서는 그러한 시대들에 대해 무한을 비롯해 극히 다양한 연대를 부여한다. 더 흥미로운 점은 주요 재앙들 사이에 시대가 지속된 기간이 수십억 년으로 명시되어 있다는 사실이다. (Campbell, 1974) 이 점은 수백 년이나 수천 년의 시간이면 족한 벨리콥스키의 연대표와는 썩 잘 맞지 않는다. 여기서 벨리콥스키의 가설과 그것을 지지한다고 주장되는 자료들은 100만 배 정도의 차이가 난다. 또 같은 책 91쪽에서는 그리스와 멕시코, 성서의 전설에서 화산과 용암류에 대한 모호하게 비슷한 이야기들을 인용한다. 그 사건들이 대략적이나마 비슷한 시기에 일어났는지를 보여 주려는 시도도 전혀 없을뿐더러, 역사상 용암류가 세 지역 모두에서 분출된 적이 있기 때문에 이 이야기들을 공통 관찰로 해석할 필요도 없다.

방대한 증빙 서류들에도 불구하고, 벨리콥스키의 주장에는 논증되지 않은 가정들이 많아 보인다. 그중 몇 가지만 언급하겠다. 천체에 대응되는 신에 대한 신화의 언급이 실제 천체에 대한 직접 관찰을 반영한다는 발상은 매우 흥미롭다. 대담한 가설이기는 하다. 하지만 백조로 변신해 레다에게 나타난 제우스와, 황금 빗물로 변해 다나에에게 다가간 제우스가 어떤 천체와 관련이 있는지 나는 잘 모르겠다. 『충돌하는 세계』 247쪽에서는 신과 행성이 동일하다는 호메로스(Homeros, 기원전 8세기경) 시대의 가설이 사용된다. 헤시오도스(Hēsíodos, 기원전 7세기경)와 호메로스가 아테나가 제우스의 머리에서 완전히 성장한 채 태어났다고 이야기하면, 벨리콥스키는 그들의 말을 원래 맥락과 관계없이 곧이곧대로 듣고 아테나라는 천체가 목성에서 튀어나왔다고 가정한다. 그러나 아테나라는 천체는 **무엇인가?** 이 천체는 여러 차례(1부의 9장을 포함해 여러 부분에서) 금성과 동일시된다. 『충돌하는 세계』만 읽은 독자들은 그리스 인들이 항상 아프로디테를 금성과 동일시했으며 아테나는 어떤 천체와도 동일시하지 않았다는 사실을 거의 짐작도 하지 못할 것이다. 게다가 아테나와 아프로디테는 둘 다 제우스가 신들의 왕이었던 시대에 태어나 '동시에 존재했던' 여신이다. 251쪽에서 벨리콥스키는 루키아노스(Lucianus, 120?~180?년)가 "아테나가 금성의 여신이라는 사실을 모른다."라고 적어 놓았다. 불쌍한 루키아노스는 아프로디테가 금성의 여신이라고 오해하고 있는 듯하다. 그러나 361쪽의 각주를 보자. 벨리콥스키가 실언을 한 것 같다. 여기서 그는 처음이자 마지막으로 "금성(아프로디테)"이라는 표현을 사용한다. 247쪽에서는 아프로디테가 달의 여신이라고 적어 놓았다. 그렇다면 태양의 신 아폴로의 누이인 아르테미스는? 아니면 그보다 먼저 존재했던 셀레네(Selene)는? 아테나를 금성과 동일시하는 데에는 의외로 타당한 이유가 있을지도 모르지만 이런 발상은 현재에도 2,000년 전에도 일반적인 지혜와는 거리가 멀다. 그런데 그것이 벨리콥스키 주장의 핵심이다. 아테나와 천체의 동일시를 그렇게 가볍게 얼버무리고 넘어가는 모습을 보고 벨리콥스키가 덜 친숙한 신화를 설명한 내용을 신뢰하기란 어렵다.

이처럼 벨리콥스키는 자신의 주장을 정당화하는 근거를 극도로 불충분하게 제시한다. 게다가 그의 주요 논의에서 핵심적인 역할을 하는 나름 중요한 진술들도 사정은 비슷하다. "운석들이 지구의 대기로 들어설 때 끔찍한 소음을 낸다."(283쪽) 실제로는 조용히 일어나는 사건이다. "벼락이 자석에 부딪치면 자석의 극을 뒤바꾼다."(114쪽)라는 기술도 있다. '바라드(Barad)'를 운석으로 번역한 것(51쪽)과, "알려진 대로, 팔라스(Pallas)는 티폰(Typhon)의 다른 이름이다."(85쪽)라는 내용 등은 또 어떤가. (팔라스는 아테나의 별명이고 티폰은 폭풍을 뜻하는 거신이다. — 옮긴이) 179쪽에서는 하이픈으로 두 신의 이름을 연결해 만든 단어에는 천체의 속성이 감춰져 있다는 원리를 소개한다. 예를 들어 아스드롯-카르나임(Ashteroth-Karnaim)은 「창세기」 14장에 등장하는 지명인데, 아스드롯은 메소포타미아에서 숭배되던 금성의 여신 이슈타르(Ishtar)의 히브리 어이고 카르나임은 '뿔'을 뜻하는 히브리 어이다. 즉 '뿔 달린 금성'이라는 뜻이다. 벨리콥스키는 이것을 초승달 모양의 금성으로 보고 금성이 한때 그 모양을 맨눈으로도 알아볼 수 있을 만큼 지구에 충분히 가까이 접근했다는 증거로 해석한다. 그러나 암몬-라(Ammon-Ra)라는 신에게는 이 원리가 어떻게 적용되는가? 이집트 인은 태양(Ra)을 숫양(Ammon)으로 봤을까?

이 책에는 「출애굽기」 열 번째 재앙의 목적이 이집트에서 '맏이'를 죽이는 것이 아니라, '선택된 생명'을 죽이는 것이었다는 주장도 나온다.(Velikovsky, 1965, 63쪽) 이것은 다소 심각한 문제로 최소한 벨리콥스키가 자기 가설과 성서가 일치하지 않는 부분에서는 성서를 재해석한다는 의혹을 제기한다. 방금 언급한 의문들은 모두 간단하게 대답될 수 있을지도 모르지만 『충돌하는 세계』에서는 그 답이 쉽게 발견되지 않는다.

벨리콥스키가 말하는 서로 일치하는 전설들과 고대 학문에 모두 비슷한 오류가 있다고 주장하는 것은 아니다. 그러나 그것들 중 상당수에 오류가 있는 듯 보이며 그렇지 않은 경우들도 대안적인 기원, 예를 들어 전파라는 기원으로 설명해도 무리가 없다.

전설과 신화에서 가져온 증거들도 이처럼 모호하기 때문에, 만약 다른 원천에서 증거를 가져올 수 있다면 그것이 무엇이든 간에 벨리콥스키의 주장을 지지하는 사람들은 크게 환영할 것이다. 그런데 미술 분야 쪽에서 가져온 증거가 하나도 없다. 나는 이 사실이 좀 놀랍다. 역사가 적어도 기원전 1만 년경으로 거슬러 올라가는, 인간이 만들어 낸 다종다양한 회화와 조각, 원통 인장과 그 외 예술 작품들을 보라. 그것들은 자신들을 창조해 낸 문화에 중요했던 모든 주제들, 특히 신화적인 주제들을 표현하고 있다. 천문학적 사건들도 이런 예술 작품들에서 드물지 않게 확인할 수 있다. 비교적 최근에 일어난 사건인 1054년의 게 성운 초신성(Crab Supernova) 사건을 동시대에 관찰한 인상적인 증거가 미국 남서부의 동굴 벽화에서 발견되었다. (Brandt, et al., 1974) 이 사건은 중국과 일본, 아랍 역사에도 기록되어 있다. 이전에는 검 성운 초신성(Gum Supernova)을 그린 동굴 벽화가 고고학자들을 매료시킨 바 있다. (Brandt, et al., 1971) 그러나 초신성 폭발도 행성과 행성 사이에서 물질들이 뒤엉키고, 천둥번개가 작렬하면서 다른 행성이 지구에 가까이 접근하는 일보다는 훨씬 덜 인상적이다. 바다와 멀리 떨어져 있는, 해발 고도가 높은 지역에는 역사 시대 이래 침수되지 않은 동굴들이 많이 있다. 만약 벨리콥스키의 재앙이 일어났다면, 그 사건을 그린 동시대의 회화 기록이 없는 이유는 무엇인가?

나는 전설 속에서 벨리콥스키의 가설에 대한 설득력이 있는 근거들을 전혀 찾을 수 없다. 그럼에도 불구하고 최근에 일어난 행성의 충돌과 전 세계적인 격변에 대한 그의 생각이 물리학적인 증거의 지지를 강하게 받는다면, 그의 가설을 어느 정도 신뢰하고 싶어질 것이다. 반면 물리학적인 증거들이 강력하지 않다면 신화 증거만으로는 분명 입지를 확보하지 못할 것이다.

벨리콥스키의 주요 가설의 기본적인 특징들에 대해 내가 이해한 바를 간략히 요약해 보겠다. 나는 그것을 「출애굽기」에서 묘사된 사건들과 연관 지을 것이다. 그러나 여러 문화권의 이야기들이 「출애굽기」에 묘사된 사건들과 일치한다고 한다.

먼저 목성이 큰 혜성을 토해 냈다. 그 혜성은 기원전 1500년경 지구와 "스치듯 충돌(grazing collision)"했다. 「출애굽기」에 등장하는 다양한 천재지변과 파라오의 시련은 모두 이 혜성과의 충돌에서 직간접적으로 비롯된다. 나일 강을 피로 물들인 물질은 혜성에서 떨어졌다. 「출애굽기」에 묘사된 이집트 인들을 괴롭힌 야생 동물들은 혜성 때문에 생겨났다. 파리 떼와 아마도 풍뎅이들은 혜성에서 떨어졌을 것이며 지구의 토착 개구리들은 혜성의 열로 인해 대규모로 번식했다. 혜성이 야기한 지진은 이집트 인들을 깔아 뭉갰지만 히브리 인들에게는 해를 입히지 않았다. (혜성에서 떨어진 것처럼 보이지 않는 유일한 물질은 파라오의 심근경색을 일으킨 콜레스테롤뿐이다.)

이 모든 것은 분명히 혜성의 코마(coma, 혜성의 핵 주위를 감싸고 있는 대기. ― 옮긴이)에서 떨어졌다. 모세가 지팡이를 들어 올려 손을 뻗자, 혜성의 중력이 만든 기조력이나 혜성과 홍해 사이의 어떤 규명되지 않은 전기 혹은 자기적인 상호 작용 때문에 '바다'가 갈라졌다. 그 뒤 히브리 인들이 홍해를 무사히 건너자, 갈라진 물들이 되돌아와 파라오의 수하들을 익사시킨다. 혜성이 충분히 멀리 떠나갔기 때문이다. 그 뒤 40년 동안 광야를 방랑하는 시기에 유태인들은 하늘에서 내려준 만나(manna)로 영양 공급을 받는다. 이 만나는 혜성의 꼬리에서 나온 탄화수소(혹은 탄수화물)로 밝혀진다.

『충돌하는 세계』를 달리 읽으면, 천재지변과 홍해의 사건들이 혜성이 한두 달 정도의 간격으로 두 번 통과한 일을 반영하는 것처럼 보인다. 모세가 죽고 여호수아에게 그 지위가 승계된 뒤 동일한 혜성이 지구와 또 한 번 스치듯 충돌하기 위해 귀에 거슬리는 소리를 내며 돌아온다. 그 순간 여호수아는 "태양아, 너는 기브온 위에 머물러라. 달아, 너도 아얄론 골짜기에 그리할지어다."라고 말하자, 아마도 기조력이 다시 작용하거나 아니면 규명되지 않은 자기가 지각에 초래한 일로 인해, 친절하게도 지구의 자전이 멈추고 여호수아는 전쟁에서 승리하게 된다. 그때 이 혜성은 화성과 거의 충돌할 뻔하는데 그 사건이 매우 격렬해서 화성은 원래 궤도에서 벗어나 지구와 두 번이나 충돌할 뻔한다. 이 일로 이스라엘 민족들의 삶을 몇 세대에 걸쳐 비참하게 만들고 있던 아시리아의 왕, 센나케리브(Sennacherib, 재위 기원전 705~681년)의 군대가 파멸한다. 최종 결론은, 화성은 현재 궤도로 돌아가고, 그 혜성은 태양 주위의 원 궤도로 이동해 금성이 되었다는 것이다. 벨리콥스키는 이 사건 전에는 금성이 존재하지 않았다고 믿는다. 그동안 지구는 이 천체들과 충돌하기 전과 거의 정확하게 같은 속도로 어떻게든 다시 자전하기 시작했다. 기원전 7세기경 이후에는 행성의 일탈 행동이 일어나지 않았지만 기원전 2000년에는 이런 일이 흔했다.

이것은 지지자든 반대자든 그 누구도 동의하지 않을 놀라운 이야기이다. 이 이야기가 개연성이 있는지 없는지는 다행히도 과학적으로 검증할 수 있다. 벨리콥스키의 가설은 특정한 예측과 추정을 하고 있다. 혜성들이 행성에서 튀어나온다는 추정, 혜성들이 행성과 거의 충돌할 뻔하거나 스치듯 충돌할 수 있다는 추정, 사람들을 괴롭히는 야생 동물이 목성과 금성의 대기와 혜성에 살고 있다는 추정, 탄수화물이 그런 곳에서 발견될 수 있다는 추정, 사막을 40년간 방황하는 동안 영양 공급을 책임져 줄 만큼 충분한 양의 탄수화물이 시나이 반도에 떨어졌다는 추정, 혜성 혹은 행성의 별난 궤도들이 수백 년 만에 원형이 될 수 있다는 추정, 지상에서 일어난 화산 분출과 지구조적 사건들이 달에서 일어난 충돌 사건 및 이 재앙들과 동시에 발생했다는 추정 등이 그것이다. 나는 이 각각의 추정들과, 다른 몇 가지 추정들, 예를 들어 금성의 표면이 뜨겁다는 추정들을 논의할 예정이다. 후자는 그의 가설에서 분명히 핵심은 아니지만 강력한 지지 증거로 널리 광고되었다. 물론, 인과 관계를 뒤바꾼 오용일 뿐이다. 덧붙여 벨리콥스키가 이따금 추가하는 '추정'들을 조사할 것이다. 일례로 화성의 극관(polar cap)이 탄소나 탄수화물이라는 추정 말이다. 내 결론은 벨리콥스키가 아이디어의 고안자인 경우에는 그가 틀렸을 가능성이 매우 크며, 그가 옳을 경우에는 그 발상을 이전의 다른 연구자들이 먼저 제시했다는 것이다. 물론 그가 옳지도 않고 고안자도 아닌 경우들 역시 많다. '원조(originality)' 문제는 다른 사람들이 모두 매우 상이한 상황을 상상하고 있을 때 벨리콥스키가 예측했다고 하는 환경 — 예를 들어 금성의 높은 표면 온도 — 들 때문에 매우 중요하다. 앞으로 보게 될 것처럼, 실제로는 전혀 그렇지 않다.

이후 논의에서 나는 가능한 한 단순한 정량적 추론을 많이 사용하려고 한다. 정량적 주장들은 확실히 정성적 주장들보다 가설을 면밀히 조사하기에 더 정밀한 체이다. 예를 들어 내가 커다란 조석파(tidal wave)가 지구를 뒤덮었다고 말하면, 내 주장의 지지 증거로 지적할 수 있는 재앙들은, 연안 지역의 범람에서부터 전 지구적인 침수에 이르기까지 광범위하게 존재한다. 그러나 내가 조수의 높이를 약 160킬로미터로 명시하면, 나는 약 160킬로미터에 대해 말해야만 하며 나아가 이 정도 규모의 조수간만 현상을 지지하거나 반증하는 중요한 증거들을 내놓아야 할 것이다. 물리학의 기본 원리에 생소한 독자들도 정량적 논의를 쉽게 따라올 수 있도록 나는 이 책의 「부록」에 정량적인 계산 과정을 가능한 자세히 정리해 두었다. 아마도 가설의 이러한 정량적 검증이 오늘날 물리학과 생물학 분야에서는 완전히 통상적인 과정이라는 점을 언급할 필요도 없을 것이다. 이 분석 기준에 부합하지 않는 가설들을 기각시킴으로써 우리는 사실과 더 잘 일치하는 가설들로 신속히 이동할 수 있다.

반드시 수행해야만 하는 과학적 방법에 대해 언급해야만 하는 것이 한 가지 더 있다. 모든 과학적인 진술이 다 똑같은 무게를 지니지는 않는다. 뉴턴 역학과 에너지 보존 법칙과 각운동량 보존 법칙은 지극히 확고한 기반 위에 세워져 있다. 이 법칙의 타당성을 검증하려고 독립적인 실험들을 문자 그대로 수백만 번 시행했다. 지구에서뿐만 아니라 태양계의 다른 구역과 다른 항성계, 심지어는 다른 은하에서도 현대 천문학의 관측 기법을 사용한 실험이 수행되었다. 다른 한편으로, 행성의 표면과 대기, 내부의 성질에 대한 의문들은, 최근 행성 과학자들이 이 문제에 대해 나눈 상당한 논의들에서 뚜렷이 드러나듯이, 그 기반이 훨씬 약하다. 이러한 차이를 보여 주는 좋은 사례는 1975년의 코호우텍(Kohoutek) 혜성의 출현이다. 이 혜성은 태양에서 매우 멀리 떨어진 곳에서 맨 처음 관측되었다. 초기 관찰에 기초해 두 가지 예측이 만들어졌다. 첫 번째는 뉴턴 역학에 기초한 코호우텍 혜성의 궤도 — 해뜨기 전과 해가 진 후, 이 혜성을 지상에서 관찰할 수 있는 시기와 이 혜성이 미래에 발견될 장소 — 에 관한 예측이었다. 이 예측들은 아주 단기적인 관점에서는 정확했다. 두 번째는 이 혜성의 밝기에 대한 것이었다. 이 예측은 햇빛을 선명하게 반사하는 커다란 꼬리를 만드는 혜성의 얼음이 얼마나 빨리 증발하는가에 대한 추정치에 근거했다. 이 예측은 괴로울 정도로 잘못된 것이었다. 처음 그 혜성의 밝기는 금성에 견줄 만할 것이라고 예측되었지만 예측과는 달리 대부분의 사람이 맨눈으로는 전혀 볼 수 없었다. 증발 속도는 혜성의 세부적인 화학 작용과 기하학적 형태에 의존한다. 이 문제에 대한 우리의 지식은 아무리 좋게 봐야 형편없는 수준이다. 충분한 근거가 있는 과학적인 주장과 우리가 완전히 이해하지 못하는 물리학이나 화학에 기초한 주장 사이의 이러한 차이점을 『충돌하는 세계』의 어느 부분을 분석하든지 유념해야만 한다. 뉴턴 역학이나 물리학의 보존법칙들에 기초한 주장들에는 큰 비중을 두어야만 한다. 그러나 예를 들어 행성 표면의 특성들에 기초한 주장들에는 상대적으로 비중을 덜 두어야 한다. 우리는 벨리콥스키의 주장들이 이 두 가지 측면 모두에서 극단적으로 심각한 난관에 봉착하는 모습을 발견하게 될 것이다. 그중 한 난관은 다른 난관보다 훨씬 더 나쁜 영향을 미친다.

문제 1. 목성에서 방출된 금성

벨리콥스키의 가설은 천문학자들이 결코 관측한 적이 없으며, 행성과 혜성의 물리학에 대한 우리의 지식과 많은 부분에서 일치하지 않는 사건, 다시 말해 아마도 어떤 거대한 행성과의 충돌로 인해 목성에서 행성 크기의 물체가 방출되는 사건으로 시작한다. 이처럼 격변이 전파되는 현상이 『충돌하는 세계』 속편의 주제가 될 것이라고 벨리콥스키는 약속한 바 있다. (Velikovsky, 1965, 373쪽) 30년 가까이 지났지만, 이러한 설명을 담은 속편은 출간되지 않았다. 단주기 혜성(공전 주기가 200년 미만인 혜성으로, 200년 이상인 혜성은 장주기 혜성이라고 한다. — 옮긴이)들의 원일점(aphelion, 태양에서 가장 멀리 떨어진 지점)이 통계적으로 목성 근처에 위치하는 경향이 있다는 사실로부터 라플라스 같은 근대 천문학자들은 목성이 그런 혜성들의 근원지라는 가설을 세웠다. 지금 우리는 장주기 혜성들이 목성의 중력 섭동(gravitational perturbation, 다른 행성의 중력 간섭을 받아서 행성이나 혜성 등의 궤도가 변화하는 현상. — 옮긴이)으로 인해 단주기 궤도로 이동할지도 모른다는 사실을 알고 있기 때문에 이것은 불필요한 가설이다. 이 견해는 목성의 위성들이 거대한 화산에서 혜성을 방출한다고 믿고 있는 듯한 (구)소련의 천문학자 V. S. 프세흐스비아츠키(V. S. Vsekhsviatsky)를 제외하고는 한두 세기 동안 지지를 받지 못했다.

목성에서 탈출하려면 이 혜성은 $1/2mv_e^2$의 운동 에너지를 가져야만 한다. 여기서 m은 혜성의 질량이고 v_e는 목성의 탈출 속도로 초속 60킬로미터 정도이다. 방출 사건의 원인이 화산이든 충돌이든 그 무엇이든 간에, 이 운동 에너지의 일부분, 최소한 10퍼센트가 혜성을 데우는 데 쓰일 것이다. 방출되는 물체의 단위 질량당 최소 운동 에너지는 이때 $1/2v_e^2=1.3\times10^{18}$에르그/그램이며, 그중 혜성을 데우는 데 들어가는 에너지는 2.5×10^{12}에르그/그램 이상이다. 암석이 녹을 때 잠열은 약 4×10^9에르그/그램이다. 이 열은 녹는점 근처까지 데워진 고체 암석을 유동체인 용암으로 전환시키는 데 쓰인다. 온도가 낮은 바위를 녹는점까지 데우려면 약 10^{11}에르그/그램의 에너지가 든다. 그러므로 목성에서 혜성이나 행성을 방출한 사건은 목성의 온도를 최소한 몇천 도, 그러니까 목성의 구성 물질이 바위든 얼음이든 유기 화합물이든 그것을 완전히 녹일 수 있는 온도까지 상승시킬 것이다. 심지어 구성 물질들이 자가 침하하는 작은 띠끌 입자들과 원자들의 비로 완전히 환원되었을 수도 있으며 이것들은 금성을 특별히 잘 설명해 주지는 못하다. (그런데 이 사실이 금성 표면의 온도가 높다는 벨리콥스키의 주장에 대한 좋은 논거처럼 보일지도 모른다. 그러나 다음에서 설명할 것처럼 이 주장은 그가 제창한 것이 아니니다.)

또 다른 문제는 목성 위치에서 태양의 중력으로부터 벗어나는 속도가 초속 20킬로미터 정도라는 점이다. 물론, 목성의 배출 메커니즘은 이 사실을 모른다. 그러므로 만약 혜성이 초속 60킬로미터보다 느린 속도로 목성을 떠난다면 그 혜성은 목성으로 다시 떨어질 것이다. 만약 그 속도가 초속 $[(20)^2+(60)^2]^{1/2}=63$킬로미터보다 크다면, 태양계에서 탈출할 것이다. 오직 좁은 범위의 속도, 그래서 가능할 것 같지 않은 속도만이 벨리콥스키의 가설과 일치한다.

더 큰 문제는 금성의 질량이 5×10^{27}그램으로 매우 크며, 벨리콥스키의 가설에서처럼 태양 근처를 지나치기 전까지는 아마도 더 컸을 것이라는 점이다. 목성의 탈출 속도까지 금성을 가속하는 데 필요한 운동 에너지의 총량은 대략 10^{41}에르그 정도일 것으로 쉽게 계산된다. 이것은 태양이 1년 동안 우주 공간으로 방출하는 에너지의 총량과 맞먹으며 지금까지 관측된 태양 표면의 가장 큰 폭발보다 1억 배 더 강력하다. 우리는 추가적인 논의나 증거 없이, 목성보다 훨씬 더 왕성하게 활동하는 태양에서 일어난 어떤 일보다 엄청나게 더 강력한 배출 사건을 믿으라는 요청을 받는 셈이다.

큰 천체를 만드는 과정은 작은 천체들을 여러 개 더 만들어 낸다. 이것은 벨리콥스키의 가설에서처럼, 충돌이 지배하는 상황에서 특히 사실이다. 분쇄 물리학(comminution physics)에 따르면, 충돌 사건에서 입자들이 생길 경우, 가장 큰 입자와 비교했을 때, 그 10분의 1 크기의 입자는 수백, 수천 배 더 많이 생긴다. 사실 벨리콥스키는 자신이 가정한 행성 충돌에 뒤이어 하늘에서 돌들이 떨어지고 금성과 화성이 자신의 뒤에 돌들을 무더기로 남겨 놓으며 지나가는 광경을 상상한다. 나아가 화성에서 나온 돌들이 센나케리브의 군대를 파멸로 이끌었다고 주장한다. 그러나 그것이 사실이라면, 겨우 수천 년 전에 행성 중량을 가진 천체와 우리가 거의 충돌할 뻔했다면, 우리는 수백 년 전에 달 정도의 질량을 가진 천체들의 폭격을 받았을 것이며, 지금도 지름 1킬로미터 이상의 분화구를 만들 수 있는 천체가 매주 화요일마다 떨어지고 있을 것이다. 그러나 지구에도 달에도 그 정도 질량의 천체들이 최근 빈번하게 충돌하고 있다는 징후는 없다. 대신, 달과 충돌을 일으킬 수도 있는 궤도 속에서 안정된 상태로 움직이고 있는 소수의 천체들이 달에서 관찰되는 많은 분화구들을 충분히 설명해 주고 있다. 지구 궤도를 가로지르는 작은 천체들이 그렇게 많지 않다는 사실은 벨리콥스키의 기본 논지에 대한 또 다른 근본적인 반대 증거이다.

문제 2. 지구와 금성, 화성 간의 반복된 충돌

"혜성이 지구에 부딪칠지도 모른다는 가정은 개연성이 아주 크지는 않지만 터무니없는 생각은 아니다." (Velikovsky, 1965, 40쪽) 이 진술은 완전히 옳다. 유감스럽게도 벨리콥스키가 하지 않고 남겨 놓은 것, 즉 그 가능성을 계산하는 일만이 남았다.

다행히도 이 작업과 관련된 물리학은 지극히 간단하며 중력을 전혀 고려하지 않고도 수행할 수 있을 정도이다. 목성 근처에서 지구 근처까지 움직이는, 굉장히 별난 궤도 위에 있는 물체들은 아주 빠른 속도로 이동하고 있어서 스치며 지나치는 물체들 사이에 작용하는 중력의 인력은 궤도를 결정할 때 무시해도 될 정도이다. 이 계산은 「부록 1」에서 수행했다. 여기서 우리는 목성 궤도 근처에 원일점이 있고 금성의 궤도 내부에 근일점(perihelion, 태양과 가장 가까운 지점)이 위치하는 '혜성'이 지구와 충돌하려면 최소한 3000만 년이 걸린다는 사실을 알 수 있다. 「부록 1」에서 우리는 그 천체가 현재 이 궤도 위에서 관측되는 천체들의 일원이라면 충돌 전의 시간이 태양계의 나이를 초과하게 된다는 점 역시 볼 수 있다.

그러나 벨리콥스키의 편을 들어 그의 주장에 좀 더 가까운 3000만 년이라는 숫자를 취해 보자. 이때 어느 특정한 해에 그 혜성이 지구와 충돌할 가능성은 3×10^7분의 1이며 1,000년 안에 지구와 충돌할 가능성은 3만분의 1이다. 그러나 벨리콥스키는 금성과 화성, 지구 사이에 충돌이 한 번이 아니라 대여섯 번 일어날 뻔했다고 가정한다. (Velikovsky, 1965, 388쪽) 이 충돌들은 모두 통계적으로 독립적인 사건으로 보인다. 즉 그의 설명에 따르면 세 행성들의 상대적인 공전 주기로 결정되는 스침 충돌의 정규 집합이 있는 것 같지는 않다. (만약 있다고 할지라도, 행성들 사이의 당구 게임에서 매우 놀라운 경기가 펼쳐질 확률은 벨리콥스키의 시간 제약 내에서 질문해야만 한다.) 독립적일 경우, 1,000년 안에 다섯 번 마주칠 동시 확률(joint probability)은 $(3\times10^7/10^3)^{-5}=(3\times10^4)^{-5}=4.1\times10^{-23}$이거나 아니면 거의 10^{23}분의 1이다. 1,000년 안에 여섯 번 마주칠 확률은 $(3\times10^7/10^3)^{-6}=(3\times10^4)^{-6}=7.3\times10^{-28}$로 증가하거나 약 10^{27}분의 1이다. 실제로 이 수치는 최솟값이다. 앞서 언급했던 이유와 목성이 파이오니어 10호를 밀어 보낸 것처럼 목성과의 근접 조우가 충돌하는 물체를 태양계 밖으로 완전히 내쫓을 가능성이 있기 때문이다. 이 확률은 다른 어려움들이 없을 경우에 한해서, 벨리콥스키 가설의 타당성을 적설히 검증한다. 이처럼 확률이 낮은 가설들은 대개 성립하지 않는다고 말한다. 여기에 지금까지 언급한 문제들과 앞으로 언급할 어려움들이 더해지면 『충돌하는 세계』의 전체 논지가 옳을 가능성은 무시해도 될 정도이다.

문제 3. 지구의 자전

『충돌하는 세계』를 향한 분노의 상당 부분은 지구의 자전이 한때 중단되었다는 여호수아의 이야기와 관련 전설들에 대한 벨리콥스키의 해석에서 나온 것처럼 보인다. 가장 격분한 시위자들은 허버트 조지 웰스(Herbert George Wells, 1866~1946년)의 동명 소설을 영화화한 「기적을 행하는 사나이(The Who Could Work Miracles)」에 나온 이미지를 염두에 두고 있는 것 같다. 이 영화에서 지구가 자전을 멈추는 기적적인 사건이 일어난다. 못으로 고정되어 있지 않은 사물들은 평상시 속도대로 계속 움직이다가 지구가 정지하는 순간 시속 1,600킬로미터 정도의 속도로 지구에서 날아가 버릴 것이다. 그러나 사람들은 부주의하게도 이 가능성에 대해서는 아무런 대비도 하지 않는다. 그러나 10^{-2}지(g) 정도로 감속한다면 지구가 정지하기까지 하루 정도 걸린다는 것을 쉽게 알 수 있다. (「부록 2」 참조) 그러면 누구도 날아가지 않을 것이고 심지어 종유석과 그 외 섬세한 지형들도 보존될 수 있다. 마찬가지로, 우리는 「부록 2」에서 지구를 멈추는 데 필요한 에너지가 지구를 녹일 만큼 높지 않음을 알 수 있다. 그러나 지구의 온도는 현저히 상승할 것이다. 대양의 온도는 물의 끓는점까지 상승할 텐데 벨리콥스키의 고대 문헌들은 이 사건을 간과한 것처럼 보인다.

벨리콥스키의 여호수아 이야기 해설과 관련해 아주 심각한 반박은 없었다. 아마도 가장 심한 반박은 반대편 극단이라고 할, '지구가 어떻게 다시 거의 같은 회전 속도로 자전을 시작하게 되었는가?'일 것이다. 각

운동량 보존 법칙 때문에 지구 스스로 그렇게 할 수는 없다. 벨리콥스키는 이 문제를 인식조차 못 하는 것처럼 보인다.

혜성과의 충돌이 지구의 자전 속도를 줄여서 '멈춰 세우는' 일이 자전을 다시 일으키는 일보다 일어날 가능성이 조금이라도 더 작다는 단서는 없다. 사실, 혜성과의 만남이 지구의 자전 각운동량을 정확하게 상쇄할 확률은 아주 낮다. 그다음 만남이, 일어난다고 치면, 지구를 대략적이나마 24시간마다 한 번씩 다시 회전시킬 가능성은 그것보다 제곱배나 더 작다.

벨리콥스키는 지구의 자전을 멈추게 만들었다고 추정되는 메커니즘에 대해 모호한 태도를 취한다. 그것은 아마도 중력이 만드는 기조력일 것이다. 아니면 자기장일 것이다. 중력장과 자기장이 만들어 내는 힘은 모두 거리가 멀어질수록 급격히 감소한다. 중력은 거리의 제곱에 반비례하고, 기조력은 거리의 3제곱에 반비례하므로, 조석 결합(tidal couple)은 6제곱에 반비례해 감소한다. 자기 쌍극자의 장은 거리의 3제곱에 반비례해 감소하며 여기에 맞먹는 자기장이 만드는 기조력은 중력이 만드는 기조력보다 훨씬 더 가파르게 감소한다. 그러므로 감속 효과는 최접근 거리에서 거의 완전히 작용한다. 이 최접근의 특성 시간(characteristic time)은 분명히 약 $2R/v$이고, 여기서 R는 지구의 반지름이며 v는 혜성과 지구의 상대 속도이다. v가 초속 25킬로미터 정도일 때 특성 시간은 10분 미만으로 계산된다. 이것은 지구의 자전에 혜성이 영향을 미칠 수 있는 총시간이다. 여기에 상응하는 중력 가속도는 0.1지보다 작으며 따라서 군대들은 여전히 우주 공간으로 날아가지 않는다. 그러나 지구 내에서 음향이 전파되는 특성 시간 — 외부의 영향이 지구 전체에 미치는 데 걸리는 최소 시간 — 은 85분이다. 따라서 스침 충돌 시에도 혜성은 태양을 기브온 위에 계속 서 있게 만들 수 없다.

지구 자전의 역사에 대한 벨리콥스키의 설명은 이해하기 어렵다. 『충돌하는 세계』 236쪽에는 지구 표면이 아니라 수성 표면에서 본 태양의 외양과 겉보기 운동과 우연히 일치하는 하늘 위 태양의 움직임에 대한 설명이 있다. 385쪽에서 벨리콥스키는 크게 후퇴한다. 여기서 그는 지구 자전의 각속도에 어떤 변화가 일어난 것이 아니라 오히려 지구의 각운동량 벡터가 오늘날처럼 황도면(ecliptic plane, 지구가 태양 주위를 공전하면서 지나가는 궤도면. — 옮긴이)에 대략적으로 직각이었다가 천왕성처럼 태양을 향한 쪽으로 몇 시간 동안 움직였다고 주장한다. 이 제안이 가지는 극히 중대한 물리학적인 문제는 완전히 제쳐 놓더라도, 이 주장은 벨리콥스키 자신의 주장과도 일치하지 않는다. 앞서 그는 유라시아와 근동 지역의 문화들은 낮이 길어진 사건을 보고한 반면, 북아메리카 문화는 밤이 길어진 사건을 보고했다는 사실을 매우 중시했기 때문이다. 이러한 차이를 설명할 때, 멕시코에서 보고된 바에 대한 설명은 없을 것이다. 나는 이 사례에서 벨리콥스키가 고대 문헌에 근거한 자신의 가장 강한 주장들을 얼버무리고 있거나 잊어버렸다고 생각한다. 386쪽에서는 강력한 자기장으로 인해 지구의 자전 속도가 느려져 멈출 수 있다는, 재현할 수 없는, 정성적 주장을 보게 된다. 이때 필요한 자기장의 세기는 언급되어 있지 않았지만 분명히 막대할 것이다. (「부록 4」의 계산 참조) 지구의 바위들에는 이렇게 강한 자기장의 대상이 된 적이 있다는 자화(magnetization, 물체가 자성을 지니게 되는 현상. — 옮긴이)의 흔적이 없다. 이 사실은, (구)소련과 미국의 탐사선을 통해 알게 된 금성의 자기장의 세기가 지구 표면의 자기장보다 무시해도 될 정도로 상당히 약한 수준 — 0.5가우스(gauss) — 이라서 그 자체로는 벨리콥스키의 목적을 달성하기에 불충분하다는 상당히 확고한 증거와 동일한 중요성을 지닌다.

문제 4. 지구의 지질학과 달의 분화구들

충분히 합리적으로, 벨리콥스키는 중력적 기조력과 전기 혹은 자기의 영향으로(벨리콥스키는 이 점을 분명히 하지 않는다.) 다른 행성과 지구가 거의 충돌할 뻔한 일이 극적인 결과를 초래했을 것이라고 믿는다. 그는 "이집트를 떠나는 날에 세계가 뒤흔들렸고 …… **모든** 화산이 용암을 토해 냈으며 **전** 대륙이 진동했다."라고 믿고 있다. (Velikovsky, 1965, 96~97쪽)

이러한 충돌에 지진이 동반되었으리라는 점에는 의심의 여지가 거의 없다. 아폴로 우주선의 달에 설치하고 온 지진계는 지구가 달에 가장 가까이 위치하는 근지점(perigee, 타원형인 달의 공전 궤도에서 지구에 가장 가까운 점. — 옮긴이)에 있는 기간 동안 달에서 지진이 가장 많이 발생하며 동시에 지구에서도 지진이 발생하는 징후가 최소한 몇 가지 있다는 사실을 발견했다. 그러나 "모든 화산"이 분화하며 대규모의 용암이 흘러내린다는 주장은 이것과는 상당히 다른 이야기이다. 화산의 용암 분출 날짜는 쉽게 추정할 수 있으며, 벨리콥스키가 만들어야 하는 것은 시간대 별로 지구에 흘러내린 용암류의 수에 대한 막대 그래프이다. 이 막대 그래프는 모든 화산이 기원전 1500년과 기원전 600년 사이에 다 활동하지는 않았으며 그 시대의 화산 활동에서 특별히 주목할 만한 점은 없다는 사실을 보여 줄 것이다.

벨리콥스키는 혜성이 가까이 접근하면서 지구 자기장이 역전되었다고 믿는다. (Velikovsky, 1965, 115쪽) 그러나 암석에 남아 있는 자화 기록은 이러한 역전이 100만 년마다 일어났고 거의 시계처럼 정확하게 반복되고 있으며, 지난 몇천 년 동안에는 일어나지 않았다는 사실을 분명히 보여 준다. 목성에 100만 년마다 한 번씩 혜성을 지구로 보내는 시계가 있는 것일까? 지구 자기장을 만들어 내는 지구 중심 핵의 자기 발전기의 극성이 때때로 역전된다는 일반적인 견해가 훨씬 더 그럴듯해 보인다.

모든 지질학적인 증거들이 몇천 년 전에 조산 운동이 일어났다는 벨리콥스키의 견해가 거짓임을 보여 준다. 이 증거들에 따르면 조산 운동이 일어난 시기는 수천만 년도 더 전이다. 수천 년 전에 지구의 지리학적인 극이 급격히 움직인 결과 매머드들이 급속 냉동되었다는 생각은, 예를 들어 탄소 14나 아미노산의 라세미화 연대 측정법(동물의 뼈에 들어 있는 아미노산은 생물이 살아 있을 때는 L형 이성질체이지만 죽으면 D형으로 변하게 된다. 그 반감기를 이용해 연대를 측정하는 방법이다. — 옮긴이)을 사용해 검증할 수 있다. 나는 이러한 검사에서 매우 최근 연대가 나오면 굉장히 놀랄 것이다.

벨리콥스키는 달도 지구에 들이닥친 재난들의 영향을 받았기 때문에, 수천 년 전 달 표면에서도 비슷한 지구조적인 사건들이 벌어졌을 것이고 달의 분화구(충돌공)들 중 상당수가 그때 형성되었을 것이라고 여긴다. (Velikovsky, 1965, 2부 9장) 이 생각 역시 몇 가지 문제가 있다. 아폴로 임무에서 달에서 가져온 표본들 중에는 수억 년 전부터 지금까지 녹은 적이 있다는 특징을 보여 주는 바위들이 없었다.

게다가 달의 분화구들이 2,700년 전이나 3,500년 전에 많이 형성되었다면, 같은 시기에 지구에서도 지름이 1킬로미터가 넘는 분화구들이 틀림없이 비슷한 정도로 만들어졌어야 한다. 지표면의 침식이 2,700년 안에 이 정도 크기의 분화구를 제거하기는 어렵다. 지상에 이 정도 크기와 연령의 분화구들은 많지 않다. 사실 단 1개도 없다. 이러한 의문들에 대해 벨리콥스키는 중요한 증거들을 무시하는 것처럼 보인다. 이 증거들을 검토할 경우 그의 가설은 반박될 것이다.

벨리콥스키는 금성이나 화성이 지구 가까이 지나친 일로 높이가 적어도 수 킬로미터에 달하는 밀물과 썰물이 만들어졌다고 여긴다. (Velikovsky, 1965, 70~71쪽) 사실, 이 행성들이 그의 생각대로 수만 킬로미터 떨어진 곳에 있었다면 바닷물뿐만 아니라 지구의 고체 물질들로 이루어진 밀물과 썰물이 수백 킬로미터 치솟았을 것이다. 밀물과 썰물의 높이는 조석 작용을 일으키는 물질의 질량에 비례하고 거리의 3제곱에 반비례하기 때문에 현재 수위와 달의 기조력을 가지고 쉽게 계산할 수 있다. 내가 아는 한, 기원전 6세기와 기원후 15세기 사이의 어느 시대, 세계 어느 지역에서도 지구 규모의 범람이 일어났다는 지질학적인 증거는 없다. 만약 잠시 동안이라고 해도 그 정도의 홍수가 일어났다면, 지질학적인 기록에 어떤 뚜렷한 흔적을 남겨 놓았을 것이다. 그렇다면 고고학적 증거나 고생물학적인 증거는 어떨까? 이러한 홍수로 그 시기에 동물상이 대규모로 멸종한 지역은 어디일까? 조석 변화가 가장 크게 일어난 곳 근방에서 대규모 용융이 일어났을 텐데, 그 증거는 어디에 있을까?

문제 5. 지구형 행성의 화학과 생물학

벨리콥스키의 주장은 화학과 생물학에서도 기이한 결과를 낳는다. 단순한 문제들에 대한 몇 가지 간단한 혼동들로 인해 그 결과는 한층 더 심각해진다. 그는 산소가 지상에 있는 녹색 식물이 광합성을 한 결과 생산된다는 사실을 모르는 것처럼 보인다. (Velikovsky, 1965, 16쪽) 그는 목성이 주로 수소와 헬륨으로 구성되어 있는 반면, 그가 목성의 내부에서 생겨났다고 추정하는 금성의 대기는 거의 대부분 이산화탄소로 구성되어 있다는 사실에 주목하지 않는다. 이 문제는 그의 아이디어에서 핵심적인 것으로 매우 심각한 문제들을 야기한다. 벨리콥스키는 시나이 반도에서 하늘로부터 떨어진 만나가 혜성에서 유래했고, 따라서 목성과 금성 두 곳 모두에 탄수화물이 있다고 주장한다. 다른 한편으로 그는 하늘에서 불과 나프타(naphtha, 원유를 증류하면 얻을 수 있는 탄화수소 혼합체. — 옮긴이)가 떨어졌다고 방대한 출처를 인용하며 주장한다. 그리고 이 천체의 석유가 지구의 대기에서 산화되어 불이 붙었다고 해석한다. (Velikovsky, 1965, 53~58쪽) 벨리콥스키가 두 사건의 실제성과 유사성을 믿기 때문에 그의 책은 탄수화물과 탄화수소를 지속적으로 혼동해서 사용한다. 그리고 어느 지점에서 그는 이스라엘 민족이 40년 동안 사막을 헤매는 동안 신성한 영양분이라기보다는 자동차 기름을 먹고 있는 모습을 상상하는 것처럼 보인다.

화성의 극관이 "아마도 탄소와 비슷한"이라고 모호하게 묘사된 만나로 만들어졌다는 분명한 결론은 독서를 한층 더 어렵게 만든다. (Velikovsky, 1965, 366쪽) 탄수화물은 탄소-수소 결합의 신축 진동(stretching vibration, 원자 간의 결합 길이가 달라지는 진동 운동. — 옮긴이) 때문에 파장 3.5마이크로미터(μm)의 강적외선을 흡수한다는 특징을 갖고 있다. 1969년에 매리너(Mariner) 6호와 7호가 가져온 화성 극관의 적외선 스펙트럼에서는 이러한 특징이 검출되지 않았다. 다른 한편, 매리너 6, 7, 9호와 바이킹 1, 2호는 극관의 구성 물질이 얼어붙은 물과 이산화탄소라는 풍부하고 설득력 있는 증거를 손에 넣었다.

석유가 천체에서 비롯되었다는 벨리콥스키의 주장은 이해하기 어렵다. 그의 참고 문헌들 중 일부, 예를 들어 헤로도토스(Herodotus, 기원전 484?~425?년)는 메소포타미아와 이란에서 지표면까지 배어 나온 석유가 불타는 모습을 완벽하게 묘사하고 있다. 벨리콥스키 자신이 지적한 것처럼, 불의 비와 나프타 이야기들은 천연 유류 저장 탱크를 보유하고 있는 지역에서 나왔다. (Velikovsky, 1965, 55~56쪽) 그러므로 이 논쟁거리들은 간단히 설명할 수 있다. 2,700년 동안 아래쪽으로 침투한 석유의 양이 아주 많지는 않을 것이다. 지구에서 석유를 추출하는 어려움은 오늘날 일어나고 있는 몇 가지 실질적인 문제들의 원인이기도 한데, 만약 벨리콥스키의 가설이 사실이라면 크게 개선되었을 것이다. 기름이 기원전 1500년경에 하늘에서 떨어졌다면, 수십억 년 전 생물의 화석들과 석유 저장고들이 어떻게 가까이 섞이게 되었는지 그의 가설에서 이해하기는 매우 어렵다. 그러나 이러한 상황은 지질학자들 대부분이 내린 결론처럼 석유가 혜성이 아니라 석탄기(Carboniferous) 같은 지질학적 고대의 초목들이 부패해서 생성되었다고 하면 쉽게 설명된다.

외계 생명체들에 대한 벨리콥스키의 견해는 훨씬 더 낯설다. 그는 「출애굽기」에서 언급된 '해충'의 상당수, 특히 파리들이 이 혜성에서 정말로 떨어졌다고 믿는다. 그러나 그는 우주의 개구리 비를 인정하는 것처럼 보이는 이란의 문헌, 『분다히스(*Bundahis*)』를 만족스러운 듯이 인용하면서도 개구리의 외계 기원은 얼버무린다. (Velikovsky, 1965, 183쪽) 여기서는 파리 떼만을 고려해 보자. 금성과 목성의 자욱한 구름에 대해 곧 진행할 탐사에서 우리는 집파리 혹은 노랑초파리(*Drosophila melanogaster*)를 발견하리라 기대해야 할까? 그는 꽤 노골적이다. "금성 — 목성 역시 — 에는 해충들이 거주하고 있다." (Velikovsky, 1965, 369쪽) 만약 그곳에서 파리가 전혀 발견되지 않는다면 벨리콥스키의 가설은 몰락할까?

지상의 모든 생명체들 중에서 파리들만이 외계에서 기원했다는 생각은 기묘하게도 다른 생명체들은 신이 창조했지만 어떠한 실질적인 쓸모도 상상할 수 없는 파리는 악마가 창조한 것이 틀림없다는 마르틴 루터(Martin Luther, 1483~1546년)의 상당히 격앙된 주장을 연상시킨다. 그러나 파리는 해부학, 생리학, 생화학적으로 다른 곤충류와 긴밀하게 연결되는, 완벽하게 훌륭한 곤충이다. 목성이 지구와 물리학적으로 동일할지라도 목성에서 46억 년 동안 독립적으로 진행된 진화로 다른 지구 생물들과 구분할 수 없는 생명체가 만들어질 수 있다는 생각은 진화 과정을 심각하게 오해한 것이다. 파리는 지구의 다른 생물들과 동일한 효소와 동일한 핵산(nucleic acid), 심지어 동일한 유전 암호(genetic code, 핵산 정보를 단백질 정보로 번역하는 역할을 한다.)를 가지고 있다. 진지한 조사가 분명히 보여주듯이, 파리와 다른 지구 생물들 사이에는 밀접한 연관성과 유사성이 너무나 많아서 기원이 다를 수 없다.

「출애굽기」 9장에는 이집트의 가축들은 모두 죽지만 이스라엘 자손들의 가축은 "하나도 죽지 아니하리라."라는 구절이 있다. 같은 장에서 아마와 보리에는 영향을 미치지만 밀과 귀리에는 영향을 주지 않는 피해도 발견된다. 이 미세하게 조정된 숙주와 기생충 사이의 특이한 관계는 지구와 생물학적으로 접촉한 적이 없는 혜성의 해충들에게는 굉장히 이상한 일이지만 지구에서 자란 해충의 입장에서는 쉽게 설명된다.

또 파리들은 산소 대사를 한다. 목성에는 산소 분자가 없으며 있을 수도 없다. 수소가 지나치게 많은 곳에서 산소 분자는 열역학적으로 불안정하기 때문이다. 언젠가 지구로 이동하기를 바란 목성 생물이 있어 산소 분자를 다루는 데 필요한 생물학적 전자 전달 장치 전체를 우연히 진화시키는 데 성공했다고 상상해야 할까? 이것은 벨리콥스키의 충돌 가설의 주요 논지보다 훨씬 더 기적적인 일일 것이다. 벨리콥스키는 "많은 작은 곤충들이 …… 산소가 없는 대기에서 사는 능력"에 대해 설득력이 없는 여담을 늘어놓지만 이 이야기는 핵심에서 벗어나 있다. 문제는 목성에서 진화한 생물이 어떻게 산소가 풍부한 대기에서 살며 대사 작용을 할 수 있느냐이다.

다음으로 파리가 용발(ablation, 물체가 대기권에 돌입할 때 마찰열로 인해 용해 증발하는 현상. — 옮긴이)하는 문제가 있다. 작은 파리들은 작은 유성들과 똑같은 질량과 차원을 가지고 있다. 이 유성들은 혜성의 궤도를 타고 지구의 대기권으로 들어오면서 고도 약 100킬로미터에서 불에 탄다. 용발은 이러한 유성들이 눈에 잘 보이는 이유를 설명해 준다. 혜성의 해충은 지구의 대기권에 진입하면서 파리 구이로 빠르게 탈바꿈할 뿐만 아니라 오늘날 혜성의 유성들이 그렇듯이 원자로 증발해 결코 파라오를 깜짝 놀라게 할 수도, 이집트에 "가득 차지"도 못할 것이다. 비슷하게, 혜성을 목성에서 배출하는 데 수반되는 온도가, 앞에서 언급한 것처럼, 벨리콥스키의 파리들을 태워 버릴 것이다. 처음부터 불가능한 일이지만, 두 번 태워지고 원자화된 혜성의 파리들은 결정적인 정밀 조사가 이루어질 때까지 살아남지 못할 것이다.

마지막으로, 『충돌하는 세계』에는 지적인 외계 생명체에 대한 특이한 언급이 있다. 364쪽에서 벨리콥스키는 화성이 지구와 금성과 거의 충돌할 뻔한 일로 "어떤 고등 생명체도, 만약 그들이 이전에 화성에 존재했다고 한다면, 그곳에 살아남지 못하게 되었다."라고 주장한다. 그러나 매리너 9호와 바이킹 1, 2호의 화성 탐사 결과 우리는 그 행성이 다소 달을 연상시키는 변형된 분화구로 3분의 1 이상이 덮여 있으며 아주 오래된 충돌 이외에는 극적인 참사의 징후를 보이지 않는다는 점을 알게 되었다. 화성의 나머지 3분의 2 중 절반은 거의 어떤 충돌의 흔적도 보이지 않는다. 대신 약 10억 년 전에 주요한 지구조 운동과 용암류 분출, 화산 활동이 일어났다는 극적인 증거를 보여 준다. 이 지역에 있는 작지만 추적할 수 있는 규모의 충돌 분화구들은 수천 년 전보다 훨씬 더 이전에 만들어진 것으로 드러났다. 이 화성 풍경과 최근에 일어난 충돌로 인해 심하게 파괴되어 모든 지적인 생명체들이 몰살해 버린 행성에 대한 견해와 조화시킬 방법은 없다. 만약 화성의 모든 생명체들이 이러한 충돌로 몰살했다면 지구의 생명체들 역시 몰살당하지 않은 이유는 도대체 무엇일까?

문제 6. 만나

만나는, 「출애굽기」에 대한 어원 연구에 따르면 "그게 뭐지?"라는 의미의 히브리 어 *man-hu*에서 파생되었다. 정말, 최상의 질문이다. 혜성에서 음식이 떨어졌다는 발상은 전혀 단순하지가 않다. 혜성 꼬리 분광학은 『충돌하는 세계』가 1950년에 출간되기 이전에도 혜성 꼬리에 단순한 탄화수소 조각들이 존재함을 보여 주었지만 당시 탄수화물의 구성 단위인 알데하이드(aldehyde)는 발견하지 못했다. 그럼에도 불구하고 그 물질들은 혜성 내에 존재할지도 모른다. 코호우텍 혜성이 지구 근처를 지나간 후, 혜성에 많은 양의 단순한 나이트릴(nitrile, R-C≡N의 구조를 가지는 유기화합물. — 옮긴이)들, 특히 시안화수소(hydrogen cyanide)와 시안화메틸(methyl cyanide)이 포함되어 있다는 사실이 알려졌다. 이 물질들은 독이다. 그렇다면 혜성에서 떨어져나온 물질은 먹기에 적합할까?

그러나 이 반대 근거는 제쳐두고 벨리콥스키의 가설을 인정해서 그 결과를 계산해 보자. 40년 동안 수백만 명의 유태인들을 먹이려면 얼마나 많은 만나가 필요할까? (「출애굽기」 16장 35절 참조)

「출애굽기」 16장 20절에는 다음 날 아침, 밤새 남겨 놓은 만나에 벌레가 생겼다는 구절이 나온다. 이것은 탄수화물이라면 가능하지만 탄화수소라면 극히 있을 법하지 않은 일이다. 모세는 벨리콥스키보다 더 뛰어난 화학자였는지도 모른다. 이 사건은 또한 만나의 저장이 불가능하다는 점을 보여 준다. 성서의 설명에 따르면 만나는 40년 동안 매일 하늘에서 떨어졌다. 우리는 그 양이 유태인들을 먹이기에 충분했다고 가정할 것이다. 그러나 벨리콥스키는 『미드라시』를 인용하며 떨어진 양이 단지 40년이 아니라 2,000년을 먹기에도 충분했다고 장담한다. (Velikovsky, 1965, 138쪽) 고대 히브리 인들이 각자 생존하는 데 필요한 최저량보다 약간 더 적게, 매일 대략 3분의 1킬로그램의 만나를 먹었다고 가정하자. 이때 개인은 매년 100킬로그램을, 40년 동안에는 4,000킬로그램을 먹을 것이다. 「출애굽기」에 분명하게 그 수가 언급되어 있는, 수십만 명의 고대 히브리 인들은 사막에서 40년을 방황하는 동안 100만 킬로그램 이상의 만나를 소비할 것이다. 그러나 우리는 혜성 꼬리의 잔해가 고대 히브리 인들이 방황했던 광야의 한 지역에만 선별적으로 매일 떨어지는 모습을 상상할 수 없다.• 이것은 성서의 설명을 액면 그대로 받아들이는 것만큼이나 기적적인 일이다. 공동체 대표 한 명이 이끄는 수십만 명의 떠돌이 무리들에게 점령당한 이 지역은 대략적으로 지구 전 지역의 수천만분의 1 정도 된다. 따라서 40년을 방랑하는 동안 지구 전 지역에는 10^{18}그램의 몇 배 정도 되는 만나가 축적돼야만 한다. 이것은 행성의 전 표면을 만나가 약 2.5센티미터의 두께로 뒤덮기에 충분한 양이다. 이 일이 정말로 일어났다면 인상적인 사건임에 분명하고, 어쩌면 「헨젤과 그레텔」에 나오는 생강 쿠키로 만든 집도 설명할 수 있을지도 모른다.

그런데 만나가 오직 지구에만 떨어져야 할 이유는 없다. 내행성계로만 제한했을 때, 혜성의 꼬리는 40년 동안 약 10^{10}킬로미터를 횡단했을 것이다. 지구의 부피 대 꼬리의 부피 비를 온건한 수준으로 추정했을 때,

• 실제로 「출애굽기」는 만나가 안식일을 제외하고 매일 떨어졌다고 이야기한다. 대신 금요일에 벌레에 오염되지 않은 두 배의 배급량이 떨어졌다. 이것은 벨리콥스키의 가설이 처리하기 곤란한 사실이다. 혜성이 안식일을 어떻게 알 수 있다는 말인가? 정말로 이 사실은 벨리콥스키의 역사학 방법론에 대해 일반적인 문제를 제기한다. 그는 종교와 역사의 문헌들에서 인용한 문구 일부를 문자 그대로 받아들인다. 그 외는 "지역적인 윤색"으로 묵살한다. 이러한 판단의 기준은 무엇일까? 분명 그 기준은 벨리콥스키의 주장에 끌리는 우리의 성향과는 무관한 기준을 포함해야만 한다.

우리는 이 사건으로 내행성계에 분배된 만나의 질량이 10^{28}그램보다 더 크다는 사실을 발견한다. 이것은 여태껏 알려진 가장 거대한 혜성보다 자릿수가 여러 개 더 많은 엄청난 질량일 뿐만 아니라 금성을 훨씬 초과하는 질량이다. 게다가 혜성이 만나로만 이루어질 수는 없다. (사실, 지금까지 혜성에서 만나가 발견된 적은 없다.) 혜성들은 주로 얼음으로 이루어져 있다고 알려져 있으며 혜성 질량 대 만나 질량 비의 최소 추정값은 10^{3}보다 훨씬 크다. 그러므로 혜성의 질량은 10^{31}그램보다 훨씬 더 커야만 한다. 이것은 목성의 질량이다. 만약 우리가 벨리콥스키가 인용한 『미드라시』의 문구를 받아들인다면 그 혜성의 질량은 태양과 비견할 만하다. 덧붙여 내행성계의 성간 공간은 오늘날에도 만나로 가득 차 있을 것이다. 계산 결과는 이렇다. 벨리콥스키 가설의 타당성에 대해서는 독자들에게 판단을 맡긴다.

문제 7. 금성의 구름

금성의 구름이 탄화수소나 탄수화물로 이루어져 있다는 벨리콥스키의 예언은 성공적인 과학적 예측의 사례로 여러 차례 일컬어졌다. 벨리콥스키의 일반적인 논지와 방금 앞에서 제시한 계산으로부터 금성이 탄수화물인 만나로 가득 차 있음은 분명해진다. 벨리콥스키는 "금성의 구름 바깥쪽에 탄화수소 기체와 먼지가 존재한다는 사실은 (내 생각에 대한) 결정적인 검증이 될 것이다."라고 말한다. (Velikovsky, 1965, x쪽) 방금 말한 인용구에서 "먼지"가 탄화수소 먼지인지 아니면 그저 평범한 규산염 먼지인지는 역시 분명하지 않다. 같은 쪽에서 벨리콥스키는 자신이 이야기한 "이 연구에 근거해 나는 금성에 석유 가스가 틀림없이 풍부할 것이라고 가정한다."라는 말을 인용한다. 이 말은 메테인, 에테인, 에틸렌, 아세틸렌 같은 천연 가스의 구성 요소들을 확실하게 언급하고 있는 듯하다.

여기서 행성 과학의 역사를 짧게 거론하고 넘어갈까 한다. 1930년대와 1940년대 초반, 세상에서 행성의 화학에 신경을 쓰던 유일한 천문학자는 한때 괴팅겐 대학교에 근무했으며 나중에 예일 대학교로 옮긴 루페르트 빌트(Rupert Wildt, 1905~1976년)였다. 맨 처음 목성과 토성의 대기에서 메테인을 발견한 이도 빌트였고 이 행성들의 대기에 고급 탄화수소 기체가 존재한다는 가설을 제안한 이도 그였다. 그러므로 '석유 가스'가 목성에 존재할지도 모른다는 발상은 원래 벨리콥스키가 제안한 것이 아니다. 비슷하게 폼알데하이드(formaldehyde)가 금성 대기의 구성 요소이며 폼알데하이드의 탄수화물 중합체가 그 구름을 이룬다고 주장한 이도 빌트였다. 금성의 구름 속에 탄수화물이 있다는 생각은 벨리콥스키가 원래 제안한 생각이 아닐뿐더러 1930년대와 1940년대의 천문학 문헌을 그토록 철저히 조사한 사람이 자신의 핵심 논지와 굉장히 밀접하게 연관되어 있는 빌트의 이 논문을 모르고 있었다고 믿기는 힘들다. 그러나 벨리콥스키의 저서에는 빌트의 연구에 나타난 목성의 모습에 대해 아무런 언급이 없고, 빌트가 금성에 탄수화물이 있다고 제안했다는 데 대한 어떠한 인정이나 참고 문헌도 없이 폼알데하이드에 대한 각주만이 있을 뿐이다. (Velikovsky, 1965, 368쪽) 빌트는 벨리콥스키와는 달리 탄화수소와 탄수화물의 차이점을 잘 이해했다. 나아가 그는 자신이 제안한 폼알데하이드 단위체(monomer)에 대해 근자외선 대역 분광학 연구를 수행하는 데 실패했다. 이 단위체를 발견할 수 없었기 때문에 1942년에 그는 이 가설을 폐기했다. 반면 벨리콥스키는 그러지 않았다.

수년 전에 지적했던 것처럼, 금성의 구름 부근에 있는 단순한 탄수화물들은 그것들이 만약 구름을 구성하고 있다면 증기압 때문에 탐지할 수 있다. (Sagan, 1961) 그러나 당시 그것들은 탐지되지 않았고 그동안 광범위한 분석 기술들이 사용되었음에도 불구하고 탄화수소도 탄수화물도 발견되지 않았다. 이 분자들을 찾는 데 푸리에 변환 기술을 이용한 고해상도의 지상 광학 분광법과 천체 관측 위성인 OAO-2(Orbiting Astronomical Observatory 2)의 위스콘신 실험 패키지에 있는 자외선 분광법, 지상에서의 적외선 관측, (구)소련과 미국의 로봇을 이용한 탐사 등의 방법이 사용되었다. 그중 어떤 방법도 그것들을 발견하지 못했다. 탄수화물의 구성 단위인 아주 단순한 형태의 탄화수소와 알데하이드에 대해 전형적인 존재비의 최댓값은 몇 피피엠(ppm, 100만분의 1)이다. (Connes, et al., 1967; Owen and Sagan, 1972) 화성에서 이에 상응하는 최댓값 역시 몇 피피엠이다. (Owen and Sagan, 1972) 모든 관측들이 일관되게 금성 대기의 대부분이 이산화탄소(CO_2)로 구성되어 있음을 보여 준다. 사실, 탄소는 이렇게 산화된 형태로 존재하기 때문에 탄화수소는 기껏해야 단순하게 축소된 형태로 미량 존재하리라고 기대할 수 있을 뿐이다. 결정적인 3.5마이크로미터 대역에 대한 관측도 탄화수소와 탄수화물 모두에게 공통적인 탄소-수소(C-H) 화합물의 흡수 특성을 아주 미미한 정도로도 추적하지 못했다. (Pollack, et al., 1974) 현재는 자외선부터 적외선까지 금성의 스펙트럼 흡수대(absorption band, 연속 스펙트럼을 지닌 빛이 물질을 통과할 때 에너지의 흡수가 일어나는 띠 모양의 파장 대역. — 옮긴이)가 모두 알려져 있다. 그중 탄화수소나 탄수화물로 인한 흡수대는 없다. 현재 알려진 금성의 적외선 스펙트럼을 정확하게 설명할 수 있다고 제시된 특정 유기 분자는 없다.

덧붙여 수세기 동안 주요한 수수께끼였던 금성 구름의 구성 요소들에 대한 의문이 얼마 전에야 풀렸다. (Young and Young, 1973; Sill, 1972; Young, 1973; Pollack, et al., 1974) 금성 구름의 약 75퍼센트는 황산 용액으로 이루어져 있다. 이 발견은 지금까지 관측된 금성 대기의 화학과 일치하는데, 그

중에는 대기 중 불산과 염산의 발견, 편광 측정법(polarimetry)으로 구한 유효 숫자 3개를 가지는 굴절률(1.44), 11.2마이크로미터와 3마이크로미터 파장을 (그리고 오늘날 원적외선까지) 흡수하는 특성, 구름 위쪽으로 수증기가 없다는 것 등이 있다. 관측된 이러한 특성들은 탄화수소나 탄수화물로 구름이 구성된다는 가설과 일치하지 않는다.

이 유기 구름 가설이 현재는 완전히 신빙성을 잃었음에도 왜 우리는 금성 탐사선 연구가 벨리콥스키의 주장을 확증했다는 소리를 듣고 있을까? 이러한 상황 역시 설명이 필요하다. 1962년 12월 14일, 미국의 행성 탐사선인 매리너 2호가 최초로 금성 상공을 나는 데 성공했다. 제트 추진 연구소(Jet Propulsion Laboratory, JPL)가 개발한 이 탐사선은 여러 가지 중요한 기구들을 운반했는데, 나는 그중 적외선 복사계(infrared radiometer) 관련 네 연구자 중 한 명이었다. 그때는 달 탐사선인 레인저(Ranger)가 첫 성공을 거두기 전이었으며, NASA는 과학적인 발견들을 공개하는 데 상대적으로 미숙했다. 워싱턴 D. C.에서 열린 결과 발표 기자 회견에서 우리 팀 연구자 중 한 명이었던 루이스 데이비드 캐플런(Lewis David Kaplan, 1917~1999년) 박사가 기자들에게 결과를 설명하는 임무를 맡았다. 결과 발표 시에 그가 다소 다음과 같은 느낌으로 (정확히 아래와 같이 말하지는 않았지만) 결과를 묘사한 것은 분명하다. "우리 실험은 2채널 적외선 복사계로 수행되었습니다. 한 채널은 10.4마이크로미터의 뜨거운 CO_2 밴드의 중심에 있고 다른 채널은 기체 상대의 금성 대기 속에 있는 8.4마이크로미터의 맑은 창 속에 있었습니다. 목적은 절대 밝기 온도(absolute brightness temperature, 밝기 온도는 관측된 표면의 밝기와 밝기가 동일한 흑체의 온도이다. — 옮긴이)와 두 채널들 사이의 차별적인 전송을 측정하는 것이었습니다. 뮤(μ)에서 파워 알파(power alpha)까지 정규화된 세기를 가지는 주연 감광(limb-darkening, 태양과 같이 빛을 복사하며 원반을 갖는 천체를 눈으로 봤을 때 중앙부가 가장 밝고, 가장자리로 갈수록 어두워지는 현상. — 옮긴이) 법칙이 발견되었습니다. 여기서 뮤는 지역의 행성 평균과 가시선 사이의 각도의 아크코사인 값입니다. 그리고……."

그러던 중 어느 시점에선가 복잡한 과학적인 내용들에 익숙하지 않은, 참을성 없는 기자들이 그의 말을 끊었다. 그들은 "지루한 이야기는 그만하시죠. 진짜 정보를 알려 주세요! 그 구름이 얼마나 두껍고 얼마나 높이 있으며 무엇으로 이루어져 있습니까?"라는 뜻의 말들을 했다. 캐플런은 적외선 복사계 실험은 그러한 질문들을 검증하기 위해 설계되지 않았으며, 그러한 일도 하지 않았다고 상당히 적절하게 대답했다. 그러나 그때 그는 "제 생각을 말씀드리겠습니다."와 비슷한 발언을 했다. 이어서 그는 온실 효과는 대기가 가시광선은 투과시키지만 행성 표면에서 방출되는 적외선은 투과시키지 않아서 일어나며, 금성의 표면 온도를 뜨겁게 유지시키기 위해 온실 효과가 필요하지만, 금성 대기의 구성 요소들이 3.5마이크로미터 부근의 파장을 통과시키는 것처럼 보이기 때문에 금성에서는 일어나지 않을 수도 있다는 자신의 견해를 설명했다. 금성 대기에 이 파장에 대한 흡수체가 있다면 창문이 닫혀서 온실 효과가 유지될 수 있으며 높은 표면 온도를 설명할 수 있다. 그는 탄화수소들이 훌륭한 온실 효과 분자일 수 있다고 이야기했다.

캐플런이 준 주의에 언론은 주목하지 않았고 다음날 미국의 많은 신문들에서 다음과 같은 헤드라인을 볼 수 있었다. "매리너 2호가 금성에서 발견한 탄화수소 구름." 그동안 제트 추진 연구소에서는 여러 실험실의 홍보 담당자들이 "매리너: 금성 임무"라는 제목의 대중 보고서를 작성하는 중이었다. 한창 글을 쓰고 있던 그들이 조간 신문을 집어 들고 "이런! 금성에서 탄화수소 구름이 발견되었다니 몰랐어."라고 말하는 광경을 상상해 본다. 정말로 이 보고서는 매리너 2호의 주요 발견 사항들 중 하나로 탄화수소 구름을 열거했다. "기본적으로 구름은 화씨 약 200도(섭씨 93.3도)이며 아마도 기름진 현탁액 속에 들어 있는 농축된 탄화수소로 구성되어 있을 것이다." (보고서는 금성의 표면을 데운 온실 효과 역시 언급하고 있지만 벨리콥스키는 이 보고서의 일부분만 믿는 쪽을 택했다.)

이제 NASA의 관리자가 미국 항공 우주국의 연례 보고에서 대통령에게 좋은 소식을 전달하고 있는 모습을 상상하자. 대통령은 끊임없이 이어지는 의회 연례 보고에서 이 결과를 전달한다. 언제나 가장 최신 결과를 싣고 싶어 하는 기초 천문학 교과서의 저자들은 이 '발견'을 자신들이 맡은 페이지에 소중히 옮겨 적는다. 매리너 2호가 금성에서 탄화수소 구름을 발견했다는, 너무나 믿을 만해 보이는 고위급의, 서로 일치하는 보고들이 있기 때문에, NASA의 이해하기 어려운 업무 방식을 경험해 보지 못한 벨리콥스키와 여러 공평무사한 과학자들은 이것을, 관찰을 하기 전에 기이해 보이는 예측을 먼저 하고 그 뒤 실험을 통해 예기치 않게 확증되는, 과학 이론의 전형적인 검증 방식이라고 추론할 만도 하다.

그러나 앞에서 본 것처럼 실제 상황은 매우 다르다. 매리너 2호도, 금성의 대기에 대한 이후의 어떤 조사도 기체나 고체, 혹은 액체 상태로 탄화수소나 탄수화물의 흔적을 발견하지 못했다. 지금은 CO_2와 수증기가 3.5마이크로미터의 흡수선을 충분히 감당한다고 알려져 있다. (Pollack, 1969) 1978년 말, 파이오니어 금성 탐사는 오랫동안 관측되었던 규모의 CO_2와 더불어, 높은 표면 온도를 온실 효과로 설명하는 데 필요한 바로 그 수증기를 발견했다. 금성에 탄화수소 구름이 있다는 매리너 2호의 '논거'가 벨리콥스키가 지지하지 않은, 높은 표면 온도를 온실 효과로 설명하려는 시도에서 나왔다는 사실은 아이러니하다. 또 나중에 캐플런 교수가 금성의 대기를 분광기로 조사해 "석유 가스"인 메테인의 존재비가 매우 낮다고 밝힌 논문의 공동 저자가 되었다는 사실도 아이러니하다. (Connes, et al., 1967)

요컨대, 금성의 구름이 탄화수소나 탄수화물로 구성되어 있다는 벨리콥스키의 생각은 그가 고안한 것도 아니며 정확하지도 않다. 이 "결정적인 검증"은 실패했다.

문제 8. 금성의 온도

또 다른 기이한 환경은 금성의 표면 온도이다. 금성의 높은 온도는 벨리콥스키 가설의 성공적인 예측이자 지지 증거로 종종 인용되는 반면, 그러한 결론에 이르게 한 추론 과정이나 그 주장의 결과는 널리 알려지지 않았으며 논의되지도 않은 듯하다.

화성의 온도에 대한 벨리콥스키의 견해를 고려하면서 논의를 시작해 보자. (Velikovsky, 1965, 367~368쪽) 그는 상대적으로 작은 행성인 화성이 더 거대한 금성과 지구와의 충돌에서 훨씬 심각한 영향을 받았으며 그로 인해 온도가 높아졌을 것이라고 믿는다. 그는 이 메커니즘이 "운동을 열로 전환"한 것일 수 있다고 주장한다. 열은 정확히 말하면, 분자의 움직임이기 때문에 이 주장은 다소 모호하다. 혹은 훨씬 더 환상적으로, "방사능과 열의 방출을 보증하는 핵분열 역시 일으킬 수 있는, 행성 간 전하"가 일으키는 메커니즘이 작용했을 수 있다고도 주장했다.

같은 꼭지에서 그는 대담하게도 "화성은 태양으로부터 받는 열보다 더 많은 열을 방출한다."라는 자신의 충돌 가설과 분명히 일치하는 기술을 한다. 그러나 이 기술은, 완전히 틀렸다. (구)소련과 미국의 우주 탐사선들과 지상의 관측자들은 화성의 온도를 반복해서 측정해 왔으며 화성의 온도는 표면에서 흡수되는 태양 빛의 양으로부터 계산한 결과와 완전히 일치한다. 나아가, 이 사실은 벨리콥스키의 책이 출간되기 전인 1940년대에 잘 알려져 있었다. 그는 1950년 이전에 화성의 온도 측정에 관여했던 저명한 과학자 4명을 언급하면서도 그들의 연구를 참조하지 않았고, 그들이 화성은 태양으로부터 받는 것보다 더 많은 복사열을 방출한다고 결론을 내렸다는, 명백하게 잘못된 기술을 한다.

이러한 오류를 이해하기는 어려우며 내가 제안할 수 있는 가장 관대한 가설은 벨리콥스키가 전자기 스펙트럼에서 화성을 데우는 태양 빛의 가시광선 대역과 화성이 대개 우주로 방출하는 적외선 대역을 혼동했다는 것이다. 그러나 결론은 명확하다. 벨리콥스키의 주장에 따르면 화성은 금성보다도 훨씬 더 '뜨거운 행성'일 것이다. 화성이 예상 외로 뜨겁다고 밝혀졌다면 아마도 우리는 이 사실이 벨리콥스키의 견해를 한층 더 확증해 준다는 말을 들었을 것이다. 그러나 화성의 온도가 정확히 모든 사람들이 기대했던 바로 그 온도라고 밝혀졌을 때, 우리는 이 사실이 벨리콥스키의 견해를 반박한다는 말을 듣지는 못했다. 행성에 대한 이중 잣대가 작동 중이다.

이제 금성으로 넘어가 보면, 다소 비슷한 주장을 발견하게 된다. 나는 벨리콥스키가 금성이 뜨거운 원인을 목성에서 배출된 사건(「문제 1」 참조)에서 찾지 않는 것을 이상하다고 생각한다. 그런데 그는 정말 그러지 않는다. 대신 금성이 지구와 화성에 가까이 접근했기 때문에 가열된 것이 틀림없으며, 또한 "혜성의 머리가 …… 태양 근처를 통과했고 백열(candescence, 열로 인해 하얗게 빛을 내며 타거나 타기 시작하는 상태. — 옮긴이) 상태에 있었다."라고 말한다. (Velikovsky, 1965, 77쪽) 그 뒤, 그 혜성은 금성이 된 뒤에도 여전히 "매우 뜨겁고, 열을 방출"하는 것이 틀림없다. (Velikovsky, 1965, ix쪽) 금성의 어두운 부분들이 대략 밝은 부분만큼 뜨겁다는 것을 보여 주는 1950년 이전의 천문학적 관측들이 다시 언급된다. (Velikovsky, 1965, 370쪽) 여기서 벨리콥스키는 천문학 연구들을 정확히 인용하고 그들의 연구로부터 "금성이 뜨겁기 때문에 어두운 면에서도 열을 방출한다."라고 추론한다. (Velikovsky, 1965, 371쪽) 물론이다!

나는 여기서 벨리콥스키가 그의 금성이 그의 화성처럼 태양에서 받는 것보다 더 많은 열을 방출하고 있으며 어두운 면과 밝은 면 양쪽에서 관측되는 온도는 금성이 현재 태양으로부터 받고 있는 복사열 때문이라기보다는 이 별이 '백열' 상태에 있기 때문이라고 말하려 했다고 생각한다. 그러나 이것은 심각한 오류이다. 금성의 볼로미터 알베도(bolometric albedo, 태양 빛에 대해 전 파장에서 측정한 물체의 반사율)는 약 0.73으로 약 240켈빈(섭씨 -33.2도)이라는 금성 구름의 적외선 온도 측정값과 완전히 일치한다. 즉 금성 구름의 온도는 거기서 흡수되는 태양 빛의 양에 기초해 예측되는 온도 값과 정확히 같다는 이야기이다.

벨리콥스키는 금성과 화성이 모두 태양에서 받는 것보다 더 많은 열을 방출한다고 제안했다. 두 행성 모두에 대해 그는 틀렸다. 1949년 제러드 피터 카이퍼(Gerard Peter Kuiper, 1905~1973년)는 목성이 태양에서 받는 것보다 더 많은 열을 방출한다는 가설을 제안했으며(「참고 문헌」 참조), 이후의 관측 결과는 그가 옳았음을 입증했다. 그러나 『충돌하는 세계』는 카이퍼의 제안을 한마디도 입 밖에 내지 않는다.

벨리콥스키는 금성이 화성, 지구와 스치듯 충돌했으며 태양을 가까이 통과했기 때문에 뜨겁다고 주장했다. 화성이 이례적으로 뜨겁지 않기 때문에 금성의 표면 온도가 높은 이유를 주로 금성이 혜성이었을 때 태양 근처를 통과한 사건에서 찾아야만 한다. 금성이 태양 근처를 통과하는 동안 얼마나 많은 에너지를 받으며 그 에너지가 다시 우주 공간으로 방출되는 데 얼마나 긴 시간이 걸리는지는 쉽게 계산할 수 있다. 「부록 3」에서 이 계산을 수행했는데, 여기서 우리는 금성이 태양을 가까이 통과한 뒤, 수개월에서 수년에 달하는 기간 안에 이 에너지가 전부 사라지며, 따라서 그 열 중 일부가 벨리콥스키의 연대표에서 현재까지 보존될 가능성은 없다는 점을 알 수 있다. 벨리콥스키는 금성이 태양을 얼마나 가까이 지나쳤는지 언급하지 않지만 아주 가까운 근접 통과는, 「부록 1」에서 개괄했던, 안 그래도 극단적으로 심각한 충돌 물리학의 어려움들을 한층 심화시킨다. 부연하자면, 『충돌하는 세계』에는 벨리콥스키가 혜성이 빛을 반사시키기보다 방출해서 빛난다고 믿고 있다는 단서가 약간 존재한다. 그렇다면 그것이 금성에 대해 그가 일으키는 몇 가지 혼란들의 원인일지도 모른다.

벨리콥스키는 『충돌하는 세계』의 1950년판 어디에서도 금성의 온도가 어느 정도일 것이라 생각한다는 기술을 하지 않는다. 앞에서 이야기한 것처럼 77쪽에서 그는 나중에 금성이 된 혜성이 "백열" 상태에 있었다고 애매하게 말했지만 1965년판 서문에서는 자신이 "금성의 백열 상태"를 예측했다고 주장한다.(Velikovsky, 1965, xi쪽) 태양과 마주친 후 혜성은 급속히 냉각되기 때문에(「부록 3」 참조) 이 두 기술은 같은 이야기가 전혀 아니다. 게다가 벨리콥스키는 금성이 시간이 지날수록 식고 있다고 주장한다. 따라서 금성이 "뜨겁다."는 말로 벨리콥스키가 정확히 무엇을 의미하려고 했는지는 약간 이해하기 어렵다.

벨리콥스키는 1965년판 서문에서 높은 표면 온도에 대한 자신의 주장이 "1946년에 알려졌던 바와 완전히 다르다."라고 주장한다. 이 역시 사실이 아니다. 루페르트 빌트라는 주요한 인물이 벨리콥스키 가설의 천문학적인 측면에서 희미하게 등장한다. 빌트는 벨리콥스키와 달리 문제의 본질을 이해하고 금성은 "뜨겁지만" 화성은 그렇지 않을 것이라고 정확하게 예측했다. 1940년 《천체 물리학 저널(*Astrophysical Journal*)》에 실린 논문에서, 빌트는 CO_2의 온실 효과 때문에 금성의 표면이 종래의 천문학적인 견해보다 훨씬 더 뜨겁다고 주장했다. 최근 분광기를 사용해 금성의 대기에서 CO_2를 발견했으며, 빌트는 관찰된 많은 양의 CO_2가 행성의 표면에서 방출되는 적외선 복사열을 붙잡아서 행성으로 유입되는 가시광선이 방출하는 적외선과 균형을 이루는 선까지 표면 온도를 상승시킨다고 정확하게 지적했다. 빌트는 그 온도가 거의 400켈빈(섭시 126.9도)이거나 물의 일반적인 끓는점(373켈빈=섭씨 100도) 근처일 것이라고 계산했다. 이것은 분명 1950년대 이전에 금성의 표면 온도를 가장 신중하게 다룬 연구였으며 1920년대와 1930년대, 1940년대에 《천체 물리학 저널》에 실린 금성과 화성에 관한 모든 논문들을 다 읽은 것처럼 보이는 벨리콥스키가 이 역사적으로 중요한 연구를 다소 간과했다는 사실은 다시 한번 이상하게 여겨진다.

지상에서 이뤄진 전파 관측과 (구)소련 무인 탐사선의 괄목할 만한 성공 덕택에 이제 우리는 금성의 표면 온도가 750켈빈(섭씨 476.9도) 근처라는 사실을 알고 있다. (Marov, 1972) 금성 표면의 대기압은 지구의 약 90배이며 대기는 주로 CO_2로 이루어져 있다. 이토록 높은 비율의 CO_2에 금성에서 발견된 보다 적은 양의 수증기가 합쳐지면 온실 효과를 통해 관측된 온도까지 표면을 충분히 데울 수 있다. 환히 빛나는 금성의 반구에 착륙한 최초의 우주 탐사선 베네라(Venera) 8호의 하부 모듈은 금성 표면에서 빛이 나는 것을 발견했고 (구)소련의 연구자들은 표면에 도달하는 햇빛의 양과 대기의 조성이 함께 작용하면 필요한 복사-대류의 온실 효과를 일으키기에 충분하겠다는 결론을 내렸다. (Marov, et al., 1973) 이 결과는 금성 표면에서 태양 빛을 받고 있는 바위들의 사진을 선명하게 찍어 보내온 베네라 9호와 10호 임무에서 확인되었다. 그러므로 벨리콥스키는 "빛이 구름양(cloud cover, 하늘이 구름에 덮인 비율. — 옮긴이)을 뚫고 들어

가지 못한다."라고 말할 때 확실히 실수를 저질렀으며 "온실 효과는 그렇게 높은 온도를 설명할 수 없다."라고 말했을 때에도 아마 실수를 저질렀을 것이다. (Velikovsky, 1965, ix쪽) 이 결론들은 1978년 말에 미국의 파이오니어 금성 임무에서 지지 증거를 추가로 얻었다.

벨리콥스키는 금성이 시간이 지날수록 차가워지고 있다고 반복해서 주장한다. 앞서 보았듯이, 그는 금성이 고온인 원인을 태양 근처를 통과할 때 태양열로 인해 데워진 데에서 찾는다. 많은 문헌들에서 벨리콥스키는 서로 다른 시기에 측정되어 발표된 금성 온도를 비교하고 희망했던 냉각을 보이려고 시도한다. 그림 1에서 행성의 표면 온도에 적용되는, 탐사선에서 오지 않은 유일한 자료인 금성의 마이크로파 밝기 온도를 편파적이지 않게 그래프로 제시했다. 오차를 표시한 선은 전파 측정기가 스스로 추정한 측정 과정에서의 불확실성을 나타낸다. 이 그래프에는 시간이 지남에 따라 온도가 감소한다는 아주 희미한 단서조차 없다. (어떤 단서가 있다면, 시간에 따라 온도가 증가한다는 가설을 제안할 수 있겠지만 이 자료는 그러한 결론을 지지하지 못할 정도로 오차 범위가 충분히 크다.)

비슷한 결과들이 스펙트럼의 적외선 부분에서 측정한 구름의 온도에도 적용된다. 그것들은 광도가 더 낮으며 시간에 따라 감소하지 않는다. 덧붙여, 열전도 1차원 방정식의 해법은 아주 간단하게 고려해도 벨리콥스키의 시나리오에서 우주 공간으로 열이 복사되어 냉각되는 과정이 기본적으로 모두 오래전에 일어났음을 보여 준다. 금성의 높은 표면 온도의 원천에 대해서는 벨리콥스키가 옳았다고 할지라도 온도 하강이 몇천 년간 지속되었다는 예측은 잘못되었다.

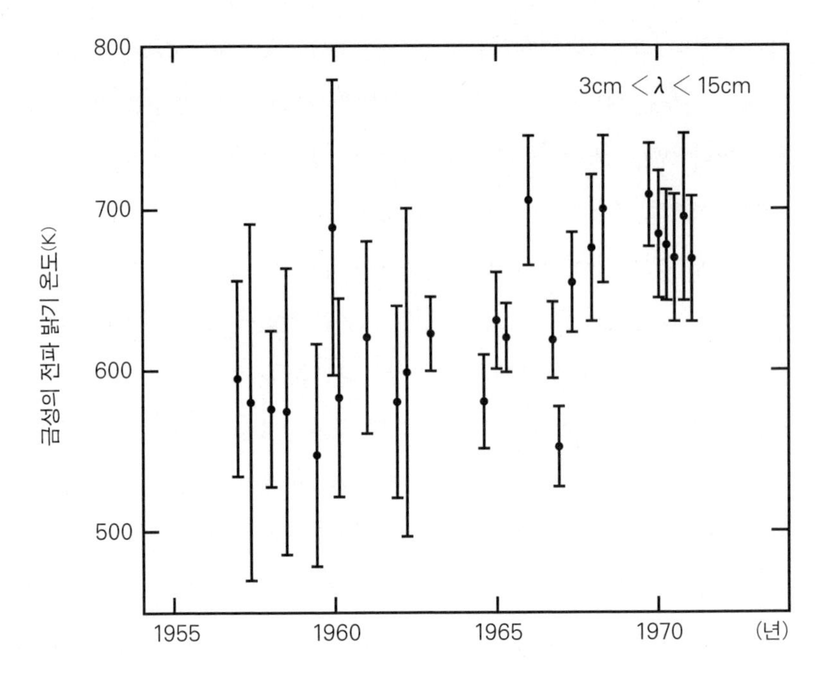

그림 1. D. 모리슨(D. Morrison)이 편집한 시간에 따른 금성의 마이크로파 밝기 온도. 표면 온도가 감소한다는 증거는 확실히 없다. 관측된 파장은 λ로 표시한다.

금성의 높은 표면 온도는 이른바 벨리콥스키 가설의 또 다른 증거들 중 하나이다. 우리는 ① 논의가 되고 있는 온도가 결코 명시된 적이 없고 ② 높은 온도의 원천으로 제시된 메커니즘이 극히 불충분하고 ③ 행성의 표면이 광고된 것처럼 시간이 지날수록 차가워지지 않으며 ④ 금성의 높은 표면 온도에 대한 발상이 『충돌하는 세계』가 출간되기 10년 전에 기본적으로 정확한 논거를 가지고 당시 최고의 천문학 저널에 발표되었다는 사실을 발견한다.

문제 9. 금성의 분화구와 산

1973년에 리처드 골드스타인(Richard M. Goldstein, 1927년~) 박사와 그 동료들은 제트 추진 연구소의 골드스톤 전파 천문대(Goldstone Radar Observatory)에서 금성 표면의 중요한 요소들을 발견했으며 이후 많은 추가 관측들을 통해 그 진위를 확인했다. 그들은 구름을 통과한 뒤 지상에서 반사되는 전파들로부터 금성 곳곳에 산이 많고 분화구가 아주 풍부하다는 사실을 발견했다. 어쩌면 달의 여러 부분들처럼 금성도 분화구로 포화되어 있을지도 모른다. 즉 분화구들이 너무 밀집해 있어서 한 분화구가 다른 분화구와 겹쳐 있을지도 모른다. 연속적인 화산 폭발은 똑같은 용암굴을 사용하는 경향이 있기 때문에 분화구 포화는 분화구 생성 메커니즘에서 화산 분화보다는 천체 충돌에 더 전형적인 특징이다. 이것은 벨리콥스키가 예측했던 결과가 아니며 그것이 내가 말하려는 요지도 아니다. 이 분화구들은 수성과 화성의 분화구 지역들과 달의 바다(lunar maria, *maria*는 바다를 뜻하는 라틴 어 *mare*의 복수형이다.)에 있는 분화구들처럼 거의 행성 사이에 있는 잔해와 충돌해서 만들어진다. 커다란 분화구를 만드는 물체들은 금성의 대기에 진입했을 때, 대기의 높은 밀도에도 불구하고 소멸하지 않는다. 과거 1만 년 동안 충돌을 일으키는 물체들은 금성에 도달할 수 없었다. 그렇지 않았다면 지구는 분화구로 가득 차 있을 것이다. 이 충돌의 원천이 되었을 가능성이 가장 큰 것은 아폴로 천체(Apollo objects, 지구의 공전 궤도를 가로지르는 궤도를 가진 소행성들)들과 우리가 이미 논의했던 작은 혜성들이다. (「부록 1」 참조) 그러나 그들이 금성이 보유하고 있는 것만큼 많은 분화구들을 만들어 내려면 수십억 년이 걸릴 것이다. 아니면, 성간에 잔해가 훨씬 더 많았던 태양계 역사의 아주 이른 시기에는 분화구 생성이 훨씬 더 빠르게 일어났을지도 모른다. 그러나 최근에는 이런 작용이 일어날 방법이 없다. 반면에 금성이 수천 년 전까지 목성의 내부 깊숙이 존재했다면 그렇게 많은 충돌들이 축적될 방법이 없다. 그러므로 금성의 분화구들에 대한 확실한 결론은 금성이 수십억 년 동안 소행성 충돌에 노출되어 있었다는 것이다. 이것은 벨리콥스키 가설의 기본적인 전제와 직접적으로 모순된다.

금성의 분화구들은 현저히 침식되어 있다. 행성 표면에 있는 바위의 일부는 베네라 9호와 10호가 촬영한 사진을 통해 밝혀졌듯이, 상당히 젊다. 그 외의 바위들은 심각하게 침식되어 있다. 나는 화학적 풍화 작용과 고온에서의 느린 변형을 비롯해 금성 표면의 침식을 일으킬 수 있는 메커니즘들을 다른 곳에서 설명했다. (Sagan, 1976) 그러나 이 발견들은 벨리콥스키의 가설과 아무런 관련이 없다. 금성에서 최근 일어난 화산 활동의 원인을 지구에서 최근 일어난 화산 활동보다 태양을 근접 통과한 사건이나 금성이 다소 모호한 의미에서 '어린' 행성이라는 데에서 더 많이 찾아야만 될 필요는 없다.

1967년에 벨리콥스키는 "확실히, 행성의 나이가 수십억 년이라면, 원래의 열을 보존하고 있을 수 없을 것이다. 또한 이런 열을 생산할 수 있는 방사성 과정은 매우 빠른 붕괴 과정일 것이 틀림없으며 다시 이것은 수십억 년이라고 인정되어 온 행성의 나이와 일치하지 않을 것이다." 불행히도, 벨리콥스키는 두 가지 기초적인 지구 물리학 지식을 이해하는 데 실패했다. 열전도는 복사나 대류보다 훨씬 더 느린 과정이며 지구의 경우, 태고의 열이 지하 증온율(geothermal gradient, 지하의 깊이가 증가할수록 온도가 함께 상승하는 비율. — 옮긴이)과 지구 내부에서의 열 유속(heat flux, 단위 시간당 단위 면적을 통해 이동한 열에너지의 양. — 옮긴이)에 감지할 수 있을 만큼 기여하고 있다. 금성 역시 마찬가지이다. 또한 지각 방사능에 책임이 있는 방사성 핵종(radionuclide)은 우라늄(U)과 토륨(Th), 포타슘(K, 칼륨)의 장수명

동위 원소(long-lived isotope, 반감기가 긴 방사성 동위 원소. — 옮긴이)들이다. 이것들은 행성의 나이와 견줄 만큼의 반감기를 가지고 있다. 다시 금성에도 같은 상황이 적용된다.

만약 벨리콥스키가 믿고 있듯이, 금성이 겨우 몇천 년 전에 (혜성의 충돌이나 어떤 다른 이유로) 완전히 녹은 상태였다면, 이후 전도 냉각(conductive cooling)을 통해 기껏해야 두께가 100미터 이내인 얇은 지각이 만들어졌을 것이다. 그러나 전파 관측 결과는 길이가 수백에서 수천 킬로미터에 달하는 방대한 산맥과 고리 모양의 분지, 거대한 열곡의 존재를 드러낸다. 매우 얇고 부서지기 쉬운 지각이 이러한 대규모 구조나 충돌 특징들을 내부 액체 위에서 안정되게 떠받치고 있을 가능성은 매우 작다.

문제 10. 금성 궤도의 원형화와 태양계 내부의 비중력적인 힘

금성의 궤도가 몇천 년 만에 굉장히 가늘고 긴 기이한 궤도에서 해왕성을 제외한 모든 행성 중에서 가장 원형에 가까운 현재의 모습으로 개조될 수 있다는 발상은 우리가 천체 역학의 삼체 문제(three body problem)• 에 대해 알고 있는 바와 상충한다. 그러나 이 문제가 완전히 해결되지 않았으며, 곤란한 점이 많기는 하지만 이 사실이 벨리콥스키의 가설에 전적으로 엄청나게 불리하지는 않음을 인정해야만 한다. 게다가 벨리콥스키가 그 규모를 계산하거나 상세히 설명하려고 노력하지 않고 전기력이나 자기력을 언급할 때 우리는 그의 발상을 평가하는 데 애를 먹는다. 혜성의 궤도를 원형화하는 데 필요한 자기 에너지 밀도(magnetic energy density)

• 중력으로 인해 서로에게 이끌리는 세 물체들의 상대적인 움직임을 예측하는 문제.

에 대한 간단한 논의는 여기에 필요한 전계 세기가 터무니없이 크다는 것을 보여 준다. (「부록 4」 참조) 이것은 암석의 자화에 대한 연구 결과와 모순된다.

우리는 이 문제에 경험적으로 접근할 수도 있다. 복잡하지 않은 뉴턴 역학은 우주 탐사선의 궤도를 상당히 정확하게 예측할 수 있다. 예를 들어 궤도선인 바이킹 호가 지정된 궤도의 100킬로미터 이내에 배치되었으며 베네라 8호는 금성 적도의 명암 경계선(terminator, 태양 광선이 위성이나 행성과 접하는 점의 궤적으로 밝은 부분과 어두운 부근의 경계선을 말한다. — 옮긴이)의 밝은 쪽에 정확하게 배치되었다. 또 보이저 1호는 토성 쪽으로 가까이 있기 위해 목성 부근에 있는 진입로에 정확히 배치되었다. 그 과정에서 어떤 불가사의한 전기나 자기적인 영향도 맞닥뜨리지 않았다. 뉴턴 역학은 일례로 목성의 갈릴레오 위성들이 서로를 가리는 시기를 상당히 정확하게 예측한다.

혜성 궤도의 예측 가능성이 다소 떨어진다는 점은 사실이다. 이들이 태양에 접근할 때 얼음이 증발하고 이때 분출된 기체가 로켓 같은 추진력을 내는 로켓 효과(rocket effect)를 약간 일으키기 때문에 이 점은 거의 확실하다. 금성이 혜성의 화신이라는 주장이 사실이라면, 얼음은 증발해서 없어졌다고 하면 되지만, 로켓 효과만으로는 이 혜성이 지구나 화성을 스쳐 지나간 궤도를 설명할 수가 없다. 아마도 2,000년 동안 관측되어 왔을 핼리(Halley) 혜성은 여전히 상당히 기이한 궤도를 그리며 움직이고, 궤도가 원형이 되려는 경향은 조금도 관측되지 않는다. 그러나 이 혜성은 거의 벨리콥스키의 '혜성'만큼 나이가 들었다. 벨리콥스키의 혜성이 존재한 적이 있다고 한들, 금성이 되었을 가능성은 극히 낮다.

몇 가지 다른 문제점들

전술한 열 가지 문제점들은 벨리콥스키의 주장에서 내가 판별해 낸 주된 과학적인 오류들이다. 고대 문헌에 대한 그의 접근 방법이 가진 문제점 일부를 앞서 논의했다. 여기서는 『충돌하는 세계』를 읽으며 마주쳤던 다른 종류의 문제점들을 열거하려고 한다.

280쪽에는 화성의 위성인 포보스와 데이모스가 "화성의 대기 중 일부를 가로챘으며" 그 때문에 매우 밝아 보인다고 상상하는 구절이 나온다. 그러나 이 천체들은 탈출 속도가 너무 작아서 — 아마도 시속 32킬로미터 정도일 것이다. — 일시적이라도 대기를 보유할 수 없다. 바이킹호가 근접 촬영한 사진에서는 어떠한 대기나 서리도 발견할 수 없었다. 이들은 태양계에서 가장 어두운 천체들이다.

281쪽 서두에서는 「요엘서」와 『베다』의 찬가에서 기술한 마루트들(Maruts, 힌두교의 신으로 폭풍의 신인 루드라(Rudra)의 아들들이다. — 옮긴이)을 비교한다. 벨리콥스키는 마루트들이 화성이 지구에 근접한 동안 앞서거니 뒤서거니 하며 따라왔던 유성들의 주인이라고 믿는다. 그의 이런 믿음은 「요엘서」를 해석하는 데에도 중요한 역할을 한다. 벨리콥스키는 이렇게 말한다. "「요엘서」는 『베다』를 베끼지 않았고 『베다』 역시 「요엘서」를 베끼지 않았다." (Velikovsky, 1965, 286쪽) 그러나 288쪽에서 벨리콥스키는 '화성(Mars)'과 '마루트'의 어원이 같다는 점을 발견하고 "흐뭇해"한다. 그러나 「요엘서」와 『베다』의 이야기들이 서로 독립적이라면, 어떻게 이 두 단어의 어원이 같을 수 있겠는가?

307쪽에서 우리는 이사야(Isaiah)가 "먼젓번에 작은 변화가 일어난 동안 경험한 바에 근거해" 화성이 지구와 다시 한번 충돌하려고 되돌아올 시기를 정확히 예측하는 모습을 발견한다. 그렇다면 이사야는 전자기력이 관계하는 삼체 문제를 완전히 해결할 수 있었던 게 틀림없으며 이러한 지식이 구약 성서를 통해 우리에게 전해지지 않았다니 유감스럽다.

366쪽과 367쪽에서는 금성과 화성, 지구가 상호 작용하며 대기를 교환한다는 주장을 찾아볼 수 있다. 지구의 막대한(대기의 20퍼센트) 산소 분자(O_2)가 3,500년 전에 화성과 금성으로 옮겨 갔다면, 여전히 그곳에 막대한 양의 산소가 있을 것이다. 지구 대기에서 O_2가 순환하는 시간 주기는 2,000년이며 이것은 생물학적 과정을 통해 이루어진다. 생물학적인 호흡 작용이 없는, 금성과 화성에서는 3,500년 전의 O_2가 아직도 있을 것이다. 그러나 우리는 이미 분광기를 통해서 극히 얄팍한 화성의 대기 속에는 O_2가 기껏해야 미량 존재할 뿐이라는 점을(또 금성에서도 비슷하게 희귀하다는 점을) 꽤나 분명하게 알고 있다. 매리너 10호는 금성의 대기에 산소가 존재한다는 증거를 발견했지만 하층 대기권에 분자 형태로 막대한 양이 존재하는 것이 아니라 상층 대기권에 원자 형태로 극소량 존재한다.

금성에 O_2가 부족하다는 사실은 금성의 하층 대기권에서 석유가 불타고 있다는 벨리콥스키의 믿음을 와해시킨다. 연료도 산화제도 감지할 수 없을 정도이다. 그는 이 불이 물을 생산해 낼 것이고 이 물이 광해리(photodissociation)되어 산소를 생산할 것이라고 믿었다. 따라서 그가 대기 상층부의 산소 원자를 설명할 수 있으려면 대기 중에 O_2가 상당히 많아야 한다. 사실, 발견된 산소 원자는 대기의 주요 구성 성분인 CO_2가 CO와 O로 광화학적으로 분해된 결과물이라고 쉽게 이해할 수 있다. 이 차이를 벨리콥스키를 지지하는 사람들 중 일부는 이해하지 못하는 것 같다. 그들은 『충돌하는 세계』를 지지하는 것처럼 보이는 매리너 10호의 발견들에 매달린다.

화성의 대기에 산소와 수증기가 무시해도 될 정도로 미량 존재하기 때문에 벨리콥스키는 화성 대기의 다른 어떤 구성 요소를 지구에서 얻었을 것이 분명하다고 주장한다. 불행히도 이 주장은 그릇된 결론이다. 벨리콥스키는 아르곤(Ar)과 네온(Ne)을 선택한다. 이들이 지구 대기에서 상당히 희귀한 원소라는 사실에도 말이다. 아르곤과 네온이 화성 대기의 주요 구성 요소라는 주장은 1940년대에 해리슨 스콧 브라운(Harrison Scott Brown, 1917~1986년)이 맨 처음 발표했다. 네온이 극미량 이상일 가능성은 현재 배제되었으며 바이킹 호는 아르곤을 약 1퍼센트 발견했다. 다량의 아르곤이 화성에서 발견되었을지라도 그것이 벨리콥스키의 대기 교환에 대한 증거가 되지는 않는다. 아르곤의 가장 풍부한 형태인 아르곤 40(^{40}Ar)은 화성 지각에 있을 것으로 예상되는 포타슘 40이 방사성 붕괴되어 생성되기 때문이다.

벨리콥스키에게 훨씬 더 심각한 문제는 화성 대기에 질소 분자(N_2)가 상대적으로 부족하다는 점이다. 상대적으로 반응성이 약한 이 기체는 화성의 온도에서 얼지 않으며 화성의 외기권(exosphere, 지상으로부터 약 500킬로미터 이상의 고도에 있는 대기권. — 옮긴이)에서 빨리 탈출할 수 없다. N_2는 지구 대기의 주요 구성 성분이지만 화성 대기에는 1퍼센트만 존재한다. 만약 기체 교환이 일어났다면 화성에서 N_2는 모두 어디로 가 버린 것일까? 벨리콥스키가 주장하는, 화성과 지구 사이의 기체 교환에 대한 검증은 그의 저서에서 신중히 고려되지 않는다. 그리고 그 검증은 그의 논지를 반박한다.

『충돌하는 세계』는 성서와 다른 민속 문화들을 신학이 아니라 역사로 입증하려는 시도이다. 나는 이 책에 아무런 편견 없이 접근하려고 했다. 해리슨 스콧 브라운은 신화들의 일치는 대단히 흥미로우며 더 조사할 가치가 있다고 생각하지만 아마도 그것은 전파 가설이나 다른 근거로 설명할 수 있을 것이다. 이 책의 과학적인 부분은, 주장된 모든 '증거'들에도 불구하고, 매우 심각한 문제를 최소한 열 가지 안고 있다.

앞에서 설명한 벨리콥스키의 연구에 대한 열 가지 검증 중에서 그의 발상이 독창적이면서 동시에 간단한 물리학 이론 및 관찰에 부합한다는 것을 보여 주는 경우는 하나도 없다. 게다가 문제점들 중 상당수는, 특히 문제점 1, 2, 3과 10은 물리학의 운동 법칙과 보존 법칙에 위배되는 심각한 문제들이다. 과학에서 어떤 주장이 수용되려면 명확하게 제시된 일련의 증거들이 있어야 한다. 여기서 논리의 연결 고리가 무너지면 이 주장은 실패한다. 그러나 『충돌하는 세계』에서 우리는 사실상 거의 모든 연결 고리가 부서져 있는 모습을 본다. 이 가설을 구하려면 특별한 변론을 고안하거나 새로운 물리학을 모호하게라도 발명해 내야 한다. 그것도 아니라면 상충하는 과다한 증거들을 선별적으로 신경을 쓰지 않는 태도가 필요하다. 이러한 이유로, 벨리콥스키의 기본 논지가 물리학의 옹호를 받을 수 없다는 점이 내게는 명확해 보인다.

게다가 신화적인 소재에는 위험이 잠재해 있다. 추정된 사건들은 전설과 민간 설화를 재구성한 것이다. 그러나 이 전 세계적인 재난이 역사 기록이나 다른 문화의 민간 설화에는 나타나지 않는다. 이처럼 이상한 누락은 "집단적 기억 상실"로 설명된다. 벨리콥스키는 양립할 수 없는 두 가지를 다 원한다. 유사성이 존재하는 곳에서 그는 가장 포괄적인 결론을 끌어낼 준비가 되어 있다. 유사성이 존재하지 않는 곳에서는 '집단적 기억 상실'을 인용하며 곤란한 문제들을 묵살한다. 증거의 기준이 너무나 느슨하기 때문에 무엇이든 '입증'된다.

나는 벨리콥스키가 받아들인 「출애굽기」에 나타난 대부분의 사건들에 대해 훨씬 더 그럴듯한, 물리학에 훨씬 더 부합하는 설명이 존재한다는 점 역시 지적할 것이다. 「출애굽기」의 사건들은, 「열왕기상」에 따르면 솔로몬의 성전을 짓기 전 480년 동안 일어난 일이다. 다른 부가적인 정보들을 고려하면, 「출애굽기」 사건은 기원전 1447년경에 일어난 것으로 계산된다. (Covey, 1975) 다른 성서학자들은 동의하지 않지만 이 시기는 벨리콥스키의 연대기와 일치하며 다양한 과학적인 방법으로 알아낸, 크레타 섬의 미노아 문명을 파괴하고 남쪽으로 반지름 483킬로미터 이내에 있는 이집트에게 심각한 영향을 끼친 테라 섬(혹은 산토리니 섬)의 엄청난 화산 폭발이 마지막으로 일어난 시기와 놀라울 정도로 가깝다. 테라 섬의 화산재 속에 묻힌 나무에서 방사성 연대 측정법으로 알아낸 이 사건의 발생 연도는 최소한 ±43년의 오차를 가지는 기원전 1456년이다. 생성된 화산 먼지의 양은 3일 동안 낮에도 어둠이 지속된 까닭을 설명하기에 충분하며 여기에 수반되는 사건들은 지진과 기근, 해충과 벨리콥스키가 언급한 다양한 범위의 익숙한 재앙들을 설명할 수 있다. 이 사건은 지중해에 쓰나미를 일으켰을지도 모르며, 최근 테라 섬의 지질학과 고고학적인 관심사의 상당 부분을 책임지고 있는 앙겔로스 게오르기우스 갈라노풀로스(Angelos Georgiou Galanopoulos, 1910~2001년)는 이것으로 홍해가 갈라진 사건 역시 설명할 수 있다고 믿는다.• (Angelos Galanopoulos, 1964) 어떤 의미로 「출애굽기」에 나타난 사건에 대한 갈라노풀로스의 설명은 벨리콥스키의 설명보다 훨씬 더 도발적이다. 테라 섬에서 일어난 일들이 아틀란티스의 전설적인 문명에서 일어난 일들과 거의 모든 기본적인 세부 사항들에서 상응한다는 적당히 설득력 있는 증거를 그가 제

• 테라 섬 사례에 대한 유익하고 재미있는 논의와 지질학적인 사건들과 신화 사이의 연관성에 대한 모든 의문들은 비탈리아노의 책에서 발견할 수 있다. (Dorothy B. Vitaliano, 1973) 디 캠프의 책 역시 참조하라. (L. S. de Camp, 1975)

시하고 있기 때문이다. 만약 그가 옳다면 유태인들이 이집트를 떠날 수 있게 만들어 준 것은 혜성의 유령이라기보다는 아틀란티스의 멸망이다.

『충돌하는 세계』에는 이상할 정도로 일관성이 없는 부분들이 많이 존재하지만 이 책의 뒤에서 두 번째 쪽에는 너무 놀라 숨이 막힐 정도로 기본 논지에서 벗어나는 입장이 무심히 제시된다. 우리는 태양계의 구조와 원자 사이의 재미없는 오류투성이 비유를 읽는다. 정도에서 벗어난 행성의 갑작스러운 움직임이 충돌에서 야기되었다기보다는 광자(photon)를 하나 혹은 여러 개 흡수한 일로 행성의 양자 에너지 준위가 변화한 결과라는 가설이 갑자기 제시된다. 태양계는 중력으로 한데 뭉치며 원자는 전기력으로 결합한다. 두 힘 모두 거리의 제곱에 반비례하지만 특성과 규모는 서로 완전히 다르다. 여러 가지 차이점들 중 하나는 전기력에는 양(+)전하와 음(-)전하가 있지만 중력 질량에는 오직 한 가지 부호만 있다는 점이다. 태양계와 원자 모두 벨리콥스키가 제안한 행성의 "양자 도약(quantum jumps)"이 이론과 증거 모두에 대한 잘못된 이해에 기초한다는 점을 보이기에 충분하다.

내가 아는 한, 『충돌하는 세계』에는 운 좋은 모호한 추측 이상이 되는 데 필요한 정확성을 지닌 천문학적인 예측이 단 하나도 없으며, 내가 밝히고자 했던, 명백히 잘못된 주장들은 많다. 목성에서 강한 전파가 방출된다는 사실이 이따금 벨리콥스키가 정확하게 예측한 가장 놀라운 사례로 언급되지만 절대 영도(0켈빈) 이상의 모든 사물들은 전파를 방출한다. 벨리콥스키는 목성 전파 방출의 핵심 특징들 — 편중되어 있고 간헐적인 비열복사(nonthermal radiation)로 목성의 강한 자기장에 사로잡혀 목성을 둘러싸고 있는 하전 입자 띠와 연관된다는 점 — 을 어디서도 예측하지 않았다. 게다가 그의 "예측"은 벨리콥스키의 기본 논지와 본질적으로 분명히 연결되지 않는다.

그저 올바른 추측이 사전 지식이나 정확한 이론을 반드시 입증하지는 않는다. 예를 들어 1949년의 한 초창기 SF 소설에서 맥스 사이먼 에를리히(Max Simon Ehrlich, 1909~1983년)는 지구와 우주의 다른 물체가 가까이 스쳐 지나가는 상황을 상상했다. 이 물체는 하늘을 가득 채우며 지구인들을 공포에 떨게 한다. 가장 무서운 것은 스쳐 지나가는 이 행성 위에 거대한 눈과 굉장히 비슷해 보이는 자연적인 특징이 있다는 사실이었다. 이 작품은 이러한 충돌이 빈번히 일어난다는 벨리콥스키의 발상에 선행했던, 가공이지만 진지한 아이디어들 중 하나이다. 그러나 내가 말하려던 요점은 그것이 아니다. 지구를 마주보고 있는 달의 표면에는 크고 매끄러운 '바다'들이 많은 반면 반대편에는 거의 없는 이유를 논의하면서 스미스소니언 천문대(Smithsonian Astrophysical Observatory)의 존 암스테드 우드(John Armstead Wood, 1932년~)는 현재 지구를 마주 보고 있는 달의 표면이 한때 지구 둘레를 도는 달의 공전 방향을 바라보는 반구 쪽에 있었다는 가설을 제안했다. 수십억 년 전에 이 부분은 지구를 둘러싸고 있던 잔해들의 고리를 쓸어 버렸다. 그 일은 지구-달 계 형성에 수반되었을지도 모른다. 오일러 법칙(Euler's law)에 따라 달은 그 뒤 새로운 주된 관성 모멘트에 대응해 이 반구가 지구를 마주 보도록 회전축을 바꿨음에 틀림없다. 놀라운 결론은 우드에 따르면 현재 달의 동쪽 가장자리 부분이 지구를 마주 보고 있던 때가 있었으리라는 것이다. 달의 동쪽 가장자리에는 '동쪽 바다(Mare Orientale)'라고 불리는 수십억 년 전에 만들어진 거대한 충돌의 흔적이 있다. 이것은 커다란 눈처럼 생겼다. 누구도 에를리히가 『큰 눈(*The Big Eye*)』을 썼을 때 30억 년 전에 일어난 사건에 대한 집단 기억에 의존하고 있다는 가설을 제안하지 않았다. 이것은 단지 우연의 일치일 뿐이다. 괜찮은 소설이 씌어지고 괜찮은 가설이 제시된 것뿐이다.

이처럼 엄청난 문제점들을 가진 『충돌하는 세계』가 어떻게 그렇게 인기를 끌 수 있었을까? 나는 그 이유를 그저 추측할 뿐이다. 그 한 가지는 이유는 이 책이 종교의 유의미함을 재확인하는 시도라는 점이다. 성서의 오래된 이야기는 적절한 방법으로 해석할 때에만 문자 그대로 사실이라고 벨리콥스키는 이야기한다. 예를 들어 친절한 혜성의 개입으로 이집트의 파라오와 아시리아의 왕들, 셀 수 없는 다른 재앙들로부터 구원받은 유태인이 스스로를 선택받은 민족이라고 믿는 것도 당연하다고 그는 말하고 있는 듯하다. 벨리콥스키는 종교뿐만 아니라 점성술 역시 구하려고 한다. 즉 그의 가설에서 전쟁의 결과와 모든 사람의 운명은 행성의 위치에 따라 결정된다. 어떤 의미에서 그의 연구는 인류와 우주가 연관되어 있음을 — 이것은 내가 다소 다른 맥락에서 지지하는 정서이다. 자세한 것은 내 책 『코스믹 커넥션』을 참조하라. — 드러내며 고대인들과 여러 문화들이 어쨌든 그렇게 멍청하지는 않았다고 안심시킨다.

『충돌하는 세계』와 충돌한 뒤, 평소 차분했던 과학자들을 사로잡은 것처럼 보이는 격노는 일련의 결과들을 생산했다. 어떤 사람들은 과학자들이 보인 과장된 언행 때문에 과학에 대한 흥미를 잃어버렸고, 또 어떤 사람들은 자신들이 과학과 기술의 위기라고 이해한 것을 걱정했으며, 또 어떤 사람들은 단지 과학을 이해하기 어려워했다. 그들은 과학자들이 마땅한 응보를 받는 모습을 보며 어떤 위안을 얻었을지도 모른다.

벨리콥스키 사건 전체에서 벨리콥스키와 그의 많은 지지자들이 취한 조잡하고 무지하며 교조적인 접근 방식보다 유일하게 더 나쁜 측면은 스스로를 과학자라고 부르는 사람들이 부끄럽게도 그의 책을 금지하려고 시도했다는 점이다. 이 일로 과학계 전체가 고통 받았다. 벨리콥스키는 객관성이나 반증 가능성을 진지하게 주장하지 않는다. 이 주장에 모순되는 어마어마한 자료에 대한 그의 융통성 없는 거부에는 적어도 위선적인 부분은 없다. 그러나 과학자들은 우리가 자유로운 탐구와 격렬한 논쟁을 허용한다면 각 아이디어들이 그 진가에 따라 판단되리라는 사실을 깨달아야 하며 더 잘 이해해야 한다.

과학자들이 벨리콥스키에게 그의 연구가 필요로 하는 합리적인 대응을 하지 않은 결과, 우리는 벨리콥스키의 혼란을 전파한 책임을 져야 했다. 물론 과학자들이 경계 과학의 모든 영역들을 다 다룰 수는 없다. 예를 들어 이 글을 구상하고 계산하고 준비하는 작업은 내게서 연구를 하는 데 필요한 시간을 굉장히 많이 빼앗았다. 그러나 그 작업은 분명 지루하지 않았고 적어도 나는 많은 신화와 전설을 접하는 즐거움을 가질 수 있었다.

오래된 종교를 구하려는 시도는, 인류에 대한 어떤 종교적인 기원과 우주적인 의미를 필사적으로 찾고 있는 것처럼 보이는 시대에 칭찬할 만한 일일 수도 있고, 아닐 수도 있다. 나는 오래된 종교에 유익한 점도 해로운 점도 많다고 생각한다. 그러나 미봉책의 필요성을 이해하지는 못한다. 우리가 그들 중에서 선택해야 한다면, 강요받는 일은 **분명** 없겠지만, 모세와 예수, 무함마드의 신에 대한 증거가 벨리콥스키의 혜성에 대한 증거보다 나을 것은 없지 않을까?

8장

노먼 블룸, 신의 사자

프랑스의 백과전서파 지식인 디드로가 러시아 여제의 초대를 받고 궁궐을 방문했다. 그는 매우 자유롭게 대화를 나눴고 궁정 사회의 나이 어린 구성원들에게 무신론을 활발하게 전파했다. 여제는 굉장히 즐거워했지만 그녀의 고문들 중 일부는 이 무신론에 대한 설명을 확인하는 것이 바람직하다고 제안했다. 여제는 자기 손님의 입을 직접 막고 싶지 않았다. 그래서 다음과 같은 계획을 세웠다. 디드로는 신의 존재를 대수학으로 증명한 학식 높은 수학자가 있으며, 디드로가 원한다면 그를 불러 모든 궁중 사람들 앞에서 증명하도록 하겠다는 제안을 받았다. 그 수학자의 이름은 알려주지 않았는데, 사실 그는 오일러였다. 그는 디드로에게 다가가 완전히 확신에 차서 진지하게 말했다. "선생님, $(a+b^n)/n=x$입니다. 그러므로 신은 존재합니다. 이 질문에 대답해 주시지요!"

디드로는 대수학을 잘 몰랐기 때문에 당황해서 어쩔 줄 몰랐다. 그사이 왁자한 웃음소리가 사방에서 터져 나왔다. 그는 당장 프랑스로 돌아가게 해 달라는 허락을 구했고 승인을 받았다.

—오거스터스 드 모르간, 『역설집』, 1872년

신 혹은 신들의 존재를 의심하는 사람들의 생각을 확신으로 바꾸기 위해 이성적인 주장들을 고안하려는 시도들은 인류사 전반에 걸쳐 계속되었다. 그러나 대부분의 신학자들은 신성한 존재의 궁극적인 실재는 믿음의 문제일 뿐이며 이성적인 노력으로 접근하기 힘들다고 주장했다. 성 안셀무스(St. Anselmus, 1033/1034~1109년)는 우리가 완벽한 존재를 상상할 수 있기 때문에 신이 존재하는 것이 틀림없다고 주장했다. '존재'라는 완벽함이 더해지지 않는다면 신은 완벽하지 않을 것이기 때문이다. 이른바, 존재론적 증명은 두 가지 이유로 거의 바로 공격을 받았다. ① 우리가 완벽한 존재를 완전히 **상상할 수 있을까?** ② 존재가 완벽함을 더한다는 것이 **확실한가?** 현대인의 귀에는 이러한 경건한 논쟁이 외부의 현실에 대한 것이라기보다는 단어와 정의에 대한 것처럼 들릴 것이다.

더 친숙한 논증은 설계 논증이다. 과학의 기초와 관계된 이슈들까지 깊이 파고 들어갈 수 있는 접근법이기도 하다. 데이비드 흄(David Hume, 1711~1776년)은 이 논증을 훌륭히 요약했다. "세상을 둘러보라. 세계 전체와 모든 부분을 바라보라. 세상이 단지 더 작은 크기의 무한한 기계들로 세분화되는 하나의 거대한 기계일 뿐임을 발견하게 될 것이다. …… 이 모든 다양한 기계들은 가장 극미한 부분들조차도 그것들에 대해 한번도 생각해 본 적이 없는 사람들의 감탄을 자아낼 만큼 정확하게 서로에게 적응되어 있다. 자연 도처에 있는, 목적을 달성하기 위해 기이하게 적응된 수단들은 인간이 고안해 낸 산물, 즉 인간의 설계와 사고, 지혜, 지능의 산물들과 (훨씬 더 훌륭하기는 하지만) 굉장히 유사하다. 그러므로 그 결과가 서로 닮아 있기 때문에 모든 비유 규칙들에 의거해 그 원인 역시 유사할 것이라는 추론에 이르게 된다. 즉 자연의 입안자는 자신이 수행한 업적의 위엄에 비례하는 훨씬 더 큰 능력을 소유하고 있기는 하지만 인간의 마음과 다소 비슷하다."

흄은, 뒤이어 이마누엘 칸트(Immanurl Kant, 1724~1804년)가 그랬던 것처럼, 이 논증에 대한 엄청나게 통렬한 공격을 계속해서 겪었다. 신의 존재에 대한 목적론적 증명이 19세기 초반 내내 윌리엄 페일리(William Paley, 1743~1805년) 주교의 저서와 함께 계속 엄청난 인기를 누렸음에도 불구하고 말이다. 페일리의 대표적인 주장은 다음과 같다. "설계자 없는 설계, 고안자 없는 고안, 선택 없는 질서, 배열할 수 있는 존재가 없는 배열, 목표를 의도할 수 있는 자가 없는 목표에의 영합과 관계, 목적을 한번도 고려한 적 없거나 그 목적에 영합하는 수단 없이 자신의 공직을 실행하고 그 목적을 달성하며 목적에 적합한 수단을 지니는 일은 있을 수 없다. 각 부분들의 배열과 배치, 목적에 대한 수단의 영합성, 도구와 용도의 관계는 지능과 마음의 존재를 시사한다."

현대 과학이 발달한 뒤에야, 특히 찰스 다윈과 앨프리드 러셀 월리스(Alfred Russel Wallace, 1823~1913년)가 1859년에 자연 선택을 통한 진화 이론을 훌륭하게 체계적으로 정리해서 제시한 뒤에야 이 그럴듯해 보이는 논증은 치명적으로 약화되었다.

물론 신, 특히 충분히 감지하기 힘든 신의 존재는 반박할 수도 없다. 그러나 신의 존재에 대한 불충분한 논증들을 반박하지 않고 남겨 두는 것은 과학에도 종교에도 친절한 행위가 아니다. 게다가 이러한 질문들에 대한 논쟁은 상당히 재미있으며, 최소한 다른 유용한 작업에 대비해 마음을 단련시키는 역할을 한다. 이러한 종류의 논쟁은 오늘날 많지 않다. 어쩌면 신의 존재에 대한, 적어도 이해는 할 수 있는 논증들이 새로 개발되는 일이 극히 드물어졌기 때문일지도 모른다. 그런데 최근 현대적 설계 논증의 최신판 하나를, 아마도 건설적인 비판을 바라는 저자가 직접 내게 보내 주었다.

노먼 블룸(Norman Bloom)은 자신이 예수 그리스도의 재림이라고 믿는 현대 미국인이다. 블룸은 (다른 사람들은 의미 없다고 생각하는) 성서와 일상 생활의 수와 관련된 우연의 일치들을 관찰한다. 이러한 우연의 일치는 너무나 많아서 블룸은 보이지 않는 지성 없이는 이런 일이 불가능하다고 믿으며 다른 누구도 이 같은 일치를 발견하거나 제대로 인식할 수 없는 것 같다는 사실에서 자신이 신의 존재를 드러내기 위해 선택되었다는 확신을 얻는다. 몇몇 과학 모임에서 블룸은 한쪽 구석에 붙박이로 서서 한 세션에서 다음 세션으로 정신없이 급하게 이동하는 사람들에게 열변을 토한다. 블룸의 대표적인 웅변 내용은 이렇다. "네가 비록 나를 거부하고 멸시하고 부정할지라도, **모든 일은 오직 나로 인해서만 일어나리라.** 나의 의지는, 내가 너를 무(無)에서 만들었기 때문에, 그러하리라. 너는 내 손으로 창조했다. 나는 나의 창조를 끝마치고 옛날부터 의도했던 목적을 완수할 것이다. **나는 스스로 있는 자라. 사실 너의 하느님은 나다.**" 겸손하지 않으며, 대문자 사용 관례(고딕체로 표시했다. — 옮긴이)를 완전히 제 마음대로 바꾼다는 점을 제외하면 그는 아무것도 아니다.

블룸은 대단히 흥미로운 팸플릿을 발행한다. 팸플릿에는 이렇게 적혀 있다. "프린스턴 대학교의 전 교수진(등록된 모든 학과의 학과장들과 사무원들, 학생처장을 포함한다.)이 1974년 9월에 출간된 『신세계(*The New World*)』라는 책에서 제시한 증거가 반박 가능하지도 않고, 기본적인 오류를 보일 수도 없다는 데 동의했다. 이 교수진은 1975년 6월 1일 **불변의 마음과 손이 수천 년에 걸쳐 세계 역사를 형성하고 통제해 왔다는 것을 반박할 수 없는 증거**이자 입증된 진리로 받아들인다는 점을 인정한다." 더 자세히 읽어 보면 블룸이 프린스턴 대학교의 교수 1,000명 이상에게 직접 증거를 배포하고 또 그의 증거를 맨 처음 반박하는 사람에게 1,000달러의 상금을 주겠다고 제안했음에도 아무도 회신하지 않았음을 알게 된다. 여섯 달 뒤, 그는 프린스턴 대학교에서 아무도 회신하지 않았기 때문에 프린스턴 대학교는 믿는다는 결론을 내린다. 대학 교수진들의 방식을 고려해 보며 나는 다른 설명을 떠올린다. 어떤 경우든 나는 답변의 부재가 블룸의 주장이 반박 불가능하다는 입장에 대한 지지라고 생각하지 않는다.

프린스턴 대학교만 블룸을 불친절하게 대한 것은 아닌 것 같다. "맞아요, 당신에게 제 글을 선물하기 위해 수도 없이 경찰에게 쫓겼어요. …… 대학 교수들이 글을 읽고 그 내용의 가치를 스스로 결정할 수 있는 원숙함과 판단력, 지혜를 가지고 있다면 그러면 안 되지 않습니까? 그들은 무엇을 읽고 생각할지 말지를 말해 주는 **사상 경찰**을 필요로 하나요? 저는 하버드 대학교 천문학부에서조차 통제하는 손과 마음에 의해 지구-달-태양계가 형성되었다는, 반박할 수 없는 증거를 담고 있는 『신세계』 책자를 배포했다는 죄목으로 경찰에게 쫓겼어요. 그래요, **감히 한 번 더 나타나 하버드 캠퍼스를 더럽히면, 감옥에 가두겠다는 협박을 받았죠. …… 이것이 세상의 진리를 보호하고 있다는 대학입니다. 진리 말입니다.** 아, 이 얼마나 위선자들이고 조롱꾼들입니까!"

블룸이 우연 때문일 수 없다고 믿고 있는 수와 관련된 일치를 모두 포함해, 이른바 증거들은 많고 다양하다. 그러나 표현법과 내용 둘 다에서 논증은 탈무드 본문의 해설과 유태인들의 중세 히브리 신비 철학의 구비 설화를 연상시킨다. 예를 들어 지구에서 보이는 달 혹은 태양의 각 크기는 0.5도이다. 이것은 천구(360도)의 720분의 1에 지나지 않는다. 그러나 $720=6!=6\times5\times4\times3\times2\times1$이다. 그러므로 신은 존재한다. 이것은 오일러가 디드로에게 보인 증명의 개선판이지만 그 접근 방식은 친숙하며 종교 역사 전반에 침투해 있다. 1658년에 예수회 수사인 가스파르 쇼트(Gaspar Schott, 1608~1666년)는 자신의 책인 『자연과 예술의 보편적인 마술(*Magia Universalis Naturae et Artis*)』에서 동정녀 마리아의 우아함의 정도가 $2^{256}=2^{2^8}\simeq1.2\times10^{77}$이라고 발표했다. (이것은 우주에 있는 기본 입자의 대략적인 수이기도 하다.)

블룸은 또 "성서의 신이 수천 년에 걸쳐 세계의 역사를 형성하고 통제해 온 이라는 반박할 수 없는 증거"가 있다고 주장한다. 그의 주장은 이렇다. 「창세기」 5장과 11장에 따르면 아브라함은 아담이 태어난 지 1,948년 뒤인, 아브라함의 아버지 데라가 70세였을 때 태어났다. 그런데 기원후 70년에 로마 인들에 의해 두 번째 성전이 파괴되었으며, 이스라엘은 1948년에 건국되었다. 이상이 그의 증명 전부이다. 이 논증의 어딘가에 오류가 있을지도 모른다는 인상에서 벗어나기는 힘들다. "반박할 수 없는"은 어쨌든 굉장히 강한 표현이다. 이 논증은 성 안셀무스의 논증을 새롭게 바꾼 것이다.

블룸 논증의 핵심이자 그 밖의 상당수 주장의 근거는 235개의 태음월이 정확하게 19년이라는 천문학적 우연의 일치이다. 여기서 그는 이렇게 말한다. "보라, 인류여. 당신들 모두에게 말하나니 본질적으로 당신들은 시계 속에서 살고 있다. 그 시계는 1일, 1초의 정확도로 시간을 아주 완벽하게 지킨다! …… 의도와 권능을 가지고 그러한 시계를 만들 수 있는, 통찰력과 이해심이 있는 누군가가 존재하지 않는다면 이러한 시계가 천상에 어떻게 있을 수 있겠는가?"

온당한 질문이다. 그 해답을 얻으려면 우리는 천문학에서는 여러 종류의 '년(year)'과 '월(month)'이 사용된다는 점을 인식해야만 한다. 항성년(sidereal year)은 멀리 떨어진 별(항성)을 기준으로 지구가 태양 둘레를 한 바퀴 도는 데 걸리는 시간이며 365.2564일이다. (내가 여기서 사용한 '일(day)'은 블룸이 쓴 것과 같은 것이다. 다만 천문학자들은 이것을 평균 태양일(mean solar day)이라고 부른다. 정오에서 다음날 정오까지의 시간이다.) 그리고 태양년(tropical year)이 있다. 계절이 반복되는 주기로 지구가 태양 둘레를 한 바퀴 도는 데 걸리는 시간이다. 구체적으로는 365.242199일이다. 태양년은 분점(equinoxes, 춘분점과 추분점)의 세차 운동(precession) 때문에 항성년과 다르다. 세차 운동은 지구가 태양과 달의 중력의 영향을 받아 천천히 도는 팽이처럼 흔들리기 때문에 생긴다. 마지막으로 365.2596일인 근점년(anomalistic year)이 있다. 근점년은 지구가 태양에 가장 가까이 다가가는 근일점을 두 번 연속 지나는 데 걸리는 시간이다. 인접 행성의 중력 때문에 지구의 타원 궤도는 그 평면 위에서 느리게 움직인다. 이 결과 근점년이 항성년과 달라지는 것이다.

비슷하게 월에도 여러 종류가 있다. '월'이라는 단어는 물론 '달(moon)'에서 비롯되었다. 항성월(sidereal month)은 멀리 떨어진 별(항성)을 기준으로 달이 지구 주위를 한 바퀴 도는 데 걸리는 시간으로 27.32166일이다. 태음월이라고도 불리는 삭망월(synodic month)은 초승달이 다시 초승달이 되는 데 걸리는 시간, 혹은 보름달이 다시 보름달이 되는 데 걸리는 시간이다. 삭망월은 29.530588일이다. 삭망월은 달이 지구를 한 번 공전하는 과정에서 지구와 달로 이루어진 계가 태양 주위를 약간씩(약 13분의 1) 함께 회전하기 때문에 항성월과 다르다. 그러므로 지상에서 보면 태양이 달을 비추는 각도가 바뀐다. 이제, 지구 주위를 도는 달의 궤도면은 지구의 궤도면과 달의 교점이라고 불리는 두 지점 — 서로 반대편에 있다. — 에서 교차한다. 교점월(nodical month 혹은 draconic month)은 달이 한 교점에서 같은 교점으로 다시 되돌아오는 데 걸리는 시간으로 27.21220일이다. 이 교점은 중력, 주로 태양의 인력 때문에 궤도 하나를 완성하는 데 18.6년이 걸린다. 마지막으로 27.55455일의 근점월(anomalistic month)이 있다. 이것은 달이 궤도의 근지점을 기준으로 지구를 한 바퀴 도는 데 걸리는 시간이다. 년과 월에 대한 이 다양한 정의들을 표로 정리했다.

자, 신이 존재한다는 블룸의 주요 증거는 앞의 년들 중 하나를 선택해 19를 곱한 뒤 앞의 월들 중 하나로 나눠서 결정된다. 항성년, 태양년, 근점년의 길이가 서로 비슷하기 때문에 어느 것을 고르든 상당히 비슷한 답을 얻을 것이다. 그러나 월은 상황이 다르다. 월의 종류에 따라 각기 다른 네 가지 답을 얻는다. 만약 19항성년 안에 삭망월(태음월)이 얼마나 많은지 묻는다면, 그 답은 앞에서 이야기했듯이 235.00621개이다. 이 결과는 블룸의 논지의 기본이 되는 정수와 비슷하다. 물론, 이 일치는 우연이다. 블룸은 물론 이것이 우연의 일치가 아니라고 믿고 있다.

대신 19항성년 안에 항성월이 몇 개인지 물었다고 해 보자. 답

년과 월의 종류.

년	항성년	365.2564일
	태양년	365.242199일
	근점년	365.2596일
월	항성월	27.32166일
	삭망월(태음월)	29.530588일
	교점월	27.21220일
	근점월	27.55455일

은 254.00622개가 될 것이다. 교점월은 255.02795개이며 근점월은 251.85937개이다. 삭망월이 지상의 맨눈 관찰자에게는 가장 보기 편한 것은 분명한 사실이지만, 나는 252와 254, 255를 가지고도 235처럼 똑같이 정교한 신학적인 추측을 구성할 수 있다는 인상을 받는다.

이제 우리는 이 논증에서 숫자 19가 어디서 나왔는지 질문해야만 한다. 타당한 이유는 하나뿐이다. 다윗의 훌륭한 시인 「시편」 19장은 이렇게 시작한다. "하늘이 하느님의 영광을 선포하고 궁창이 그 손으로 하신 일을 나타내는도다. 날은 날에게 말하고 밤은 밤에게 지식을 전한다." 이 구절은 신의 존재에 대한 천문학적 증거의 실마리를 감추고 있는 것처럼 보인다. 그러나 이 논증은 자신이 증명하려고 의도하는 바를 가정하고 있다. 또 독특하지도 않다. 예를 들어 역시 다윗이 작성한 「시편」 11장을 살펴보자. 거기서 우리는 이러한 의문들과 동일하게 관계가 있을지도 모르는 다음 표현들을 발견할 수 있다. "여호와께서는 그의 성전에 계시고 여호와의 보좌는 하늘에 있음이여 그 눈이 인생을 통촉하시고 그 안목이 저희를 감찰하시도다." 이 문구는 「시편」의 다음 문구와 이어진다. "그들이 …… 거짓을 말한다." 자, 만약 우리가 11항성년(혹은 평균 태양일 기준 4017.8204일) 안에 삭망월이 몇 개인지 묻는다면, 그 답은 136.05623이다. 따라서 19년과 235삭망월이 관련 있어 보이는 것처럼 11년과 136삭망월 사이에도 관련성이 있다. 게다가 유명한 영국 천문학자 아서 스탠리 에딩턴 경은 모든 물리학이 136이라는 수에서 파생될 수 있다고 믿었다. (나는 블룸에게 방금 말한 정보를 가지고 지적 용기를 약간 내면 보스니아의 역사 전체를 재구성하는 일 또한 가능하다고 이야기한 적이 있다.)

굉장한 중요성을 가진 이러한 종류의 숫자상의 우연의 일치는 고대 유태인들과 동시대인이었던 바빌로니아 인들에게도 잘 알려져 있었다. 그것을 사로스(Saros) 주기라고 하는데, 일식 또는 월식이 두 번 연속해서 비슷하게 일어나는 주기를 말한다. 일식 때에는 지구에서 태양만큼이나 크게(0.5도) 보이는 달이 태양 앞을 지나가야만 한다. 월식 때에는 우주 공간에서 지구의 그림자가 달을 가려야만 한다. 어떤 종류의 식이 일어나든지 달이 우선 초승달이거나 보름달이어야만 하며, 지구와 달과 태양이 일직선상에 있어야 한다. 그러므로 삭망월은 식의 주기에 확실히 연루된다. 그러나 식이 일어나려면 달 또한 그 궤도상 교점 중 하나의 근처에 있어야만 한다. 따라서 교점월도 연루된다. 233삭망월은 (242에 매우 가까운 값인) 241.9989교점월과 같다고 한다. 이것은 18년 10일 혹은 18년 11일을 조금 넘는 기간(그 중간의 윤일이 며칠인지에 따라 결정된다.)과 같다. 이것도 우연의 일치일까?

이것과 비슷한 수와 관련된 우연의 일치는 사실 태양계 전체에서 흔하게 나타난다. 수성의 공전 주기와 자전 주기의 비는 3 대 2이다. 금성은 태양 주위를 공전할 때 지구에 가장 가까이 접근할 때마다 같은 면을 보인다. 카시니 간극(Cassini division)이라는, 토성의 두 주요 고리 사이의 간극에 있는 입자는 토성의 두 번째 위성인 미마스(Mimas)의 딱 절반 주기로 토성을 공전한다. 또한 소행성대에는 커크우드 간극(Kirkwood gaps)이라고 알려진 빈 공간이 있는데, 이곳은 목성 공전 주기의 1/2, 1/3, 2/5, 3/7, …의 공전 주기를 가진 소행성이 제거된 곳에 상응한다.

이러한 수적인 우연의 일치 중 어떤 것도 신의 존재를 증명하지 않는다. 만약 증명하는 것이 있다면 이러한 현상들이 공명(resonance) 때문에 일어난다는 것뿐이다. 예를 들어 커크우드 간극들 중 하나로 잘못 들어선 소행성은 목성 중력의 인력을 주기적으로 경험한다. 소행성이 태양 주위를 두 바퀴 돌 때마다 목성은 정확히 한 바퀴를 돈다. 그래서 매번 공전할 때마다 소행성은 궤도의 같은 지점에서 세게 끌어당겨진다. 곧 소행성은 그 간극에서 떠나게 된다. 이러한 독특한 정수비들은 태양계 내 중력이 공명해 만들어 내는 일반적인 결과이다. 이것은 중력 섭동이 일으키는 일종의 자연 선택이다. 충분한 시간 — 태양계는 시간이 많다. — 이 주어진다면 이러한 공명 현상은 필연적으로 일어난다.

중력 섭동의 일반적인 결과가 안정된 공명이지 치명적인 충돌이 아니라는 점은 라플라스가 뉴턴의 중력 이론을 가지고 처음으로 보였다. 라플라스는 태양계를 몇 초를 주기로 흔들리는 진자처럼 "영원한 거대 진자"로 묘사한 바 있다. 이제 뉴턴의 중력 이론의 정밀함과 간결함이 신이 존재한다는 논거로 사용될지도 모른다. 우리는 행성들이 서로 다른 중력 법칙에 따라 움직이며 훨씬 더 혼란스러운 상호 작용을 하는 우주와 세계를 상상할 수 있다. 그러나 이 우주들 중 상당수에서 우리는 바로 그 혼돈 때문에 진화하지 못했을 것이다. 중력의 공명을 가지고는 신의 존재를 밝히지는 못할 것이다. 만약 신이 존재한다면, 아인슈타인의 표현대로, 그는 심술궂되 악하지는 않을 것이다.

블룸은 자신의 연구를 계속한다. 예를 들어, 그는 1976년 7월 4일에 열린 메이저리그 야구 경기에서 13이라는 숫자가 점수에서 두드러지게 나타난다는 사실에서 미국의 예정된 운명을 보았다고 주장했다. 그는 나의 도전을 받아들였고 수비학에서 보스니아의 역사 중 일부 — 최소한 제1차 세계 대전을 촉발한 사건인 사라예보의 프란츠 페르디난트(Franz Ferdinand, 1863~1914년) 대공 암살 사건 — 를 찾아내는 흥미로운 시도를 했다. 그의 주장들 중에는 내가 교편을 잡고 있는 코넬 대학교에서 아서 스탠리 에딩턴 경이 신비로운 수 136에 대해 강연을 한 날짜가 포함되어 있었다. 그리고 그는 나 역시 우주적 계획의 일부라는 점을 실증하기 위해 내 생일을 사용해 몇 가지 수치 조작을 수행하기조차 했다. 이 사례들과 다른 비슷한 사례들은 블룸이 무엇이든 증명할 수 있음을 내게 확신시켜 주었다.

노먼 블룸은 사실 일종의 천재이다. 독립적인 현상들을 충분히 연구하고 그 현상들 사이의 상관 관계를 찾는다면, 당연히 몇 가지 발견할 수 있을 것이다. 만약 우연의 일치만을 알고 그것들이 발견되기 전에 이루어진 어마어마한 노력들과 실패한 많은 시도들을 알지 못한다면 우리는 그가 중요한 것을 발견해 냈다고 믿을지도 모른다. 실제로 이것을 통계학자들은 '우호적 상황을 열거하는 오류(fallacy of the enumeration of favorable circumstances)'라고 부른다. 그러나 노먼 블룸처럼 우연의 일치를 많이 발견하려면 뛰어난 기술과 노력이 필요하다. 수학에 무지한 사람들은 말할 것도 없고, 관심이 없는 사람들에게 숫자상의 우연의 일치로 신의 존재를 입증하는 일은 어떤 측면에서는 허망하고 어쩌면 희망조차 없는 목표이다. 블룸의 재능이 다른 분야에서 발휘되었다면 어떤 공헌을 했으리라 쉽게 상상할 수 있다. 나는 그의 헌신적인 노력과 수에 대한 직관에서 다소 영예로운 무언가를 발견한다. 그것은 바로 재능이다. 아마 그는 그것 역시 신이 준 것이라고 하겠지만.

9장

SF 소설에 대한 개인적인 견해

시인의 눈은 섬세한 격정으로 떨리며, 천상에서 지상까지,
지상에서 천상까지 응시한다.
시인의 상상력은 지금까지 알려지지 않은 것을 형상화하고
시인의 펜은 그들에게 확실한 형태를 만들어 주며 존재하지도
않는 것에 거처와 이름을 붙인다.

—윌리엄 셰익스피어, 「한여름 밤의 꿈」 5막 1장

10세 무렵, 나는 우주가 꽉 차 있다는 결론을 내렸다. 이 문제의 어려움을 거의 하나도 모른 채 말이다. 지구가 생명이 서식하는 유일한 행성이라기에는 우주가 너무 넓었다. 지구 생물의 다양성(대부분의 내 친구들에게는 꽤 다르게 보였던 나무들)으로 판단할 때, 다른 곳의 생명체는 매우 기이해 보일 것이라고 생각했다. 그 생명체가 어떤 모습일지 상상하려고 열심히 노력했지만 최선을 다했음에도 나는 항상 기존의 동식물들을 섞어 놓은 일종의 지구산 키메라를 만드는 데 그쳤다.

이때 한 친구가 에드거 라이스 버로스(Edgar Rice Burrough, 1875~1950년)의 화성 소설을 소개해 주었다. 그전까지는 화성에 대해 많이 생각하지 않았는데 그의 소설은 존 카터(John Carter)의 모험을 통해 숨이 턱 막힐 만큼 구체적인 외계인들이 살고 있는 세계를 내게 제시해 주었다. 고대 바다의 해저였던 건조한 대지와 거대한 운하의 양수장들, 다양한 생명체들. 그들 중 일부는 기이한 존재였다. 예를 들어 다리가 8개인 짐을 나르는 소트(thoat)라는 동물도 있었다.

나는 그의 소설을 아주 신나게 읽었다. 처음에는 그랬다. 그 후 서서히 의심이 생기기 시작했다. 맨 처음 읽었던 존 카터 소설의 놀라운 스토리는 그가 화성의 1년이 지구의 1년보다 더 길다는 사실을 잊고 있다는 데 전적으로 의존했다. 그러나 내게는 다른 행성에 간다면 맨 먼저 확인할 사항들 중 하나가 1일과 1년의 길이일 것 같았다. (부연하자면, 화성의 하루가 지구의 하루만큼 길다는 놀라운 사실을 카터가 언급하지 않은 것을 기억할 수 있다. 마치 그는 고향 별의 친숙한 특징들을 어딘가 다른 곳에서도 **기대**하는 것 같았다.) 그 뒤 처음에는 놀라웠지만 냉정하게 생각해 보면 실망스러운 표현들을 추가로 발견했다. 예를 들어 버로스는 화성에는 지구보다 원색이 두 가지 더 있다고 가볍게 말한다. 나는 눈을 꼭 감고 새로운 원색이 무엇인지 지독하게 고민하며 오랜 시간을 보냈다. 그것은 항상 탁한 갈색이나 진자주색이었다. 화성에 또 다른 원색이 있다니, 어떻게? 하물며 2개? 원색이란 **무엇인가?** 물리학 혹은 생리학과 관계가 있지 않나? 나는 버로스가 자신이 말하고 있는 바를 모르고 있을지도 모른다는 결론을 내렸다. 그러나 그는 확실히 독자들로 하여금 생각하도록 만들었다. 생각거리가 많지 않았던 다른 장들에는 여름날의 브루클린에 묶여 있는 10세 도시 사내아이의 관심을 유지시키고도 남을 만큼의, 악의에 찬 적들과 자극적인 검술이 있었다.

1년 후, 순전히 우연히, 근처의 편의점에서 《어스타운딩 사이언스 픽션(*Astounding Science Fiction*)》이라는 잡지를 발견했다. 표지를 힐끗 보고 본문을 재빨리 휙휙 넘겨 본 바, 그 잡지는 내가 찾고 있던 책으로 보였다. 조금 애를 써서 간신히 책값을 긁어모은 나는 편의점에서 6미터도 채 떨어지지 않은 벤치에 앉아 아무 쪽이나 펼치고 나의 첫 현대 과학 단편 소설인 「피트는 고칠 수 있다(Pete Can Fix It)」를 읽었다. 레이먼드 피셔 존스(Raymond Fisher Jones, 1915~1994년)가 쓴 이 소설은 핵전쟁으로 대참사가 벌어진 시대로 가볍게 시간 여행을 하는 이야기였다. 원자 폭탄 — 그것이 원자로 만들어져 있다고 설명하며 흥분하던 친구의 모습이 기억난다. — 에 대해 알고는 있었지만 핵무기 개발의 사회적인 함의는 여기서 처음 배웠다. 그 소설은 독자를 생각하게 만들었다. 차 정비공인 피트가 자동차에 작은 장치를 넣기만 했는데도 사람들은 불모지가 된 미래로 짧은 경고성 여행을 떠나게 된다. 이 작은 장치는 무엇이었을까? 어떻게 그것을 만들었을까? 미래로 간 그들은 어떻게 되돌아올 수 있었을까? 존스는 그 답을 알고 있었을지도 모르지만 말하지 않았다.

나는 푹 빠져 버렸다. 매달 《어스타운딩 사이언스 픽션》이 출간되기를 간절히 기다렸다. 쥘 가브리엘 베른(Jules Gabriel Verne, 1828~1905년)과 웰스를 읽었고 스스로 찾아낸 SF 소설 선집 2편을 처음부터 끝까지 다 읽었다. 나는 다 읽은 이야기들의 우수함을 평가하기 위해 야구 경기 볼 때 만들던 것과 비슷한 종류의 점수 카드를 만들었다. 줄거리의 상당 부분이 흥미로운 질문을 던질 때에는 좋은 점수를 매겼고 그 질문들에 답을 할 때에는 낮은 점수를 주었다.

10세 소년 같은 부분이 완전히 사라지지는 않았지만 나는 전체적으로 성장했다. 내 비평 능력과 어쩌면 문화적인 취향까지 향상되었다. 14세에 처음 읽은 론 허버드의 『아직 끝나지 않았다(*The End Is Not Yet*)』를 다시 읽으면서 나는 이 책이 기억하던 것보다 훨씬 더 나쁘다는 사실에 너무나 깜짝 놀라서 같은 작가가 쓴, 제목은 동일하지만 질이 확연히 다른 소설이 있을 가능성을 진지하게 고려할 정도였다. 더 이상 나는 전처럼 남의 말을 잘 믿고 받아들일 수 없었다. 래리 니번(Larry Niven, 1938년~)의 『중성자별(*Neutron Star*)』의 이야기 구조는 강력한 중력장으로 생기는 놀라운 기조력에 의존한다. 그러나 우리는 지금으로부터 수백 년 혹은 수천 년 뒤, 가볍게 성간 우주 비행을 할 수 있는 시기에는 이러한 기조력이 망각되었다고 믿으라는 요구를 받는다. 또 중성자별에 대한 첫 조사가 무인 탐사선이 아니라 유인 탐사선을 통해 행해졌다는 것을 믿으라는 요구도 받는다. 우리는 너무나 많은 것을 요구받는다. 어떤 소설의 아이디어가 풍부한 것은 좋은 일이다. 하지만 그 아이디어들은 기능해야만 한다.

몇 년 전에 읽은, 달 여행에서 오직 지구와 달의 중력이 서로 상쇄되는 지점에서만 무중력 상태를 경험할 수 있다는 베른의 설명에서 나는 비슷한 종류의 불안감을 느꼈고, 웰스가 고안해 낸 중력 차단 물질인 카보라이트(cavorite)에 대해서는 '왜 카보라이트 광맥이 여전히 지구에 있을까? 그 물질은 오래전에 우주로 날아갔어야 하지 않나?'라는 의문을 품었다. 더글러스 트럼불(Douglas Trumbull, 1942~2022년)의 기술적으로 뛰어난 과학 영화인 「침묵의 질주(Silent Running)」에서는 우주 궤도를 도는 방대한 폐쇄 생태계에서 나무들이 죽어 간다. 몇 주 동안 식물학 문헌들을 공들여 연구하고 고통스럽게 조사한 결과 해결책이 발견된다. 식물들에게는 햇빛이 필요하다는 것. 트럼불의 영화에 등장하는 인물들은 성간 도시를 건설할 수는 있었지만 역제곱 법칙은 잊어버렸다. 토성 고리를 파스텔 색상의 기체로 묘사한 일은 기꺼이 눈감아 주겠지만 이것은 아니다.

광범위한 추종자들을 거느린 「스타 트렉(Star Trek)」에 대해서도 같은 문제점을 느꼈다. 몇몇 사려 깊은 친구들은 내게 비유적으로 봐야지 문자 그대로 봐서는 안 된다고 충고했다. 그러나 지구에서 온 우주 비행사들이 멀리 떨어진 어떤 행성에 착륙해 그곳에서 양(Yang)과 콤(Kohm) 또는 그것과 발음이 같은 소리로 스스로를 칭하는, 핵을 보유한 두 초강대국 사이에서 한창 갈등을 겪고 있는 인간들을 발견하자마자 불신의 유예가 무너졌다. (1969년에 방영된 시즌 2 23화 「오메가 글로리(The Omega Glory)」일 것이다. — 옮긴이) 수세기 후 미래의 지구촌 사회에서 보낸 우주선의 선장은 당황스럽게도 앵글로색슨계 미국인이다. 12대 혹은 15대의 성간 범선들 중 오직 2대의 이름, 즉 콩고(Kongo)와 포툠킨(Potyomkin)만이 영어가 아니다. (아브로라(Abrora)가 아니고 포툠킨이라니?) 가상의 외계 종족 벌컨(Vulcan)

과 지구인 사이에 번식이 성공적으로 이뤄진다는 발상은 분자 생물학에 대한 우리의 지식을 간단히 무시한다. 다른 곳에서도 말했던 것처럼, 이 가능성은 인간과 페튜니아 사이에서 성공적인 번식이 이루어질 가능성과 같다. 할란 제이 엘리슨(Harlan Jay Ellison, 1934~2018년)에 따르면, 스폭(Spock, 「스타 트렉」의 등장 인물로 아버지는 벌컨 족, 어머니는 지구인이다. — 옮긴이)의 끝이 뾰족한 귀와 늘 짜증이 나있는 듯한 눈썹처럼 수수하면서도 생물학적으로 참신한 특성들조차 방송국 이사들에게는 너무 대담하게 여겨졌다. 그들은 벌컨과 인간 사이의 엄청난 차이점들이 시청자들을 혼란스럽게만 할 것이라고 생각하고 인간과 생리학적으로 구분되는 벌컨의 특징들을 모두 없애는 쪽으로 조치를 취했다. 나는 약간 변형된 친숙한 생명체 — 몸길이가 약 9미터인 거미들 — 가 지구의 도시를 위협하는 영화에서도 비슷한 문제를 본다. 곤충과 거미는 기체 확산의 원리에 따라 호흡하기 때문에 이 약탈자들은 첫 번째 도시를 무참히 공격하기도 전에 질식할 것이다.

10세 때 품었던 것과 동일한 경이에 대한 갈망이 내 안에 있다고 믿고 있다. 그러나 그 후 세상이 실제로 어떻게 만들어지는지에 대해 조금 알게 되었다. 나는 SF 소설이 나를 과학으로 이끌었다고 생각한다. 과학은 상당수의 SF 소설들보다 더 교묘하고 복잡하며 경탄할 만하다고 생각한다. 지난 몇십 년 동안 이루어진 과학적 발견들 중 몇 가지를 생각해 보자. 화성은 오래된 마른 강들로 덮여 있다. 유인원들은 수백 가지 단어로 이루어진 언어를 배우고 추상적인 개념을 이해하며 문법의 용법을 새롭게 구성할 수 있다. 지구 전체를 손쉽게 통과할 수 있어서 그들이 하늘에서 떨어져 내리는 것만큼이나 우리 발을 통과해서 올라오는 모습을 많이 볼 수 있는 입자들도 있다. 백조자리에는 이중성(double star)이 있다. 그중 하나는 중력 가속도가 매우 커서 빛이 그 별로부터 달아날 수 없다. 이 별의 내부는 열로 활활 타오르고 있을지도 모르지만 밖에서 그 열은 보이지 않는다. 이 모든 사실들을 대면하면 SF 소설의 일반적인 아이디어들 중 상당수가 유치해 보인다. 나는 이러한 발견들이 상대적으로 부재하다는 사실과 SF 소설에서 종종 마주치는 왜곡된 과학적 사고들을 끔찍하게 낭비된 기회라고 간주한다. 실제 과학은 가짜 과학만큼 흥미진진하고 흡입력이 있는 소설이 될 수 있다. 나는 과학에 기반하고 있으면서도 과학을 이해하기 위한 노력은 거의 하지 않는 문명에서는 과학적 사상과 아이디어를 전달할 기회가 있다면 그것이 무엇이든 모두 이용해야 한다고 생각한다.

그러나 최고의 SF 소설은 정말로 대단히 훌륭하다. 이야기 구성이 아주 탄탄하며 낯선 사회에 대한 세부 설정이 매우 치밀하고 풍부해서 비판할 기회를 가지기도 전에 정신없이 빠져들게 만든다. 로버트 앤슨 하인라인(Robert Anson Heinlein, 1907~1988년)의 『여름으로 가는 문(*The Door into Summer*)』과 앨프리드 베스터(Alfred Bester, 1913~1987년)의 『별은 내 운명(*The Stars My Destination*)』과 『파괴된 사나이(*The Demolished Man*)』, 잭 피니(Jack Finney, 1911~1995년)의 『과거로 돌아가면(*Time and Again*)』, 프랭클린 패트릭 허버트 2세(Franklin Patrick Herbert Jr., 1920~1986년)의 『듄(*Dune*)』, 월터 마이클 밀러(Walter Michael Miller, 1923~1996년)의 『리보위츠를 위한 찬송(*A Canticle for Leibowitz*)』 등이 그런 작품이다. 여러분은 이 책들이 다루는 사상과 아이디어를 진지하게 생각할 수 있다. 가사용 로봇의 실현 가능성과 사회적 효용에 대한 하인라인의 설명들은 오랜 시간이 지나도 유용하다. 『듄』에서처럼 가상의 외계 생태계를 통해 지구 생태계에 대한 통찰을 제공한 일은 중요한 공공 복지 사업을 수행한 것이라고 생각한다. 헨리 루이스 헤시(Henry Louis Hasse, 1913~1977년)의 『줄어든 남자(*He Who Shrank*)』는 오늘날 진지하게 부활하고 있는 매혹적인 추측인 '우주 속 우주'라는 아이디어를 다루고 있고, 이것이 무한히 반복된다는 발상을 제시한다. 여기서 우리를 이루는 각각의 기본 입자들은 한 단계 아래의 우주 그 자체이며 우리 우주는 다음 단계 우주의 기본 입자이다.

인간의 심오한 감성과 SF 소설의 일반적인 주제들을 탁월하게 통합해 낸 SF 소설은 거의 없다. 나는 루도비코 아리오스토(Ludovico Ariosto, 1474~1533년)가 쓴 『광란의 오를란도(*Orlando Furioso*)』의 도발적인 도입부뿐만 아니라, 예를 들어 알지스 버드리스(Algis Budrys, 1931~2008년)의 『변종 달(*Rogue Moon*)』과 레이 더글러스 브래드버리(Ray Douglas Bradbury, 1920~2012년)와 시어도어 스터전(Theodore Sturgeon, 1918~1985년)의 많은 작품들 — 일례로 내면에서 감지한 정신 분열증을 경탄스럽게 묘사한 스터전의 『여기 이젤에(*To Here and the Easel*)』 — 이 그렇다고 생각한다.

언젠가 천문학자인 로버트 셜리 리처드슨(Robert Shirley Richardson, 1902~1981년)이 우주선(cosmic ray)의 연속적인 생성 기원에 대한 절묘한 SF 소설을 쓴 적이 있다. 아이작 아시모프(Isaac Asimov, 1920~1992년)의 『저기 한 남자가 숨 쉬고 있다(*Breathes There a Man*)』는 최고의 이론 과학자들 몇 명이 느끼는 정서적인 스트레스와 고립감에 대한 가슴 아픈 통찰을 제공한다. 아서 찰스 클라크(Arthur Charles Clarke, 1917~2008년)의 『90억 가지 신의 이름(*Nine Billion Names of God*)』은 많은 서구 독자들에게 동양의 종교에 대한 아주 흥미로운 견해를 소개한다.

SF 소설이 주는 많은 이점 중 하나는 독자들이 접근할 수 없거나 알려지지 않은 이런저런 지식들과 작은 정보들과 문구들을 전달할 수 있다는 점이다. 하인라인의 『그리고 그는 비뚤어진 집을 지었다(*And He Built a Crooked House*)』는 아마도 많은 독자들에게 4차원 기하학에 대한 알기 쉬운 첫 입문서였을 것이다. 한 SF 소설 작품은 아인슈타인이 통일장 이론 구축 과정에 마지막으로 시도했던 수학을 실제로 보여 준다. 또 어떤 소설은 개체군 유전학에서 중요한 방정식을 소개한다. 아시모프의 로봇들은 '양전자(positron)'로 작동하는 장치를 가지고 있다. 양전자가 최근 발견되었기 때문에 아시모프는 양전자가 어떻게 로봇을 작동시키는지에 대한 설명을 결코 제시하지는 못했지만 그의 독자들은 이제 양전자에 대해 들은 적은 있는 사람이 되었다. (양전자 발견은 1932년에 이루어졌고, 아시모프의 『나는 로봇이야(*I, Robot*)』는 1950년에 발표되었다. — 옮긴이). 잭 스튜어트 윌리엄슨(Jack Stewart Williamson, 1908~2006년)의 로도마그네틱 로봇(rhodomagnetic robot)은 주기율표에서 4주기 철(Fe)과 니켈(Ni), 코발트(Co) 다음 5주기에 속하는 금속들인 루테늄(Ru)과 로듐(Rh), 팔라듐(Pd)을 끌어당겨 추출한다. 지구의 강자성체와 비슷한 물체가 소설 속에서 제시된다. 나는 쿼크(quark)로 만들어진 로봇처럼 매력적이며 동시대의 입자물리학이 이룬 놀라운 성과를 전채 요리처럼 일상 언어로 풀어 설명해 줄 현대 SF 소설의 로봇들이 있을 수 있다고 생각한다. 디 캠프의 『어둠이 내리지 않도록(*Lest Darkness Fall*)』은 고트 족이 침공하던 시기의 로마를 탁월하게 소개하며 아시모프의 『파운데이션(*Foundation*)』 시리즈는 비록 그 사실이 책 안에 설명되어 있지는 않지만, 광대한 로마 제국의 역학 관계 중 일부를 매우 유용하게 요약해 제공한다. 시간 여행 이야기들 — 예를 들어 하인라인이 쓴 세 편의 비범한 걸작인 『그대들은 모두 좀비(*All You Zombies*)』(영화 「타임 패러독스(Predestination)」의 원작이다. — 옮긴이), 『그 스스로의 힘으로(*By His Bootstraps*)』, 『여름으로 가는 문』 — 은 독자에게 시간의 인과성과 방향성에 대해 생각하도록 만든다. 이 소설들은 뜨거운 물이 가득 찬 욕조 속에 몸을 담고 있을 때나 초겨울에 눈이 내리는 숲속을 걸어가고 있을 때 당신이 곰곰이 생각해 볼 만한 주제들을 던져 준다.

현대 SF 소설이 지닌 또 다른 커다란 가치는 그것이 이끌어 내는 몇 가지 예술 형식들이다. 다른 행성의 표면이 어떻게 보일지를 마음속으로 애매하게 상상하는 일과, 전성기 때의 체슬리 나이트 보네스텔 주니어(Chesley Knight Bonestell, Jr., 1888~1986년. 미국의 화가이자 일러스트레이터로 우주적인 상상력이나 실물을 묘사한 그림을 세밀하게 그려 '우주 미술의 아버지'라고 불린다. — 옮긴이)의 작품처럼 꼼꼼하게 그린 그림을 바탕으로 조사하는 일은 전혀 다르다. 천문학적인 경이감은 우리 시대 최고의 예술가들 — 돈 데이비스(Don Davis, 1952년~)와 존 롬버그(Jon Lomberg, 1948년~), 리처드 마이클 스턴백(Richard Michael Sternbach, 1951년~), 로버트 시어도어 맥콜(Robert Theodore McCall, 1919~2010년) — 에 의해 화려하게 표현된다. 다이앤 애커먼(Diane Ackerman, 1948년~)의 운문에서는 일반적인 SF 소설에 정통한, 성숙한 천문시(天文詩)의 전망을 언뜻 엿볼 수 있다.

SF 소설의 아이디어들은 오늘날 다소 다른 모습으로 널리 퍼져 있다. 아이작 아시모프와 아서 클라크 같은 SF 소설가들은 과학과 사회의 여러 측면들을 논픽션의 형태로 설득력 있고 우수하게 요약한다. 동시대의 몇몇 과학자들은 SF 소설을 통해 대중에게 더 넓게 소개된다. 예를 들어 제임스 에드윈 건(James Edwin Gunn, 1923~2020년)이 쓴 사려 깊은 소설인 『듣는 사람들(*The Listeners*)』에서 나는 동료 천문학자 프랭크 도널드 드레이크(Frank Donald Drake, 1930~2022년)에 대한, 지금으로부터 50년 전에 만들어진 다음과 같은 논평을 발견한다. "드레이크! 그가 뭘 알고 있지?" 알고 보니 그는 많은 것을 알고 있었다. 또 우리는 유사 과학적인 글쓰기와 신념 체계, 조직 들이 방대하게 증식하면서 순수 SF 소설이 사실로 둔갑하는 모습 역시 볼 수 있다.

SF 소설가인 론 허버드는 '사이언톨로지'라는 사이비 종교 집단을 성공적으로 창시했다. 한 설명에 따르면, 이 종교는 그가 누군가와 자신도 프로이트처럼 종교를 발명해서 돈을 벌 수 있다고 내기를 한 결과, 밤사이 날조되었다고 한다. 고전 SF 소설들은 이제 UFO와 고대 우주인 신념 체계들을 수용한다. 나는 스탠리 그로먼 와인바움(Stanley Grauman Weinbaum, 1902~1935년)이 『꿈의 계곡(*The Valley of Dreams*)』에서 에리히 폰 데니켄보다 그 일을 더 먼저 했을 뿐만 아니라 더 잘했다고 어렵지 않게 결론 내릴 수 있다. 『피라미드 내부에(*Within the Pyramid*)』에서 리처드 디윗 밀러(Richard DeWitt Miller, 1910~1958년)는 폰 데니켄과 벨리콥스키의 주장을 예견했으며 피라미드의 외계 기원에 대해 고대 우주인과 피라미드학에 대한 모든 저작물들에서 발견할 수 있는 것보다 훨씬 더 조리 있는 가설을 그럭저럭 제시한다. 지금은 동시대의 가장 흥미로운 추리 소설가 중 한 사람으로 변신한 SF 소설가인 존 댄 맥도널드(John Dann MacDonald, 1916~1986년)가 쓴 『몽상가들의 와인(*Wine of the Dreamers*)』에서 우리는 "지구의 신화에는 …… 하늘을 가로지르는 커다란 배와 전차에 대한 …… 기록들이 있다."라는 문장을 발견한다. 해리 베이츠(Harry Bates, 1900~1981년)가 쓴 『지배자에게 고하는 작별(*Farewell to the Master*)』의 줄거리는 「지구가 멈추는 날(The Day the Earth Stood Still)」이라는 제목으로 영화화 되었다. (이 영화는 외계 우주 탐사선의 지휘관이 로봇이지 사람이 아니었다는 이 책의 핵심 요소를 포기했다.) 일부 냉철한 조사관들은 워싱턴을 윙윙거리며 나는 비행 접시를 묘사한 이 영화가 영화 상영 시기 직후에 일어난 1952년 워싱턴 D. C.의 UFO "소란"에 한몫했다고 여긴다. 온갖 스파이 활동을 그린 오늘날의 많은 대중 소설들은 피상적인 인물 묘사와 구성 기법을 볼 때 1930년대와 1940년대의 싸구려 SF 소설과 거의 구분이 안 간다.

과학과 SF 소설을 엮는 일은 때때로 특이한 결과를 낳는다. 삶이 예술을 모방하는지 그 반대인지가 항상 명확하지는 않다. 예를 들어 커트 보니것 2세(Kurt Vonnegut, Jr., 1922~2007년)는 최고의 인식론 소설인 『타이탄의 미녀(*The Sirens of Titan*)』를 썼다. 이 소설에서는 토성의 가장 큰 위성인 타이탄(Titan)의 환경을 전적으로 좋지 않다고 상정하지는 않는다. 지난 몇 년 동안 나를 포함해 몇몇 행성 과학자들이 타이탄의 대기가 짙으며 아마도 예상한 것보다 온도가 높을 것이라는 증거를 제시했을 때, 많은 사람들이 커트 보니것의 선견에 대해 말해 주었다. 그러나 보니것은 코넬 대학교에서 물리학을 전공했기 때문에 천문학의 최신 발견들을 자연스럽게 알 수 있었을 것이다. (최고의 SF 소설가들 중 상당수가 과학이나 공학 쪽의 배경을 가지고 있다. 예를 들어 폴 윌리엄 앤더슨(Paul William Anderson, 1926~2001년)과 아이작 아시모프, 아서 클라크와 핼 클레먼트(Hal Clement, 1922~2003년), 로버트 하인라인이 그렇다.) 1944년에는 타이탄의 대기에서 메테인이 발견되었다. 타이탄은 태양계 내에서 대기가 존재한다고 맨 처음 알려진 위성이다. 비슷한 사례들처럼 이 경우에도 예술은 삶을 모방한다.

문제는 다른 행성들에 대해 우리가 이해하고 있는 바가 그것들을 묘사한 SF 소설보다 더 빠르게 변화하고 있다는 점이다. 한쪽 면만 태양을 마주 보는 특이한 공전을 하며 온화한 중간 지대를 가진 수성, 늪과 정글이 있는 금성, 운하로 뒤덮인 화성은 모두 SF 소설의 고전적인 장치들이지만 전부 더 이른 시기 행성 천문학자들의 오해에 기초하고 있다. 잘못된 생각과 아이디어가 SF 소설 줄거리들로 충실히 옮겨지고 그다음 세대 행성 천문학자들이 될 상당수의 젊은이들에게 읽힌다. 그렇게 젊은이들의 관심사를 사로잡으면서 동시에 나이 든 사람들의 오해를 바로잡는 일을 더욱더 어렵게 만든다. 그러나 행성에 대한 우리의 지식이 변하면 SF 소설에 등장하는 행성의 환경 역시 변화한다. 오늘날 씌어진 SF 소설들 중에서 금성 표면에 있는 조류 농장에 대해 이야기하는 경우는 굉장히 드물다. (여담이지만 UFO와의 접촉 신화를 만들어 내는 사람들은 더 느리게 변화하고 있으며 우리는 여전히 일종의 아프로디테의 에덴 동산에 살고 있는 길고 하얀 옷을 입은 아름다운 사람들이 거주하는 금성에서 온 비행 접시에 대한 설명을 발견할 수 있다. 금성의 온도가 섭씨 480도라는 사실은 이러한 이야기들을 검증할 한 가지 방안이 되어 줄 것이다.)
비슷하게, '스페이스 워프(space warp)'라는 발상은 SF 소설의 진부한 장치이지만 SF 소설에서 생겨나지도 않았다. 스페이스 워프는 아인슈타인의 일반 상대성 이론에서 나왔다.

화성에 대한 SF 소설의 묘사와 실제 화성 탐사 사이의 연관성은 매우 밀접해서 매리너 9호의 화성 탐사 이후, 화성의 분화구 이름 몇 개가 고인이 된 유명한 SF 소설가들에게 바쳐졌다. (11장 참조) 그래서 화성에는 H. G. 웰스와 에드거 라이스 버로스, 스탠리 와인바움, 존 우드 캠벨 2세(John Wood Campbell, Jr., 1910~1971년)의 이름이 붙은 분화구들이 있다. 이 이름들은 국제 천문 연맹(International Astronomical Union, IAU)으로부터 공식 승인을 받았다. 아마 다른 SF 소설가들의 이름도 사후에 화성으로 갈 것이다.

SF 소설에 대한 젊은이들의 큰 관심은 영화와 텔레비전 프로그램, 만화책과 고등학교와 대학교에서의 SF 소설 강좌에 반영된다. 내 경험에 비춰 볼 때, 이런 강좌들은 어떻게 이루어지느냐에 따라서 좋은 교육 경험이 될 수도 있고 재앙이 될 수도 있다. 학생들이 읽을거리를 선택하는 강좌는 아직 읽지 않은 책들을 읽을 기회를 학생들에게 주지 않는다. 적절한 과학적인 사실들을 아우르도록 SF 소설의 줄거리들을 확대하려고 하지 않는 강좌들은 정말 좋은 교육적인 기회를 놓치고 있다. 그러나 과학이나 정치학이 필수 구성 요소로 들어가 있는, 제대로 계획된 SF 소설 강좌들은 학교 교육 과정에서 오래 살아남아 유용하게 쓰일 것으로 보인다.

SF 소설의 가장 큰 가치는 미래에 대한 실험이고 대안적인 운명을 탐구하는 장이며 미래의 충격을 최소화하려는 시도라는 것일지도 모른다. 이것은 SF 소설이 젊은 사람들 사이에서 그렇게 폭넓게 관심을 끄는 이유 중 하나이다. 미래를 살아갈 사람이 **그들**이기 때문이다. 나는 오늘날 지구에 있는 어떤 사회도 지금으로부터 100~200년 후(우리가 그렇게 오랫동안 살아남을 만큼 충분히 현명하거나 운이 좋다면) 지구에 적합하지 않을 것이라는 확고한 견해를 갖고 있다. 우리는 대안적인 미래를 실험적으로도 개념적으로도 필사적으로 탐구할 필요가 있다. 에릭 프랭크 러셀(Eric Frank Russell, 1905~1978년)의 소설들은 이런 관점에 딱 들어맞는다. 그의 소설들에서 우리는 상상할 수 있는 대안적인 경제 체제나 지배 권력에 대한 수동적이지만 단결된 저항이 가진 커다란 효율성을 볼 수 있다. 현대 SF 소설에서는 하인라인의 『달은 무자비한 밤의 여왕(*Moon is a Harsh Mistress*)』에서처럼 자동화된 기술 사회에서 혁명을 일으키는 데 유용한 제안들 역시 발견할 수 있다.

이러한 아이디어들을 젊었을 때 접하면 어른이 되어서의 행동에 영향을 미칠 수 있다. 태양계 탐구에 깊이 관여하는 많은 과학자들이 (나 자신을 포함해서) SF 소설 때문에 처음 그 길로 들어섰다. SF 소설 중 일부의 수준이 최상이 아니라는 사실은 상관이 없다. 10세 소년은 과학 문헌을 읽지 않는다.

나는 과거로의 시간 여행이 가능한지 알지 못한다. 거기에 수반되는 인과 관계 문제들은 나를 매우 회의적으로 만든다. 그러나 이 문제에 대해 고민 중인 사람들이 있다. 무제한적인 시간 여행을 허용하는 시공간의 경로들을 뜻하는, '닫힌 시간 곡선(closed time-like line)'이 일반 상대성 이론의 장 방정식(field equation)에 대한 해로서 등장했다. 최근의 주장은, 아마도 잘못된 것이겠지만, 닫힌 시간 곡선이 빠르게 회전하는 큰 원통 부근에서 나타난다는 것이다. 나는 이 문제를 연구하고 있는 일반 상대성 이론 연구자들이 SF 소설에 어느 정도 영향을 받았을지 궁금하다. 마찬가지로, 대안 문화와 SF 소설의 만남은 사회의 근본적인 변화를 이루는 데 중요한 역할을 할지도 모른다.

오늘날처럼 세계 역사 전반에서 중요한 변화들이 그렇게 많이 일어난 시기도 없다. 변화에 순응하면서 대안적인 미래를 사려 깊게 추구하는 일은 아마도 문명과 인류가 생존하기 위한 비결이 될 것이다. 우리는 SF 소설들과 함께 자란 첫 세대이다. 우리가 외계 문명의 메시지를 수신한다면, 당연히 흥미로워하겠지만 조금도 놀라지 않을 많은 젊은이들을 알고 있다. 그들은 이미 미래에 적응해 있다. 우리가 살아남는다면, SF 소설이 인류 문명이 유지되고 진화하는 데 필수적인 기여를 했을 것이라고 말해도 과언이 아닐 것이다.

3부

우주의 이웃

10장

태양의 가족

쏟아지는 별들처럼 세상이 빙그르르 돌며 천상의 바람에 날려
엄청난 시간 동안 내려온다. 별들과 지구들, 위성들과 혜성들,
유성들과 사람들, 요람들과 무덤들, 무한한 원자들과 영원의
순간들이 존재와 사물을 끊임없이 변형한다.

—카미유 플라마리옹, 『대중 천문학』, 1984년

매우 신중하고 참을성이 뛰어난 외계 관찰자 몇 명이 지구를 정밀 조사한다고 상상해 보자. 그들은 이 행성이 46억 년 전에 성간 기체와 티끌이 뭉쳐 만들어졌다고 관측할 것이다. 지구를 만드는 과정에서 마지막 미행성(planetesimal)들이 거대한 충돌 분화구를 만들었음도 관측할 것이다. 이 행성은 부착물이 증가하면서 생긴 중력 위치 에너지와 방사성 붕괴로 인해 내부에서 열이 나며, 액체 상태의 철로 이루어진 핵과 규산염으로 구성된 맨틀과 지각으로 구분된다. 행성의 내부에서 표면으로 수소가 풍부한 기체와 응축된 물이 방출된다. 다소 단조로운 우주 유기화학이 복잡한 분자들을 생산해 내고 이것은 자기 복제를 하는 극히 단순한 분자계 — 최초의 지구 생명체 — 로 이어진다. 충돌을 일으키는 성간 바위들이 줄어들면서, 물의 흐름과 조산 작용, 그 외 다른 지질학적인 과정들이 지구가 생겨날 때 만들어진 상처들을 없애 버린다. 행성의 거대한 대류 엔진이 맨틀 물질을 대양저에서 지각 위로 나르고 대륙 가장자리에서 아래로 밀어 넣는다. 움직이는 판들 사이의 충돌로 커다란 습곡 산맥이 만들어지고 땅과 바다, 빙하 지형과 열대 지방의 배치가 끊임없이 변화한다. 그동안 자연 선택이 변화하는 환경에 가장 잘 적응한 자기 복제 분자계들을 광범위한 대안들 중에서 골라낸다. 가시광선을 사용해 물을 수소와 산소로 분해하는 식물들이 진화하고 수소가 우주로 달아나 대기의 화학 조성이 염기성에서 산성으로 변화된다. 상당히 복잡하며 보통 수준의 지능을 가진 생명체가 마침내 등장한다.

그러나 이 가상의 관측자는 46억 년의 전 과정에서 지구의 고립에 이끌린다. 지구는 태양 빛과 우주선 — 둘 다 생물에게 중요하다. — 을 받으며 때때로 행성 간 잔해와 충돌한다. 그러나 이 억겁의 시간 동안 어떤 것도 지구를 떠나지 않는다. 그 뒤 이 행성은 갑자기 내행성계 속으로, 처음에는 지구 주변 궤도 속으로, 그다음에는 이 행성의 황량하고 생명체가 서식하지 않는 자연 위성인 달에 작은 '씨앗'들을 발사하기 시작한다. 그중 다른 것들보다는 크지만 여전히 작은 여섯 캡슐이 달에 착륙한다. 각 캡슐마다 작은 두발 동물 두 마리가 포착된다. 그들은 주변을 짧게 탐색하고 서둘러 지구로 되돌아간다. 그들의 새로운 시도는 우주의 바다 속에서 서서히 확장된다. 11대의 작은 우주 탐사선이 지옥불처럼 뜨거운 금성의 대기 속으로 진입한다. 그중 6대는 표면 위에서 몇십 분만에 불타 버린다. 우주 탐사선 8대가 화성으로 보내진다. 그중 3대가 수년 동안 성공적으로 화성 주위를 돈다. 또 다른 우주 탐사선들이 금성을 지나쳐 수성과 조우한다. 다른 우주 탐사선 4대가 소행성대를 성공적으로 가로질러 목성 근처로 날아가고는 다시 그곳에서 가장 큰 행성의 중력의 도움을 받아 우주 공간으로 날아간다. 어떤 흥미로운 일이 최근 지구에서 벌어지고 있는 것이 분명하다.

지구의 46억 년의 역사를 1년으로 압축하면 이 우주 탐험 열풍은 최후의 10분의 1초에 해당될 것이며 이 주목할 만한 변화를 일으킨 태도와 지식의 근본적인 변화에는 오직 2초만 걸릴 것이다. 17세기에 처음으로 천문 관측에 거울과 렌즈가 널리 사용되기 시작했다. 최초의 천체 망원경으로 갈릴레오가 달의 산맥과 분화구와 초승달 모양의 금성을 관측한 일은 놀랍고 즐거운 경험이었다. 케플러는 그 세계에 거주하는 지적 존재들이 그 분화구들을 세웠다고 생각했다. 그러나 17세기 네덜란드 물리학자인 크리스티안 하위헌스(Christiaan Huygens, 1629~1695년)는 그 의견에 동의하지 않았다. 그는 달의 분화구를 인공적으로 건설하는 일이 불합리할 정도로 어려울 것이라고 주장했고 자신이 이 둥글게 움푹 파인 부분에 대한 대안 설명들을 찾을 수 있을 것이라고도 생각했다.

하위헌스는 선진 기술과 실험 기교, 합리적이면서 냉철하고 회의적인 마음과 새로운 발상에 대한 열린 태도를 통합한 인물의 전형이었다. 그는 우리가 금성의 대기와 구름을 조사하게 되리라고 생각한 첫 번째 인물이자 토성 고리의 실체를 일부라도 제대로 이해한 최초의 사람이었으며(이 고리를 갈릴레오는 행성을 감싸고 있는 2개의 '귀'로 보았다.) 식별할 수 있는 화성 표면인 시르티스 메이저(Syrtis Major)를 맨 처음으로 그린 과학자였다. 또 그는 로버트 훅(Robert Hooke, 1635~1703년) 이후 두 번째로 목성의 대적점(Great Red Spot)을 그린 사람이다. 뒤의 두 가지 관측은 최소한 3세기 동안 영속되었던 특징들이기 때문에 여전히 과학적인 의미를 지닌다. 하위헌스는 물론 철저히 현대적인 천문학자는 아니었다. 당대의 신념 체계에서 그는 완전히 벗어날 수 없었다. 예를 들어 그는 목성에 삼(麻)이 존재한다는 추론으로 이어지는 특이한 주장을 했다. 갈릴레오는 목성이 위성 4개를 가진다는 사실을 관측했다. 하위헌스는 현대의 행성 천문학자들이라면 거의 하지 않을 질문을 던졌다. 목성의 위성이 4개인 **이유**는 무엇일까? 그는 밤에 약간의 빛을 주며 밀물과 썰물을 일으키는 데 더해 뱃사람들의 항해를 도와주는 기능을 가진 달이 지구에 하나뿐이라는 사실을 고찰해 보면 이 질문에 대한 통찰을 얻을 수 있다고 생각했다. 만약 목성의 위성이 4개라면, 그 행성에는 틀림없이 뱃사람이 많을 것이다. 뱃사람의 존재는 배의 존재를 암시하고 배는 돛을 시사하며 돛은 밧줄이 있음을 넌지시 나타낸다. 결국 밧줄은 삼의 존재를 은연중에

드러낸다고 추론할 수 있다. 우리가 오늘날 굉장히 소중하게 여기는 과학적인 논증들이 300년 뒤에는 어떻게 보일까? 아마 굉장히 이상해 보이는 것이 꽤 많으리라.

행성에 대한 우리의 지식을 나타내는 유용한 지표는 그 표면에 대해 우리가 이해한 바를 기술하는 데 필요한 정보량이다. '비트'라는 단위로 표현되는 이 정보량은 팔길이 정도의 크기를 가진 신문에 실린 사진을 구현하고 있는 흑백 점들의 수로 생각할 수 있다. 하위헌스의 시대에는 망원경으로 짧게 잠깐 봐서 얻은 10비트 정도의 정보가 화성 표면에 대해 우리가 가진 지식 전부였을 것이다. 1877년 화성이 지구에 가까이 접근한 시기까지 그 양은 상당량의 잘못된 정보들 — 예를 들어 지금은 완전한 착각으로 밝혀진 '운하' 그림 — 을 제외한다면, 아마도 몇천 비트로 증가했을 것이다. 육안을 통한 추가 관측과 지상의 천체 사진술의 발달로 정보량은 서서히 증가하다가 우주 탐사선으로 행성을 탐사하게 되면서 극적으로 상승했다.

1965년 매리너 4호의 근접 비행으로 얻은 20장의 사진들은 500만 비트의 정보들로 이루어져 있으며, 이것은 그 행성에 대해 이전까지 갖고 있던 사진 지식 전부에 필적한다. 그러나 그 양도 여전히 그 행성에 대한 아주 작은 일부에 불과했다. 1969년 매리너 6호와 7호가 수행한 이중의 근접 비행 임무는 이 수를 100배 증가시켰고 1971년과 1972년에 매리너 9호 궤도선은 그 숫자를 또다시 100배 더 증가시켰다. 매리너 9호의 화성 사진은 인류가 그때까지 획득한 화성에 대한 사진 지식 총량의 대략 1만 배에 해당한다. 앞서 지상에서 얻은 최고의 자료와 비교할 때, 매리너 9호가 얻은 적외선과 자외선 분광 자료도 여기에 버금갈 만큼 향상되었다.

우리가 보유한 정보는 양과 함께 그 질도 극적으로 개선되었다. 매리너 4호 이전에는 화성 표면에서 믿을 만하게 추적할 수 있는 가장 작은 특징이 가로로 몇백 킬로미터 정도였다. 매리너 9호 이후에는 행성의 일부분을 100미터의 실질 해상도로 관찰할 수 있게 되었다. 이것은 지난 10년 동안 해상도가 1,000배 더 향상된 것이며 하위헌스의 시대 이후로는 1만 배 더 증가한 것이다. 바이킹 덕분에 해상도는 훨씬 더 많이 개선되었다. 오늘날 우리가 화성의 거대한 화산과 극지방의 얇은 퇴적층인 엽층(lamina), 구불구불한 도랑들과 거대한 열곡들, 모래 언덕, 먼지 자국을 연상시키는 분화구들과 다른 많은 유익하고 신비로운 화성의 환경 특징들을 알고 있는 것은 오직 해상도의 향상 덕분이다.

새로 탐험하는 행성을 이해하려면 해상도와 관측 범위가 둘 다 필요하다. 예를 들어 해상도가 우수했던, 매리너 4호와 6호, 7호는 불운으로 인해 오래된 분화구로 뒤덮인 상대적으로 흥미롭지 않은 지역을 관찰했고 매리너 9호가 밝혀낸 행성의 3분의 1에 해당하는 젊고 지질학적으로 활발한 지역에 대해서는 아무런 실마리도 얻지 못했다.

지구 생명체는 해상도가 100미터 정도에 이르기 전까지는 위성 궤도에서 찍은 사진으로는 완전히 감지할 수 없다. 이 해상도에서는 우리의 기술 문명이 만든 도시와 농촌의 기하학적 형상들이 눈에 띄게 분명해진다. 지구와 발달 정도가 비슷한 수준의 문명이 화성에 있었을지라도 매리너 9호와 바이킹이 임무를 수행할 때까지는 사진으로 추적할 수 없었을 것이다. 근처의 행성들에 이러한 문명이 있으리라고 기대할 이유는 없지만 이 비교는 우리가 이제 막 이웃 세계에 대한 본격적 정찰을 시작했음을 분명히 보여 준다.

사진의 해상도와 관찰 범위가 모두 극적으로 개선되고 분광기와 다른 방법들도 확실히 비슷하게 개선되면, 충격과 기쁨이 우리를 기다리고 있으리라는 데에는 의문의 여지가 없다.

세계에서 가장 큰 행성 과학 전문가 조직은 미국 천문학회(American Astronomical Society)의 행성 과학 분과(Division for Planetary Science)이다. 급성장 중인 이 과학 분야의 활기는 미국 천문학회 회의에서 분명히 드러난다. 예를 들어 1975년의 연차 총회에서는 목성 대기에서 수증기가, 토성에서는 에테인이 발견되었으며, 소행성 베스타(Vesta)에서는 탄화수소가 있을 수 있다는 발표가 있었다. 또 토성의 위성인 타이탄의 대기압이 지구와 비슷하고, 토성에서 파장이 10~100미터인 전파, 즉 데카미터파(decameter-wavelength radio bursts)가 방출되며, 목성의 위성인 가니메데(Ganymede)를 레이더로 탐지하고, 칼리스토(Callisto)의 전파 방출 스펙트럼을 공들여 완성했다는 발표도 있었다. 매리너 10호와 파이오니어 11호 실험으로 수성과 목성(그리고 그 행성들의 자기권(magnetosphere))의 멋진 광경을 볼 수 있게 된 것은 말할 것도 없다. 이후의 회의들에서도 필적할 만한 진보들이 보고되었다.

최근의 발견들이 불러온 모든 동요와 흥분 속에서 행성의 기원과 진화에 대한 일반적인 견해는 아직 나타나지 않았지만 그 주제에 관한 도발적인 실마리들과 영리한 추정들은 이제 아주 풍부해졌다. 한 행성에 대한 연구가 나머지 행성들에 대한 지식을 밝혀 주며 우리가 지구를 완전히 이해하려면 다른 행성에 대한 포괄적인 지식을 가져야만 한다는 점이 점점 분명해지고 있다. 예를 들어 요새 유행하는 아이디어 하나는 1960년에 내가 맨 처음 제안한 것으로, 금성 표면이 고온인 이유가 대기에 있는 물과 이산화탄소가 행성 표면에서 우주로 적외선이 열복사되는 것을 막는 걷잡을 수 없는 온실 효과 때문이라는 것이다. 그 뒤 표면 온도는 표면에 도달하는 가시광선과 그곳을 떠나는 적외선 복사가 평형에 도달할 때까지 상승한다. 표면 온도의 상승은 온실 기체인 이산화탄소와 수증기의 증기압을 더 높이는 결과로 이어진다. 이렇게 모든 이산화탄소와 물이 기체 상태로 변화할 때까지 행성의 대기압과 표면 온도는 증가한다.

금성의 대기는 이렇지만 지구는 그렇지 않은 이유는 햇빛의 증가량이 상대적으로 적기 때문인 것 같다. 태양이 더 밝아지거나 지구의 표면과 구름이 더 어두워지면 지구도 전형적인 지옥 풍경의 복제품이 될까? 금성은 지구의 환경을 완전히 바꿀 수 있는 능력을 갖춘 우리의 기술 문명에 대한 경고의 메시지일지도 모른다.

거의 모든 행성 과학자들의 예측과는 달리 화성은 아마 수십억 년 전에 형성된 수천 개의 구불구불한 물길들로 뒤덮여 있다고 밝혀졌다. 그 형성 원인이 흐르는 물이든 흐르는 이산화탄소든 이렇게 많은 물길들은 아마도 현재의 대기 상태에서는 만들어질 수 없을 것이다. 이런 물길이 형성되려면 훨씬 더 높은 압력과 아마도 더 높은 극기온(polar temperature)이 필요하다. 따라서 화성의 극관에 덮인 지역과 더불어 이 물길들은 행성이 만들어진 뒤 일어났던 주된 기후 변화들을 암시하며, 훨씬 더 온화한 조건을 가진 시대가 과거에 적어도 한 번, 아마도 여러 번 존재했음을 증명해 줄지도 모른다. 우리는 이러한 변화들이 일어난 원인이 행성 내부에 있는지 아니면 외부에 있는지 알지 못한다. 만약 내부에 있다면 지구가 인간 활동을 통해서 화성 정도의 기후 변화, 적어도 지구가 최근에 겪은 듯한 변화보다 훨씬 더 큰 변화를 경험할 수 있을지 알아보는 일도 흥미로울 것이다. 만약 화성의 기후 변화가 태양 광도의 변화 같은 외적 요인 때문이라면, 화성과 지구의 고기후학(paleoclimatology)의 상관 관계는 상당히 전망이 좋아 보인다.

매리너 9호는 거대한 모래 폭풍이 부는 시기에 화성에 도착했다. 매리너 9호의 자료는 이러한 폭풍이 행성의 표면을 데우는지 식히는지를 관찰하고 실험하게 해 준다. 지구 대기 중 에어로졸(aerosol, 기체 중에 고체나 액체의 미립자가 분산되어 있는 상태를 말한다. — 옮긴이)의 증가가 기후에 미치는 영향을 예측한다고 자처하는 이론이라면 매리너 9호가 관측한 화성 전체의 먼지 폭풍에 대해 정확한 답을 줄 수 있어야 한다. 매리너 9호에 대한 우리의 경험을 활용해 나는 NASA의 에임스 연구소(Ames Research Center)의 제임스 버니 폴락(James Barney Pollack, 1938~1994년)과 코넬 대학교의 오언 브라이언 툰과 함께 한 번 또는 여러 번의 화산 폭발이 지구의 기후에 미치는 영향을 계산했고 실험 오차 범위 안에서 지구에서 주요 폭발 사건이 일어난 이후 관측된 기후의 영향을 재현할 수 있었다. 행성을 전체적으로 보게 해 주는 행성 천문학의 관점은 지구를 연구하는 데 매우 유용한 훈련인 것 같다. 행성 연구가 지상에서의 관측에 되먹임을 준 또 다른 사례로 하버드 대학교의 마이클 맥엘로이(Michael B. McElroy, 1939년~)가 이끄는 에어로졸 스프레이 용기 내 할로카본 압축 기체의 사용이 지구의 오존층에 미치는 영향을 연구하는 주요 집단들 중 하나를 들 수 있다. 이 집단은 금성 대기의 초고층 대기 물리학(aeronomy)을 최초로 경험했다.

우리는 이제 우주선 관측을 통해 수성과 달, 화성과 그 위성들의 표면에 있는 여러 크기의 충돌 분화구의 밀도에 대해 약간 알게 되었다. 레이더 연구들은 금성에 대해서도 이러한 정보를 제공하기 시작했으며, 우리는 유수와 지구조 운동으로 심하게 침식되기는 했지만 지구 표면에 있는 분화구들에 대해서도 약간의 정보를 가지고 있다. 만약 모든 행성들에 대해 이러한 충돌을 일으킨 천체들의 무리가 동일하다면 분화구가 생긴 표면에 대한 절대적이며 상대적인 연대표를 수립할 수도 있을 것이다. 그러나 우리는 아직 이 충돌 천체들이 공통적인 것인지(예를 들어 모두 소행성대에서 나온 것인지) 아니면 국지적인 것인지(예를 들어 행성 생성 과정의 마지막 단계에서 잔해 고리를 쓸어 가며 생긴 것인지) 모른다.

심하게 패인 달의 고지대는 분화구 생성이 지금보다 훨씬 더 흔하게 일어났던 태양계의 초창기 역사에 대해 말해 준다. 현존하는 성간 잔해의 무리는 고지대의 풍부한 분화구들을 설명하는 주요 요인이 될 수 없다. 반면, 달의 바다에는 훨씬 더 얕은 분화구들이 많이 있는데 이것들은 대개 소행성들과 아마도 죽은 혜성들로 이루어져 있는 현재의 행성간 잔해로 설명할 수 있다. 분화구가 아주 심하게 생기지 않은 행성 표면에 대해서, 분화구의 상대 연대(relative age, 지층에 함유된 화석이나 암석의 성질 등 여러 특성들을 비교해 정한 상대적인 연도. — 옮긴이)는 상당히 많이, 절대 연대(absolute age, 평균 태양년으로 나타낸 지질 연대. — 옮긴이)는 일부분만 알아낼 수 있으며, 어떤 경우에는 그 분화구를 만든 천체 집단의 크기 분포를 결정할 수 있다. 예를 들어 화성에 있는 커다란 화산의 측면에는 충돌 분화구들이 거의 없는데 이것은 이 화산들이 상대적으로 젊다는 점을 시사한다. 즉 이 화산들은 충돌 흔적이라고 할 만한 것을 많이 축적할 만큼 충분히 오래된 것이 아니다. 이러한 사실은 화성의 화산들이 상대적으로 최근에 생성된 것이라는 주장에 대한 근거가 된다.

비교 행성학(comparative planetology)의 궁극적인 목표는 우리가 최초의 질량, 조성과 각운동량, 근처의 충돌 천체 집단 같은 값을 몇 개 입력하면 시간에 따른 행성의 역사 전개를 출력해 주는 어마어마한 컴퓨터 프로그램 같은 것을 만드는 일이라고 생각한다. 현 시점에서 우리는 행성의 진화를 그처럼 깊이 이해하지는 못하지만 몇십 년 전에 가능하다고 여겨졌던 것보다 훨씬 더 목표에 가까이 다가가 있다.

이 일련의 새로운 발견들은 모두 전에는 우리가 충분히 알지 못해서 결코 물을 수조차 없었던 질문들을 다수 제기한다. 나는 그 문제들 중 몇 가지만을 언급할 예정이다. 지구에서 소행성의 조성과 운석의 조성을 비교하는 일이 지금은 가능해지고 있다. (15장 참조) 소행성들은 규산염이 풍부한 천체와 유기 물질이 풍부한 천체들로 말끔하게 나뉘는 것 같다. 이것을 '분화(differentiation)'라고 하는데, 소행성 세레스(Ceres)는 미분화된 것처럼 보이는 반면, 규모가 더 작은 소행성 베스타는 분화되었다는 사실을 곧바로 알 수 있다. 그러나 현재 우리가 이해하고 있는 바로는 행성의 분화는 특정한 임계 질량(critical mass) 이상일 때 일어난다. 베스타가 지금은 태양계에서 사라져 버린 훨씬 더 큰 모체의 잔여물일까? 금성의 분화구를 처음에 레이더로 흘끗 보면 극히 얕다. 그러나 금성에는 그 표면을 침식할 만한 액체 상태의 물이 없으며 금성의 대기 아래쪽은 매우 느리게 움직이기 때문에 먼지가 그 분화구를 메울 수도 없어 보인다. 아주 살짝 녹은 표면에 당밀처럼 느리게 충돌이 일어난 것이 금성의 분화구를 메운 원인일까?

행성의 자기장 생성에 대한 가장 일반적인 이론은, 도체인 핵을 포함하고 있는 행성이 자전할 때 유도되는 대류 전류(convection current)를 원인으로 언급한다. 이 이론에 따르면 59일마다 한 번 자전하는 수성에서는 자기장이 거의 탐지되지 않아야 한다. 그러나 수성에는 자기장이 명백히 존재하기 때문에 행성의 자기 이론을 진지하게 재평가하는 것이 적절할 것 같다. 또 오직 토성과 천왕성만이 고리를 가지고 있다. 왜 그럴까? (보이저의 관측 이후 목성과 해왕성에도 고리가 있음이 밝혀졌고 지금은 고리를 가진 소행성도 발견되었다. — 옮긴이) 화성의 풍화된 커다란 분화구의 안쪽 성벽에는 모래 언덕(사구)이 세로 방향으로 절묘하게 자리 잡고 있다. 미국 콜로라도 주 앨러모사 근처의 그레이트 샌드 던스 국립 기념물(Great Sand Dunes National Monument)에는 생그레 데 크리스토(Sangre de Cristo) 산맥의 경사를 따라 매우 비슷한 모래 언덕이 자리 잡고 있다. 화성과 지구의 모래 언덕은 규모가 완전히 같으며 모래 언덕들 사이의 간격과 모래 언덕의 높이도 동일하다. 그러나 화성의 대기압은 지구의 200분의 1이며 모래 알갱이를 이동시키기 위해 꼭 필요한 바람은 지구의 10배 정도라서 입자의 크기 분포는 두 행성에서 아마도 다를 것이다. 그렇다면 바람에 날린 모래가 만드는 모래 언덕이 어떻게 그렇게 비슷할 수 있을까? 그리고 목성 표면에 붙어서 100킬로미터 이내로 이동하며 간간이 우주로 방출되는 데카미터파의 원천은 무엇일까?

매리너 9호의 관측은 화성의 바람이 이따금씩 국지적으로 음속의 2분의 1을 넘어서기도 한다는 것을 보여 준다. 훨씬 더 센 바람도 불까? 바람 속도가 마하 0.8~1.2인 세계의 천음속 기상학(transonic meteorology)은 어떤 속성을 가질까? 화성에는 바닥의 가로 길이가 약 3킬로미터이고 높이가 1킬로미터인 피라미드들이 있다. 그것들이 화성의 파라오에 의해 건축되었을 가능성은 낮다. 화성에서 바람에 운반되는 입자들이 암석 표면에 부딪히는 속도는 최소한 지구의 1만 배이다. 대기층이 얇은 화성에서는 입자를 운반하려면 속도가 더 빨라야 하기 때문이다. 화성 피라미드의 면들이 수백만 년 동안 여러 방향으로 부는 탁월풍을 맞아 침식되었을 수 있을까?

외행성계의 위성들은 우리의 달과 비슷하지 않은 것이 거의 확실하며 다소 단조롭고 지루하다. 그중 상당수는 밀도가 매우 낮아서 주로 메테인이나 암모니아나 얼음으로 이루어져 있는 것이 틀림없다. 그들의 표면을 근접 촬영하면 어떻게 보일까? 충돌 분화구는 이 얼어붙은 표면을 어떻게 침식시킬까? 그곳에 액체 상태의 암모니아(NH_3) 용암이 측면을 따라 흘러내리는 고체 상태의 암모니아로 만들어진 화산이 있지는 않을까? 목성의 가장 안쪽에 있는 큰 위성 이오(Io)는 왜 기체 상태의 소듐 구름으로 덮여 있을까? 이오는 자신이 위치하는 목성의 복사대(radiation belt)에서 싱크로트론(synchrotron)의 방출을 조절하는 일을 어떻게 도울까? 토성의 위성인 이아페투스(Iapetus)의 한쪽 면은 다른 쪽 면보다 왜 6배나 더 밝을까? 입자의 크기가 달라서일까? 화학적인 조성이 달라서일까? 이러한 차이는 어떻게 생겨났을까? 태양계 내에서 이아페투스를 제외한 다른 지역은 왜 그렇게 대칭적인 것일까?

태양계에서 가장 큰 위성인 타이탄의 중력은 매우 약하며 대기 상층부의 온도는 충분히 높아서 수소는 '분출(blow-off)' 과정을 겪으며 우주 공간으로 굉장히 빠르게 달아날 것이다. 그러나 분광 분석 증거는 타이탄에 상당량의 수소가 있음을 시사한다. 타이탄의 대기는 불가사의이다. 토성계를 넘어가면 우리는 알고 있는 것이 거의 전무한 태양계 영역에 도착한다. 우리의 빈약한 망원경으로는 천왕성과 해왕성, 명왕성의 자전 주기를 신뢰할 만하게 결정하지 못하며 그 행성들의 구름과 대기의 성질, 위성계의 특성에 대해서는 훨씬 더 적은 정보만을 얻을 수 있다. 코넬 대학교의 시인 다이앤 애커먼은 이 상황을 이렇게 묘사했다. "해왕성은 안개 속의 얼룩말처럼 포착하기 힘들다. 흐물흐물할까? 고리를 둘렀을까? 수증기가 가득할까? 얼어붙었을까? 우리의 지식은 여우원숭이의 주먹도 채우지 못하리라"

우리가 막 진지하게 접근하기 시작한, 가장 애가 타는 이슈 중 하나는 태양계 내 다른 지역에 유기 화학 물질과 생물이 존재하느냐는 물음이다. 화성의 환경은 결코 생명체를 거부할 만큼 아주 적대적이지는 않지만 우리는 화성이나 다른 어디에서 생명체의 존재를 보증할 만큼 생명의 기원과 진화에 대해 충분히 알지 못한다. 화성에 크고 작은 유기체들이 존재하느냐는 질문은 바이킹 계획이 끝난 이후에도 완전히 해결되지 않은 상태이다.

목성과 토성, 천왕성과 타이탄 같은 천체의 수소가 풍부한 대기는 생명이 시작될 무렵 초기 지구의 대기와 중요한 측면들에서 비슷하다. 실험실에서 이뤄진 모의 실험을 통해 우리는 이런 조건에서 유기 물질들이 많이 생산된다는 것을 알고 있다. 목성과 토성의 대기에서 이 분자들은 대류를 통해 열분해가 일어나는 깊이까지 순환할 것이다. 그러나 그곳에서조차 유기 물질의 정상 상태(steady state, 물질의 상태를 결정하는 여러 가지 상태량이 시간에 따라 달라지지 않는 경우. — 옮긴이) 농도가 중요할 수 있다. 모든 모의 실험에서 이러한 대기에 에너지를 가하자 갈색을 띠는 고분자 물질이 만들어졌고 이 물질은 여러 중요한 측면에서 이 행성의 구름에 있는 갈색 물질과 비슷하다. 타이탄은 갈색의 유기 물질로 완전히 덮여 있을지도 모른다. 앞으로 몇 년 안에 아직 유아 상태인 외계 생물학(exobiology)에서 기대하지 않은 중요 발견들을 목격할 수 있을 것 같다.

다음 10년 혹은 20년 동안 지속될 태양계 탐구의 주요 수단은 분명 무인 행성 탐사선일 것이다. 현재 고대인들에게 알려졌던 모든 행성들에는 과학 탐사를 위한 우주선들이 성공적으로 발사되었다. 나아가 아직 승인받지 못한, 다양한 탐사 계획에 대한 제안들이 상세히 연구되는 중이다. (16장 참조) 이 탐사 계획들 대부분이 실제로 수행된다면 지금의 찬란한 행성 탐사 시대는 분명 지속될 것이다. 그러나 이 화려한 발견의 항해들이, 적어도 미국에서 계속될지는 결코 명확하지 않다. 지난 7년 동안 목성에 대한 '갈릴레오 프로젝트(Project Galileo)'라는 주요한 행성 탐사 계획 하나만 승인을 받았고, 그마저도 위기에 처해 있다.

명왕성까지 아우르는 태양계 전체에 대한 예비 정찰과 몇몇 행성들에 대한 보다 상세한 탐구도, 예를 들어 화성 탐사 로봇 파견과 목성에 대한 정밀 조사도 태양계의 기원에 대한 근본적인 문제들을 해결하지 못할 것이다. 우리에게 필요한 것은 다른 태양계의 발견이다. 지상 관측과 우주 탐사 기술 분야에서 앞으로 20년 동안 일어날 진보로 인근에 있는 단일성계(하나의 태양과 그 주위를 공전하는 행성들로 이루어진 행성계)들을 많이 추적할 수 있게 될지도 모른다. 키트 피크 국립 천문대(Kitt Peak National Observatory)의 헬무트 아르투르 압트(Helmut Arthur Abt, 1925년~)와 솔 레비(Saul Levy)가 최근 수행한 다중성계에 대한 관측 연구는 하늘에 있는 별들의 3분의 1에 해당할 만큼 많은 별들이 동반성을 가질지도 모른다고 이야기한다. 우리는 이러한 외계 행성계들이 우리의 태양계와 비슷할지 아니면 매우 다른 원리에 입각해서 형성되었을지 알지 못한다.

르네상스 이후 거의 처음 맞는 탐구와 발견의 시대로 우리는 느닷없이 들어섰다. 지상에 묶여 있는 과학자들에게 비교 행성학이 가져다줄 실질적인 이익이 내게는 보인다. 다른 세계의 탐험은 모험할 기회를 거의 잃어버린 사회에 모험심을 전해 줄 것이고 우주적 시각의 추구는 철학적인 의미를 가질 것이다. — 이것이 결국에는 우리 시대를 특징지을 것이다. — 지금부터 수세기 후, 오스트리아 왕위 계승 전쟁의 실질적인 문제들에 대해 지금 우리가 느끼는 것만큼이나 우리의 정치·사회적인 문제들이 멀리 느껴질지도 모르는 때에, 우리의 시대는 주로 한 가지 사실로 기억될지도 모른다. 이 시대는 지구의 거주자들이 자기 주위의 코스모스와 처음으로 접촉했던 시대였다고 말이다.

11장

조지라는 이름의 행성

그리고 내게
밤낮으로 타오르는
크고 작은 빛들의 이름을 붙이는 법을 알려 주었지.

—윌리엄 셰익스피어, 『템페스트』 1막 2장

“물론 이름을 부르면 그들이 대답을 하겠지?”
모기가 무심코 말했다.
“절대로 그런 일은 없지.”
(앨리스가 대답했다.)
“불러도 대답하지 않을 거면 이름이 있어 봤자 무슨 소용이람?”
모기가 말했다.

—루이스 캐럴, 『거울 나라의 앨리스』

달에는 '갈릴레이(Galilaei)'라고 불리는 작은 충돌 분화구가 있다. 이 분화구의 지름은 약 14.5킬로미터로 뉴저지 주의 수도권인 엘리자베스와 대략 비슷한 크기이며 너무 작아서 보려면 꽤 큰 망원경이 필요하다. 지구 쪽을 향해 영구히 고정되어 있는 달 표면의 중심부 근처에는 프톨레마이오스(Ptolemaios)라고 불리는 지름 약 185.1킬로미터의 오래전에 난타당해 만들어진 인상적인 분화구 유적이 있다. 이 분화구는 저렴한 쌍안경으로도 잘 보이며 눈이 밝은 사람은 육안으로도 관찰 가능하다.

클라우디오스 프톨레마이오스(Claudius Ptolemaeus, 83?~168년)는 지구가 우주 한복판에 고정되어 있다는 견해의 주요 지지자였다. 그는 태양과 행성들이 빠르게 회전하는 수정같이 맑은 구체에 박혀서 지구 주위를 하루에 한 바퀴씩 돈다고 상상했다. 반면, 갈릴레오 갈릴레이는 태양계의 중심에 태양이 놓여 있고 지구는 그 주위를 공전하는 많은 행성들 중 하나라는 코페르니쿠스의 견해를 앞장서서 지지했다. 덧붙여, 초승달 상태일 때의 금성을 관측해 코페르니쿠스의 견해를 지지하는 최초의 확실한 관찰 증거를 제공하기도 했다. 또 우리의 자연 위성에 존재하는 분화구에 맨 처음으로 주의를 환기시킨 인물도 바로 갈릴레오였다. 그렇다면 왜 달에 있는 프톨레마이오스 분화구가 갈릴레이 분화구보다 훨씬 더 눈에 잘 띄는 것일까?

달의 분화구를 명명하는 협회는 헤벨리우스(Hevelius)라는 라틴 어 이름으로 알려진 요하네스 회벨케(Johannes Höwelcke, 1611~1687년)가 설립했다. 단치히의 맥주 양조업자이자 지역 정치인인 그는 달 지도 제작에 많은 시간을 헌신해 1647년에 유명한 책인 『월면도(*Selenographia*)』를 출간했다. 망원경으로 관찰한 달의 외양에 대한 지도를 인쇄하는 데 사용할 동판을 손으로 아로 새기면서, 헤벨리우스는 묘사된 각 부분들에 어떤 이름을 붙이느냐는 문제와 대면했다. 어떤 사람들은 성서에 등장하는 인물들의 이름을 붙이자고 제안했다. 또 다른 사람들은 철학자와 과학자의 이름을 지지했다. 헤벨리우스는 달의 지형과 수천 년 전의 원로와 선지자 사이에 아무런 논리적인 연결성이 없다고 느꼈으며, 어느 철학자와 과학자에게 영예를 돌리느냐를 놓고, 특히 그들이 현존 인물일 경우 상당한 논란이 있을지도 모른다는 점 역시 걱정했다. 보다 신중한 방침을 취하기로 한 그는 달에서 눈에 잘 띄는 산과 계곡에 비슷한 지구의 지형을 따서 이름을 붙였다. 그 결과 달에 아펜니노 산맥, 피레네 산맥, 코카서스 산맥, 쥐라 산맥, 아틀라스 산맥과 알프스 계곡까지 등장했다. 이 이름들은 여전히 사용되고 있다.

갈릴레오는 달의 어둡고 평평한 지역들이 바다라고, 그러니까 진짜 물이 차 있는 대양이고 분화구들이 빽빽이 박혀 있는 밝고 더 거친 지역들은 대륙이라고 여겼다. 이 바다는 주로 마음의 상태나 자연의 조건에 따라 이름을 지었다. 추위의 바다(Mare Frigoris), 꿈의 호수(Lacus Somniorum), 위난의 바다(Mare Crisium), 무지개의 만(Sinus Iridum), 맑음의 바다(Mare Serenitatis), 폭풍의 대양(Oceanus Procellarum), 구름의 바다(Mare Nubium), 풍요의 바다(Mare Fecunditatis), 소용돌이의 만(Sinus Aestuum), 비의 바다(Mare Imbrium)와 고요의 바다(Mare Tranquillitatis) 같은 시적이고 낭만적인 이름들이 달처럼 사람이 지내기 특별히 힘든 환경에 붙었다. 아쉽게도 달의 바다는 바싹 말라 있으며 미국의 아폴로 임무와 (구)소련의 달 탐사 계획에서 채취한 표본들은 과거에도 그곳에 물이 차 있던 적이 전혀 없었음을 시사한다. 그곳은 결코 달 위에 있는 바다도 만도 호수도 무지개도 아니었다. 그러나 이 이름들은 오늘날에도 존속한다. 달의 표면에서 자료를 수집해 돌아온 첫 우주 탐사선인 루나 2호는 비의 바다에 착륙했다. 10년 후, 우리의 자연 위성에 최초로 발을 디딘 인간인 아폴로 11호의 우주 비행사들은 고요의 바다에서 자료를 수집했다. 갈릴레오가 이 사실을 알았다면 매우 놀라고 기뻐했으리라.

헤벨리우스의 불안감에도 불구하고, 조반니 바티스타 리치올리(Giovanni Battista Riccioli, 1598~1671년)는 1651년에 출판한 『알마게스툼 노붐(*Almagestum Novum*)』에서 달의 분화구들에 과학자와 철학자들의 이름을 붙였다. 이 책의 제목은 '새로운 『알마게스트』'라는 뜻인데, 『알마게스트』는 프톨레마이오스의 필생의 역작이었다. ('알마게스트'라는 겸손한 제목은 '최대의'라는 뜻이다.) 리치올리는 단순히 개인적으로 선호하는 이름을 분화구에 표시해 지도를 출판했으며 선례들과 그가 선택한 이름 중 상당수가 이후에도 별다른 이의 없이 사용되었다. 리치올리의 책은 갈릴레오가 죽은 뒤 9년 후 출간된 것으로 그 후 분화구 이름을 다시 지을 기회는 분명 충분히 있었다. 그럼에도 불구하고 천문학자들은 갈릴레오에 대해 당혹스러운 정도로 박한 평가를 유지했다. 갈릴레이 분화구보다 2배 더 큰 분화구는 예수회 사제인 막시밀리안 헬(Maximilian Hell, 1720~1792년)의 이름을 따서 '헬'이라고 불린다.

가장 놀라운 달의 분화구들 중 하나는 지름이 약 228.5킬로미터인 클라비우스(Clavius)로 영화 「2001 스페이스 오디세이(2001: A Space Odyssey)」에서 가상의 달 기지가 건설된 곳이었다. 클라비우스는 예수회의 또 다른 일원이자 프톨레마이오스의 지지자였던 크리스토펠 슐뢰셀

(Christoffel Schlüssel, 1538~1612년)의 라틴 어 이름이다. (독일어 schlüsel와 라틴 어 clavius는 모두 열쇠라는 뜻이다.) 갈릴레오는 다른 예수회 사제인 크리스토퍼 샤이너(Christoph Scheiner, 1575~1650년)와 태양 흑점의 발견에 대한 우선권과 흑점의 특성을 두고 오랫동안 논쟁을 벌였다. 이 논쟁은 격렬한 사적 적대감으로까지 발전했으며 많은 과학사 학자들은 이것이 갈릴레오의 가택 연금과 그의 책을 금지한 일, 종교 재판에서 고문의 위협을 가해 그가 코페르니쿠스의 이전 저작들은 이단이며 지구는 움직이지 않는다고 자백하게 만드는 데 기여했다고 여긴다. 샤이너는 지름이 약 112.7킬로미터인 달의 분화구로 기려졌다. 그리고 달의 지형들에 사람의 이름을 따서 붙이는 데 전적으로 반대했던 헤벨리우스는 자기 이름이 붙은 잘생긴 분화구를 가지게 되었다.

리치올리는 달에서 가장 눈에 잘 띄는 분화구들 중 3개에 튀코 브라헤(Tycho Brahe, 1546~1601년)와 케플러, 그리고 흥미롭게도 코페르니쿠스의 이름을 붙였다. 리치올리 자신과 그의 제자인 프란체스코 마리아 그리말디(Francesco Maria Grimaldi, 1618~1663년)는 달의 가장자리에 있는 큰 분화구를 받았으며 리치올리의 분화구는 지름이 약 171킬로미터이다. 다른 두드러진 분화구에는 프톨레마이오스 체계의 복잡성을 목도한 뒤 "만약 내가 천지창조 시에 존재했더라면, 신께 우주의 질서에 대해 몇 가지 유용한 제안들을 할 수 있었을 텐데."라고 말한 13세기 스페인의 군주, 카스티야의 알폰소 10세(Alfonso X, 1221~1284년)의 이름을 따서 '알폰수스(Alphonsus)'라는 이름이 붙었다. (700년 후 북대서양 건너편의 한 나라가 레인저 9호라고 불리는 기계를 달로 보냈고, 그것이 착륙하면서 달 표면에 대한 이미지들을 자동적으로 생산해 내다가 마침내 카스티야의 군주 이름을 딴, 알폰수스라는 오목한 땅에 추락했다는 사실을 알았더라면 알폰소 10세가 어떤 반응을 보였을지 상상하는 것도 재미있다.) 다소 덜 눈에 띄는 한 분화구에는 1596년에 미라(Mira)라는 별의 밝기가 주기적으로 달라진다는 사실을 발견한 다비트 골트슈미트(David Goldschmidt, 1564~1617년)의 라틴 어 이름인 파브리키우스(Fabricius)라는 이름이 붙었다. 이 발견은 아리스토텔레스가 옹호했고 교회의 지지를 받았던, 천계는 변하지 않는다는 견해에 맞서는 것이었다.

그러므로 17세기 이탈리아 천문학자들은 달의 이목구비를 이름 지을 때 갈릴레오에 대한 안 좋은 편견 때문에 교리와 교회 사제만을 편애하지 않았음을 알 수 있다. 달에서 명명된 대략 7,000군데의 지형지물들에서 어떤 일관된 패턴을 찾아내기는 어렵다. 율리우스 카이사르(Julius Caesar, 기원전 100~44년)와 빌헬름 1세(Wilhelm Ⅰ, 1797~1888년)처럼 천문학과 직접적이거나 분명한 연관성이 거의 없는 정치가들과 세상에 알려지지 않은 사람들의 이름을 딴 분화구들도 있다. 예컨대 지름이 약 80.5킬로미터인 부르첼바우어(Wurzelbaur) 분화구와 지름 약 49.9킬로미터인 빌리(Billy) 분화구가 그것이다. 작은 분화구의 이름은 대부분 근처에 있는 큰 분화구의 이름에서 파생되었다. 예를 들어 뫼스팅(Mösting) 분화구 근처에 있는 더 작은 분화구들은 뫼스팅 A, 뫼스팅 B, 뫼스팅 C 하는 식으로 명명되었다. 현존 인물의 이름을 따서 분화구를 명명하는 것을 금지한 현명한 규정은, 화해의 시대에 아폴로 달 탐사를 수행한 미국의 우주 비행사들에게 아주 작은 분화구들 몇 개를 배정한 경우와 지구 궤도에 남아 있던 (구)소련의 우주 비행사들에게 분화구들을 대칭적으로 배정한 경우에서처럼 아주 가끔씩만 위반되었다.

현재는 지구의 전문 천문학자들의 연합체인 국제 천문 연맹의 특별 위원회에 이 역할을 맡겨 천체 표면의 지형들과 천계의 다른 사물들에 일관되고 조리 있는 명칭을 부여하려고 한다. 미국의 레인저 탐사선이 상세히 조사한, 달의 '바다'들 중 아직 이름이 없는 만에는 지식의 바다(Mare Cognitum)라는 정식 명칭이 붙었다. 이것은 은근한 만족감이 아니라 승리감을 표현한 이름이다. 국제 천문 연맹의 숙고 과정이 항상 쉽지는 않다. 예를 들어 역사적으로 중요한 루나 3호 임무가 달 반대편을 찍은 (다소 또렷하지 않은) 첫 번째 사진들을 보내왔을 때, (구)소련의 발견자들은 자신들의 사진에 있는 길고 밝은 무늬에 '소비에트 산맥'이라는 이름을 붙이기를 바랐다. 지구의 주요 산맥 중에 이런 이름을 가진 것이 없었기 때문에 이 제안은 헤벨리우스의 관례와 충돌했다. 그럼에도 불구하고 루나 3호의 놀라운 업적에 경의를 표하기 위해 국제 천문학계는 그 제안을 받아들였다. 불행히도, 이후의 관측 자료들은 소비에트 산맥이 산맥이 아니라는 점을 보여 주었다.

관련 사례에서 (구)소련 대표들은 달의 뒷면에 있는 바다 2개(둘 다 달의 밝은 쪽에 있는 바다들과 비교할 때 매우 작다.) 중 하나를 모스크바의 바다(Mare Moscovience)라고 명명할 것을 제안했다. 그러나 서구 천문학자들은 모스크바가 자연 조건도 마음의 상태도 아니기 때문에 이 역시 관례에서 벗어난다고 반대했다. 이에 대응해 연변의 바다(Mare Marginis), 동쪽의 바다(Mare Orientale), 스미스의 바다(Mare Smythii)처럼 최근에 명명된 달의 바다들 — 지상에서 망원경으로 알아보기 어려운 달의 가장자리에 있는 바다들 — 도 이 관례를 꽤나 따르지 않았다는 점이 지적되었다. 완벽한 일관성은 이미 위배되었으므로 이 사안은 (구)소련의 제안을 지지하는 쪽으로 결정되었다. 1961년에 캘리포니아 주 버클리에서 열린 국제 천문 연맹 총회에서 프랑스의 오두앵 샤를 돌퓌스(Audouin Charles Dollfus, 1924~2010년)는 모스크바가 마음의 상태라고 공식적으로 결정했다.

우주 탐사는 이제 태양계 명명법의 문제를 몇 배나 키웠다. 최근의 경향 중 흥미로운 한 사례를 화성의 지형 명명에서 발견할 수 있다. 여러 세기 동안 지구에서는 붉은 행성에 있는 밝고 검은 표면의 무늬들을 보고 기록하고 지도에 표시해 왔다. 이 무늬들의 특성은 알려져 있지 않지만 그것들에 이름을 붙여 주려는 유혹은 거부할 수 없는 것이었다. 화성을 연구해 온 천문학자들의 이름을 붙이려는 시도들이 여러 번 수포로 돌아간 뒤, 이탈리아의 조반니 비르지니오 스키아파렐리(Giovanni Virginio Schiaparelli, 1835~1910년)와 프랑스에서 연구를 수행한 그리스 출신의 천문학자인 외젠 미셸 안토니아디(Eugène Michel Antoniadi, 1870~1944년. 그리스 어 표기로는 에우게니오스 미하일 안토니아디스(Eugenios Mihail Antoniadis)이다.)가 20세기의 전환기에 신화의 고전적인 인물과 장소의 이름을 따서 화성의 각 지역을 명명하는 위원회를 설립했다. 그래서 유토피아(Utopia)와 엘리시움(Elysium), 아틀란티스, 레무리아(Lemuria, 태평양 혹은 인도양에 있었다고 추정되는 '잃어버린 대륙'에서 가져온 이름이다. — 옮긴이), 에오스(Eos), 유크로니아(Uchronia, 추측건대 '좋은 시절'이라고 번역될 수 있다.)뿐만 아니라 토트네펜테스(Thoth-Nepenthes, 토트는 고대 이집트 신화에 나오는 지혜와 정의의 신이고, 네펜테스는 슬픔을 잊게 해 준다는 전설의 약이다. — 옮긴이), 멤논(Memnonia) 지대, 헤스페리아(Hesperia, 그리스 신화에서 이탈리아와 이베리아 반도를 지칭하는 말로 '저녁의 나라'라는 뜻이다. — 옮긴이), 북쪽의 바다(Mare Boreum)와 아키달리아의 바다(Mare Acidalium, 아키달리아는 미의 여신 아프로디테가 미녀들과 목욕했다는 샘이다. — 옮긴이) 같은 지명이 있다. 1890년의 학자들은 오늘날의 학자들보다 고전 신화를 훨씬 더 친숙하게 느꼈다.

화성의 변화무쌍한 표면은 미국이 보낸 매리너 탐사선들이 맨 처음으로 밝혀냈지만 그중에서도 1971년 11월부터 만 1년 동안 화성의 궤도를 돌며 표면을 근접 촬영한 사진 7,200장 이상을 지구로 무선 송신한 매리너 9호가 주된 역할을 했다. 예기치 않았던 색다른 세부 사항들이 풍

부하게 밝혀졌다. 여기에는 까마득히 높은 화산들과, 달에 있는 것과 비슷하지만 훨씬 더 심하게 침식된 분화구들, 그리고 아마도 까마득한 과거에 흐르는 물이 만들었을 것으로 추정되는 불가사의한 사행(蛇行) 계곡들이 포함된다. 이렇게 새로 발견된 지형에는 이름이 절실히 필요했고 성실한 국제 천문 연맹은 새로운 화성 명명법을 제안하기 위해 텍사스 주립 대학교의 제라르 드 보쿨뢰르(Gérard de Vaucouleurs, 1918~1995년)를 의장으로 하는 위원회를 구성했다. 화성 지명 명명 위원회에서는 여러 사람들이 새로운 이름을 편협하게 짓지 않으려고 진지하게 노력했다. 화성을 연구했던 천문학자들의 이름을 따서 주요 분화구들을 명명하는 것을 막을 수는 없었지만 직업과 국적의 범위가 의미 있게 확장될 수는 있었다. 그래서 지름이 약 96.6킬로미터 이상인 화성의 분화구들의 명칭은 중국 한나라 때의 천문학자인 이범(李梵)과 유흠(劉歆, ?~23년), 또 앨프리드 러셀 월리스와 울프 블라디미르 비시니액(Wolf Vladimir Vishniac, 1922~1973년), 세르게이 니콜라예비치 비노그라드스키(Sergei Nikolaievich Winogradsky, 1856~1953년), 라차로 스팔란차니(Lazzaro Spallanzani, 1729~1799년), 프란체스코 레디(Francesco Redi, 1626~1697년), 루이 파스퇴르(Louis Pasteur, 1822~1895년), 허먼 조지프 멀러(Hermann Joseph Muller, 1890~1967년), 토머스 헨리 헉슬리, 존 버던 샌더슨 홀데인(John Burdon Sanderson Haldane, 1892~1964년), 찰스 다윈 같은 생물학자들, 장 루이 루돌프 아가시(Jean Louis Rodolphe Agassiz, 1807~1873년), 알프레트 로타르 베게너(Alfred Lothar Wegener, 1880~1930년), 찰스 라이엘, 제임스 허턴과 에드아르트 쥐스(Eduard Suess, 1831~1914년) 같은 소수의 지질학자들, 그리고 심지어는 허버트 조지 웰스와 에드거 라이스 버로스, 스탠리 와인바움, 존 캠벨 2세 같은 몇몇 SF 소설가들의 이름을 따서 지었다. 화성에는 스키아파렐리와 안토니아디의 이름을 따서 지은 커다란 분화구들도 있다.

그러나 지구에는 어떤 개인들의 이름 목록으로 대표되는 것보다 훨씬 더 많은 문화들 — 천문학적인 전통이 존재했음을 알아볼 수 있는 문화들만 따져도 꽤 많다. — 이 존재한다. 이 내재된 문화적인 편향을 적어도 부분적이나마 상쇄하려는 시도에서 화성의 구불구불한 계곡들의 이름을 대체로 유럽 어가 아닌 다른 언어로 부르자는 나의 제안이 받아들여졌다. 표 1에 가장 두드러진 사례들을 실었다. 기이한 우연의 일치로 마딤(Ma'adim, 히브리 어)과 알 카히라(Al Qahira, 아랍 어, 전쟁의 신으로 카이로(Cairo)는 이 신의 이름을 따서 명명되었다.)는 바싹 붙어 있다. 바이킹이 맨 처음 착륙한 장소는 아레스(Ares), 티우(Tiu), 시무드(Simud)와 샬바타나(Shalbatana) 계곡의 합류 지점 근처에 있는 크라이세(Chryse) 평원이었다.

거대한 화성의 화산들에 대해서는 응고롱고로(Ngorongoro) 산이나 크라카타우(Krakatoa) 산 같은 지구의 주요 화산들 이름을 붙이자는 제안이 있었다. 이 제안은 천문학의 전통이 문서화되어 남아 있지 않은 문화

표 1. 맨 처음 명명한 화성의 계곡들.

이름	언어
알 카히라	이집트 아랍 어
아레스	그리스 어
아우카쿠(Auqakuh)	케추아 어(잉카)
후워싱(Huo Hsing)	중국어
마딤	히브리 어
망갈라(Mangala)	산스크리트 어
니르갈(Nirgal)	바빌로니아 어
카세이(Kasei)	일본어
샬바타나	아카드 어
시무드	수메르 어
티우	고대 영어

들도 화성에 등장하게 해 줄 것이다. 그러나 지구와 화성의 화산들을 비교할 때 '우리가 어느 응고롱고로에 대해 말하고 있는 거지?' 같은 혼란이 생길 수 있다는 반대에 부딪쳤다. 지구의 도시들에 대해서도 동일한 문제가 발생할 가능성이 존재하지만, 우리는 오리건 주의 포틀랜드를 메인 주의 포틀랜드와 절망적인 혼란에 빠지지 않고도 비교할 수 있다. 유럽의 어떤 석학이 또 다른 제안을 했는데, '몬스(Mons, 산)' 뒤에 로마 주요 신들의 이름을 적절한 라틴 어 소유격 형태로 붙여서 각 화산들의 이름을 만들자는 것이었다. 마르스 산(Mons Martes), 유피테르 산(Mons Jovis), 베누스 산(Mons Veneris)처럼 말이다. 나는 적어도 이들 중 맨 마지막 명칭이 꽤 다른 활동 분야에서 이미 사용되고 있다는 반대 이유를 댔다. (베누스 산은 여자의 음부를 지칭한다. — 옮긴이) 그러자 "아니요, 들어본 적 없어요."라는 응답이 왔다. 결론은 화성의 화산들을 인접한 밝고 어두운 무늬들을 따라 그리스 로마 시대의 명칭으로 이름짓자는 것이었다. 그래서 파보니스 산(Pavonis Mons)과 엘리시움 산(Elysium Mons), 그리고 태양계에서 가장 큰 화산에 잘 어울리게도 올림푸스 산(Olympus Mons)이 만들어졌다. 이 화산 이름들은 서구 전통을 굉장히 많이 따르고 있다. 하지만 최근에 지어진 명칭들은 대부분 이 전통과 상당히 단절되어 있다. 그리스 로마 시대를 환기시키지도, 19세기 서구의 천문학자나 유럽의 지형지물을 따르지도 않는 다수의 명칭들이 만들어졌다.

몇몇 화성과 달의 분화구들은 동일한 인물을 기려 이름이 지어졌다. 포틀랜드 사례처럼 말이다. 나는 이러한 상황이 실제로 혼란을 거의 야기하지 않으리라고 생각한다. 게다가 적어도 한 가지 유익한 점이 있다. 바로 오늘날 화성에는 갈릴레오라고 불리는 커다란 분화구가 있다는 점이다. 그 분화구는 프톨레마이오스라고 이름 붙은 분화구와 같은 크기이다. 또 화성에는 샤이너나 리치올리라는 이름이 붙은 분화구가 없다.

매리너 9호 임무의 또 다른 예기치 않은 결과는 다른 행성의 위성에 대한 근접 촬영 사진을 맨 처음으로 얻었다는 것이다. 지금은 화성의 두 달, 포보스와 데이모스(전쟁의 신 마르스의 수행원들이다.)의 표면 지형을 절반 정도 보여 주는 지도들이 존재한다. 내가 위원장으로 있었던 화성 위성 명명 소위원회는 포보스에 있는 분화구들에 그 위성을 연구했던 천문학자들의 이름을 부여했다. 포보스 남극에 있는 두드러진 분화구는 두 위성들을 발견한 에이서프 홀(Asaph Hall, 1829~1907년)의 이름을 땄다. 천문학의 야사에 따르면 홀은 화성 위성 탐색을 포기하기 직전 아내의 말을 듣고 망원경으로 돌아갔다고 한다. 바로 그는 이 위성들을 발견했고 그들에게 '공포(포보스)'와 '두려움(데이모스)'이라는 이름을 붙였다. 그런 이유로 포보스에 있는 가장 큰 분화구에는 홀 부인의 처녀 시절 이름인 앤젤리나 스티크니(Angelina Stickney)라는 이름이 붙었다. 스티크니 분화구를 만들어 낸 충돌 천체는 굉장히 커서 아마도 포보스에 엄청난 충격을 줬을 것이다.

데이모스의 지형들은 화성의 달에 대한 추측에 어떤 방식으로든 관여했던 작가들과 다른 사람들을 위해 남겨두었다. 가장 두드러진 지형 두 곳에는 조너선 스위프트(Jonathan Swift, 1667~1745년)와 프랑수아마리 아루에 볼테르(François-Marie Arouet Voltaire, 1694~1778년)의 이름을 붙였다. 그들은 추측에 근거한 모험 소설인 『걸리버 여행기(*Gulliver's Travel*)』와 『미크로메가스(*Micromégas*)』에서 화성 주위 두 달의 존재를 실제로 발견되기 전에 예상했다. 나는 데이모스의 세 번째 분화구에 벨기에의 초현실주의 화가인 르네 프랑수아 길랭 마그리트(René François Ghislain Magritte, 1898~1967년)의 이름을 붙이고 싶었다. 그의 그림인 「피레네의 성(Le Château des Pyrénées)」과 「현실감(Le Sens des Réalités)」에는 화성의 두 달들처럼 놀라움을 자아내는, 공중에 떠 있는 커다란 바위가 그려져 있다.

첫 번째 그림에는 성이 있지만 말이다. 지금까지 우리가 아는 바로는 포보스에는 성이 없다. 그러나 이 제안은 아쉽게도 투표에서 부결되었다.

지금은 행성 위 지형들에 영원히 이어질 이름을 지어 줄 역사적 시점이다. 분화구 이름은 일종의 기념비이다. 커다란 달과 화성, 달의 분화구들의 수명은 수십억 년에 이를 것이다. 이름을 붙여 주어야 할 표면 지형의 수가 최근 엄청나게 증가했기 때문에, 또한 천체들에 부여할 세상 떠난 천문학자들의 이름이 거의 다 소진되었기 때문에, 새로운 접근 방식이 필요해졌다. 1973년에 오스트레일리아 시드니에서 열린 국제 천문 연맹 총회에서는 행성 명명에 관한 문제를 주의 깊게 살피기 위해 여러 위원회를 설치하고 위원들을 임명했다. 한 가지 분명한 문제는, 만약 다른 행성들의 분화구에 이제 사람 말고 다른 범주의 이름을 붙이기 시작한다면 위성과 행성에는 천문학자들과 소수의 다른 인물들만 이름을 남기는 특권을 누리게 된다는 점이다. 수성의 분화구들을 새나 나비 혹은 도시나 고대의 탐험과 발견 도구의 이름을 따서 명명하는 일은 멋진 작업일 것이다. 그러나 이 방침을 받아들인다면, 미래의 태양계 지도와 교과서를 읽을 독자들은 우리가 천문학자와 물리학자만 존경하고, 시인이나 작곡가, 화가와 역사가, 고고학자와 극작가, 수학자와 인류학자, 조각가, 의사, 심리학자, 소설가, 분자 생물학자, 공학자와 언어학자에게는 관심이 없다는 인상을 받을 것이다. 이런 인물들을 아직 이름이 정해지지 않은 달의 분화구들로 기념하자는 제안은, 16세기 독일 수학자이자 천문학자인 바르톨로마이우스 피티스쿠스(Bartholomaeus Pitiscus, 1561~1613년)에게는 지름 약 83.7킬로미터의 분화구를 배정하고, 표도르 미하일로비치

도스토옙스키(Fyodor Mikhailovich Dostoevsky, 1821~1881년)나 볼프강 아마데우스 모차르트(Wolfgang Amadeus Mozart, 1756~1791년)나 우타가와 히로시게(歌川広重, 1797~1858년)에게는 지름이 약 0.16킬로미터인 분화구들을 배정하는 결과를 낳을 것이다. 이 결과가 명명자의 식견이나 지적인 연대 정신을 잘 말해 줄 것이라고 생각하지 않는다.

오래 지속된 논쟁 끝에, (구)소련 천문학자들의 활발한 지지에 상당 부분 힘입어, 이러한 관점이 넓게 퍼졌다. 그 결과, 하와이 주립 대학교의 D. 모리슨이 의장으로 있는 수성 명명 위원회는 수성의 충돌 분화구들의 이름을 작곡가, 시인, 작가 들을 따서 짓기로 결정했다. 그래서 주요 분화구들에 요한 제바스티안 바흐(Johann Sebastian Bach, 1685~1750년)와 호메로스, 무라사키 시키부(紫式部, 973~1014/1025년)의 이름이 붙었다. 대개 서구 출신 천문학자들로 구성되는 위원회가 세계 문화 전체를 대표하는 이름들을 선택하기는 어렵다. 모리슨의 위원회는 적절한 음악가들과 비교 문학 전문가들에게 도움을 요청했다. 가장 성가신 문제는 예를 들어 중국 한나라 음악을 작곡한 사람들과 나이지리아 베닌 청동판(Benin Bronze)을 만든 사람들, 콰키우틀(Kwakiutl) 족의 토템 폴(totem pole)을 조각한 사람들과 멜라네시아의 민족 서사시들을 엮은 사람들의 이름을 찾아내는 일이었다. 그러나 이러한 정보를 얻는 데 시간이 오래 걸릴지라도 시간은 충분할 것이다. 매리너 10호의 수성 사진들은 오직 행성 표면의 절반만을 다루고 있는데도, 명칭을 부여해야 하는 특징적인 지형들을 새로 발견했다. 나머지 반구에 있는 분화구들을 사진으로 찍어 명명하기까지는 많은 시간이 걸릴 것이다.

덧붙여, 수성에는 특별한 목적 때문에 다른 종류의 이름이 추천되는 지형이 몇 군데 있다. 작은 분화구 위로 경도 20도 선이 통과하는 지형에 대해 매리너 10호의 텔레비전 실험자들은 아즈텍 산수의 바탕이

되는 수 '20'에 해당하는 아즈텍 어인 '훈 칼(Hun Kal)'이라는 이름을 제안했다. 또 그들은 어떤 면에서는 달의 바다에 비견될 만큼이나 엄청나게 움푹 파인 지형을 열을 뜻하는 라틴 어를 어원으로 한 칼로리 분지(Caloris basin)라고 부르자는 제안도 했다. (수성은 매우 뜨겁다.) 마지막으로 이 이름들은 전부 수성의 지형들에만 적용된다. 지상에서만 관측을 했던 과거 세대 천문학자들에게 희미하게 언뜻 보였던, 밝고 어두운 무늬들은 아직 지도에 확실히 표기되지 않았다. 그 무늬들이 지도에 표기되면 새로운 이름들이 제안될 것이다. 이 문제와 관련해 안토니아디는 여러 이름을 제안했는데, 그중 일부 — '헤르메스 트리스메기스투스의 고독(Solitudo Hermae Trismegisti)'처럼 — 는 괜찮게 들리며 아마도 결국 유지될 것으로 보인다. (수성 서경 45도 남위 45도의 지형에 이 명칭이 사용되었다. — 옮긴이)

금성 표면에 대한 사진 지도는 없다. 이 행성이 불투명한 구름들로 계속 뒤덮여 있기 때문이다. 그럼에도 불구하고 지구의 지상에 설치된 레이더가 금성 표면의 지형들을 지도로 만들고 있다. 분화구와 산, 그 외 보다 낯선 특징을 가진 다른 지형들이 있다는 점은 이미 명백하다. 베네라 9호와 10호가 이 행성의 표면 사진을 얻는 데 성공했다는 사실은 언젠가 금성 대기의 더 낮은 곳까지 날아 내려간 항공기나 기구로부터 사진을 전송받게 되리라는 뜻이다.

금성에서 발견된 눈에 잘 띄는 첫 번째 지형들은 레이더를 많이 반사하는 지역으로 알파, 베타, 감마 같은 겸손한 이름들을 받았다. 매사추세츠 공과 대학(MIT)의 고든 페텐길(Gordon Pettengill, 1926~2021년)이 의장으로 있는 금성 명명 위원회는 현재 금성 표면의 지형들에 대해 두 가지 범주의 이름들을 제안한다. 한 범주는 전파 기술의 개척자들 이름을 따자는 것이다. 그들은 레이더 기술의 발전을 이끈 연구를 수행했고 이 기술들 덕분에 금성 표면 지도를 만들 수 있었다. 패러데이와 맥스웰, 하인리히 루돌프 헤르츠(Heinrich Rudolf Hertz, 1857~1894년), 벤저민 프랭클린(Benjamin Franklin, 1706~1790년), 구글리엘모 마르코니(Guglielmo Marconi, 1874~1937년)를 예로 들 수 있다. 다른 범주는 행성 이름 자체에서 제안된 것으로 여성 이름을 따자고 한다. 처음에는 여성에게 헌정된 행성이라는 발상이 성차별적으로 보일지도 모른다. 그러나 나는 진실은 그 정반대라고 생각한다. 역사적인 이유로, 여성들은 다른 행성들에서 현재 기념되고 있는 종류의 직업들에 종사하지 못했다. 지금까지 그 이름이 분화구 명명에 사용된 여성들의 수는 매우 적다. 스크워도프스카(Sklodowska, 퀴리 부인의 처녀 시절 성)와 스티크니, 천문학자인 마리아 미첼(Maria Mitchell, 1818~1889년), 선구적인 핵물리학자인 리제 마이트너(Lise Meitner, 1878~1968년), 무라사키 시키부와 몇몇이 더 있을 뿐이다. 다른 행성들에서는 직업상의 제약 때문에 여성의 이름이 앞으로도 어쩌다 한 번 사용되겠지만, 금성은 그렇지 않을 수 있다. 이 제안은 여성의 역사적인 기여를 충분히 인지하게 해 줄 유일한 제안이다. (그러나 반갑게도 이러한 규정이 일관되게 적용되지는 않을 것이다. 나는 수성이 경영인들로 뒤덮인 모습도 화성이 장군들로 뒤덮인 모습도 보고 싶지 않다.)

전통적으로 여성들은 화성과 목성의 궤도 사이에서 태양을 돌고 있는 험난한 금속성 바위들의 모임인 소행성대의 이름을 붙이는 데 활용되어 왔다. (15장 참조) 트로이 전쟁의 영웅들을 따서 이름을 지은 특정 소행성 범주를 제외한 모든 소행성들에는 여성의 이름이 붙었다. 처음에 그 이름들은 우라니아(Urania)와 세레스, 키르케(Circe), 판도라(Pandora) 같은, 대체로 그리스 로마 신화에 나오는 여성들의 이름이었다. 쓸 만한 여신들이 점점 줄어들자 범위가 넓어져 사포(Sappho)와 디케(Dike), 비르기니아(Virginia)와 실비아(Sylvia)를 포함하게 되었다. 그 뒤 발견의 수문이 열려 천문학자들의 아내, 어머니, 자매와 정부, 증조모 이름을 다 써버리자 그들은 실제 후원자나 희망하는 후원자의 이름에 여성형 어미를 덧붙여, 예를 들어 록펠러리아(Rockefelleria)처럼, 소행성들의 명칭을 짓기 시작했다. 지금까지 2,000개 이상의 소행성들이 발견되었으며, 상황은 다소 절박해졌다. 그러나 비서구권의 전통들은 거의 건드리지 않았기 때문에, 앞으로 소행성대에 붙일 바스크 어와 암하라 어(현대 에티오피아의 공용어. ─ 옮긴이), 아이누(Ainu) 족, 도부(Dobu) 족과 !쿵(!Kung) 족의 여성 이름은 아주 많다. 이집트 인과 이스라엘 인 사이의 긴장 완화를 기대하며 캘리포니아 공과 대학(California Institute of Technology, Caltech)의 엘리너 프랜시스 '글로' 헬린(Eleanor Francis 'Glo' Helin, 1932~2009년)은 자신이 발견한 소행성을 라샬롬(Ra-Shalom, 라는 이집트의 태양신이며 샬롬은 히브리 어로 화평을 뜻한다. ─ 옮긴이)으로 부르자고 제안했다. 상황을 어떻게 보느냐에 따라 문제가 더 커질 수도 있다. 우리가 곧 근접 촬영한 사진들을 얻게 될 수도 있기 때문이다. 그 사진에는 명명이 필요할지도 모르는 소행성 표면의 세부 사항들이 드러나 있을 것이다.

지금까지 소행성대 너머 외행성계의 행성들과 커다란 위성들에 설명적이지 않은 이름이 부여된 적은 없다. 예를 들어 목성에는 대적점과 북반구 적도 띠(North Equatorial Belt)는 있지만, 말하자면 스메들리(Smedley)라고 불리는 지형은 없다. 목성을 볼 때 우리는 목성의 구름을 보는 것이다. 그 구름을 스메들리라고 명명하는 것은 그다지 적합하지 않으며, 적어도 스메들리를 아주 오랫동안 기념하는 방법은 아닐 것이다. (스메들리는 미국의 군인이자 반전 운동가인 스메들리 달링턴 버틀러(Smedley Darlington Butler,

1881~1940년)를 말한다. — 옮긴이) 대신, 외행성계를 명명하는 작업에서 현재 주된 문제점은 목성의 위성들에게 무슨 이름을 붙이느냐이다. 토성과 천왕성, 해왕성의 위성들은 납득이 되거나 아니면 적어도 잘 알려져 있지 않은 신화의 이름들을 갖고 있다. (표2 참조) 그러나 목성의 위성 14개가 놓인 상황은 다르다.

목성의 큰 위성 4개는 갈릴레오가 발견했다. 당대의 신학자들은 다른 행성들에는 달(위성)이 없다는 아리스토텔레스와 성서의 발상이 모호하게 혼합된 주장을 확신하고 있었다. 이 입장과는 정반대되는 갈릴레오의 발견은 당시의 근본주의 성직자들을 당황시켰다. 아마도 비난을 회피하려는 노력에서 갈릴레오는 이 위성들을 자신에게 자금을 대준 메디치 가문의 이름을 따서 "코시모의 별들(*Cosmica Sidera*)"이라고 불렀다. 그러나 갈릴레오의 후손들은 더 현명했다. 이 위성들은 이제 '갈릴레오 위성'이라고 불린다. 비슷한 맥락에서 영국의 프레더릭 윌리엄 허셜(Frederick William Herschel, 1738~1822년)은 일곱 번째 행성을 발견했을 때 그 행성을 조지라고 부르자고 제안했다. 만약 더 지혜로운 지도자들이 많지 않았더라면, 조지 3세(George Ⅲ, 1738~1820년)의 이름을 따서 지은 주행성(major planet)이 오늘날에도 존재했을 것이다. 대신 우리는 이 행성을 천왕성이라고 부른다.

갈릴레오와 동시대인이자 갈릴레오 위성들에 대한 발견의 우선권을 놓고 논쟁을 벌였던 시몬 마리우스(Simon Marius, 1573~1625년. 달에 있는 지름 약 43.5킬로미터의 분화구로 그를 기렸다.)가 이 위성들에 그리스 신화에 등장하는 이름들을 부여했다. 마리우스와 케플러는 천계의 사물들을 실제 사람, 특히 정치적인 인물의 이름을 따서 명명하는 일이 극히 현명하지 못하다고 여겼다. 마리우스는 이렇게 썼다. "나는 미신 없이 신학자들의 승인을 받아 일을 진행하기를 원한다. 제우스는 특히 시인들에게 불의의

표 2. 외행성의 위성들.

행성	위성
토성	야누스(Janus)
	미마스
	엔셀라두스(Enceladus)
	테티스(Tethys)
	디오네(Dione)
	레아(Rhea)
	타이탄(Titan)
	히페리온(Hyperion)
	이아페투스(Iapetus)
	포에베(Phoebe)
해왕성	트리톤(Triton)
	네레이드(Nereid)
천왕성	미란다(Miranda)
	아리엘(Ariel)
	엄브리엘(Umbriel)
	티타니아(Titania)
	오베론(Oberon)
명왕성	카론(Charon)

사랑을 저질렀다는 비난을 받았다. 이들 중 특히 세 처녀들이 잘 알려져 있다. 제우스를 비밀스럽게 갈망하고 얻었던 이들은 바로 이오와 …… 칼리스토, ……, 유로파(Europa)이다. 그러나 그가 훨씬 더 열렬하게 사랑했던 상대는 미소년인 가니메데였다. …… 그래서 나는 그 빛의 화려함 때문에 첫 번째 위성을 이오, 두 번째를 유로파, 세 번째를 가니메데, 마지막으로 네 번째를 칼리스토라고 이름 지었을 때 내가 잘못하지 않았다고 생각한다."

그러나 1892년에 에드워드 에머슨 바너드(Edward Emerson Barnard, 1857~1923년)는 이오 안쪽을 도는 목성의 다섯 번째 위성을 발견했다. 바너드는 이 위성을 다른 어떤 이름이 아니라 '목성 V(Jupiter V)'라고 불러야만 한다고 단호히 주장했다. 그 후 바너드는 자신의 입장을 고수했으며, 최근까지도 현재 알려져 있는 목성의 14개의 위성들 가운데 오직 갈릴레오 위성들만이 국제 천문 연맹이 공식적으로 인정한 이름을 가지고 있다. 아무리 불합리해 보일지라도, 사람들은 숫자보다 명칭을 더 강하게 선호한다. (이러한 선호는 대학 회계 담당자들이 자신들을 '오직 숫자'로만 여기는 것을 거부하는 대학생들의 태도에서, 자신들이 정부에게 사회 보장 번호로만 알려진다는 사실에 많은 시민들이 보이는 분노에서, 교도소와 정치범 수용소에서 수감자들의 사기를 꺾고 그들을 비하하기 위해 수감자들을 구분하는 수단으로 오직 숫자만 배정하는 방식을 체계적으로 시도한다는 사실에서 분명히 예시된다.) 바너드의 발견 이후 곧 카미유 플라마리옹(Camille Flammarion, 1842~1925년)이 목성 V에 대해 아말테아(Amalthea)라는 이름을 제안했다. (아말테아는 그리스 신화에서 아기 제우스에게 젖을 먹인 염소이다.) 염소의 젖을 먹는 행위는 정확하게는 불륜 행위가 아니지만 이 프랑스 천문학자에게는 둘이 충분히 비슷해 보였음에 틀림없다.

뉴욕 주립 대학교 스토니 브룩 캠퍼스의 토비아스 오언(Tobias Owen, 1936~2017년)이 위원장으로 있는, 국제 천문 연맹의 목성 명명 위원회는 목성 VI에서 목성 XIII까지에 대해 일련의 이름들을 제안했다. 두 가지 원리가 선택 기준이었다. 첫 번째, 선택된 이름은 제우스(유피테르)의 '불의의 사랑'과 관련된 이름이어야 하지만 소행성을 명명하며 그리스 로마 신화를 끈기 있게 추려 냈던 사람들이 놓칠 만큼 잘 알려지지 않은 이름은 제외한다. 두 번째, 위성이 목성 주위를 시계 방향으로 도느냐(순행 위성), 반시계 방향으로 도느냐(역행 위성)에 따라 a나 e로 끝나야만 한다. 그러나 적어도 몇몇 고대 그리스 로마 전문가들의 견해로는, 이 이름들은 당혹스러울 정도로 잘 알려져 있지 않으며 제우스(유피테르)의 아주 유명한 연인들 중 상당수를 목성계에 표시하지 않는 결과를 가져온다. 이 결과는 제우스(유피테르)에게서 너무나 자주 배신당했던 그의 아내 헤라(Hera 또는 유노(Juno))를 전혀 고려하지 않았다는 점에서 특히 가슴 아프다. 분명히, 그녀는 사회 통념에 어긋나야 한다는 조건에 들어맞지 않는다. 다음 표 3에는 헤라뿐만 아니라 유명한 연인들 대부분을 포함하는 대안적인 이름들도 같이 제시했다. 이 이름들 중에는 소행성의 이름과 중복되는 것도 있을 것이다. 어쨌든 4개의 갈릴레오 위성들에 대해서는 이미 이런 상황이 사실이며, 이것으로 인해 야기될 수 있는 혼란은 무시할 수 있는 수준이다. 반면, 숫자만으로 충분하다는 바너드의 입장을 지지하는 사람들도 있다. 그중에 목성 XIII과 XIV를 발견한, 캘리포니아 공과 대학의 찰스 토머스 코월(Charles Thomas Kowal, 1940~2011년)•이 유명하다. 이 세 가지 입장 모두 나름의 장점을 지니는 것처럼 보인다. 이 논쟁이 어떻게 진행될지 지켜보는 과정은 흥미로울 것이다. 적어도 우리는 목성의 위성에 있는 지형들에 이름을 붙이는 일을 두고 서로 경쟁하는 제안들의 장점을 아직 판단할 필요가 없다. (2020년 현재 목성의 위성은 모두 79개가 발견되었다. 1975년 이후 20세기에 발견된 위성들에는 IAU의 명명 위원회가 정한 규칙에 따라 이름이 붙었다. 2001년에 발견된 목성 XXXIV, 에우포리에 이후에는 제우스(주피터)

• 코월은 천왕성과 토성의 궤도 사이에서 태양 둘레를 공전하는 매우 흥미로운 작은 천체를 최근 발견하기도 했다. 아마도 그것은 새로운 소행성대의 일원 중 가장 큰 천체일 것이다. 코월은 이 소행성을 그리스 신화의 많은 신들과 영웅들을 교육시킨 켄타우로스(Centauros)의 이름을 따서 키론(Chiron)이라고 부르자고 제안했다. 만약 토성 궤도를 가로지르는 다른 소행성들이 발견된다면, 그들의 이름은 다른 켄타우로스의 이름을 따서 붙이면 된다. (목성과 해왕성 사이에서 발견된 소행성군을 센타우루스군(Centaur)이라고 부르게 되었다. 소행성과 혜성의 성질을 가진 이 천체들은 세이건의 예상대로 켄타우로스들의 이름을 따서 명명된다. — 옮긴이)

표 3. 목성 위성들에 제안된 이름들.

목성의 위성		국제 천문 연맹 위원회가 제시한 이름들	여기서 제안하는 대안들
J	V	아말테아	아말테아
	VI	히말리아(Himalia)	마이아(Maia)
	VII	엘라라(Elara)	헤라
	VIII	파시파에(Pasiphae)	알크메네(Alcmene)
	IX	시노페(Sinope)	레토(Leto)
	X	리시테아(Lysithea)	데메테르(Demeter)
	XI	카르메(Carme)	세멜레(Semele)
	XII	아난케(Ananke)	다나에(Danae)
	XIII	레다	레다
	XIV	-	-

의 딸의 이름이 붙는다. 그리고 세이건이 표에서 제안하지 못한 목성 XIV의 이름은 테베이다. — 옮긴이)

그러나 시간이 많이 남지는 않았다. 목성과 토성, 천왕성과 해왕성에서 지금까지 알려진 위성들은 31개이다. (2020년 현재 202개이다. — 옮긴이) 그중 어떤 것도 근접 촬영을 하지 못했다. 최근 외행성계에 있는 위성들의 이름을 모든 문화의 신화에 등장하는 인물들의 이름을 따서 짓자는 결정이 내려졌다. 그러나 곧 보이저 탐사선이 토성의 고리에 더해, 이 위성들 중 약 10분의 1에 대한 고해상도 이미지를 확보할 것이다. 외행성계에 있는 작은 천체들의 표면적의 총합은 수성과 금성, 지구와 달, 화성과 포보스, 데이모스의 표면적을 모두 합친 것을 훨씬 능가할 것이다. 결국 인류의 직업과 문화가 모두 표현될 수 있는 충분한 기회가 있을 것이며 어쩌면 인간이 아닌 종들의 이름 역시 사용될 수 있을 것이다. 오늘날 살아 있는 전문 천문가들의 수는 지금까지 인류 역사에 기록되었던 천문가들의 수를 통틀은 것보다 아마도 더 많을 것이다. 나는 우리 중 상당수가 외행성계에, 즉 칼리스토에 있는 분화구에, 타이탄에 있는 화산에, 미란다에 있는 산등성이에, 핼리 혜성에 있는 빙하의 이름으로 기려질 것이라고 추측한다. (이것과 별개로, 혜성들은 발견한 사람의 이름을 받는다.) 나는 때때로 배치가 어떻게 될지, 최대의 라이벌들이 서로 다른 세계에 떨어져 놓이게 될지, 협력해서 발견을 해낸 사람들이 나란히 놓인 분화구의 바위벽들에 함께 자리를 잡을지 궁금하다. 정치인이나 철학자는 이름으로 사용되기에 너무 논란의 여지가 많다는 이의가 계속 있었다. 개인적으로는 애덤 스미스(Adam Smith, 1723~1790년)와 카를 마르크스(Karl Marx, 1818~1883년)라고 불리는 거대한 분화구 2개가 이웃해 놓인 모습을 보게 되면 무척 즐거울 것 같다. 태양계에는 사망한 정치 지도자들과 군사 지휘자들을 수용할 만큼 천체들도 충분히 있다. 높은 가격을 제시한 사람에게 분화구 이름을 팔아서 천문학 연구비로 쓰자고 주장하는 사람들도 있지만 이 의견은 다소 지나친 듯하다. (칼 세이건은 소행성 2709의 이름으로 기려졌다 — 옮긴이)

외행성계의 명칭들에 관해서는 특이한 문제가 있다. 그곳에 있는 천체들의 상당수는 지름이 수십에서 수백 킬로미터에 달하지만 마치 폭신폭신한 눈송이나 커다란 얼음으로 만들어진 것처럼 밀도가 극히 낮다. 이 천체에 사물이 충돌하면 분화구가 생기겠지만, 얼음 속에 있는 분화구들은 아주 오래 지속되지는 않을 것이다. 최소한 외행성계에 있는 일부 천체들에서는 이름 붙은 지형들이 일시적으로만 존재할지도 모른다. 어쩌면 그것은 다행인지도 모른다. 이러한 사실은 우리에게 정치가나 다른 사람들에 대한 견해를 수정할 기회를 주고 국가적인 혹은 이념적인 열정이 태양계의 명명 작업에 지나치게 반영되었다 싶으면 최종적으로 되돌릴 수 있는 기회를 줄 것이다. 천문학의 역사는 천계의 명칭에 대한 제안들 중에 꽤 많은 것들이 잘 묵살되었음을 보여 준다. 예를 들어 1688년에 예나 대학교의 에르하르트 바이겔(Erhard Weigel, 1625~1699년)은 보통의 황도대 별자리(사람들이 당신에게 무슨 '별자리'인지 물을 때 염두에 두는 사자자리, 처녀자리, 물고기자리, 물병자리 등)를 수정할 것을 제안했다. 바이겔은 대신 "문장의 하늘(heraldic sky)"을 제안했으며, 유럽 왕가의 수호 동물들, 예를 들어 영국을 대표하는 사자와 유니콘 같은 것으로 오래된 별자리 이름을 대체하자고 주장했다. 나는 오늘날 고도로 발전한 항성 천문학에 17세기에 나온 이 아이디어가 적용된 모습을 상상하기도 싫다. 만약 이 제안이 묵살되지 않았다면 우리 하늘은 당시 존재했던 민족 국가들의 문장 200개로 뒤덮여 있을 것이다.

태양계 명명 문제는 근본적으로는 정밀 과학의 과제가 아니다. 그것은 역사적으로 편견과 맹목적인 애국주의에 부딪쳤으며 언제나 선견지명이 부족했다. 그러나 자축하기에는 조금 이를지도 모르지만, 천문학자들이 최근 명칭에서 편협성을 없애고 전 인류를 대표하도록 만들기 위한 어떤 주요한 조치들을 취하기 시작한 것 같다. 이것이 무의미하고 적어도 힘들기만 하며 보상은 받지 못하는 작업이라고 생각하는 사람들이 있다. 그러나 우리 중 일부는 이 작업이 중요하다고 확신한다. 먼 미래의 후손들은 수성의 타는 듯이 뜨거운 표면에 놓인 풍경과 화성 계곡의 둑 옆에 있는 풍경과 타이탄의 화산 경사면에 위치한 풍경과 암흑이 계속되는 하늘에 태양이 한 점 밝은 빛으로 빛나는 머나먼 명왕성의 얼어붙은 풍경 속에 놓인 자신들의 거주지에서 우리가 붙인 이름을 사용하게 될 것이다. 우리와 우리가 소중히 여기고 매우 좋아하는 것들에 대한 그들의 생각은 우리가 오늘날 위성과 행성의 이름을 어떻게 짓느냐에 크게 의존할지도 모른다.

12장

태양계의 생명체

"길에 아무도 안 보여요."
앨리스가 말했다.
"나도 그런 눈이 있었으면 좋겠어."
왕이 불만스러운 목소리로 말했다. "그러면 아무도 안 볼 수 있을 텐데 말이야! 그것도 이렇게 먼 거리에서! 아니, 나는 이런 빛에서는 진짜 사람을 보기도 힘들거든."

—루이스 캐럴, 『거울 나라의 앨리스』

300년도 더 전에 델프트의 안톤 판 레이우엔훅(Anton van Leeuwenhoek, 1632~1723년)은 신세계를 탐험했다. 그는 최초의 현미경으로 건초를 달인 물 한 방울을 관찰했고 거기서 떼 지어 몰려 있는 작은 생물들을 발견하고 상당히 놀랐다.

> 1676년 4월 24일, 우연히 이 물을 관찰하고 나는 그 안에서 믿을 수 없을 만큼 굉장히 많은 다양한 종류의 극미동물(animalcule)들을 보며 엄청나게 놀랐다. 그중에서도 일부는 다른 것들보다 폭이 서너 배나 더 넓었다. 그들의 전체적인 두께는 내 판단으로는 이의 몸을 덮고 있는 작은 털 하나보다 두껍지 않았다. 머리 앞쪽에는 매우 짧고 가는 다리들이 달려 있었다. (머리를 알아볼 수는 없었지만, 움직이는 동안 그 부분이 항상 앞으로 나아갔기 때문에 그곳을 머리라고 지칭한다.) …… 맨 뒷부분 근처에서 투명한 작은 방울이 나왔다. 나는 이 부분이 약간 갈라져 있다고 판단했다. 이 극미동물들은 굉장히 귀여웠고, 움직이며 돌아다니는 동안, 종종 곳곳에서 굴러 떨어졌다.

이 굉장히 작은 '극미동물'들을 이전에는 누구도 본 적이 없었다. 그러나 레이우엔훅은 그들이 살아 있다는 것을 어렵지 않게 알아볼 수 있었다.

2세기 후 루이 파스퇴르는 레이우엔훅의 발견으로부터 질병의 세균

원인론을 발전시켰고 현대 의학의 중요한 기반을 구축했다. 레이우엔훅의 목적은 전혀 실질적이지 않았고 탐험적이며 모험적이었다. 정작 그는 자신의 연구가 미래에 현실적으로 응용될 것이라고 전혀 짐작하지 못했을 것이다.

1974년 5월에 영국 왕립 협회는 "외계 생명체에 대한 인식(Recognitions of Alien Life)"이라는 제목의 토론회를 열었다. 지상의 생명체는 자연 선택을 통한 진화라고 알려진, 느리고 길며 복잡한 단계적인 변화를 통해 발달해 왔다. 이 과정에서 우연이 중요한 역할을 한다. 일례로 우주 공간에서 날아온 우주선 입자나 자외선 광자의 작용으로 불시에 유전자 돌연변이가 일어나거나 달라지는 경우를 들 수 있다. 지상의 모든 유기체들은 주변 자연 환경의 예측할 수 없는 변화들에 절묘하게 적응했다. 환경이 극히 별스럽고 색다른 우연적 요인들이 작용하는 다른 행성에서는 생명의 진화가 지구와는 매우 다르게 일어났을지도 모른다. 만약 우리가, 예를 들어 화성에 우주 탐사선을 착륙시킨다면, 그 지역에 서식하는 생명체들을 알아볼 수나 있을까?

왕립 협회 토론에서 강조되었던 또 다른 주제는 다른 곳의 생명은 그 '불가능성' 때문에 알아볼 수 있다는 것이었다. 일례로 나무를 보자. 나무들은 길고 가느다란 구조물이며 지상에 드러난 부분은 위쪽이 아래쪽보다 더 크다. 몇천 년 동안 물과 바람에 깎인다면, 대부분의 나무가 쓰러질 것은 쉽게 알 수 있다. 그들은 역학적으로 불균형한 상태에 있는, 있을 법하지 않은 구조물들이다. 윗부분이 무거운 모든 구조물들을 전부 생물이 만들어 내지는 않았다. 예를 들어 사막에는 작은 받침대 뒤에 바위가 얹혀 있는 버섯바위가 있다. 그러나 만약 우리가 서로 매우 닮은, 위쪽이 무거운 구조물들을 상당히 많이 관찰할 수 있다면, 그것들이 생물에서 비롯되었는지 합리적으로 추측할 수 있을 것이다. 레이우엔훅의 극미동물도 마찬가지이다. 거기에는 서로 굉장히 닮은 매우 복잡하고 극히 있을 법하지 않은 존재들이 많이 있었다. 이전에 결코 그것들을 본 적이 없음에도 우리는 그것들이 생물이라고 정확히 추측한다.

생명의 정의와 본성에 대한 면밀한 논쟁들은 계속되었으며, 가장 성공적인 정의는 진화 과정을 언급하는 것이다. 그러나 우리는 다른 행성에 착륙해 주위에서 어떤 사물들이 진화하는지 보려고 기다리지 않는다. 우리에게는 그럴 시간이 없다. 생명에 대한 탐색은 훨씬 더 실질적인 측면들을 취한다. 이 요지는, 왕립 협회 토론에서 장황하고 두서없는 형이상학적인 막연한 이야기들이 놀랄 만큼 많이 오고 간 뒤, 피터 브라이언 메더워(Peter Brian Medawar, 1915~1987년) 경이 일어나, "여러분, 이 방에 있는 사람 모두 산 말과 죽은 말의 차이점을 알고 있습니다. 그러니 제발 헛수고를 멈춥시다."라고 말하고 나서야, 다소 재치 있게 제시되었다. 메더워와 레이우엔훅은 의견이 일치했다.

그러나 태양계의 다른 세계에 나무나 극미동물이 있을까? 간단히 말해 아직 알지 못한다. 가장 가까운 행성에서도 지구에 있는 생명체를 사진으로 추적하는 일은 불가능하다. 미국이 보낸 탐사선 매리너 9호와 바이킹 1, 2호가 화성과 가장 가까운 지점에서 수행한 궤도 관측에서도 화성에 있는 지름 100미터 이하의 작은 세부 사항들은 보이지 않았다. 외계 생명체가 존재한다는 가설을 열성적으로 지지하는 사람조차도 화성의 코끼리가 100미터에 이를 것이라고 예상하지는 않기 때문에 중요한 실험들은 아직 행해지지 않고 있다.

현재 우리는 다른 행성의 물리적인 환경을 살펴 그들이 생명체 ― 지구에서 알고 있는 것들과는 다소 다른 형태일지도 모른다. ― 가 살 수 없을 만큼 혹독하지는 않은지 평가하고, 보다 온화한 환경 조건에서는 어쩌면 존재할지도 모르는 생명체에 대해 추측할 수 있을 뿐이다. 한 가지 예외가 앞으로 간략히 논의할 바이킹 착륙선의 결과이다.

생명체가 살기에는 너무 뜨겁거나 너무 차가운 장소가 있을 수 있다. 만약 온도가 섭씨 몇천 도 정도로 매우 높으면 유기체를 구성하는 분자들이 기능을 멈출 것이다. 따라서 태양은 생명의 서식지에서 제외하는 것이 관례이다. 반면, 만약 온도가 너무 낮다면, 유기체 내부의 대사 작용을 이끄는 화학 반응들이 지나치게 느리고 답답한 속도로 진행될 것이다. 이런 이유로 명왕성의 얼어붙은 폐허들도 생명의 서식지에서 제외되었다. 그러나 낮은 온도에서도 상당한 속도로 진행되지만, 지구의 화학자들이 섭씨 -230도의 실험실에서 일하기 싫어서, 철저히 검토하지 않은 화학 반응들이 있을지도 모른다. 우리는 이 문제에 대해 지나치게 배타적인 시각을 취하지 않도록 주의해야만 한다.

태양계의 거대한 외행성들인 목성, 토성, 천왕성과 해왕성은 온도가 매우 낮기 때문에 보통 생명의 서식지에서 제외된다. 그러나 그 온도는 그 행성 대기 상층부 구름의 온도이다. 이 행성들의 대기 아래쪽 더 깊은 곳에서는 지구의 대기권에서처럼 훨씬 더 온화한 조건과 마주치게 될 것이다. 그곳에는 유기 분자들도 풍부히 존재할 것으로 보인다. 결코 그들을 제외할 수는 없다.

인간은 산소를 좋아하지만 산소가 독인 생물들도 많기 때문에 산소는 권장 사항이 아니다. 산소가 태양의 빛을 받아 생성된, 얇은 오존층 보호막이 지구 대기에 존재하지 않는다면, 우리는 태양에서 오는 자외선에 순식간에 새까맣게 타 버릴 것이다. 그러나 다른 세계에는 자외선 햇빛 가리개나 근자외선 복사에 둔감한 생명의 분자들이 있을 수도 있다. 이러한 생각들은 단지 우리의 무지를 분명히 보여 줄 뿐이다.

태양계의 여러 세계들 사이의 중요한 차이점은 대기층의 두께이다. 대기층이 완전히 없는 경우에는 생명체를 상상하기가 매우 어렵다. 지구에서처럼 다른 행성의 생물들도 태양 빛으로 인해 생겨난 것이 틀림없다고 우리는 상상한다. 우리 별에서는 식물들이 햇볕을 먹고 동물들이 이 식물들을 먹는다. 지상의 모든 생물이 (어떤 상상할 수 없는 재앙으로 인해) 지하에서 생활하게 된다면 식량 저장고가 고갈되자마자 곧 생명이 멈출 것이다. 어떤 행성에서든 기본 생물인 식물들은 태양을 보아야만 한다. 그러나 행성에 대기가 없다면 자외선 복사뿐만 아니라 엑스선과 감마선, 태양풍이 몰고온 하전 입자들이 아무런 방해 없이 행성 표면으로 떨어져 식물들을 지질 것이다.

나아가 대기는 생물에게 필요한 기본 분자들이 고갈되지 않도록 물질 교환이 이루어지는 데 꼭 필요하다. 지구에서는, 예를 들어 녹색 식물이 노폐물인 산소를 대기 중으로 방출한다. 인간처럼 호흡을 하는 많은 동물이 산소를 들이마시고 이산화탄소를 내뱉으며 다시 식물이 그 이산화탄소를 흡수한다. 이 영리한 (그리고 아주 힘들게 진화한) 식물과 동물 사이의 평형 상태가 없었더라면 우리는 산소나 이산화탄소를 순식간에 다 썼을 것이다. 이 두 가지 이유 — 방사선 방호와 분자 교환 — 로 대기는 생명에 꼭 필요한 것처럼 보인다.

태양계 내에 있는 세계 중 일부는 대기층이 굉장히 얇다. 예를 들어 달 표면의 대기압은 지구 대기압의 1조분의 1보다 작다. 아폴로 우주선의 비행사들은 달 앞면의 여섯 군데를 조사했으나 위쪽이 무거운 구조물도 느릿느릿 움직이는 야수들도 전혀 발견하지 못했다. 그들은 달에서 표본을 거의 400킬로그램 채취해서 지구의 실험실에서 꼼꼼하게 조사했다. 그 안에는 극미동물도, 미생물도 없었고 유기 화합물도 거의 없었으며 심지어 물조차 없었다. 우리는 달에 생명체가 없을 것이라고 예상했으며 실제로도 그래 보인다. 태양과 가장 가까운 행성인 수성은 달과 비슷하다. 대기층이 극히 얇아서 틀림없이 생물을 부양할 수 없다. 외행성계에는 수성이나 달 크기의 큰 위성들이 많으며 이들은 (달과 수성처럼) 돌과 얼음으로 이루어져 있다. 목성의 두 번째 위성인 이오는 이 범주로 분류된다. 이오의 표면은 일종의 불그스름한 염분 침전물로 덮여 있는 것처럼 보인다. 우리는 이오에 대해 아는 바가 거의 없다. 그러나 대기압이 매우 낮기 때문에 이 위성에도 생명체는 존재하지 않을 듯하다.

일부 행성들은 적당한 대기층을 갖고 있다. 가장 친숙한 사례로 지구를 들 수 있다. 여기서는 생명체가 대기 조성을 결정하는 데 중요한 역할을 했다. 산소는 녹색 식물의 광합성 과정을 통해 생산되지만 질소는 세균이 만들어 낸다고 여겨진다. 산소와 질소는 합쳐서 대기의 99퍼센트를 구성하며 이 비율은 지구 생명체들에 의해 대규모로 재정비되어 온 듯하다.

화성의 대기압은 지구의 약 0.5퍼센트이며 대기는 주로 이산화탄소로 구성되어 있다. 또 산소와 수증기, 질소, 그 외의 기체 들이 소량 존재한다. 화성의 대기가 생물에 의해 재정비되지 않았음은 분명하지만 그곳에 생명체가 없다고 결정할 수 있을 만큼 우리는 화성을 잘 알지 못한다. 대기의 밀도는 생명체가 존재하기에 충분하며, 토양과 극관에는 물이 풍부하고 장소에 따라 이따금 온도가 적절한 수준에 이르기도 한다. 심지어 지구의 몇몇 미생물 종들이 화성에서 매우 잘 살아남을 수도 있다. 매리너 9호와 바이킹 호는 이 행성에서 수백 개의 말라붙은 강바닥을 발견했으며, 이것은 지질학적 시간으로 최근에 물이 풍부하게 흐른 시기가 있었음을 분명히 보여 준다. 이 세계는 탐구를 기다리고 있다.

적절한 대기를 보유하고 있는 세 번째 사례는 다소 덜 친숙한 장소로 토성의 가장 큰 위성인 타이탄이다. 타이탄의 대기 밀도는 화성과 지구의 중간 정도인 듯하다. 대기는 대개 수소와 메테인으로 구성되어 있으며, 복잡한 유기 분자로 이루어져 있는 듯한 불그스름한 구름들이 빈틈

없이 그 위를 덮고 있다. 타이탄은 멀리 떨어져 있기 때문에 최근에 와서야 우주 생물학자들의 흥미를 끌었지만 그 관심은 오랫동안 강하게 지속될 것으로 보인다.

대기 밀도가 매우 높은 행성들은 특별한 문제를 제기한다. 지구처럼 그 행성들의 대기도 위가 차고 아래가 더 따뜻하다. 그런데 대기가 매우 두꺼우면, 아래쪽 온도가 생물이 살 수 없을 정도로 몹시 뜨거워진다. 금성의 표면 온도는 섭씨 480도 정도이며, 목성형 행성은 섭씨 수천 도에 이른다. 우리는 이 행성들의 대기에 수직풍이 물질들을 위아래로 힘차게 운반하는 대류가 있다고 생각한다. 고온 때문에 그 행성의 표면에 생명체가 있는 모습은 아마도 상상할 수 없을 것이다. 구름 속 환경은 완벽하게 온화하지만 대류는 구름 속에서 사는 가상의 생물들을 아래쪽 깊숙이 운반해 가서 새까맣게 태울 것이다. 확실한 해결책은 두 가지이다. 어쩌면 그곳에 행성의 냄비 속으로 운반되는 동안 빠르게 번식하는 작은 생물들이 있을지도 모른다. 아니면 부력을 지닌 생물이 있을 수도 있다. 지구의 물고기도 비슷한 용도의 부레를 지니고 있다. 우리는 주로 수소로 채워진 풍선을 가진 생물이 금성과 목성형 행성들에 존재하는 모습을 상상할 수 있다. 금성에서는 그들이 온도가 적당한 위치를 떠다니려면 몸길이가 최소한 몇 센티미터면 되지만, 목성에서는 같은 목적을 위해 몸길이가 적어도 수 미터에 달해야 한다. (이것은 각각 탁구공과 기상 관측 기구의 크기에 해당한다.) 이러한 '짐승'들이 실재하는지는 알 수 없지만 물리학과 화학, 생물학에서 알려진 바에 어긋나지 않게 그들의 행동과 생태를 구상해 보는 작업은 나름 흥미롭다.

어쩌면 우리는 20세기가 끝나기 전에 생명이 다른 행성에 정착할 수 있는지 심하게 모르고 있는 상태에서 벗어날 수 있을지도 모른다. 현재 이 후보 행성들 중 상당수를 화학적, 생물학적으로 조사하려는 계획이 진행 중이다. 그 첫 단계가 미국의 바이킹 임무였다. 레이우엔훅이 건초에서 적충류(infusoria)를 발견한 날로부터 거의 300년 뒤인 1976년 여름, 바이킹 호는 화성에 자동화된 정교한 실험실 2개를 내려놓았다. 바이킹 호는 부근에서 상층부가 무거운 기이한 구조물들을 전혀 발견하지 못했고(그들이 어슬렁거리며 지나가는 모습도 보지 못했으며) 유기 물질들을 검출해 내지도 못했다. 미생물의 물질 대사에 대한 세 가지 실험 중 두 가지는 두 군데 착륙 장소 모두에서 실시되었는데 긍정적으로 보이는 결과물들을 반복해서 산출해 냈다. 이 결과가 무엇을 뜻하는지는 여전히 활발히 논의되고 있다. 우리는 이 바이킹 착륙선들이 행성 표면적의 100만분의 1 이하에 해당되는 지역만을, 심지어 사진으로만 면밀하게 조사했다는 사실을 기억해야만 한다. 특히 현미경을 비롯해 보다 정교한 관측 기기와 표면 차(roving vehicle, 행성 표면 이동 차량. '로버'라는 용어가 지금은 익숙하다. — 옮긴이)를 활용해 더 많은 관측을 수행할 필요가 있다. 그러나 바이킹이 얻은 결과물이 모호한 특성을 지님에도 불구하고 이 임무는 다른 세계에서 생명을 진지하게 조사한 인류 역사상 첫 번째 시도를 대표한다.

앞으로 수십 년 안에, 화성 표면을 더 세부적으로 연구할 뿐만 아니라, 탐사선이 금성과 목성, 토성의 대기 속을 떠다니며 조사를 수행하고, 착륙선이 타이탄에 내릴 가능성이 있다. 20세기하고도 1970년대에 행성 탐사와 우주 생물학의 새로운 시대가 시작되었다. 우리는 놀라운 지적 흥분과 모험의 시대에 살고 있다. 이 시대에는 레이우엔훅에서 파스퇴르까지의 발전이 보여 주듯이, 실질적으로 커다란 이익을 약속하는 노력이 한창 진행 중이다.

13장

타이탄,
토성의 불가사의한 달

타이탄에서,
수소 담요로 몸을 녹인
얼음이 이랑진 화산들은
냉정한 심장에서 건져 올린
암모니아를 내뿜는다.
유동 자산(liquid asset)과 동결 자산(frozen asset)으로
수성보다 더 큰, 심지어 원시 지구와 다소 비슷한,
아스팔트 평원과 뜨거운 광물 연못으로 이루어진
제국을 유지한다. 그러나
나는 얼마나 타이탄의 물을 마시고 싶었는지,
그 매연으로 뒤덮인 하늘 아래,
선홍색의 엷은 안개로 대지가 흐릿해지고
구름들이
떠돌아다니는 자궁들처럼,
높이 솟아올라 떼를 지어 몰려다니며
원시의 진한 수프를 마구 퍼붓는 그곳에서
생명이 대기하고 있는 동안에.

—다이앤 애커먼, 『행성』, 1976년

타이탄이라는 단어는 평상시 흔히 사용하는 말이 아니다. 태양계에서 친숙한 천체들의 목록을 훑어볼 때 우리는 대개 타이탄을 유념하지 않는다. 그러나 지난 몇 년 동안 토성의 이 위성은 미래의 탐사에 주요한 의미를 지니는 보기 드물게 흥미로운 장소로 등장했다. 타이탄에 대한 최신 연구는 타이탄이 (적어도 밀도의 측면에서) 태양계의 다른 어떤 천체들보다 지구와 비슷한 대기를 갖고 있다는 점을 밝혀냈다. 이 사실만으로도 다른 세계에 대한 탐사를 본격적으로 시작할 때 타이탄에 새로운 의의를 부여할 수 있다.

조지프 베버카와 제임스 엘리엇, 그리고 코넬 대학교의 다른 사람들이 행한 최신 연구에 따르면, 타이탄은 토성의 가장 큰 위성일 뿐만 아니라, 지름이 약 5,800킬로미터에 이르는, 태양계에서 가장 큰 위성이기도 하다. 타이탄은 수성보다 크며 화성과 크기가 거의 비슷하다. 그런데도 이 행성은 토성 주위를 돌고 있다.

우리는 외행성계의 주요한 두 행성인 목성과 토성을 조사해 타이탄의 특성에 대한 몇 가지 단서들을 얻을 수 있을지도 모른다. 이 두 행성은 모두 일반적으로 불그스름하거나 갈색이 도는 천연색을 띠고 있다. 즉 지구에서 보이는 이 행성들의 구름 상층은 주로 이 빛깔을 띤다. 대기와 구름에 있는 무언가가 푸른색과 자외선을 강력하게 흡수하기 때문에 우리에게 반사되어 보이는 빛은 주로 붉은빛이다. 사실, 외행성계에는 두드러지게 붉은빛을 띠는 물체들이 많다. 타이탄은 지구로부터 13억 킬로미터 정도 떨어져 있으며 목성의 갈릴레오 위성들보다 각 크기가 작기 때문에 우리는 타이탄의 컬러 사진을 갖고 있지 않지만 광전자 연구는 이 위성이 실제로도 매우 붉다는 사실을 알려 준다. 한때 이 문제를 고민했던 천문학자들은 화성이 붉은 것과 같은 이유로 타이탄도 붉다고 생각하고 있다. 그러나 타이탄이 붉은 이유는 목성과 토성이 붉은 이유와 다를지도 모른다. 우리는 이 행성들의 단단한 표면을 아직 보지 못했다.

1944년에 제러드 카이퍼는 타이탄을 둘러싼 메테인 대기를 분광기로 추적했다. 대기가 발견된 첫 번째 위성이었다. 그 후 메테인이 존재한다는 것이 사실로 확인되었고, 텍사스 주립 대학교의 로런스 트래프턴(Lawrence Trafton)은 타이탄에 적어도 수소 분자가 존재함을 암시하는 증거도 제시했다.

우리는 관측된 스펙트럼의 흡수 특성을 만들어 내는 데 필요한 최소한의 기체량을 알고 있고 타이탄의 질량과 반지름으로부터 표면 중력을 계산해 낼 수 있어서 대기압의 최솟값을 추론할 수 있다. 대기압은 10밀리바(mb) 정도로 지구 대기압의 약 1퍼센트이며 화성의 대기압보다 높다. 타이탄은 태양계에서 지구와 대기압이 가장 비슷하다.

프랑스 뫼동 천문대(Meudon Observatory)에서 오두앵 돌퓌스는 타이탄을 안시용 망원경으로 가장 잘 관측했을 뿐만 아니라 유일하게 관측했다. 그는 대기가 안정된 순간을 망원경으로 지켜보면서 손으로 그림을 그렸다. 돌퓌스는 변동이 심한 부분들을 관측하고 타이탄에서 위성의 자전 주기와는 상관없는 일들이 일어나고 있다는 결론을 내렸다. (달의 한 면이 지구를 향해 고정되어 있듯이 타이탄도 한쪽 면이 항상 토성을 향하고 있다고 여겨진다.) 돌퓌스는 타이탄에 최소한 군데군데 구름이 있을지도 모른다고 추측했다.

타이탄에 대한 우리의 지식은 최근에 돌연 비약적으로 발전했다. 천문학자들은 작은 물체들의 편광 곡선(polarization curve)을 얻는 데 성공했다. 처음에는 편광되지 않은 햇빛이 타이탄에 떨어졌다가 반사되면서 편광된다는 점을 이용했다. 편광을 추적하는 기구는 원칙적으로는 편광 렌즈 선글라스와 비슷하지만 훨씬 정교하고 민감하다. 편광되는 양은 타이탄이 '만월일' 때와 '만월에 가까울' 때 사이에서 다소 상이 변화할 때 측정한다. 여기서 얻은 편광 곡선을 실험실에서 얻은 편광 곡선과 비교함으로써 편광을 일으키는 물질의 양과 조성에 대한 정보를 얻을 수 있다.

베버카가 타이탄을 맨 처음으로 편광 관측한 결과는 타이탄에서 반사된 태양 빛이 구름에서 반사되었을 가능성이 크며 단단한 표면에서 반사되지는 않았다는 점을 나타낸다. 타이탄에 우리가 보지 못하는 하층 대기권과 표면이 존재한다는 점은 분명하다. 불투명한 구름 마루(cloud deck, 구름의 꼭대기 부분 또는 높이 솟아올라 구름의 머리 부분이 뚜렷한 구름. — 옮긴이)와 그 위에 가로 놓인 대기를 우리는 보지 못한다. 타이탄은 붉게 보이며, 우리는 타이탄에서 구름 마루만을 볼 수 있다. 따라서 이 논증에 따르면 타이탄에는 붉은 구름이 있는 것이 틀림없다.

이 개념에 대한 추가 증거는 천체 관측 위성으로 측정한 타이탄에서 반사된 자외선의 양이 극히 적다는 사실에서 온다. 자외선의 밝기를 작게 유지시키는 유일한 방법은 대기 높은 곳에 자외선을 흡수하는 물체들이 있는 것이다. 그렇지 않으면 대기 분자들로 인한 레일리 산란(Rayleigh scattering)으로 타이탄은 자외선 속에서 밝아질 것이다. (공기 중 미세한 부유 물질이 일으키는 레일리 산란은 붉은빛보다는 푸른빛을 선호하며, 이것이 지구의 하늘이 푸른빛을 띠는 원인이다.)

자외선과 보랏빛을 흡수하는 물질은 반사된 빛 속에서 붉게 보인다. 그러므로 타이탄을 덮고 있는 아주 넓은 구름에 대해서는 서로 독립적인 두 가지(만약 우리가 돌퓌스의 손 그림을 믿는다면 세 가지) 증거가 있다. 그런데 여기서 아주 넓다는 말은 무슨 의미일까? 편광 자료와 일치하려면 타이탄의 90퍼센트 이상이 구름에 덮여 있어야만 한다는 이야기이다. 타이탄은 짙은 붉은 구름으로 뒤덮여 있는 것처럼 보인다.

두 번째로 놀라운 발전은, 케임브리지 대학교의 D. A. 앨런(D. A. Allen)과 미네소타 대학교의 T. L. 머독(T. L. Murdock)이 10~14마이크로미터의 파장에서 관측된 타이탄의 적외선 방출이 태양열로만 데워졌을 때 기대되는 수치보다 2배 이상 크다는 사실을 발견했을 때 시작되었다. 타이탄은 너무 작아서 목성이나 토성처럼 내부에 커다란 에너지원을 가질 수 없다. 그러므로 행성에서 방출되는 적외선의 양이 유입되는 가시광선의 양과 균형을 이루는 지점까지 표면 온도가 상승하는 온실 효과만이 이 결과에 대한 유일한 설명인 것 같았다. 지구의 표면 온도를 어는점 이상으로 유지시키고 금성의 온도를 섭씨 480도로 유지시키는 것도 온실 효과이다.

그렇다면 타이탄에서 온실 효과를 유발하는 것은 무엇일까? 지구와 금성에서처럼 이산화탄소와 수증기일 가능성은 없다. 이 기체들은 타이탄에서는 대개 얼어붙어 있을 것이기 때문이다. 나는 몇백 밀리바(지구 해수면 기준 대기압이 1,000밀리바이다.)의 수소가 충분한 온실 효과를 일으킬 것이라고 추정했다. 그러나 이 수치는 실제로 관측된 수소의 양보다 더 많기 때문에 구름이 특정 단파의 빛은 덜 통과시키고 더 긴 파장의 빛은 거의 통과시키는 것이 틀림없다. NASA 에임스 연구소의 제임스 폴락은 메테인 몇백 밀리바도 온실 효과를 일으키기에 충분한 양이며 나아가 타이탄의 적외선 방출 스펙트럼의 세부 사항들을 몇 가지 설명해 줄 수 있다고 추정했다. 이 많은 양의 메테인은 구름 아래에 숨어 있는 것이 틀림없다. 온실 효과 모형은 타이탄에 존재한다고 여겨지는 기체들만을 가지고 만들어졌다는 장점이 있다. 물론 이 두 가지 기체가 모두 중요한 역할을 하고 있을 수도 있다.

고인이 된 로버트 대니얼슨(Robert Danielson)과 그의 프린스턴 대학교 동료들은 이 대안 모형을 제안했다. 그들은 타이탄의 상층 대기권에서 관측된 적은 양의 단순한 탄화수소들 — 에테인, 에틸렌과 아세틸렌 등 — 이 태양에서 오는 자외선을 흡수해 상층 대기권을 데운다고 주장한다. 그렇다면 우리가 보는 적외선은 대기의 뜨거운 상층부에서 나오는 것이지 행성 표면에서 나오는 것이 아니다. 이 모형에서는 불가사의하게 따뜻한 표면도, 온실 효과도, 수백 밀리바의 대기압도 가정할 필요가 없다.

어느 관점이 맞을까? 현재로서는 누구도 모른다. 이 상황은 금성의 전파 밝기 온도가 높다고 알려지자 전파의 방출이 행성의 뜨거운 표면에서 일어나는지 아니면 대기의 뜨거운 부분에서 일어나는지를 놓고 (적절히) 맹렬한 토론이 이루어졌던 1960년대 초의 금성 연구를 연상시킨다. 전파는 구름과 대기층에서 밀도가 가장 높은 부분을 제외한 모든 물질을 통과하기 때문에 우리가 이 위성의 전파 밝기 온도를 믿을 수 있게 측정할 수 있다면 타이탄 문제는 해결될 수 있다. 코넬 대학교의 프랭크 브리그스(Frank Briggs)는 웨스트버지니아 주 그린뱅크에 있는 국립 전파 천문대(National Radio Astronomy Observatory)의 거대한 간섭계(interferometer)를 사용해 이 값을 맨 처음으로 측정했다. 브리그스가 발견한 타이탄의 표면 온도는 섭씨 45도 정도의 불확실성을 가진, 섭씨 -140도이다. 온실 효과가 없을 때의 온도는 섭씨 -185도 정도로 예상된다. 그러므로 브리그스의 관측 결과는 타이탄의 온실 효과가 규모가 꽤 크며 대기의 밀도가 높다는 점을 제시하는 것처럼 보이지만 측정값의 확률 오차 역시 온실 효과가 전혀 일어나지 않는 경우를 허용할 만큼 상당히 크다.

그 뒤 다른 두 전파 천문학 연구 집단의 관측에서는 브리그스의 결과보다 더 높거나 더 낮은 값을 얻었다. 더 높은 쪽에 속하는 온도는 놀랍게도 지구의 추운 지역의 온도와 비슷할 정도이다. 타이탄의 대기처럼 관측 상황도 흐리다. 우리가 레이더로 타이탄의 단단한 표면 크기를 측정할 수 있다면 문제가 해결될 수 있다. (광학적 측정은 우리에게 구름 꼭대기에서 구름 꼭대기까지의 거리를 알려 준다.) 타이탄으로 2대의 정교한 탐사선을 보낼 예정인 보이저 임무가 매우 가까운 미래인 1981년에 이 문제를 해결해 주기를 기다려야 할지도 모른다.

어떤 모형을 선택하든지 붉은 구름과 일치한다. 그러면 이 구름들은 무엇으로 만들어져 있을까? 메테인과 수소로 이루어진 대기를 취해서 그들에게 에너지를 공급해 주면, 다양한 유기 화합물들과 단순한 탄화수소 두 가지(대기 상층권에 대니얼슨이 말한 역전층(inversion layer)을 만들어 내는 데 필요한 종류와 비슷하다.)와 복잡한 탄화수소 한 가지를 만들어 낼 수 있다. 코넬의 연구실에서 비슌 나라인 카레(Bishun Narain Khare, 1933~2013년)와 나는 외행성계에 존재하는 것과 구성비가 같은 대기들에 자극을 주었다. 거기서 우리가 합성해 낸 복잡한 유기 분자들은 타이탄의 구름과 유사한 광학적인 특성들을 가진다. 우리는 이것이 타이탄에 유기 화합물들이 풍부하다는, 즉 대기 속에는 단순한 기체들이 있고 구름 속과 행성 표면에는 훨씬 더 복잡한 유기물들이 존재할 수 있다는 강력한 증거라고 생각한다.

타이탄의 아주 두꺼운 대기가 가진 문제는 중력이 약하기 때문에 가벼운 수소 기체는 솟구쳐 나올 것이라는 점이다. 이 상황을 설명할 수 있는 유일한 방법은 수소가 '정상 상태'에 있다고 보는 것이다. 즉 수소가 끊임없이 달아나지만 어떤 내부의 원천 — 아마도 화산일 가능성이 크다. — 을 통해 다시 채워진다는 것이다. 타이탄의 밀도는 매우 낮아서 그 내부는 거의 완전히 얼음으로 구성되어 있어야만 한다. 우리는 타이탄을 메테인과 암모니아, 얼음으로 만들어진 거대한 혜성으로 생각할 수 있다. 또한 붕괴되면서 주변을 데워 줄 방사성 원소들의 혼합물도 다소 있어야만 한다. MIT의 존 루이스(John S. Lewis, 1941년~)는 열전도 문제를 해결했다. 분명히 타이탄의 표면 근처는 내부가 '슬러시(slush)' 상태일 것이다. 메테인과 암모니아, 수증기는 내부에서 빠져나와 자외선에 분해되면서 대기 중으로 구름을 이루는 유기 화합물과 수소를 방출한다. 표면에는 돌 대신 얼음으로 구성되어 있는 화산이 있어서, 이따금 폭발해 녹은 암석이 아닌 녹은 얼음, 즉 메테인과 암모니아, 어쩌면 물로 이루어진 용암을 분출할지도 모른다.

수소들이 모두 달아날 경우 또 다른 결과가 초래된다. 타이탄에서는 탈출 속도에 도달하는 대기 분자가 토성에서는 대개 탈출 속도에 이르지 못한다. 그러므로 코넬 대학교의 토머스 맥도너(Thomas McDonough)와 작고한 닐 브라이스(Neil Brice)가 지적한 것처럼 타이탄에서 사라진 수소는 토성 주위에 수소 기체로 이루어진 널리 퍼진 환형면 혹은 도넛을 형성할 것이다. 이 예측은 매우 흥미로우며 원래는 타이탄에 대해 궁리된 것이었지만 다른 위성들에도 아마 적용할 수 있을 것이다. 파이오니어 10호는 이오 부근에서 목성 주변의 이러한 수소 환형면을 추적했다. 파이오니어 11호와 보이저 1, 2호가 타이탄 근처를 날 때 타이탄 토로이드(toroid, 도넛 모양의 원환체. — 옮긴이)를 감지할 수 있을지도 모른다.

타이탄은 외행성계에서 가장 쉽게 탐구할 수 있는 천체일 것이다. 이

오나 소행성들처럼 대기가 거의 없는 세계들은 대기를 통과할 때 생기는 감속 효과를 이용할 수 없기 때문에 착륙하는 데 문제가 있다. 목성과 토성처럼 거대한 행성들에서는 정반대의 문제점이 생긴다. 중력 때문에 가속도가 지나치게 크며 대기 밀도가 너무 빠르게 증가해서 타지 않고 대기로 진입할 수 있는 탐사선을 고안해 내기가 어렵다. 그러나 타이탄의 대기 밀도와 중력은 적당하다. 만약 타이탄이 조금 더 가까이 있었더라면 오늘날 우리는 십중팔구 탐사 로봇을 발사했을 것이다.

타이탄은 탐사하러 접근하기가 용이하다는 점을 갑자기 알아차리게 된 사랑스럽지만 밝혀지지 않은 유용한 세계이다. 근접 비행을 통해 이 세계를 지배하는 변수들을 전부 알아내고 구름 사이의 틈새를 찾을 수 있으며 탐사 로봇을 이용해 붉은 구름과 알려지지 않은 대기의 표본을 얻을 수 있다. 또 착륙선을 사용해 우리가 아는 그 무엇과도 다른 표면을 조사할 수도 있다. 타이탄은 지구에서 생명의 기원으로 이어졌을지도 모르는 많은 종류의 유기 화학 물질을 연구할 수 있는 놀라운 기회를 제공한다. 낮은 온도에도 불구하고 타이탄에 생명체가 존재할 가능성은 없다고 더 이상 단정할 수 없다. 이 천체 표면의 지질은 태양계 전체에서 아주 독특한 것일지도 모른다. 타이탄은 탐사가 이루어지기를 기다리고 있다. (1981년 보이저 2호의 근접 비행과 2004년 하위헌스 탐사선의 착륙으로 타이탄의 크기, 질량부터 대기 조성, 표면 상태, 표면 지도 등 많은 것이 밝혀졌다. 타이탄의 대기는 세이건의 기대대로 메테인과 에테인을 포함하고 있었고 지상 표면에는 액체 상태의 메테인으로 이루어진 비가 내리고, 호수와 바다도 형성되어 있는 것으로 밝혀졌다. 2026년 타이탄의 원시 생명 화학과 지구 외 거주 가능성을 탐사하기 위한 착륙선을 발사하는 계획인 드래곤플라이(Dragonfly) 계획이 준비 중에 있다. — 옮긴이)

14장

행성의 기후

지구의 대기에서
미지의 변화를 일으킨 것은
절정에 이른 조용한 기분이 아니었나요?

—로버트 그레이브스, 「만남」

3000만 년 전과 1000만 년 전 사이에 지구의 기온이 천천히 낮아져서 딱 몇 도 정도 내려간 것으로 보인다. 많은 동식물이 자신들의 생애 주기를 기온에 민감하게 적응시켰고 방대한 숲이 열대의 위도 쪽으로 물러났다. 숲이 후퇴하면서 몸무게가 겨우 몇 킬로그램밖에 나가지 않고 평생 이 가지에서 저 가지로 양손을 번갈아 매달면서 건너가며 두 눈으로 세상을 보는 작은 털북숭이 생명체들의 주거지가 사라졌다. 숲이 사라지면 대초원에서 생존할 수 있는 털북숭이 생명체들만 남을 것이다. 수천만 년 뒤에 이 생물은 두 집단의 후손을 남겼다. 그중 한 집단에는 사람이라고 불리는 종과 개코원숭이가 속한다. 우리는 자신의 존재를 평균적으로 겨우 몇 도 안팎에서 일어나는 기후 변화에 빚지고 있는지도 모른다. 이러한 변화는 일부 종은 보존하지만 다른 종은 절멸시킨다. 지구 생명체의 특징은 이러한 변화들에 강력한 영향을 받아 왔으며 오늘날에도 계속해서 기후가 변하고 있다는 사실은 점점 분명해지고 있다.

과거에 일어난 기후 변화를 보여 주는 징조는 많다. 어떤 방법으로는 먼 과거까지 조사할 수 있고 또 어떤 방법은 오직 제한적으로만 사용할 수 있다. 이 방법들의 신뢰도 역시 다양하다. 한 접근 방식은 100만 년 전의 과거에 유효할 수 있는데, 유공충(*Foraminifera*) 화석 껍데기의 탄산염 안에 들어 있는 동위 원소인 산소 18과 산소 16의 비를 조사한다. 오늘날 연구할 수 있는 몇몇 종들과 매우 비슷한 종에 속하는 이 생물의 껍데기는 자신들이 성장한 물의 온도에 따라 산소 18 대 산소 16의 비가 달라진다. 이것과 비슷한 방법은 동위 원소인 황 34와 황 32의 비에 근거한 것이다. 그 밖의 보다 직접적인 화석 지표들도 있다. 예를 들어 산호와 무화과나무, 야자나무가 널리 퍼져 있다는 것은 그 지역의 온도가 높았다는 의미이며 매머드처럼 덩치가 크고 털이 있는 짐승들의 유해가 풍부하게 발견된다는 사실은 온도가 낮았다는 뜻이다. 지질학적 기록에는 빙하 작용에 대한 광범위한 증거들이 가득하다. 얇고 커다란 얼음덩어리는 움직이면서 특징적인 바위와 침식의 자취를 남긴다. 증발암층(evaporite, 짠 물이 증발하며 염분을 남겨 놓은 지역)에 대한 지질학적인 증거도 분명하다. 이러한 증발은 따뜻한 기후에서 우선적으로 일어난다.

다양한 기후 정보들이 합쳐질 때, 온도 변화의 복잡한 패턴이 등장한다. 예를 들어 지구의 평균 온도는 한번도 물의 어는점 이하로 내려간 적이 없으며 물의 기준 끓는점에 접근한 적도 없다. 그러나 몇 도 정도의 변화는 흔하게 일어나며 섭씨 20~30도의 변화조차 적어도 국지적으로는 일어나는지도 모른다. 몇 도의 변동은 수만 년에 걸쳐 일어난다. 최근의 빙하기와 간빙기의 교대 역시 이 타이밍과 온도 진폭으로 일어났다. 그러나 이것보다 훨씬 더 긴 시간에 걸쳐 일어나는, 가장 길게는 대략 수억 년에 이르는 기후 변화도 있다. 6억 5000만 년 전과 2억 7000만 년 전 사이에는 따뜻한 시기가 있었던 것으로 보인다. 과거의 기후 변화 기준에 따르면 우리는 지금 빙하기의 한가운데에 살고 있다. 지구 역사의 대부분의 시간 동안에는 오늘날의 북극과 남극에서 볼 수 있는 것 같은 '영구적인' 만년설이 없었다. 우리가 보낸 지난 수백 년은 아직 설명되지 않은 기후의 작은 변수들이 초래한 빙하기가 허락한 짧은 탈출의 시간이었을지도 모른다. 지질학적 시간이라는 거시적인 관점에서 본다면, 우리 행성의 기온이 우리가 사는 지질 시대의 특징인 전 지구적으로 한랭한 온도로 급격히 되돌아갈 수도 있다는 조짐이 있다. 시카고 시가 있던 자리가 200만 년 전에는 1킬로미터 두께의 얼음 아래 묻혀 있었다는 사실은 정신이 번쩍 들게 한다.

무엇이 지구의 온도를 결정할까? 우주에서 보면 지구는 다양한 구름 조각들과 적갈색 사막들, 밝은 흰색의 극관들로 꾸민 회전하는 푸른 공이다. 지구를 데우는 에너지는 거의 오로지 태양 빛으로부터 오며, 태양에서 가시광선의 형태로 도달하는 에너지의 0.001퍼센트보다 작은 에너지가 뜨거운 지구 내부로부터 위로 전달된다. 그러나 지구가 유입되는 태양 빛을 전부 다 흡수하지는 않는다. 일부는 극지방의 얼음과 구름, 지표면의 바위와 물에 반사되어 우주로 되돌아간다. 지구의 평균 반사율 혹은 알베도는 위성에서 직접적으로, 또 달의 뒷면에서 반사되는 지구 반사광에서 간접적으로 측정했을 때 약 35퍼센트이다. 태양 빛의 65퍼센트는 지구에 흡수되어 쉽게 측정 가능한 온도까지 지구를 데운다. 이 온도는 섭씨 -18도 정도로 바닷물의 어는점 아래이며 지구의 평균 온도보다 약 30도 더 낮다.

이러한 차이는 이 계산이 이른바 온실 효과를 무시했기 때문이다. 태양에서 오는 가시광선은 지구의 투명한 대기를 통과해 지표면으로 전달된다. 그러나 지표면이 우주로 광선을 다시 방출할 때에는 적외선의 형태로 해야 한다는 물리 법칙의 제약을 받는다. 대기는 적외선을 그다지 잘 통과시키지 않으므로 적외선의 일부 파장들(6.2마이크로미터나 15마이크로미터)에서 복사는 겨우 몇 센티미터 이동한 뒤 대기 중의 기체에 흡수된다. 지구의 대기가 흐릿하고 여러 파장의 적외선들을 흡수하기 때문에 지표면에서 방출된 열복사는 방해를 받아 우주로 탈출하지 못한다. 지구가 태양에서 받는 복사와 우주로 방출하는 복사가 거의 동일해지는 선까지 지표면의 온도는 반드시 상승하게 된다. 온실 효과는 산소나 질소 같은 지구의 주요 대기 구성 성분이 아닌, 소량 존재하는 구성 성분들, 특히 거의 이산화탄소와 수증기 때문에 일어난다.

살펴본 것처럼, 금성은 아마도 많은 양의 이산화탄소와 그것보다는 적은 양의 수증기가 행성의 대기로 유입되어 행성 표면에 물이 액체 상태로 존재할 수 없을 정도로 온실 효과가 크게 일어난 경우일 것이다. 이런 이유로 행성의 온도는 극도로 높은 값 — 금성의 경우에는 섭씨 480도 — 까지 폭증한다.

지금까지 우리는 평균 온도에 대해서 이야기했다. 지구의 온도는 지역마다 다르다. 일반적으로 태양 빛은 적도에 수직으로 떨어지고 극지에서 비스듬히 기울어져 떨어지기 때문에 극지의 온도는 적도보다 더 낮다. 적도와 극지 사이의 온도가 크게 차이나는 경향은 대기의 순환을 통해 완화된다. 적도에서는 뜨거운 공기가 상승해 높은 고도에서 극지까지 이동하고 그곳에서 지표면으로 다시 가라앉는다. 이 낮은 고도에서 공기는 왔던 길을 되짚어 극지에서 적도까지 이동한다. 지구의 자전과 지형, 물의 상태 변화로 인해 복잡해지는 이 일반적인 움직임은 날씨의 원인이 된다.

오늘날 지구에서 관측되는 섭씨 15도 정도의 평균 온도는 태양 빛과 지구의 알베도, 자전축의 기울기와 온실 효과로 꽤 잘 설명된다. 그러나 이 요소들 전부 원칙적으로 달라질 수 있다. 과거 혹은 미래의 기후 변화는 그중 어느 하나에서 일어난 변화가 원인이다. 사실, 지구의 기후 변화에 대한 이론은 100여 개에 달하며 오늘날에도 이 주제에 대한 의견은 만장일치에 도달하기가 무척 어렵다. 기후학자들이 자연에 무지하거나 논쟁하기를 좋아해서가 아니라 이 주제가 대단히 복잡하기 때문이다.

아마도 음의 되먹임과 양의 되먹임 메커니즘이 모두 존재할 것이다.

예를 들어 지구의 온도가 몇 도 감소했다고 가정해 보자. 대기 중 수증기의 양은 거의 완전히 온도에 따라 결정된다. 온도가 낮아질수록 눈이 내리고 수증기의 양이 감소한다. 대기 중 수증기의 양이 줄어들수록 온실 효과가 감소해 온도는 한층 더 낮아진다. 이것은 또다시 수증기의 양을 훨씬 더 감소시키는 결과를 낳고 이후 과정들은 계속 비슷하게 되풀이될 것이다. 한편, 온도의 하강은 극지방에서 얼음의 양을 증가시키는 결과를 초래할 수 있고, 그로 인해 지구의 알베도가 증가해 온도는 한층 더 낮아지게 된다. 반면, 온도의 하강으로 구름의 양이 줄어들면 지구의 평균 알베도가 감소해, 어쩌면 최초의 온도 하강량을 원상태로 돌릴 만큼 충분히 온도가 상승할 수도 있다. 최근, 전 세계 생물들에게 해로운 결과를 가져올 수 있는 극단적인 온도 변화를 막기 위해 지구의 생물들이 일종의 온도 조절 장치로 작용한다는 주장이 제기되었다. 예를 들어 온도가 낮아지면 땅을 폭넓게 뒤덮는, 알베도가 낮은 내한성 식물 종이 증가할 수 있다.

기후 변화에 대한 보다 흥미로운 최신 이론 세 가지를 살펴보자. 첫 번째 이론은 천체의 역학적인 변수들의 변화와 관련이 있다. 지구가 주변 천체 물질들과 상호 작용한 결과로 지구의 궤도 모양, 자전축의 기울기, 축의 세차 운동은 긴 시간에 걸쳐 변화한다. 이렇게 변화한 정도를 세부적으로 계산하면, 그것들이 최소한 몇 도에 해당하는 온도 변화를 일으키는 원인이 되며, 이 변화가 양의 되먹임으로 이어질 가능성을 계산할 수 있게 된다. 그리고 이것을 가지고 주요한 기후 변화들을 충분히 설명할 수 있음을 알게 된다.

두 번째 이론은 알베도의 변화를 수반한다. 이러한 변화를 일으키는 보다 놀라운 원인 한 가지는 지구의 대기로 어마어마한 양의 먼지가 유입되는 것이다. 일례로, 1883년의 크라카타우 대폭발 같은 화산 폭발을 들 수 있다. 먼지가 지구를 데우는지 식히는지에 대해서는 논란이 있지만 현재의 추정값 대부분이 지구의 성층권 밖으로 솟아올랐다가 매우 천천히 떨어지는 미세 입자들이 지구의 알베도를 증가시켜서 온도를 낮춘다는 것을 보여 준다. 최근에는 과거에 화산재가 대규모로 생산되었던 시기가 온도가 낮고 빙해가 일어났던 시기와 대응한다는 퇴적학적인 증거들이 드러났다. 덧붙여, 지구에서 벌어지는 지표 생성과 조산 운동은, 땅이 물보다 더 밝기 때문에, 지구 전체적으로 알베도를 증가시킨다.

마지막으로 태양의 밝기에 변화가 일어날 가능성이 있다. 우리는 태양의 진화에 관한 이론으로부터 태양이 수십억 년에 걸쳐 꾸준히 점점 더 밝아졌음을 알고 있다. 이 사실은 아주 오래전 지구의 기후학에 대해 즉시 문제를 제기한다. 30억 년 전 혹은 40억 년 전에 지구는 지금보다 30퍼센트나 40퍼센트 정도 더 어두웠을 것이기 때문이다. 이러한 차이는 온실 효과가 작용했더라도 지구의 온도를 바다의 어는점 아래로 충분히 낮출 수 있다. 그러나 당시 액체 상태의 물이 충분이 존재했다는 지질학적 증거들이 아주 많다. 수중의 물결 자국과 바다에서 마그마가 식으면서 생긴 베개 용암(pillow lava), 바다 속 조류들이 만들어 낸 스트로마톨라이트(stromatolite) 화석을 예로 들 수 있다. 이 곤경에서 벗어나기 위해 제시할 수 있는 방안은 요구되는 수준까지 온도를 상승시킬 수 있는 온실 기체, 특히 암모니아가 초창기 지구 대기에 지금보다 더 많이 존재했을 가능성이다. 그러나 태양 밝기의 변화는 매우 느린 과정이다. 단기간 변동이 일어날 수도 있지 않을까? 이것은 중요한 문제이다. 아직 해결되지 않았지만 현재 유행하는 이론들에 따르면 태양 내부에서 방출되는 중성미자(neutrino, 중성자가 양성자와 전자로 베타 붕괴할 때 방출되는 입자로 전하를 띠지 않는다. — 옮긴이)를 최근 찾기가 어렵다는 사실은 태양이 오늘날 이례적으로 흐릿한 시기에 있음을 시사한다.

기후 변화에 대한 다양한 대안 모형들을 구분할 수 없다는 것이 그저 몹시 성가신 지적 문제에 불과해 보일지도 모른다. 기후가 변화하면 어떤 실질적이고 즉각적인 결과가 따라오는 것 같다는 사실을 제외하면 말이다. 지구의 온도 변화 추세에 대한 어떤 증거는 산업 혁명 초기부터 1940년경까지 온도가 매우 느리게 상승하다가 그 후 전 세계적으로 놀랄 만큼 급격하게 하강했음을 보여 주는 것 같다. 이러한 패턴이 나타난 원인은 화석 연료의 연소에서 찾을 수 있다. 연료의 불완전한 연소는 온실 기체인 이산화탄소를 대기 중으로 방출하면서 동시에 미세 입자들을 투입하는 결과를 낳는다. 이산화탄소는 지구를 데운다. 미세 입자들은 알베도를 높여서 지구를 식힌다. 1940년대까지는 온실 효과가 더 많이 일어나다가 이후에는 알베도의 증가가 앞섰는지도 모른다.

인간의 활동이 의도하지 않은 기후 변화를 야기할 불길한 가능성 때문에 행성 기후학(planetary climatology)에 관심을 기울이는 일이 대단히 중요하다. 온도가 하강하고 있는 행성에서는 걱정스럽게도 양의 되먹임이 일어날 가능성이 있다. 예를 들어 따뜻하게 지내기 위해 화석 연료 사용을 단기간에 증가시키면 장기적인 냉각을 가속할 수 있다. 우리는 농업 기술이 10억 명 이상의 음식을 책임지고 있는 행성에 살고 있다. 곡식은 기후 변화에도 잘 견디도록 개량되지 않았다. 인간은 더 이상 기후 변화에 대응해 대규모로 이주할 수 없다. 적어도 민족 국가들이 통제하는 행성에서는 그렇게 하기가 더 어렵다. 기후 변화의 원인을 이해함으로써 기후 변화에 대응하는 전 지구적 개혁을 수행해야 할 필요성이 점점 더 커지고 있다.

아주 묘하게도, 이러한 기후 변화의 특성에 대해 아주 흥미로운 몇 가지 실마리들이 결코 지구에 관한 연구가 아닌 화성에 대한 연구에서 나오고 있다. 1971년 11월 14일 매리너 9호가 화성 궤도로 발사되었다. 매리너 9호는 지구 시간으로 만 1년을 꽉 채워 과학적으로 유용한 삶을 살았으며 1만 개의 스펙트럼과 다른 과학적인 정보들뿐만 아니라 화성을 남극에서 북극까지 다 망라하는 7,200장의 사진까지 입수했다. 앞서 보았던 것처럼, 매리너 9호가 도착했을 때, 화성은 행성 전체 규모의 거대한 먼지 폭풍에 뒤덮여 있었으므로, 표면에서 무엇을 볼 수 있을지 사실상 아무런 정보도 없었다. 대기 온도가 상승했다는 사실을 쉽게 관측할 수 있었지만 표면 온도는 먼지 폭풍이 이는 동안 하강했다. 이 간단한 관측 결과는 즉시 먼지가 대기로 대규모 투입되어 행성이 냉각되는 경우에 대한 사례가 된다. 화성과 지구라는 두 가지 사례가 있으면 먼지의 대량 투입이 행성의 기후에 미치는 영향이라는 일반적인 문제를 물리학으로 정밀하게 계산하고 분석할 수 있게 된다.

매리너 9호가 발견한 전혀 예기치 않았던 또 다른 기후학적인 발견은 화성의 적도와 중위도 지역을 덮고 있는, 지천이 풍부한 사행 계곡들을 찾아낸 것이다. 유용한 자료가 존재하는 모든 경우에 이 물길은 적절한 방향, 즉 아래쪽을 향하고 있었다. 그것들 중 일부는 노끈 같은 패턴과 모래톱, 무너진 둑, 유선형 모양의 '섬' 같은 지구 하곡(河谷)의 특징적인 형태들을 보인다.

화성의 물길을 마른 강바닥이나 작은 협곡으로 해석하는 데에는 큰 문제가 있다. 액체 상태의 물은 오늘날 화성에는 존재할 수 없는 듯하다. 대기압이 너무 낮기 때문이다. 지구에서 이산화탄소는 고체와 기체 상태로는 존재하지만 (고압 저장 탱크 안에 있을 때를 제외하고는) 결코 액체 상태로 존재하지 않는다. 같은 방식으로 화성에 있는 물은 고체 상태(얼음이나 눈)나 수증기로는 존재할 수 있지만 액체 상태로는 존재할 수 없다. 이런 이유로 일부 지질학자들은 한때 그 물길들에 액체 상태의 물이 담겨 있었다는 이론을 받아들이기를 주저한다. 그러나 그것들은 지구의 강들과 꼭 닮았으며 적어도 그것들 중 상당수는 달에 있는 구불구불한 골짜기의 원인일지도 모르는, 무너진 용암 동굴 같은 구조물들과는 일치하지 않는 형태를 취하고 있다.

나아가, 이 물길들은 분명히 화성의 적도 지방에 집중되어 있다. 화성의 적도 지방에 관한 한 가지 놀라운 사실은 그곳이 이 행성에서 낮 시간의 평균 온도가 물의 어는점보다 높은 유일한 지역이라는 점이다. 게다가 물 말고는 점도가 낮고 어는점이 화성의 적도 온도보다 낮으면서 동시에 우주에 많이 존재하는 다른 액체는 없다.

만약 그렇다면 이 물길들은 흐르는 물이 만들었을 것이고 그 물은 분명 화성의 환경이 오늘날과는 상당히 달랐을 때 흘렀어야만 한다. 오늘날의 화성은 대기층이 얇고 온도가 높으며 액체 상태의 물이 존재하지 않는다. 과거 언젠가 기압이 더 높고 아마도 온도가 다소 더 높으며 많은 양의 물이 흘렀던 시절이 있었을지도 모른다. 이러한 환경은 현재 화성의 환경보다 지구의 생화학 원리에 기초하고 있는 생명체들에게 한층 호의적인 것처럼 보인다.

화성에서 주요한 기후 변화를 일으키는 원인에 대한 세부 연구는 이류 불안정(advective instability)으로 알려진 되먹임 메커니즘을 강조한다. 화성의 대기는 주로 이산화탄소로 이루어져 있다. 두 극관 중 적어도 한 곳에 냉각된 이산화탄소의 커다란 저장소가 있는 것 같다. 화성 대기 중 CO_2의 압력은 차가운 극지 쪽에 얼어 있는 CO_2와 평형 상태에 있을 것이라고 예상되는 CO_2의 압력에 상당히 근접한다. 이 상황은 손가락형 냉각기(cold finger)의 온도가 실험실 진공계의 내부 압력을 결정하는 경우와 상당히 비슷하다. 현재 화성의 대기는 너무 얇기 때문에 적도에서 올라와서 극지에 머무는 뜨거운 공기는 고위도를 데우는 데 미미한 역할만을 수행한다. 그러나 극지방의 온도가 다소 상승했다고 가정해 보

자. 대기압이 전체적으로 높아지고 적도에서 극지까지 이류(advection, 유체가 외부의 힘을 받거나 압력 차에 따라 이동하는 현상. — 옮긴이) 때문에 열을 수송하는 효율 역시 증가하고 극지방의 온도는 훨씬 더 많이 상승해서 온도가 걷잡을 수 없이 높아질 가능성을 보게 된다. 마찬가지로 온도 하강은 그 원인이 무엇이었든 더 낮은 온도로의 폭주를 야기할 수 있다. 이러한 화성 상태를 설명하는 물리학은 이것과 비슷한 지구의 사례에 비해 계산해 내기 더 쉽다. 지구에서는 대기의 주된 구성 성분인 질소와 산소를 극지에 응축할 수 없기 때문이다.

화성에서 압력이 크게 증가하려면 적어도 1세기 동안 극지방에서 흡수되는 열의 양이 15~20퍼센트 증가해야만 한다. 극관을 데우는 변화를 일으킬 가능성이 있는 세 가지 원인이 발견되었는데 흥미롭게도 그것들은 앞서 논의했던 지구의 기후 변화에 대한 세 가지 최신 모형들과 매우 유사하다. 첫 번째 원인으로는, 태양을 향해 있는 화성 자전축 기울기의 변화를 거론할 수 있다. 이 변화는 지구에서 일어나는 변화보다 훨씬 더 놀라운 결과를 가져온다. 화성은 태양계에서 가장 거대한 행성인 목성과 가까우며 목성이 중력 섭동을 일으키기 때문이다. 이때 전체적으로 압력과 온도는 수십만 년과 100만 년 사이에 변화할 것이다.

둘째로, 극지방의 알베도 변화가 주요한 기후 변화들을 유발할 수 있다. 극관들은 계절에 따라서 어두워졌다가 밝아졌다 하기 때문에 우리는 화성에서 상당한 규모의 모래와 먼지 폭풍이 이는 모습을 이미 볼 수 있다. 화성 극지방의 알베도를 낮출 내한성 식물들을 개발할 수 있다면 화성의 기후가 훨씬 더 쾌적해질지도 모른다.

마지막으로, 태양 광도에 변화가 일어날 가능성이 있다. 화성의 물길 중 일부에는 내부에 군데군데 충돌 분화구가 존재한다. 행성 간 공간에서 떨어지는 천체가 일으키는 충돌의 빈도로부터 물길의 생성 시기를 대략적으로 계산해 보니 그중 일부가 10억 년 정도 되었다는 결과를 얻었다. 이것은 지구 전체적으로 기온이 높았던 가장 최근의 지질학적 시대를 연상시키며 지구와 화성의 주된 기후 변화가 동시에 발생했을 매혹적인 가능성을 제기한다.

이후 바이킹 호의 화성 탐사 임무는 화성의 물길에 대한 우리의 지식을 크게 증가시켰고 이전에 대기가 짙었던 시기가 있었다는 상당히 독립적인 증거들을 제공했으며 결빙된 이산화탄소의 커다란 저장고가 극관에 있다는 주장을 입증했다. 바이킹 호가 얻은 결과들을 완전히 이해할 때, 화성의 과거 역사뿐만 아니라 현재 환경에 대한 지식이 크게 늘어날 것이며 지구와 화성의 기후를 더 잘 비교할 수 있을 것이다.

과학자들은 극도로 어려운 이론적인 문제들과 마주쳤을 때, 항상 실험을 수행한다. 그러나 행성 전체의 기후에 대한 연구라고 하면, 실험은 수행하기 어렵고 비용이 많이 들며 어쩌면 처리하기 곤란한 사회적인 문제가 생길 수도 있다. 굉장히 다행스럽게도 자연은 기후와 물리적인 변수가 매우 다른 행성들을 지구 바로 곁에 두는 방식으로 우리를 도와주고 있다. 아마도 기후학 이론을 가장 분명하게 검증하는 방법은 그 이론이 인접한 행성들인 지구와 화성, 금성의 기후를 전부 설명할 수 있는지 보는 것이다. 한 행성을 연구하면서 얻은 통찰은 다른 행성을 연구하는 데 반드시 도움이 될 것이다. 갓 태어난 비교 행성 기후학은 중요한 지적인 관심사와 실질적인 목적을 겸비한, 새로운 지식 분야가 될 것이다.

15장

칼리오페와 카바 신전

우리는 상상한다.
그들이
뺨에서 아래턱으로
빠르게 스쳐 가는 모습을,
목성과 화성 사이에
무수히 떠 있는
우주의 먼지로 만들어진
이 표류하는 바위들을.
프리가,
파니,
아델하이드,
라크리모사.
매력이 넘치는 이름들,
다코타의 검은 언덕,
보초 위에서 상연되는
경가극.
태양계가 방귀를 뀌었던
태고의 순간에
그들은
블루치즈처럼 잘 바스러지는.
무리를 이루고 있었을지도 모른다.
그러나 지금
그들은
이웃의 아주 작은 불빛까지
빈틈없이 수백만 마일만큼
아주 멀리 동떨어져서
느릿느릿 움직인다.
아주 긴 안목으로 볼 때에만
그들은
바람 한 점 없는 툰드라에서
한 무리가 되어
풀을 뜯는다.

—다이앤 애커먼, 『행성』, 1976년

고대의 일곱 가지 불가사의 중 하나는 그리스의 기념비적 건축의 절묘한 사례인 소아시아 에페소스에 있는 아르테미스(디아나) 신전이다. 이 신전의 지성소에는 금속성 물질로 보이는 커다란 검은 돌이 있었다. 하늘에서 떨어진, 신이 내린 신호로 받들어졌다. 아마도 여성 사냥꾼의 상징인 초승달에서 쏘아 보낸 화살촉으로 여겨졌을 것이다.

많은 사람들이 믿는 바에 따르면 얼마 뒤 — 어쩌면 심지어 같은 시기 — 에 또 다른 커다란 검은 돌이 하늘에서 아라비아 반도로 떨어졌다. 이슬람교의 영향을 받기 전에 그 돌은 메카에 있는 카바(Kaaba) 신전에 안치되어 숭배에 가까운 대우를 받았다. 그 뒤 7세기와 8세기에 무함마드가 창시한 이슬람교가 경탄할 만한 대성공을 거두었다. 그는 생의 대부분을 이 커다란 검은 돌에서 멀리 떨어져 살지 않았다. 이 돌의 존재가 그의 진로 선택에 영향을 미쳤을 수도 있을 것이다. 이 돌에 대한 숭배는 이슬람교에 포함되었으며 오늘날 메카로 떠나는 모든 순례 여행의 초점은 자신이 모셔진 사원의 이름을 따라 종종 카바라고 불리는 이 돌에 맞춰져 있다. (모든 종교는 뻔뻔하게도 자신의 전임자들을 흡수했다. 일례로, 기독교의 부활절 축제를 보자. 춘분에 행하던 고대의 풍작 기원 의식이 오늘날에는 달걀과 새끼 동물로 교묘하게 탈바꿈했다. 사실 일부 어원 연구에 따르면, 부활절을 뜻하는 영어 단어 Easter가 바로 근동 지역 대지모신 아스타르테(Astarte)의 이름이 변형된 것이라고 한다. 에페소스의 아르테미스(디아나)는 키벨레의 그리스 버전이다.)

원시 시대에 청명한 하늘에서 떨어진 커다란 바위는 구경꾼들에게 인상적인 경험을 줬을 것이다. 그러나 그 바위는 더 큰 중요성을 지닌다. 야금학(metallurgy)의 여명기에 하늘에서 떨어진 철은 세계의 여러 지역에서 그 금속을 가장 순수하게 활용할 수 있는 형태였다. 철로 만든 검의 군사적인 중요성과 철로 만든 쟁기 날의 농업적인 가치는 하늘에서 떨어진 금속을 실리적인 인간들의 관심사로 만들었다.

여전히 하늘에서는 바위들이 떨어진다. 농부들은 지금도 이따금씩 그 돌에 쟁기를 부러뜨린다. 여전히 박물관에서는 그들에게 보상금을 지급한다. 아주 드문 경우지만, 돌이 지붕 위로 떨어져 그날 저녁 텔레비전 앞에 앉아 꾸벅꾸벅 졸고 있던 가족들을 아슬아슬하게 비켜가기도 한다. 우리는 이 물체를 운석(隕石, meteorite)이라고 부른다. 그러나 이 돌들에게 이름을 붙였다고 해서 그것들을 이해하는 것은 아니다. 실제로 운석들은 어디에서 오는 것일까?

화성과 목성의 궤도 사이에는 소행성이라는 불규칙적인 모양을 한 작은 세계들이 무수히 많이 굴러다니고 있다. 소행성을 뜻하는 영어 단어인 asteroid는 그들이 별과 비슷하지 않기 때문에 적절하지 않다. (접두사 aster는 '별'이라는 뜻이다. — 옮긴이) 그들은 크기만 더 작을 뿐 행성과 **비슷하기** 때문에 미행성(微行星)이라고 옮길 수 있는 'planetoid'라는 표현이 훨씬 더 적절하지만 'asteroid'라는 용어가 지금까지 더 널리 사용되고 있다. 제일 처음 발견된 소행성인 세레스는 1801년 1월 1일에 이탈리아의 수도사인 주세페 피아치(Giuseppe Piazzi, 1746~1826년)가 망원경으로 발견했다.• (19세기의 첫날 이루어진 상서로운 발견이다.) 세레스는 지름이 약 1,000

• 예기치 않은 발견은 기존의 발상을 조정하는 데 유용하다. 게오르크 빌헬름 프리드리히

킬로미터이며 지금까지 발견된 소행성 중 가장 크다. (달의 지름은 3,464킬로미터이다.) 그 후 2,000개 이상의 소행성이 발견되었다. 소행성은 발견된 순서를 나타내는 숫자를 부여받는다. 피아치의 주도 아래 그들에게 이름을, 가급적이면 그리스 신화에 등장하는 여성의 이름을 주려는 열렬한 노력들이 이루어졌지만, 소행성의 수가 너무 많아서 끝으로 갈수록 명칭을 붙이기가 힘들어졌다. 우리는 1 세레스, 2 팔라스, 3 주노, 4 베스타, 16 프시케(Psyche), 22 칼리오페, 34 키르케, 55 판도라, 80 사포, 232 러시아(Russia), 324 뱀베르가(Bamberga), 433 에로스(Eros), 710 게르트루드(Gertrud), 739 맨더빌(Mandeville), 747 윈체스터(Winchester), 904 록펠러리아, 916 아메리카(America), 1121 나타샤(Natasha), 1224 판타지아(Fantasia), 1279 우간다(Uganda), 1556 이카루스(Icarus), 1620 지오그라포스(Geographos), 1685 토로(Toro), 694 에커드(Ekard, 이것은 대학교 명칭인 드레이크(Drake)의 철자를 거꾸로 쓴 것이다.)를 발견한다. '1984 오웰(Orwell)'은 불행히도 기회를 놓쳤다.

많은 소행성들이 지구나 금성처럼 거의 완전한 원형에 가까운 궤도가 전혀 아니라 심하게 찌그러진 타원 궤도나 길게 뻗은 타원 모양의 궤도를 가지고 있다. 일부 소행성들의 원일점은 토성의 궤도 너머에 존재한다. 또 일부는 수성의 궤도 근처에 근일점이 위치한다. 1685 토로 같

헤겔(Georg Wilhelm Friedrich Hegel, 1770~1831년)은 19세기와 20세기 초에 전문 철학의 영역에 깊은 족적을 남겼으며 마르크스가 그를 진지하게 받아들였기 때문에 세계의 미래에 심대한 영향을 끼쳤다. (그러나 호의적인 비평가들은 마르크스가 헤겔에 대해 아무것도 몰랐다면 그의 논거가 더욱 설득력 있었을 것이라고 주장한다.) 1799년 혹은 1800년에 헤겔은 짐작건대 자신이 활용할 수 있는 모든 철학 자료들을 사용해 태양계 내에 새로운 천체 물질은 있을 수 없다고 단언했다. 1년 후, 세레스가 발견되었다. 그 뒤, 헤겔은 반증의 여지가 적은 취미로 되돌아간 것으로 보인다.

은 몇몇 소행성들은 지구와 금성 사이의 궤도에서 일생을 보낸다. 심하게 변형된 타원 궤도 위에 너무나 많은 소행성들이 있기 때문에 태양계가 존재하는 한 충돌은 불가피하다. 충돌은 대부분 한 소행성이 다른 소행성을 앞지르겠다고 밀치고 나가면서 일으키는 가벼운 추돌 사고 형태로 일어난다. 소행성은 매우 작기 때문에 중력도 약해서 충돌 조각은 모체 소행성의 궤도와는 약간 다른 궤도를 그리며 우주 공간으로 흩어질 것이다. 이러한 충돌에서 생산된 파편이 이따금 우연히 지구와 마주쳐 대기 속으로 떨어진 후 용발(溶發)에서 살아남아 깜짝 놀란 떠돌이 부족의 발치에 꽤나 적절하게 착륙할 가능성을 계산할 수 있다.

지구 대기 속으로 들어온 것이 감지된 몇몇 운석은 화성과 목성 사이의 주소행성대(main asteroid belt)에서 유래했다. 일부 운석의 물리적인 특성을 실험실에서 연구한 결과는 그들이 형성 온도가 같은 주소행성대에서 유래했음을 보여 준다. 증거는 명확하다. 박물관에 안락하게 자리 잡고 있는 운석들은 소행성의 파편이다. 우리는 천체들의 파편을 선반 위에 얹어 놓고 있다!

그러나 어떤 운석이 어떤 소행성에서 나온 것일까? 몇 년 전까지 이 질문에 대한 답은 행성 과학자들의 능력을 벗어났다. 그러나 최근, 소행성에 대한 분광 광도법(spectrophotometry)을 가시광선과 근적외선 대역에서 수행하는 연구와 소행성과 태양, 지구의 기하학적 구조가 변화할 때 소행성에 반사되는 태양 빛의 편광을 조사하는 연구, 소행성이 방출하는 중(中)적외선을 조사하는 연구가 가능해졌다. 소행성에 대한 이러한 관측들과 운석과 다른 광물들을 실험실에서 비교 연구한 결과는 특정 소행성과 특정 운석 사이의 상관 관계에 관한 대단히 흥미로운 첫 번째 실마리를 제공했다. 연구된 소행성의 90퍼센트 이상이 조성에 따라 석철질(stony iron)이나 탄소질(carbonaceous) 집단 중 하나로 분류된다. 지상에 있는 운석은 극히 일부만 탄소질이다. 탄소질 운석은 전형적인 지구 환경에서 매우 잘 부서지고 빠르게 변해 가루가 되기 때문인 듯하다. 그들은 아마도 지구 대기 중으로 들어오면서 더 쉽게 부서질 것이다. 석철질 운석은 훨씬 더 단단하기 때문에 박물관에 있는 운석 소장품들에는 이들이 불균형적으로 더 많다. 탄소질 운석에는 아미노산(단백질을 구성하는 단위 분자)을 비롯한 유기 화합물들이 풍부하며, 이것들은 46억 년 전 태양계를 형성했던 물질의 대표적인 사례일 수도 있다.

탄소질로 보이는 소행성에는 1 세레스와 2 팔라스, 19 포르투나(Fortuna), 324 뱀베르가와 654 젤리나(Zelina)가 있다. 외부가 탄소질인 소행성들의 내부 역시 탄소질이라면, 이 소행성을 이루는 물질은 대부분 탄소질인 것이다. 그들은 대체로 자신에게 비추는 빛의 극히 일부만을 반사시키는 검은 물체들이다. 최신 증거는 화성의 위성인 포보스와 데이모스 역시 탄소질일 수 있으며, 어쩌면 그들이 화성의 중력에 사로잡힌 탄소질 소행성일지도 모른다는 점을 시사한다.

석철질 운석의 특성을 보여 주는 전형적인 소행성은 3 주노와 8 플로라(Flora), 12 빅토리아(Victoria), 89 줄리아(Julia) 433 에로스이다. 그 외 여러 소행성들이 다른 범주에 속한다. 4 베스타는 현무암으로 이루어진 석질 운석으로 어콘드라이트(achondrite)라고 불리는 무구립(無球粒) 운석과 유사하며 16 프시케와 22 칼리오페는 대부분이 철로 이루어진 것처럼 보인다. (무구립 운석은 둥근 쌀알 모양 구조, 즉 콘드률(chondrule)이 없는 운석을 말한다. 지구에서 발견되는 운석은 대부분 콘드률이 있는 구립 운석이다. — 옮긴이)

지구 물리학자들은 태곳적에 최초의 원소들이 혼란스럽게 뒤섞여 있는 상태에서 철이 굉장히 풍부한 천체의 모천체가 규산염에서 철을 분리해 내고 분화하려면 녹아야 된다고 믿기 때문에 철질 소행성은 흥미롭다. 다른 한편으로, 탄소질 운석에 있는 유기 분자들이 살아남으려면 돌이나 철을 녹일 만큼 온도가 뜨겁게 상승해서는 결코 안 된다. 따라서 소행성에 따라 적용되는 역사가 다르다.

소행성과 운석의 특성 비교와 운석에 대한 실험실 연구들, 소행성의 움직임을 과거로 소급하는 컴퓨터 영상으로부터 언젠가 소행성의 역사를 재구성하는 일이 가능해질지도 모른다. 오늘날 우리는 그들이 근처에 있는 목성의 강력한 중력 섭동으로 인해 형성되지 못한 행성을 대표하는지, 아니면 그들이 완전히 형성되었다가 웬일인지 폭파된 행성들의 잔해인지조차 알지 못한다. 이 주제를 연구하는 대부분의 학생들 누구도 행성을 폭파시키는 방법을 생각해 낼 수 없기 때문에(오히려 다행스러운 일이기는 하지만) 전자의 가설 쪽으로 기우는 경향이 있다. 결국 우리는 세부 사항들을 종합해 이야기를 완성해 낼 수 있을 것이다.

소행성에서 유래하지 않은 운석들도 있을지 모른다. 아마도 젊은 혜성이나 화성의 위성 혹은 수성의 표면 또는 목성의 위성들의 파편들도 있을 것이다. 그것들은 잘 알려지지 않은 박물관에 놓인 채 주의를 끌지 못하거나 먼지 속에 쌓여 있을지도 모른다. 그러나 운석의 기원에 대해 진상이 밝혀지기 시작했다는 점은 분명하다.

에페소스의 아르테미스 신전에 있던 지성소는 파괴되었다. 반면, 카바 신전의 돌은 신중하게 보존되었다. 그러나 이 돌에 대한 진정한 과학적인 조사는 결코 이루어지지 않은 것처럼 보인다. 그 돌이 금속질 운석이라기보다는 검은 석질 운석이라고 여기는 사람들도 있다. 인정컨대 상당히 단편적인 증거에 근거해 최근 두 지질학자들이 그 돌이 마노 같은 보석이라는 대안을 제시했다. 일부 무슬림 작가들은 카바의 돌이 검은색이 아니라 원래 하얀색이었으나 사람들이 반복적으로 만진 결과 현재의 색깔이 되었다고 생각한다. (원래 천사가 하늘에서 가져왔을 때는 하얀색이었지만 지상에 내려와 인간의 죄에 오염되어 검게 변했다는 전설도 있다. — 옮긴이) 이 돌을 관리하는 사람의 공식적인 견해는 믿음의 조상인 아브라함이 그 돌을 현재의 위치에 놓았으며 그 돌은 천문학적인 하늘이라기보다 종교적인 하늘에서 떨어졌다는 것이다. (따라서 그 물체에 대한 모든 물리학적인 검사는 이슬람 교리에 대한 검사일 수 없다.) 그럼에도 불구하고 현대 실험 기술을 완전히 활용해 카바 신전의 작은 조각을 조사하는 작업은 굉장히 흥미로울 것이다. 우리는 그 돌의 조성을 정확하게 결정할 수 있다. 만약 그것이 운석이라면, 우주선 노출 연대(cosmic ray-exposure age, 부서져서 지구에 도달하기까지 걸린 시간)를 알아낼 수 있다. 그리고 그 기원에 대한 가설을 검증하는 일도 가능할 것이다. 예를 들어 인류가 탄생한 약 500만 년 전에 카바의 돌이 22 칼리오페라는 이름을 가진 소행성에서 떨어져 나와 지질학적인 시간 동안 태양 주위를 돌다가 2,500년 전에 아라비아 반도에 우연히 떨어졌다는 가설 말이다.

16장

행성 탐사의 황금기

불안한 미로의 공화국
천계의 비어 있는 황무지를 향한
행성들의 맹렬한 분투

—퍼시 비시 셸리, 『사슬에서 풀린 프로메테우스』, 1820년

인류 역사의 상당 부분은, 조상들이 일반적으로 믿어 왔던 것보다 세상에 더 많은 것이 있음을 의식하게 되면서 지방주의(provincialism)로부터 점진적이고 때로는 고통스럽게 해방되는 과정으로 묘사할 수 있다고 생각한다. 지구 곳곳에서 여러 종족들이 엄청난 자민족 중심주의에서 스스로를 '인민(the people)'이나 '모든 사람(all men)'이라고 부르며 비슷한 기량을 지닌 다른 집단을 인간 이하의 지위로 격하시킨다. 고대 그리스 문명은 인간 사회를 '헬레네스(Hellenes, 고대 그리스 인)'와 '바바리안(Barbarian, 야만인)'으로 나눴는데 후자는 그리스 어가 아닌 언어("Bar Bar")를 경멸적으로 흉내 내어 붙인 명칭이다. 여러 측면에서 우리 서구 문명의 선조가 되는 이 고대 문명은 자신의 작은 내해를 지중해(地中海, Mediterranean)라고 불렀다. 지구의 중심이라는 뜻이다. 수천 년 동안, 중국은 스스로를 중화(中華)라고 칭했으며 이 역시 중국이 세계의 중심이며 야만인들은 외부의 어둠 속에서 살고 있다는 의미였다.

이러한 시각과 이 비슷한 생각들이 사실상 전 인간 사회에서 일찍부터 널리 받아들여졌으며 아주 느리게 변화하고 있을 뿐이다. 여기에서 인종주의와 민족주의의 뿌리를 찾을 수 있다. 그러나 우리는 기술 진보와 문화 상대주의가 이러한 자민족 중심주의의 지속을 훨씬 더 어렵게 만드는 특별한 시대에 살고 있다. 우리는 모두 우주의 바다에서 표류하는 공통된 삶을 공유하고 있고, 지구는 결국 제한된 자원을 가진 작은 터전이며, 기술은 이 작은 행성의 환경에 심대한 영향을 끼칠 수 있는 힘을 이제 막 지니게 되었다는 견해가 대두하고 있다. 이처럼 인류가 지역주의에서 탈피하는 데 우주 탐사가 강력한 도움을 주었다고 생각한다. 아주 먼 거리에서 찍은 매우 아름다운 지구 사진들은 우주라는 끝없는 융단 위에 사파이어처럼 놓인, 구름이 드리워진 회전하는 푸른 공을 보여 주고, 다른 세계(행성 및 천체)의 탐사는 인류의 고향과 다른 세계들 사이의 차이점과 유사점을 모두 드러낸다.

우리가 태양과 달에 대해 영어로 이야기할 때 유일한 존재라는 뜻에서 꼭 'the'라는 관사를 붙이는 것처럼, 마치 다른 세계가 존재하지 않는다는 듯 World에도 'the'라는 관사를 여전히 사용한다. 그러나 세상에는 다른 세계들이 많이 있다. 하늘에 떠 있는 모든 별은 하나의 태양이다. 천왕성에 고리가 있다는 것은 일곱 번째 행성인 천왕성의 주위를 전에는 예상하지 못했던 위성 수백만 개가 돌고 있다는 뜻이다. 우주 탐사선이 지난 15년 동안 상당히 극적으로 실증한 것처럼 그곳에는 다른 세계가 있다. 그곳은 가까이에 있고 상대적으로 접근 가능하고 완전히 흥미로우며 우리 세계와 면밀하게 유사하지는 않은 세상일 것이다. 저곳의 생명은 이곳의 생명과는 근본적으로 다를 수 있다는 다윈의 통찰과 행성들 사이의 이러한 차이점에 대한 인식이 점점 더 널리 퍼지고 있기 때문에 수많은 세계 중에서 이 매력 없는 세계에 잠시 거주하고 있는 인류라는 대가족에게 이 세계들이 일관되고 통합적인 영향력을 행사할 것이라고 생각한다.

행성 탐사는 많은 장점을 지닌다. 행성 탐사는 기상학과 기후학, 지질학과 생물학처럼 지구에 고착된 과학 분야에서 파생된 통찰을 개선하고 그것의 영향력을 확장시키며 여기 지구에서 그것을 실질적으로 활용할 방안을 향상시킨다. 또 행성 탐사는 세상의 대안적인 운명에 대한 경계의 메시지를 준다. 행성 탐사는 여기 지상의 생명들에게 중요한 미래의 첨단 기술을 엿볼 수 있는 작은 구멍이다. 그것은 인간이 지닌 탐구와 발견에 대한 전통적인 열의와 해답을 찾아내려는 열정을 발산할 수 있는 수단을 제공한다. 이 열의와 열정은 한 종으로서 우리의 성공을 상당히 많이 책임져 왔다. 또한 그것은 역사상 처음으로 우리에게 세계의 기원과 운명, 생명의 시작과 끝, 하늘에 다른 존재가 살고 있을 가능성에 대한 의문들, 숨 쉬는 것만큼이나 자연스럽고 생각하는 것만큼이나 인간에게 기본적인 질문들에 진정한 해답을 발견할 수 있는 중요한 기회를 가지고 엄격하게 접근할 수 있게 허락해 준다.

현대의 행성 간 무인 탐사선은 인간 존재를 신화나 전설에 등장했던 그 어떤 곳보다 훨씬 더 낯설고 기이하며 이국적인 풍경 속으로 확장한다. 지구에서 탈출 속도로 발사된 우주선은 작은 로켓 엔진으로 가스를 조금 분출하며 궤도를 조정한다. 그것은 태양 빛과 핵에너지에서 동력을 공급받는다. 어떤 우주 탐사선은 지구와 달 사이의 우주 호수를 가로지르는 데 겨우 며칠이 걸린다. 또 어떤 우주 탐사선은 화성까지 1년이 걸릴 수도 있고 토성까지 4년, 혹은 멀리 떨어져 있는 천왕성과 지구 사이의 내해를 10년에 걸쳐서 건널지도 모른다. 우주 탐사선은 여러 세계들 사이의 공간을 채우고 있는 햇빛에 물들어 반짝반짝 빛을 내면서 뉴턴의 중력 법칙과 로켓 기술이 미리 결정해 놓은 경로로 침착하게 날아간다. 목적지에 도달하면, 일부 탐사선들은 우주 깊숙이 더 멀리까지 계속해서 날아가기 전에 행성에 대한 정보를 모으기 위해 근접 비행을 할 것이다. 어쩌면 그 위성과 다른 소행성에게도 다가갈 수 있을 것이다. 다른 탐사선들은 필수적인 구성 부품이 마모되거나 작동을 멈추기 전에, 아마도 수 년 동안, 다른 세계를 가까운 거리에서 조사하기 위해 그 행성 주변의 궤도로 진입한다. 어떤 탐사선은 대기와의 마찰이나 감속 낙하산을 활용하거나 역추진 로켓을 정확하게 점화시켜 속도를 줄이면서 다른 세계에 조심스럽게 내려앉을 것이다. 어떤 착륙선은 착륙 지점에서 움직이지 않고 수명을 다할 때까지 그 세계의 특정한 한 지역을 깊이 조사할 것이다. 다른 착륙선은 자체 동력을 갖추고, 어떤 인간도 본 적 없는 수평선 멀리까지 느리게 배회한다. 또 다른 착륙선은 돌과 흙 표본을 멀리 떨어진 다른 세계에서 채취해 지구로 돌려보낼 것이다.

이 우주 탐사선들은 모두 인간의 지각 범위를 놀랍도록 확장시킨 감지기들을 가지고 있다. 궤도에서 행성 전체에 방사능이 어떻게 분포되어 있는지 알아낼 수 있는 장치도 있고 저 아래 깊은 곳에서 발생한 지진의 희미한 울림을 행성 표면에서 감지할 수 있는 장치도 있으며 지구에서는 누구도 보지 못했을 것 같은 풍경의 3차원 컬러 이미지나 적외선 이미지를 얻을 수 있는 장치도 있다. 이 기계들은 제한적인 지능을 갖추고 있다. 그들은 자신들이 받는 정보에 기초해 선택할 수 있다. 만약 영어로 쓴다면, 꽤 큰 책을 채울 일련의 세부적인 지시 사항들을 상당히 정확하게 기억할 수 있다. 게다가 순종적이고 지구에서 인간 관리자가 보내는 전파 메시지를 통해 재교육할 수도 있다. 그들은 우리가 거주하는 태양계의 성질에 대한 풍부하고 다양한 정보를 주로 전파의 형태로 돌려보낼 것이다. 우리와 가장 가까운 이웃인 달에서는 근접 비행과 불시착한 착륙선, 연착륙선, 궤도선, 자동화된 월면차가 조사를 수행했고 무인 탐사선이 표본을 돌려보내는 임무를 이행했다. (여기에 더해 아폴로 연속 임무를 통해 영웅적인 유인 탐사를 여섯 번 성공적으로 수행했다.) 수성에서는 근접 비행이 행해졌고 금성에서는 궤도선과 탐사 로봇, 착륙선이 도착했으며, 화성에서는 근접 비행과 궤도선, 착륙선, 목성과 토성에서는 근접 비행이 이루어졌다. 화성의 작은 두 위성인 포보스와 데이모스는 근접 촬영으로 조사되었으며, 목성의 위성들 중 일부에 대해 감질나는 이미지들을 얻을 수 있었다.

우리는 목성의 암모니아 구름과 거대한 폭풍 전선을, 목성의 달 이오의 소금으로 뒤덮인 차가운 표면을, 수성의 적막하고 오래된 분화구가 패인 끓어오르는 황무지를, 가장 가까운 행성인 금성의 괴상한 황무지 풍경을 처음으로 흘끗 보았다. 금성의 언덕이 많은 표면은 항시 뒤덮고 있는 구름층을 통해 분산되는 햇빛을 받아 어느 곳이든 섭씨 480도가 넘기 때문에, 구름에서 끊임없이 내리는 산성비가 결코 표면에 닿지 못한다. 또 화성은 어떤가? 오래된 강바닥과 양극의 광대한 단구(段丘), 높이가 거의 2만4000미터에 이르는 화산, 격렬한 폭풍과 온화한 오후, 이 행성에 언제든 토착 생명체가 머무른 적이 있는가 하는 궁극적인 질문에 답하려는 최초의 선구적인 노력이 명백한 실패로 돌아간 일 등, 화성은 얼마나 불가사의하고 흥미진진하며 기쁨이 넘치는 곳인지.

지구에는 우주 여행을 하는 나라가 겨우 두 곳이다. 지금까지는 오직 두 강대국, (구)소련과 미국만이 지구의 대기 너머로 기계를 보낼 수 있었다. 미국만이 유인 탐사선을 다른 천체로 보냈고 화성에 착륙선을 내리는 데 성공했으며 수성과 목성, 토성을 탐사했다. (구)소련은 유일하게 무인 월면차를 보내 달의 자동 탐사를 개척했으며, 천체 물질의 표본을 회수하는 임무를 수행했고, 금성에 탐사 로봇과 착륙선을 처음으로 보냈다. 아폴로 계획이 끝난 후, 금성과 달은 어느 정도는 러시아의 잔디밭이 되었고 태양계의 나머지 부분은 미국 우주 탐사선의 방문을 받았다. 이 두 우주 여행 국가 사이에는 과학적인 협력이 어느 정도 이루어졌지만, 이 행성의 영토권은 동의라기보다는 부전승으로 얻은 것이다. 최근에는 매우 야심차지만 성공적이지는 못했던 (구)소련의 화성 탐사 계획들이 진행되었으며, 미국은 1978년에 금성 궤도선과 착륙선을 성공적으로 발사했다. 태양계는 매우 크고 탐구할 것이 많다. 심지어 작은 화성의 표면적도 지구의 육지 면적에 필적한다. 실질적인 이유로 다국적 협력 사업보다는 둘 이상의 나라들이 서로 협조하에 각기 별도로 임무를 조직하기가 훨씬 쉽다. 16세기와 17세기에 영국, 프랑스, 스페인, 포르투갈과 네덜란드는 격렬히 경쟁하며 각기 대규모로 지구 전체를 탐험하고 발견하는 계획을 세웠다. 그러나 오늘날에는 과거 경쟁의 경제적이고 종교적인 동기에 대응할 만한 것이 없는 것 같다. 적어도 가까운 미래에는 국가 간의 행성 탐사 경쟁이 평화롭게 진행될 것이라고 생각할 만한 이유가 충분하다.

행성 탐사 임무의 준비 기간은 매우 길다. 전형적인 행성 탐사 임무를 설계, 제작, 검사, 통합해 발사하는 데 수년이 걸린다. 행성 탐사의 체계적인 프로그램은 지속적인 헌신을 요구한다. 달과 행성에 대한 미국의 유명한 업적들(아폴로, 파이오니어, 매리너, 바이킹 임무)은 1960년대에 시작되었다. 적어도 최근까지 미국은 1970년대 내내 오직 주요한 한 가지 행성 탐사 임무에 몰두했다. 그것은 1977년 여름에 발사된 보이저 임무로 목성과 토성, 또 그들의 25개가량 되는 위성과 토성의 고리를 근접 비행을 통해 최초로 체계적으로 조사하는 것이 그 목적이었다.

1962년 매리너 2호가 금성에 근접 비행을 하며 시작된 공학의 성공과 첨단 과학의 발견을 승계할 책임이 있는 미국의 과학자들과 공학자들에게 새로운 임무의 부재는 진정한 위기감을 조성했다. 탐사 속도는 방해를 받았다. 종사자들이 해고되어 상이한 직업으로 이동해서 행성 탐사의 세대 간 연속성을 담보하는 데 실질적인 문제가 생겼다. 예를 들어 극적으로 성공한 바이킹 호의 역사적인 화성 탐사에 대해 맨 처음 주어질 보상은 1985년 이전까지 그 붉은 행성에 어떤 우주선도 보내지 않는 것이 될 공산이 크다. 화성 탐사에 거의 10년의 간극이 생겼다. 심지어 10년 뒤에 임무가 존재할 것이라는 보장도 없다. 이러한 경향 — 16세기 초에 스페인이 조선공, 돛 짜는 사람, 항해사 들을 대부분 해고한 일과 다소 비슷하다. — 은 약간 역전될 조짐을 보인다. 최근, 최초로 목성의 대기에 탐사 로봇을 떨어뜨리는 갈릴레오 프로젝트가 1980년대 중반에 시행될 임무로 승인을 받았다. 목성의 대기에는 지구에서 생명의 기원으로 이어졌던 화학적인 사건들과 유사한 방식으로 합성된 유기 분자들이 있을지도 모른다. 그러나 이듬해 의회는 갈릴레오 프로젝트가 유용할 수 있는 기금을 상당히 삭감했으며, 이 글을 쓰고 있는 지금, 프로젝트는 금방이라도 재앙으로 치달을 듯한 상태이다. (갈릴레오 프로젝트는 그래도 간신히 살아남았다. 갈릴레오 탐사선은 1989년 10월 발사되어 1995년 12월 목성에 도착했다. 2003년 9월 임무를 마쳤다. — 옮긴이)

최근 NASA의 예산 총액은 연방 예산의 1퍼센트를 훨씬 밑돌았다. 행성 탐사에 쓰이는 기금은 그중 15퍼센트 이하였다. 새로운 임무에 대한 행성 과학자 단체의 요구는 반복적으로 거절당했다. 한 상원 의원이 내게 설명해 준 것처럼 대중은 「스타 워즈(Star Wars)」와 「스타 트렉」의 인기에도 불구하고 의회에 행성 탐사 계획을 지원하라고 하지 않으며 과학자들은 영향력 있는 로비 활동을 펼치지 않는다. 그럼에도 대중적인 호소력을 상당히 지니며 보기 드문 과학적인 기회를 갖춘 다음과 같은 임무들이 곧 진행될 것 같다.

태양 돛(Solar Sailing)과 혜성의 랑데부 보통의 행성 간 임무에서 우주 탐사선은 에너지를 최소로 소모하는 궤적을 따르게 된다. 지구 근처에서 짧은 시간 동안 로켓 점화를 하고 나면 우주 탐사선은 남은 기간 동안 주로 관성으로 저절로 움직인다. 추진 로켓의 막대한 역량 덕분이 아니라 엄격한 통제 시스템을 갖춘 뛰어난 기술 덕분에 그렇게 할 수 있다. 그 결과, 우리는 적은 탑재량과 긴 임무 수행 시간, 출발이나 도착 날짜를 거의 선택할 수 없는 상황을 받아들여야만 한다. 그래서 우리는 꼭 지구에서처럼 화석 연료를 태양 에너지로 바꾸는 것을 고려하고 있다. 햇빛은 복사압(radiation pressure)이라고 불리는 약하지만 두드러지는 힘을 발휘한다. 질량에 비해 표면적이 아주 넓은 돛과 비슷한 구조물은 이 복사압을 추진력으로 사용할 수 있다. 돛을 적절한 위치에 놓고 햇빛을 쬐어 주면 우리는 태양 쪽으로도 태양에서 멀어지는 쪽으로도 이동할 수 있다. 양옆으로 길이가 800미터 정도이고 가장 얇다는 마일라(Mylar, 듀폰 사에서 만든 열가소성 수지. ― 옮긴이)보다 더 얇은 가로돛을 달면 행성 간 임무를 종래의 로켓 추진력을 이용할 때보다 더 효율적으로 수행할 수 있다. 유인 우주 왕복선이 이 범선을 지구 궤도에서 발사하면 그 배는 돛을 펄럭이며 우주 공간을 항행하게 될 것이다. 그것은 밝게 빛나는 점처럼 보일 것이다. 육안으로도 쉽게 볼 수 있는 보기 드문 광경일 것이다. 쌍안경으로 이 범선의 세부 요소들을 알아볼 수 있을 것이다. ― 어쩌면 17세기의 범선에서 '의장(艤裝, outfit)'이라고 불렸던 시각적 상징물이 있어 지구에서 출발했음을 표현하고 있을지도 모른다. ― 이 우주 범선에는 특정한 용도를 위해 설계된 과학 탐사선을 덧붙일 예정이다.

지금까지 논의된 굉장히 신나는 최초의 응용 프로그램은 아마도 1986년에 지구에 접근할 핼리 혜성과의 랑데부 임무이다. 혜성들은 생의 대부분을 성간 공간에서 보내기 때문에 성간 물질의 특성과 태양계의 초창기 역사를 해명하는 주요한 실마리를 제공해 줄 것이다. 핼리 혜성으로 보내진 태양 돛을 단 탐사선은 현재 우리가 거의 아는 바가 없는 혜성의 내부를 근접 촬영한 사진을 제공할 뿐만 아니라 놀랍게도 혜성의 조각을 지구로 보내 줄지도 모른다. 이 사례에서처럼 태양 돛이 지닌 실질적인 장점과 낭만이 모두 명백해질 것이다. 또 그것이 단지 새로운 임무에 지나지 않는 게 아니라 새로운 행성 간 기술을 대표한다는 점이 분명해질 것이다. 태양 돛 기술의 발전이 이온 추진(ion propulsion) 기술의 발전보다 뒤처지기 때문에 우리를 혜성과의 첫 번째 임무로 이끌어 줄 이는 후자일지도 모른다. 두 가지 추진 메커니즘 모두 미래의 성간 여행에서 각자의 자리를 차지할 것이다. 그러나 나는 태양 돛이 장기적으로는 더 큰 영향력을 발휘할 것이라고 믿는다. 아마도 21세기 초에는 지구에서 화성까지 누가 더 빨리 도달하느냐를 두고 행성 간 보트 경주가 벌어질 것이다. (1986년 ESA의 지오토를 포함해 5대의 위성이 핼리 혜성을 근접 탐사했다. 하지만 그중 태양 돛을 사용한 위성은 1대도 없었다. 아쉽게도. 그러나 태양 돛 기술은 현재 4.2광년 떨어진 센타우루스자리 프록시마b로 탐사선을 보내는 브레이크스루 스타샷 프로젝트의 핵심 기술이다. 다만 2036년 발사될 이 우주선은 태양광이 아니라 지상에서 발사한 레이저로 가속한다. — 옮긴이)

화성 로버(Mars Rover) 바이킹 임무 이전에는 지구의 우주 탐사선이 성공적으로 화성에 착륙한 적이 없었다. (구)소련은 여러 번 실패했는데 그중에 적어도 한 번은 상당히 불가사의한 경우였으며 아마도 실패의 원인을 화성 지형의 상당히 위험한 특징에서 찾을 수 있을 것 같다. 따라서 바이킹 1호와 2호는 뼈를 깎는 노력 끝에 화성 표면에서 발견할 수 있는 가장 평평한 지대에 성공적으로 착륙할 수 있었다. (이 착륙 지점을 찾기 위한 칼 세이건과 바이킹 팀의 노력을 『코스믹 커넥션』에서 확인할 수 있다. — 옮긴이) 착륙선의 스테레오 카메라(stereo camera)는 멀리 떨어진 계곡과 그 외 접근할 수 없는 풍경들을 보여 줬다. 궤도 카메라(orbital camera)는 고정된 바이킹 착륙선으로는 아주 가까이에서 조사할 수 없는 극히 다양하고 지질학적으로 생동감이 넘치는 풍경을 보여 줬다. 앞으로의 화성 탐사는 지질학적으로도 생물학적으로도 안전하지만 지루한 장소에 착륙해 흥미로운 장소까지 수백 킬로미터 또는 수천 킬로미터를 돌아다닐 수 있는 로버를 간절히 필요로 한다. 이러한 로버는 매일 자신의 시야를 돌아다니며 새로운 풍경과 현상, 그리고 발생 가능성이 매우 높은 화성의 놀라운 주요 사건들에 대한 사진을 끊임없이 생산해 낼 것이다. 화성의 지리 화학적 지도를 만들고 있는 화성 극지 궤도선이나 매우 낮은 고도에서 표면 사진을 촬영하고 있는 무인 화성 탐사선과 로버를 연계해서 조작한다면 그 중요성은 한층 더 커질 것이다. (1971년부터 2020년 현재까지 모두 6대의 화성 로버가 화성에 투입되었다. (구)소련의 마르스 2호와 3호에 실려 보내진 프로프M(Prop-M) 2대는 모두 실패했고, 미국 NASA에서 보낸 4대만 착륙해 화성 표면 탐사 임무를 성공적으로 수행했다. 현재 2012년에 착륙한 큐리오시티(Curiosity)만이 운용 중이다. — 옮긴이)

타이탄 착륙선(Titan Lander) 타이탄은 토성의 가장 큰 위성이자 태양계에서 가장 큰 위성이다. (13장 참조) 타이탄은 화성보다 밀도가 더 짙은 대기를 갖고 있다는 점에서 주목할 만하다. 아마도 타이탄의 대기는 유기 분자들로 구성된 갈색의 구름층으로 덮여 있을 것이다. 목성, 토성과는 달리 그곳에는 우리가 착륙할 수 있는 표면이 있고, 두꺼운 대기층은 유기 물질을 파괴할 만큼 뜨겁지 않다. 타이탄 탐사 로봇과 착륙선 임무는 아마도 토성 궤도 탐사 임무의 일부로 수행될 것이며, 토성 탐사 로봇도 그 임무에 수반될 것이다. (세이건의 예측대로 토성 탐사선 카시니 호는 타이탄 착륙선 하위헌스와 함께 발사되었다. 2005년 1월 하위헌스는 타이탄에 착륙하면서 수백 장의 사진을 찍어 지구로 보내 주었다. 2019년 카시니-하위헌스 탐사선의 조사 결과를 바탕으로 타이탄 전체 지형도가 발표되었다. — 옮긴이)

금성 궤도 영상 레이더(Venus Orbital Imaging Radar) (구)소련의 베네라 9호와 10호는 금성 표면에 대한 근접 촬영 사진을 최초로 보내 주었다.

금성의 표면 지형은 짙은 먹구름이 영구적으로 덮여 있어서 지상의 광학 망원경으로는 보이지 않는다. 그러나 지구에 설치된 레이더와 작은 파이오니어 금성 궤도선에 탑재된 레이더 시스템을 통해 금성 표면의 지형도를 만들기 시작했다. 산맥과 분화구, 화산뿐만 아니라 더 낯선 형태를 밝혀내고 있다. 금성 궤도 영상 레이더는 금성 전체에 대해 지상에서 얻을 수 있는 것보다 훨씬 더 세부적인 레이더 사진을 제공할 것이고 매리너 9호가 1971년과 1972년 사이 화성에서 달성한 업적에 필적할 만한 예비 정찰을 가능하게 해 줄 것이다. (이 1989년 5월 4일 우주 왕복선 애틀랜티스를 통해 발사된 NASA 마젤란(Magellan)이 본격적으로 수행했다. 1990년 8월 10일 금성 궤도에 도달한 마젤란은 레이더로 금성의 표면 지형을 98퍼센트 관측했다. 이 데이터와 지상 전파 망원경을 이용해 초고해상도 금성 표면 지도가 제작되고 있다. — 옮긴이)

태양 탐사선(Solar Probe) 태양은 가장 가까운 항성이자 최소한 수십 년 동안 우리가 가까이에서 조사할 수 있는 유일한 별이다. 태양에 가까이 접근하는 일은 상당히 흥미로울 것이며 태양이 지구에 미치는 영향을 이해하고 아인슈타인의 일반 상대성 이론 같은 중력 이론들에 대해 필수적인 추가 검증을 할 수 있게 도와줄 것이다. 태양 탐사선 임무는 두 가지 이유로 어렵다. 첫째는 태양 둘레를 도는 지구(와 탐사선)의 움직임을 무효화시켜 탐사선이 태양으로 떨어지게 하는 데 필요한 에너지이며, 둘째는 탐사선이 태양에 접근할 때 견딜 수 없을 정도로 데워진다는 사실이다. 첫째 문제는 목성을 향해 탐사선을 발사한 후 목성의 중력을 이용해 탐사선이 태양 쪽으로 날아가게 만들어 해결할 수 있다. 목성 궤도 안쪽에는 소행성이 많기 때문에 소행성 역시 연구할 수 있는 유용한 임무가 될 수도 있다. 둘째 문제는 언뜻 보기에는 아주 간단하게 해결할 수 있다. 밤에 날아가는 것이다. 물론, 지구에서 밤이란 단지 우리와 태양 사이에 지구가 놓여 있는 상태를 뜻한다. 태양 탐사선에 대해서도 마찬가지이다. 태양에 다소 가까이 위치한 소행성들이 몇 개 있을 것이다. 태양 탐사선은 태양 근처를 지나가는 소행성의 그늘 속에서 태양에 접근(하며 동시에 그 소행성을 관측)할 것이다. 소행성이 태양과 가장 가까이 위치하는 지점 근처에서 탐사선은 소행성의 그늘에서 벗어나 열에 견디는 유체를 가득 채운 뒤, 녹아서 증발할 — 지구에서 온 원자들이 가장 가까운 별에 더해질 — 때까지 할 수 있는 한 태양의 대기 깊숙이 내려갈 것이다. (인류 최초의 태양 탐사선은 1974년과 1976년에 발사된 헬리오스 1호와 2호이다. 현재는 2018년 8월 12일 발사된 파커 태양 탐사선(Parker Solar Probe)이 태양을 향해 날아가고 있다. — 옮긴이)

유인 탐사 경험상, 유인 탐사가 비슷한 무인 탐사보다 50~100배가량 비용이 많이 든다. 따라서 과학 탐사만 진행할 때에는 기계의 지능을 고용하는 무인 탐사가 더 선호된다. 그러나 우주 탐사를 하는 데에는 과학적인 이유 말고 다른 이유들, 사회적이고 경제적이며 정치적이고 문화적인 혹은 역사적인 이유들도 당연히 있다. 가장 빈번하게 거론되는 유인 탐사 계획은 영구적인 달 기지와 지구의 궤도를 순회하며 햇빛을 수확해 마이크로파 형태로 에너지에 굶주린 지구로 전송하는 데 헌신할 우주 정거장(space station)의 건설이다. 지구 궤도에 달이나 소행성 물질을 사용해 영구적인 우주 도시를 건설하려는 다소 원대한 계획 역시 논의되고 있다. 달이나 소행성처럼 중력이 매우 약한 세계에서 지구로 물질을 수송하는 비용은 우리처럼 중력이 강한 행성에서 같은 물질을 수송하는 데 드는 비용보다 훨씬 작다. 이런 우주 도시들은 궁극적으로는 자기 증식하게 될지도 모른다. (즉 오래된 도시가 새로운 도시를 건설한다.) 이 커다란 유인 정거장에 드는 비용은 아직 믿을 만하게 추정되지는 않았지만 화성 유인 탐사 임무를 포함해 그 일들 전부에 1조~2조 달러의 비용이 소요될 가능성이 크다. 아마도 언젠가 이 계획은 시행될 것이다. 이 임무는 지대한 영향을 가져올 역사적인 의미를 많이 지니고 있다. 그러나 여러 해 동안 유인 정거장에 필요한 비용의 1퍼센트 미만이 드는 우주 사업을 조직하기 위해 싸워 왔던 우리가 이 임무에 필요한 기금이 할당될지, 그 비용을 사회에서 책임질 수 있을지 궁금해하는 것도 무리는 아니다.

이것보다 상당히 적은 비용을 들여, 이 각각의 유인 모험을 준비하는 중요한 탐사를 소집할 수 있다. 지구와 충돌할 가능성이 있는 탄소질 소행성에 대한 탐사가 그것이다. 이 소행성들은 대개 화성과 목성의 궤도 사이에서 발견된다. 그들 중 일부는 지구의 궤도를 넘나들며 이따금 지구로부터 몇백만 킬로미터 이내로 접근하는 궤도를 갖고 있다. 많은 소행성들이 대개 많은 양의 유기물과 물이 화학적으로 결합되어 있는 탄소질이다. 유기물은 약 46억 년 전에 성간 기체와 티끌로부터 태양계가 형성되는 아주 초기 단계에서 압축되었으리라 여겨지며 그것들과 우주의 표본을 연구하고 비교하는 작업은 과학의 특별한 관심사이다. 나는 탄소질 소행성에서 온 물질이 아폴로 탐사선이 달에서 가져온 샘플처럼 '그저' 돌뿐이라는 비난을 받을 것이라고 생각하지 않는다. 나아가 이 천체들에 인간이 착륙하는 일은 궁극적으로는 우주 자원을 이용하기 위한 최상의 준비 단계가 될 것이다. 마지막으로 이 천체들에 착륙하면 재미있을 것이다. 중력장이 매우 약하기 때문에 우주 비행사는 제자리에서 약 10킬로미터 높이로 점프할 수 있을 것이다. 지구와 충돌할 가능성이 있는 이 천체들은 발견되는 속도가 가파르게 증가하고 있으며, 아폴로 유인 탐사선이 존재하기 훨씬 전부터 아폴로 천체로 불렀다. 그들은 죽은 혜성의 껍질일 수도 있고 아닐 수도 있다. 그러나 그들이 어디에서 비롯되었든 큰 흥미를 불러일으킨다. 그들 중 일부는 인간이 우주 왕복선 기술만을 사용해서 우주에서 가장 쉽게 접근할 수 있는 천체이다. 우주 왕복선 기술은 다음 몇 년 안에 가능해질 전망이다. (1982년 4월 12일

최초의 우주 왕복선 컬럼비아 호가 성공적으로 발사되었다. — 옮긴이)

개략적으로 서술한 일련의 미래 임무들은 우리가 보유한 기술 능력으로 실현할 수 있으며 지금보다 아주 많지 않은 수준의 NASA 예산을 필요로 한다. 이 임무들은 과학적인 관심사와 대중의 관심사를 결합시킨다. 이 두 관심사는 굉장히 자주 서로 목적이 일치한다. 이러한 프로그램들이 수행된다면, 수성에서 천왕성에 이르는 모든 행성들과 대부분의 위성들을 예비 정찰하고 소행성과 혜성의 대표 표본들을 채취하며 우주에 있는 국지적인 깊은 웅덩이의 경계와 내용물을 발견할 수 있을 것이다. 천왕성의 고리를 발견한 일이 상기시키듯이, 예상치 못한 주요한 발견이 우리를 기다리고 있다. 이런 프로그램은 인간이 태양계를 활용하는 작업에서 멈칫거리는 첫 발자국을 떼는 일이기도 하다. 그 작업은 우리가 다른 세계에 있는 자원을 살짝 건드리고, 인간의 거주지를 우주에 마련하며, 궁극적으로는 인간이 다른 행성에서 애로 사항을 최소화하며 살 수 있도록 그곳의 환경을 지구처럼 만들거나 고치는 작업이다. 인류는 **다행성 생물 종(multi-planet species)**이 될 것이다.

지난 몇십 년 동안은 명백히 과도기적인 특징을 보인다. 우리가 스스로를 파괴하지 않는 한, 인류는 결코 또다시 단일한 세계에 제한되어 살지 않을 것이 분명하다. 실제로 우주 도시가 결국 건설되고 다른 세계에 인류의 거주 구역이 존재한다면 인류의 자멸은 훨씬 더 어려워질 것이다. 우리는 부지불식간에 행성 탐사의 황금기에 들어섰다. 인류 역사의 비슷한 사례들에서처럼, 탐사를 통해 시야를 여는 행위는 예술적이고 문화적인 시야의 개방을 동반한다. 나는 15세기의 많은 사람들이 자신이 이탈리아의 르네상스 시대에 살고 있다는 데 경탄했을 것이라고 생각하지 않는다. 그러나 당시 생각이 깊은 남녀들에게는 그 시대의 낙관적 전망과 유쾌함, 새로운 사고 방식, 기술 발달과 박래품(舶來品), 탈지역화가 분명히 보였다. 우리는 오늘날 이것에 필적할 만한 노력을 경주할 능력과 수단, 그리고 내가 굉장히 소망하는 의지를 가지고 있다. 인류 역사에서 맨 처음으로, 그들의 경이에 외경심을 가지고 그들이 우리에게 무엇을 가르쳐 줄지 갈망하며, 태양계의 다른 세계로 인간의 실재를 확장시키는 일을 우리 세대가 할 수 있다.

4부

17장

조금 더 빨리 걸을래?

"조금 더 빨리 걸을래?"
대구가 달팽이에게 말했다.
"내 바로 뒤에 돌고래가 있어. 그가 내 꼬리를 밟고 있단 말야."

—루이스 캐럴, 『이상한 나라의 앨리스』

인류 역사의 상당 기간 동안 우리는 오직 두 다리가 우리를 운반할 수 있을 정도의 빠르기로만(시속 수 킬로미터 정도로만) 여행할 수 있었다. 위대한 여행이 시작되었지만 매우 느리게만 진행되었다. 예를 들어 2만 년 전 혹은 3만 년 전에 인류는 처음으로 베링 해협을 건너 아메리카 대륙에 발을 디뎠고, 대영제국 군함 비글 호의 기념비적 항해를 통해 찰스 다윈이 지나갔던 남아메리카 남단 티에라델푸에고까지 서서히 나아갔다. 아시아와 알래스카 사이의 해협에서 티에라델푸에고까지 무작정 걷기만 했다면 그들은 수년 만에 대륙 횡단에 성공했을지도 모른다. 인간 집단이 그 먼 남쪽까지 확산되는 데에는 아마도 수천 년이 걸렸을 것이다.

빠르게 이동하려는 본래의 동기는 대구의 불만이 우리에게 상기시키는 것처럼, 적과 포식자로부터 도망치는 것이거나 적과 먹이를 찾는 것이었음에 틀림없다. 몇천 년 전에 한 가지 놀라운 발견이 이뤄졌다. 말을 길들여 탈 수 있게 된 것이다. 말은 인간을 태우도록 진화하지 않았기 때문에 이 아이디어는 매우 기이하다. 객관적으로 볼 때, 이 상황은 농어를 타고 있는 문어보다 약간 더 바보 같을 뿐이다. 그러나 그런 일이 일어났고 특히 바퀴와 전차가 발명된 후, 말이나 말이 끄는 운송 수단이 수천 년 동안 인간이 활용할 수 있는 가장 진보된 수송 기술을 대표했다. 사람들은 말을 이용해 1시간에 16킬로미터에서 어쩌면 32킬로미터까지 이동할 수 있었다.

일례로, 자동차 엔진을 평가하는 데 '마력(馬力)'이라는 용어를 사용한다는 사실에서 알 수 있듯이, 우리는 아주 최근에야 말을 사용하는 기술에서 벗어났다. 375마력 엔진은 대략 말 375마리에 해당하는 힘을 갖고 있다. 말 375마리가 끄는 마차라, 장관일 것이다. 한 줄에 5마리씩 말이 늘어선다고 해도 그 길이가 322미터에 이를 것이기 때문에 놀라울 정도로 통제하기 힘들 것이다. 출발한다고 해도 맨 앞 줄의 말은 여러 번 마부의 시야를 벗어날 것이다. 물론, 375마리의 말들이 있다고 해서 말이 1마리 있을 때보다 375배 빠르게 여행하지는 못할 것이다. 막대한 수의 말이 끄는 마차도 이동 속도는 우리가 두 다리에 의지해 걸을 때보다 겨우 10배 정도 더 빠를 것이다.

그러므로 19세기에 운송 기술에서 일어난 변화는 놀랍다고 할 수 있다. 인간은 수백만 년 동안 두 다리에만 의존해 왔고 그다음 수천 년 동안은 말에 의존했다. 내연 기관에 의존한 것은 100년이 채 안 되며 수송 수단에 로켓을 도입한 지는 몇십 년밖에 안 된다. 그러나 인간의 이 천재적인 발명품은 걸을 때보다 육지와 수면에서는 100배 더 빠르게, 공기 중에서는 1,000배 더 빠르게, 우주에서는 1만 배 더 빠르게 이동할 수 있게 해 주었다.

예전에는 통신 속도와 수송 속도가 동일했다. 역사에서 이른 시기에 몇 가지 빠른 통신 수단들이 생겼다. 예를 들어 신호기나 봉화, 또는 심지어 이곳저곳으로 햇빛이나 달빛을 반사시킬 수 있게 거울을 단 신호탑을 배열하려는 시도들도 한두 차례 있었다. 헝가리 특공대가 터키로부터 죄르(Győr)의 요새를 탈환했다는 소식은 이러한 장치를 통해 합스부르크 가 황제 루돌프 2세(Rudolf II, 1552~1612년)에게 전달되었다. 영국의 점성술사 존 디(John Dee, 1527~1608/1609년)가 발명한 이 '달빛 전신

(moonbeam telegraph)'은 죄르와 프라하 사이에 40킬로미터 간격으로 놓인 중계국을 통해 메시지를 보냈던 것으로 보인다. 그러나 소수의 예외를 제외하고는 이러한 수단들은 비실용적이라고 판명되었으며 인간이나 말을 이용하는 것보다 메시지를 더 빠르게 전달하지 못했다. 그러나 더 이상은 아니다. 전화와 전파를 통한 통신은 이제 빛의 속도 — 초속 약 30만 킬로미터 또는 시속 약 10억 7000만 킬로미터 — 로 이루어진다. 가장 최근에 이루어진 이 진보는 사실 마지막 진보이다. 아인슈타인의 특수 상대성 이론에 따르면 우주는 (최소한 지구 근처에서는) 어떤 물질이나 정보도 빛의 속도보다 더 빠르게 전송할 수 없는 방식으로 구성되어 있다. 이것은 이른바 음속 장벽과 같은 공학 기술의 장벽이 아니라 자연 구조 깊숙이 내재되어 있는 근본적인 우주 한계 속도이다. 그럼에도 불구하고 시속 약 10억 7000만 킬로미터는 실용적인 측면에서 보자면 대부분의 경우 충분히 빠른 속도이다.

오히려 통신 기술에서 우리는 이미 이 궁극적인 한계에 도달했고 그것에 매우 잘 적응했다는 사실 자체가 가장 놀라운 일이다. 일상적인 장거리 전화 통화를 하며 전송 속도에 놀라서 숨 가빠 하거나 심장을 두근거리는 사람은 거의 없다. 우리는 시간차가 거의 없는 이 통신 수단을 당연하게 받아들이다. 그러나 수송 기술에서는 빛의 속도에 다가가기는 커녕 생리학적이고 기술적인 다른 한계들에 부딪치고 있다.

지구는 자전한다. 지구의 어떤 지점이 정오일 때, 반대쪽은 자정이다. 따라서 우리는 지구에 경도선을 둘러 행성을 대략 같은 넓이의 구역으로 나누고 각 구역에 24개의 표준 시간대를 배정했다. 매우 빠르게 날면 마음은 적응할 수 있지만 몸은 견뎌내기 상당히 어려운 상황이 연출된다. 오늘날에는 비행기를 타고 서쪽으로 조금만 날아도 떠나기도 전에 도착하는 일이 아주 흔히 벌어진다. 예를 들어 표준 시간대가 1시간 정도 떨어져 있는 두 지점 사이를 비행하는 데 1시간이 채 안 걸린다. 오후 9시 내가 런던행 비행기에 오를 때, 목적지는 이미 내일이다. 비행 5~6시간 후 도착했을 때, 나는 밤늦은 시간이라고 생각하지만 목적지에서는 하루가 시작되고 있다. 내 몸은 뭔가 잘못되었다고 느끼고 24시간 주기의 리듬이 틀어지며 영국 시간에 적응하는 데 며칠이 걸린다. 이런 측면에서 뉴욕에서 뉴델리로의 비행은 훨씬 성가시다.

나는 20세기의 가장 재능 있고 독창적인 SF 소설가인 아이작 아시모프와 레이 브래드버리가 둘 다 비행기 탑승을 거부했다는 사실이 매우 흥미롭다고 생각한다. 그들의 마음은 행성과 별 사이의 우주 비행을 마주하고 있었지만 그들의 몸은 여객기 DC-3에는 저항하고 있었다. 수송 기술의 변화 속도는 상당수의 사람들에게는 너무 커서 쉽게 적응할 수 없게 만든다.

훨씬 더 이상한 가능성이 이제는 실현 가능해졌다. 지구는 24시간마다 한 번씩 자전축을 따라 회전한다. 지구의 둘레는 약 4만 킬로미터이다. 따라서 우리가 시속 1,667킬로미터 정도로 여행할 수 있다면, 지구의 자전을 상쇄할 수 있다. 해질 무렵 서쪽을 향해 여행을 시작한다면 지구를 일주할지라도 여행 내내 계속 황혼 속에 머무를 수 있다. (사실, 우리가 시간대를 넘어가며 서쪽으로 여행할 때 국제 날짜 변경선을 지나쳐서 급작스럽게 내일로 들어서기 전까지는, 동일한 **현지** 시간대에 머무르게 될 것이다.) 시속 1,667킬로미터는 음속의 2배에 못 미치는 속도로 전 세계적으로 이러한 속도를 낼 수 있는 비행기는 수십 가지가 있으며 주로 군사용이다.*

- 인간의 지구 궤도 비행에서는 여전히 다른 문제점들이 발생한다. 이슬람교도나 유태교도가 90분마다 한 번씩 지구를 선회한다고 생각해 보자. 그는 일곱 번째 선회 비행 때마다 안식일을 지켜야 하나 마나 고민하게 될 것이다. 비행기는 우리가 자라났고 관습이 형성

영국과 프랑스가 공동 개발한 앵글로프렌치(Anglo-French) 사의 콩코드(Concorde)처럼 일부 민간 항공기도 비슷한 능력을 보유하고 있다. 내가 생각하기에 문제는, '우리가 더 빨리 날 수 있을까?'가 아니라 '우리는 더 빨리 날아야만 하는가?'이다. 초음속 여객기가 제공하는 편의가 거기에 드는 비용과 그 비행기들이 생태계에 미칠 영향을 보상할 수 있느냐에 대한 우려가 표명되고 있기 때문이다. 나는 그 우려가 일부분 상당히 적절하다고 생각한다.

고속 장거리 비행을 필요로 하는 이들은 대부분 다른 주나 나라의 대등한 지위에 있는 사람과 회의를 해야만 하는 실업가들과 정부 관리들이다. 그러나 여기에 진짜로 수반되는 것은 물질의 수송이 아니라 정보의 수송이다. 기존의 통신 기술들을 더 잘 활용한다면 고속 수송의 필요성이 상당 부분 경감될 것이라고 생각한다. 나는 20명의 사람들이 참석하는 정부 모임이나 민간 모임에 여러 번 참석했는데 이들은 단지 모임에 참석하기 위해 이동과 생활에 드는 경비로 1인당 500달러를 지불한다. 따라서 참가자들이 단지 함께 모이는 데 1만 달러의 비용이 발생한다. 그러나 참가자들이 교환하는 것은 항상 정보가 전부이다. 서류나 도표의 사본을 전송하는 화상 전화나 전용 회선, 팩시밀리 복사기가 동일한 역할을 더 잘 수행할 것이라고 생각한다. '복도에서' 참가자들이 주고받는 사적인 토론을 포함해 이러한 모임의 중요 기능들은 모두 수송 수단에 들어가는 비용보다 더 싸게, 혹은 적어도 같은 정도로 편리하게 수행될 수 있다.

된 환경과는 매우 다른 환경으로 우리를 이끈다. (1980년대 중반 이후 유태인, 무슬림 우주인이 배출되면서 이 아브라함 계열 종교의 지도자들은 우주 여행 시 종교 의례에 대한 지침을 마련했다. 기도 시간의 경우 발사 기지의 시간대에 따르라고 권고하고 있다. — 옮긴이)

수송 수단 분야에서도 전도유망하고 가치 있어 보이는 진보가 분명히 이루어졌다. 수직 이착륙(vertical takeoff and landing, VTOL) 항공기는 의료상의 응급 사태나 다른 긴급한 상황에서 원거리 수송을 하는 데 놀랄 만큼 요긴하다. 그러나 최근 수송 기술에서 이루어진 진보 중 가장 매력적이라고 느낀 것은 스노클링과 스쿠버 다이빙, 행글라이더를 위한 고무 물갈퀴이다. 이것은 15세기에 레오나르도 다 빈치가 인류 역사상 처음으로 비행 기술을 진지하게 탐구하며 추구했던 정신을 이어받은 기술적 진보이다. 이 진보 덕분에 개인들은 다른 매질 속에 푹 잠기는 일을 자신의 힘만으로 할 때보다 조금 더 잘, 충분히 재미있게 할 수 있게 되었다.

화석 연료의 고갈로 내연 기관을 동력으로 하는 자동차는 길어야 앞으로 몇십 년 정도만 우리와 함께할 것으로 여겨진다. 미래의 수송 수단은 정말로 달라져야만 한다. 우리는 증기, 태양, 연료 전지(fuel-cell)나 전기를 사용한, 꽤 편안하고 충분히 빠른 지상 운송 수단을 상상할 수 있다. 이것들은 오염 물질을 거의 만들어 내지 않으며, 사용자들이 편하게 접근할 수 있는 기술을 사용한다.

신뢰할 수 있는 많은 의료 전문가들이 서구권 사람들을 포함해 점점 더 많은 개발 도상국 사람들이 너무 몸을 움직이지 않는다고 걱정한다. 자동차를 운전하는 일에는 근육이 거의 사용되지 않는다. 자동차의 종말은 장기적으로 봤을 때 확실히 긍정적인 측면이 많다. 그중 하나가 가장 오래된 수송 메커니즘인 걷기와, 여러 가지 측면에서 가장 주목할 만한 방법인 자전거 타기로 되돌아가는 것이다.

나는 걷기와 자전거 타기가 주된 수송 수단이 된 건강하고 안정적인 미래 사회를 쉽게 상상할 수 있다. 무공해 저속 지상 자동차와 레일을 사용한 대중 교통이 널리 사용되며, 보통 사람들은 복잡한 수송 장치들 대부분을 상대적으로 거의 사용하지 않는 그런 사회 말이다. 가장 복잡한 기술을 요구하는 수송 기술의 응용 사례는 우주 탐사선이다. 무인 탐사선이 제공하는 즉각적이고 실질적인 이익과 과학 지식, 매력적인 탐사는 매우 인상적이다. 내가 앞 장에서 묘사한 것처럼 다음 몇십 년 동안 여러 나라들이 보다 정교한 운송 형태를 사용해 우주 탐사선을 발사할 것이고 그 속도는 증가할 것이다. 지금까지 핵 전기(nuclear electric)와 태양 돛, 이온 추진 계획 들이 제안되었으며 어느 정도 개발이 진행되고 있다. 불과 몇십 년 만에 핵융합 발전을 위한 지상 장비가 개발되고 발전되어 온 것처럼 우주 공간용 핵융합 엔진 역시 곧 개발될 것이다.

행성의 중력은 우주 탐사선의 속도를 올리는 데 이미 활용되고 있다. 매리너 10호는 금성 근처를 매우 가깝게 날아서 금성의 중력이 우주 탐사선의 속도를 상당히 증가시켜 준 덕분에 수성까지 날아갈 수 있었다. 파이오니어 10호는 거대 행성인 목성을 근접 통과했기 때문에 자신을 태양계 밖으로 운반해 줄 궤도에 오를 수 있었다. 파이오니어 10호와 11호, 보이저 1호와 2호는 가장 진보된 수송 시스템이다. 이 우주 탐사선들은 먼 밤하늘의 어둠 속에서 그들을 낚아챌 누군가에게 방금 전만 해도 시속 몇 킬로미터보다 더 빨리 이동할 수 없었던 종족인 지구인들이 보내는 메시지를 품고, 시속 7만 킬로미터에 가까운 속도로 태양계를 벗어나고 있다.

18장

빛나무를 지나 화성으로

가장 빛나는 창조의 하늘에 오를
오! 불의 뮤즈여.

—윌리엄 셰익스피어, 『헨리 5세』 서막

뉴잉글랜드의 기막히게 아름다운 가을날의 여유로운 오후이다. 10주 정도 뒤면, 1900년 1월 1일이 될 것이고 젊은 날의 사건과 생각을 담을 당신의 일기에는 1800년대의 날짜가 결코 다시는 기재되지 않을 것이다. 당신은 막 열일곱이 되었다. 고교 2학년이 되기를 고대하고 있지만 현재는 집에 있다. 어느 정도는 당신 어머니가 결핵을 심하게 앓고 있기 때문이고, 또 당신이 만성적인 위통에 시달리고 있기 때문이기도 하다. 당신은 똑똑하며 틀림없이 과학에 재능이 있지만 누구도 아직 당신의 비범한 재능을 알아본 적은 없다. 화성으로의 항해가 공상에서뿐만 아니라 현실에서도 가능할지 모른다는 압도적이고 강렬한 생각이 갑자기 떠오르자, 당신은 오래된 키 큰 벚나무 가지에 올라 뉴잉글랜드의 전원지대를 흐뭇하게 바라본다.

벚나무에서 내려올 때 당신은 그 나무를 기어올랐던 다른 소년들과 자신이 매우 다르다는 사실을 알게 되었다. 당신 앞에 필생의 사업이 분명히 마련되었고, 이후 45년 동안 그 일에 대한 헌신은 결코 약해지는 법이 없었다. 당신은 행성 간 비행이라는 비전에 홀딱 반했다. 벚나무에서 품었던 그 비전에 굉장히 감동했으며 조용히 외경심에 휩싸였다. 이듬해, 이 비전의 1주년을 맞아 당신은 그때 경험한 즐거움과 의미를 음미하기 위해 그 나무에 다시 올랐다. 그 후로 영원히, 1940년대 중반 사망할 때까지 당신은 그 비전을 세운 매해 10월 19일을 일기장에서 으레 "기념일"이라고 불렀다. 그때까지 당신의 이론적인 통찰과 실용적인 혁신은 행성 간 비행을 가로막는 모든 기술적인 장애물을 본질적으로 해결했다.

당신이 사망한 뒤 4년 후, V-2 로켓의 앞부분에 탑재된 WAC 코퍼럴(WAC Corporal)이 발사되어 우주의 문턱이라고 할 고도 400킬로미터에 도달하는 데 성공했다. WAC 코퍼럴과 V-2의 본질적인 설계 요소들 전부와 다단식 로켓 개념은 당신이 구상한 것이다. 사반세기 뒤에는 고대인들이 알고 있던 행성 전체로 무인 탐사선이 발사될 것이다. 인간 12명이 달에 발을 디딜 것이고 바이킹이라는 이름을 가진 교묘하게 소형화된 우주 탐사선 2대가 화성 생명체를 처음으로 탐색하기 위해 그 행성을 향해 날아가고 있을 것이다.

로버트 허칭스 고더드(Robert Hutchings Goddard, 1882~1945년)는 미국 매사추세츠 주 우스터에 위치한 고모할머니 차리나(Czarina)의 농장에 있는 벚나무에서 했던 결심에 결코 의심을 품거나 등돌리지 않았다. 비슷한 비전을 가졌던 다른 사람들 — 특히 러시아의 콘스탄틴 에두아르도비치 치올콥스키(Konstantin Eduardovich Tsiolkovskii, 1857~1935년) — 도 있었지만 고더드는 비전에 대한 헌신과 기술적인 탁월함을 겸비한 유일무이한 인물이었다. 그는 화성에 가는 데 물리학이 필요했기 때문에 물리학을 공부했다. 그는 여러 해 동안 자신의 고향인 우스터에 있는 클라크 대학교의 물리학 교수이자 물리학과 학과장으로 재직했다.

로버트 고더드의 노트를 읽으면 그가 과학과 탐구에 얼마나 강력한 동기를 가졌는지와 심지어 틀린 것이라 할지라도 그의 사색에서 나온 아이디어들이 미래를 만들어 가는 데 얼마나 큰 영향력을 미쳤는지 알고 놀라게 된다. 세기의 전환기에 몇 년 동안 고더드는 다른 세계의 생명체라는 아이디어에 깊은 관심을 보였다. 그는 하버드 천문대의 에드워드 찰스 피커링(Edward Charles Pickering, 1846~1919년)의 주장에 강한 흥미를 느꼈다. 피커링은 달에 대기가 있고 화산 활동이 활발히 일어나고 서리가 있는 부분이 변하며 심지어 검은 무늬들이 변화한다고 주장했다. 그리고 이것을 달에서 자라는 식물이나 심지어 에라토스테네스 분화구의 바닥을 건너 이주하는 엄청난 수의 곤충 등으로 해석했다. 고더드는 웰스와 개릿 퍼트넘 서비스(Garrett Putnam Serviss, 1851~1929년)의 SF 소설에 사로잡혔고 특히 서비스의 소설인 『에디슨의 화성 정복(*Edison's Conquest of Mars*)』에 마음을 빼앗겨 그 책이 "나의 상상력을 엄청나게 지배했다."라고 말했다. 그는 지적인 존재가 화성에 거주한다는 주장을 뚜렷이 지지하던 퍼시벌 로런스 로웰(Percival Lawrence Lowell, 1855~1916년)의 강의를 즐겁게 수강했다. 이 모든 것이 그의 상상력을 강하게 자극했지만 고더드는 벚나무에 높이 올라 행성 사이를 통찰하는 버릇이 있는 젊은 사람에게는 매우 드문 의심을 계속 가지고 있었다. "실제 여건이 …… 피커링 교수가 제시하는 것과 …… 완전히 다를지도 모른다. …… 오류를 해소할 수 있는 유일한 수단은 (한마디로) 그 어떤 것도 당연시하지 않는 것이다."

1902년 1월 1일, 우리는 고더드의 노트에서 그가 「다른 세계의 거주 가능성(The Habitability of Other Worlds)」이라는 논문을 썼음을 알게 되었다. 이 논문은 남아 있는 고더드의 저술들에서 발견되지 않았는데, 고더드의 연구 인생에서 외계 생명체에 대한 탐색이 어느 정도의 비중을 차지하는지 알려줄지도 모르는 이 논문의 상실은 상당히 유감스럽게 느껴

진다.•

박사 후 과정 시절 초기에 고더드는 고체 연료와 액체 연료를 사용한 로켓 비행에 대한 자신의 발상을 실험적으로 증명하는 일에 계속 성공했다. 증명을 시도할 때 그는 주로 두 사람, 찰스 그릴리 애벗(Charles Greeley Abbot, 1872~1973년)과 조지 엘러리 헤일(George Ellery Hale, 1868~1938년)의 지원을 받았다. 당시 애벗은 스미스소니언 협회의 젊은 과학자였다. 그는 나중에 스미스소니언 협회의 회장이 된다. 아직도 이 조직의 장을 'secretary'라는 진기한 직함으로 부른다. 헤일은 당시 미국 관측 천문학의 견인차였다. 그는 죽기 전에 당시 세계에서 제일 큰 망원경을 보유하고 있던, 여키스 천문대(Yerkes Observatory)와 윌슨 산 천문대(Mount Wilson Observatory), 팔로마 산 천문대(Mount Palomar Observatory)를 설립했다.

애벗과 헤일은 태양 물리학자로 젊은 고더드가 품고 있던, 지구를 흐릿하게 덮고 있는 대기권이라는 담요 위를 자유롭게 항해하며 태양과 별을 방해받지 않고 볼 수 있는 로켓에 대한 비전에 사로잡혔던 것 같다. 고더드는 이 대담한 비전을 훨씬 멀리까지 발전시켰다. 그는 지구 초고층 대기의 조성과 순환을 실험하고 지구 대기 위에서 태양과 별의 감마

• 1978년 5월 18일, 클라크 대학교의 졸업식 연설에서 나는 비슷한 발언을 했다. 그러자 클라크 대학교의 고더드 기념 도서관 희귀 도서실에 근무하는 도로시 모사카우스키(Dorothy Mosakowski)는 분실되었다고 여겨지던 이 작은 논문을 검색해서 찾아냈다. 거기서 우리는 고더드가 화성에 생명체가 존재할 가능성에 끌렸지만 조심스러웠으며 태양계 외부에 행성계가 존재함을 확신했고 "이 셀 수 없는 행성들 중에 우리가 경험하는 것과 동일한 빛과 열을 가진 환경이 있을 것이고, 만약 그것이 사실일 경우 그 행성이 지구와 연령과 크기가 비슷하다면 그곳에 아마도 다른 복장과 그것보다 더 낯선 관습을 지닌 우리와 비슷한 인간들이 존재할 가능성이 매우 크다."라고 추론했음을 살펴볼 수 있었다. 그는 또한 "우리가 이 추측이 참인지 거짓인지 답변하는 일은 먼 미래의 일일 것이다."라고 이야기했다.

선과 자외선을 관측하는 일에 대해 이야기하고 글을 썼다. 그는 우주선이 화성 표면 상공에서 고도 1,609킬로미터 지점을 지나가는 상황을 상상했다. (이 높이는 화성 주위를 도는 매리너 9호와 바이킹 탐사선의 궤도에서 화성과 가장 가까운 지점의 높이인데, 기이한 역사적 우연이 아닐 수 없다.) 고더드는 이 위치라면 적절한 크기의 망원경이 이 붉은 행성의 표면에 있는 지름 수십 미터의 지형을 촬영할 수 있을 것이라고 추정했다. 이것은 사실 바이킹 호 궤도 카메라의 해상도이기도 하다. 그는 첫 번째 성간 사절이었던 파이오니어 10호와 11호 탐사선과 같은 기간, 같은 속도로 이루어지는 느린 성간 비행을 상상했다.

고더드의 의기는 훨씬 더 고양되었다. 핵에너지의 실용화가 공개적으로 조롱을 당하던 시기에 그는 별들 사이의 어마어마한 거리를 날아야 하는 우주 탐사선에 핵 추진 엔진을 사용하는 방법과 태양열을 활용하는 방안을 가볍지 않게, 꽤나 진지하게 생각했다. 고더드는 먼 미래에 태양이 차가워져 태양계에 사람이 살 수 없어졌을 때와 까마득한 후손들이 성간 유인 탐사선을 마련해 별들 — 단지 인근의 별들뿐만 아니라 멀리 떨어진 은하의 별 무리까지 — 을 방문하는 때를 마음속에 그렸다. 그는 상대론적 우주 비행을 상상할 수 없었고, 그래서 우주 탐사선에 인간 승무원을 가사(假死) 상태로 태워서 보내는 방법이나, 훨씬 더 창의적인 방식으로는, 미래의 특정 시점에 자동적으로 재결합해 새로운 시대의 인류를 만들어 낼 인간의 유전 물질을 보내는 수단에 대한 가설을 세웠다.

"매 원정 시마다 모든 지식과 문학, 예술(압축 필름 형태), 도구와 기기, 절차를 가능한 압축된, 가볍고 파괴할 수 없는 형태로 가져가야만 한다, 새로운 문명이 오래된 문명이 끝난 곳에서 시작할 수 있도록."이라고 그는 썼다. "최후의 이주"라는 제목이 붙은 이 마지막 성찰은 "낙관주의자들만" 읽으라는 지시를 적어 봉투에 봉했다. 확실히 그는 우리 시대의 문제와 폐해를 무시하는 쪽을 선택하는 지나친 낙관주의자가 아니었으며 오히려 인간 조건을 향상시키고 인류 미래를 위해 방대한 전망을 창조하는 데 헌신적인 사람이었다.

화성에 대한 생각이 그의 마음에서 떠나는 일은 결코 없었다. 처음으로 실험에 성공한 사례 중 하나에 대해 그는 자신이 시작한 일의 궁극적인 의의와 세부 사항에 대한 보도 자료를 작성하게 되었다. 화성으로 우주 탐사선을 보내는 일을 논의하고 싶었지만 너무 환상적이라고 사람들이 만류했다. 절충안으로, 그는 달에 착륙한 뒤 마그네슘 가루를 태워 지구에서 볼 수 있을 정도로 밝은 불꽃을 만들어 내는 일에 대해 이야기했다. 이 발언은 언론에서 화제가 되었다. 고더드는 그 후로 여러 해 동안 "달 사나이(The Moon Man)"라는 폄하 발언을 들었고 그 뒤 쭉 그는 언론과의 관계를 불편해했다. (진공 상태의 우주에는 밀고 나갈 것이 없기 때문에 로켓이 작동하지 않을 것이라는 사실을 고더드가 "망각"했다고 비난한《뉴욕 타임스》의 한 사설이 그의 불편함에 기여했을지도 모른다.《뉴욕 타임스》는 아폴로 시대에 와서야 겨우 뉴턴의 제3운동 법칙을 발견하고 자신의 오류를 철회했다.) 고더드는 사색에 잠긴 채 이렇게 혼잣말을 했다. "그날부터 대중의 마음속에서 모든 일은 '달 로켓'이라는 단어 속으로 압축되어 버렸다. 선정적인 측면을 최소화하려고 노력하면서 나는 언론계 대표들이 아마도 터무니없다고 여기며 결코 언급하지 않을 게 거의 확실한, 화성으로의 이동을 논의할 때 예상되는 파장을 실제로 예측했던 것보다 더 많이 일으키게 되었다."

고더드의 노트는 심리적인 통찰로 채워지지 않았다. 그것은 그가 살던 시대의 자세가 아니었다.• (적어도 그다지 많은 부분을 차지하지는 않았다.) 그

• 그럴지라도 지크문트 프로이트와 카를 구스타프 융(Carl Gustav Jung, 1875~1961년)이 정신

러나 고더드의 노트에는 그저 갑자기 스친 통절한 자기 통찰일 수도 있는 발언이 있다. "신이시여 꿈을 가진 남자를 불쌍히 여기소서." 그것은 확실히 고더드가 처한 상황이었다. 그는 로켓 기술의 진보를 볼 때 느끼는 커다란 만족감을 알았지만 그 일은 괴로울 정도로 더디게 진행되었다. 애벗은 빠른 진행을 재촉하는 편지를 너무나 많이 보냈으며 고더드가 답장에서 언급한 실질적인 장애물들도 매우 많았다. 고더드는 살아 있을 때 결코 항공 우주 공학과 고고도 기상학이 시작되는 모습을 보지 못했다. 하물며 달이나 행성을 향한 비행은 더더군다나 보지 못했다.

그러나 이 모든 일은 고더드의 천재성이 기술적으로 아주 명확하게 결실을 맺었기에 가능했다. 1976년 10월 19일은 고더드가 화성 비전을 품은 후 일흔일곱 번째 기념일이었다. 그날 화성에는 2대의 궤도선이 작동하고 있었고 2대의 착륙선이 일을 하고 있었다. 이 바이킹 탐사선의 기원은 1899년 가을날 뉴잉글랜드의 벚나무에 있던 한 소년에게로 거슬러 올라간다. 바이킹 호가 가진 여러 목표 중에는 여러 해 전 고더드에게 너무나 강력한 동인이었던 화성 생명체 존재 가능성 확인이라는 과제도 있었다. 기묘하게도, 우리는 아직 바이킹 호가 조사한 화성 생물학이 뜻하는 바를 확신하지 못한다. 일부는 미생물이 발견될지도 모른다고 생각한다. 일부는 그럴 가능성이 적다고 생각한다. 앞으로 화성 탐사의 주요 프로그램은 지구의 이웃이 우주의 진화 과정에서 어느 지점에 있고, 지구의 진화 상태와 어떤 관계인지 이해하기를 요구할 것이다.

분석이라고 불리는 일상화된 통찰을 영어로 처음 이야기했던 1909년에 신기하게도 그는 우스터에 있었다. 미국의 많은 정신과 의사들이 프로이트의 클라크 대학교 강연에서 그 주제를 처음으로 접했다. 빈에서 온 수염을 기른 중년 의사와 콧수염을 기른 미국의 젊은 물리학과 대학원생이 서로 다른 운명으로 가는 도중에 클라크 대학교 캠퍼스에서 지나치며 서로에게 고개를 끄덕였을지도 모른다.

로켓 기술은 초기 단계부터 다른 세계에 있는 생명체에 대한 관심에서 발전했다. 이제 우리는 화성에 착륙해 그곳의 생물학에 대해 불가사의하고 감질나는 결과를 얻었다. 후속 임무들 — 탐사 로봇 파견과 표본의 귀환 — 은 차례차례 우주 기술이 더 많이 발전하기를 요구한다. 나는 이러한 상호적 인과 관계를 고더드가 환영할 것이라고 생각한다.

19장

우주에서의 실험

우리는 항상 아름다운 환상을 갈망한다.
우리는 항상 미지의 세계를 꿈꾼다.

—막심 고리키

비교적 최근까지 천문학은 심각한 장애물들과 주목할 만한 특이성으로 고통 받았다. 천문학은 실험을 전혀 할 수 없는 유일한 과학 분야였다. 연구 재료들은 모두 저 높은 곳에 있지만 우리와 우리 장비들은 모두 여기 낮은 곳에 매여 있었다.

어떤 과학도 그렇게 심하게 제약받지 않는다. 물리학과 화학에서는 모든 것이 실험대 위에서 구축되며, 제시된 결론이 의심스러운 사람은 반박이나 대안 설명을 이끌어 내려고 하면서 물질과 에너지의 양을 광범위하게 바꿔도 된다. 아무리 인내심이 강한 진화 생물학자일지라도 한 종이 다른 종으로 진화하는 모습을 관찰하려고 수백만 년을 기다릴 수는 없다. 그러나 공통된 아미노산 서열과 효소 구조, 핵산 암호, 염색체 무늬, 해부, 생리, 행동에 대한 실험은 진화가 일어났다는 사실에 대해 설득력 있는 사례들을 만들어 내고 어느 식물 혹은 어느 동물 집단(일례로 인간)이 다른 집단(유인원)과 관련이 있는지 분명히 보여 준다.

지구 내부 깊은 곳을 연구하는 지구 물리학자가 핵과 맨틀 사이의 불연속면이나 맨틀과 지각 사이의 모호로비치치 불연속면(Mohorovicic discontinuity)을 여행할 수 없다는 점은 분명하다. 그러나 지표면 도처에서 지구 내부에서 밀려 나오는 저반(batholith)들을 찾아 조사할 수 있다. 지구 물리학자는 탄성파 자료에 주로 의존해 왔는데, 천문학자처럼 그들도 자연이 호의를 베풀기를 강제할 수 없으며 어쩔 수 없이 자연이 자발적으로 선물을 주기를 기다려야 했다. (예를 들어 지구 반대편에서 지진이 일어났을 때 인근의 지진계 둘 중 하나는 지구 핵의 그늘 아래 있으며 다른 것은 그렇지 않다.) 그러나 참을성이 없는 지진학자는 지구를 종처럼 울리기 위해 핵폭발이나 화학 폭발을 일으킬 수 있었고 실제로 그렇게 했다. 최근에는 지진을 일으키거나 멈추게 하는 일이 가능할지도 모른다는 아주 흥미로운 단서가 나왔다. 추정과 추론을 못 견뎌하는 지질학자는 항상 야외로 나가서 현대의 침식 작용을 조사할 수 있었다. 그러나 지질학자가 암반에서 작업을 하는 방식에 정확히 대응하는 천문학적인 방식은 없다.

우리는 천체 물질이 방출하거나 반사하는 전자기 복사만을 연구해왔다. 우리는 실험실에서 별이나 행성 파편을 조사할 수도 없고, 현장 조사를 위해 천체로 날아갈 수도 없었다.* 지상에서 이루어진 수동적인 관측은 우리가 천체에 대해 상상할 수 있는 자료 중 극히 일부만을 제공했다. 우리의 처지는 우화 속에서 코끼리의 정체를 알아내려는 맹인 여섯 사람보다 더 나빴다. 그것은 동물원에 있는 맹인 한 사람과 더 비슷했다. 우리는 코끼리의 왼쪽 뒷다리를 쓰다듬으며 여러 세기 동안 거기 머물렀다. 상아를 추론해 내지 못했다거나 그 다리가 더 이상 코끼리의 신체 일부가 아니라는 사실을 전혀 눈치 채지 못했다는 사실은 놀랄 일이 아니다. 우연히 우리의 시선이 향하는 방향에 이중성의 궤도면이 있으면, 우리는 식(eclipse)을 볼 수 있다. 아니면 못 본다. 우리는 우주에서 일어나는 식을 관측하기 위해 자리를 옮길 수 없다. 초신성이 폭발할 때, 은하수를 관측하고 있으면 초신성의 스펙트럼을 조사할 수 있지만 그러지 않을 경우에는 조사할 수 없다. 우리에게는 초신성 폭발 실험을 수행

* 운석은 유일한 예외이다. (15장 참조)

할 능력이 없다. (오히려 다행스러운 일이다.) 우리는 실험실에서 달 표면의 전기적, 열적, 광물학적, 유기 화학적 특성들을 직접 조사할 수 없다. 그저 이따금 일어나는 식과 삭망월 같은 자연 실험의 도움을 받아 달에 반사되는 가시광선과 달이 방출하는 적외선과 전파로부터 추론을 할 뿐이다.

그러나 이 모든 상황이 점점 달라지고 있다. 지상에 매인 천문학자들도 적어도 인근 천체들에 대해서는 레이더 천문학을 이용해 보다 자세히 관측할 수 있게 되었다. 우리는 원하는 시점에 통과 대역과 주파수, 펄스 길이와 편광을 선택해 인근의 달이나 행성에 마이크로파를 쏘고 되돌아오는 신호를 조사할 수 있다. 우리는 천체가 광선 아래서 회전하기를 기다려 그 표면의 다른 장소들을 비춰 볼 수 있다. 레이더 천문학은 금성과 수성의 자전 주기와 태양계에서 조석 진화론(tidal evolution, 다윈이 주장한 것으로, 바다의 조석으로 인해 지구의 자전 속도, 달의 공전 속도가 변화하며, 이 둘이 같아질 때까지 진화가 이루어진다는 생각이다. — 옮긴이)과 관련된 문제들, 금성의 분화구들, 달의 파편화된 표면, 화성의 고도, 토성 고리에 있는 입자들의 크기와 조성에 관한 문제들에 대해 다수의 새로운 결론들을 산출했다. 레이더 천문학은 이제 막 시작되었다. 우리의 조사는 여전히 고도가 낮은 곳에 한정되어 있고 외행성계에 대해서는 태양을 마주 보고 있는 반구에 한정된다. 그러나 푸에르토리코에 있는 국립 천문학과 전리층 연구소(National Astronomy and Ionosphere Center)가 보유한, 새로 표면 처리를 한 아레시보(Arecibo) 전파 망원경을 사용해, 1킬로미터의 해상도 — 지상에서 촬영한 달 표면에 대한 최고의 사진 해상도보다 뛰어나다. — 로 금성 표면에 대한 지도를 작성하고, 소행성과 목성의 갈릴레오 위성들 및 토성의 고리에 대해 다수의 새로운 정보를 얻게 될 것이다. 처음으로 우리는 전자기적으로 태양계를 만지작거리며 우주 만물들을 뒤지고 있다.

실험 천문학이 동원 가능한, 관측 천문학보다 훨씬 더 강력한 기술은 우주 탐사이다. 우리는 이제 행성의 자기권과 대기권을 여행할 수 있다. 그들의 표면에 착륙해 그 위를 배회할 수 있다. 성간 매질(interplanetary medium)로부터 직접 물질을 수집할 수 있다. 우주로 향하는 첫 번째 예비 단계인 무인 우주 탐사선들은 우리에게 지구의 밴앨런대(Van Allen belt)와 달의 둥그런 바다 아래에 있는 매스콘(mascon, mass concentration의 준말. 달 표면에서 중력이 강하게 나타나는 장소를 말한다. — 옮긴이), 화성의 구불구불한 물길과 거대한 화산, 포보스와 데이모스의 분화구가 패인 표면처럼 결코 존재하는지조차 몰랐던 폭넓은 현상을 보여 줬다. 그러나 내가 가장 감탄한 사실은 우주 탐사선이 출현하기 전에도 천문학자들이 무력했을지언정 매우 잘해 왔다는 것이다. 자신이 활용할 수 있던 관측을 그들은 놀라우리만치 뛰어나게 해석했다. 우주 탐사선은 천문학자들이 추론해 낸 결론을 확인하는 수단이며, 매우 멀리 떨어진 천체들 — 너무 멀리 있어서 가까운 미래에 우주 탐사선으로도 완전히 접근할 수 없는 천체들이 여기 포함된다. — 에 대한 천문학적인 추정이 믿을 만한지 아닌지 결정하는 방법이다.

천문학에서 초창기 주요 논쟁 중 하나는 태양계 중심에 지구가 있는지 태양이 있는지였다. 프톨레마이오스의 견해와 코페르니쿠스의 견해는 달과 행성들의 겉보기 운동을 비슷한 정도로 정확하게 설명한다. 지구 표면에서 보이는 달과 행성들의 위치를 예측하는 현실적인 문제에 대해서는 어떤 가설을 적용하든지 거의 문제가 되지 않는다. 그러나 지구를 중심에 두느냐 태양을 중심에 두느냐가 철학적으로 함축하는 바는 상당히 다르다. 어느 쪽이 옳은지 알아낼 방법이 있다. 코페르니쿠스에 따르면, 금성과 수성은 달처럼 위상이 변화한다. 프톨레마이오스의 견해에서는 그렇지 않다. 갈릴레오는 최초의 천체 망원경 중 하나를 사용해 초승달 모양의 금성을 관측했을 때, 자신이 코페르니쿠스 가설의 정당성을 입증했음을 알았다.

그러나 우주 탐사선은 훨씬 즉각적인 검증을 할 수 있다. 프톨레마이오스에 따르면, 행성들은 수정같이 맑은 커다란 구에 부착되어 있다. 그러나 매리너 2호와 파이오니어 10호가 프톨레마이오스가 가정한 수정 구들을 관통했음에도 그들의 움직임에서는 어떠한 장애도 탐지되지 않았다. 더 직접적으로 음향 탐지기와 그 외 미세 운석(micrometeorite) 탐지기들은 아주 미약한 쨍그랑 소리조차 듣지 못했다. 하물며 수정이 박살나는 소리는 말할 것도 없다. 이러한 종류의 검증에는 즉각적이고 매우 바람직한 특성이 있다. 아마도 현대인 중에는 천동설 신봉자가 없을 것이다. 그러나 천동설을 수정한 가설이 금성의 위상 변화를 설명할 수 있지 않을까 의심하는 사람이 있을지도 모른다. 그렇게 생각하는 사람들도 이제 안심할 수 있다.

우주 탐사선이 생기기 전에, 독일의 천체 물리학자인 루트비히 프란츠 베네딕트 비에르만(Ludwig Franz Benedict Biermann, 1907~1986년)은 내행성계를 지나가는 혜성의 잘 발달된 꼬리에서 밝은 마디가 분명하게 가속되는 모습을 관측하고 강한 호기심을 느꼈다. 비에르만은 관측된 가속을 햇빛의 복사압으로는 충분히 설명할 수 없다는 것을 보이고, 태양으로부터 하전 입자들이 계속 흘러나와서 혜성과 상호 작용한 결과, 관측된 가속 현상을 일으켰다는 새로운 가설을 제안했다. 음, 어쩌면 그럴지도 모른다. 그러나 이 현상의 원인을 혜성의 핵에서 일어난 화학적 폭발이라고 봐도 똑같이 무리가 없지 않을까? 아니면 어떤 다른 설명으로 봐도? 그러나 성공한 최초의 성간 우주 탐사선인 매리너 2호가 금성을 근접 비행하는 과정에서 비에르만이 추정한 바로 그 범위 내의 속도와 전자 밀도를 가진 태양풍이 이 마디들을 가속하는 데 반드시 필요하다는 것을 알아냈다.

같은 기간 태양풍의 성질에 대한 논쟁이 있었다. 그중 하나가 시카고 대학교 유진 뉴먼 파커(Eugene Newman Parker, 1927~2022년)의 견해로, 그는 태양으로부터 나오는 유체 역학적인 흐름이 태양풍을 초래한다고 보았다. 다른 견해는 태양 대기의 꼭대기에서 일어나는 증발을 원인으로 여겼다. 유체 역학적인 설명에서는 질량에 따른 분별(分別, fractionation. 부분 분리라고 하기도 한다. — 옮긴이)이 없을 것이다. 즉 태양풍의 원자 조성은 태양과 동일할 것이다. 그러나 증발 가설에서는 원자들이 가벼울수록 태양의 중력으로부터 더 쉽게 달아나므로 무거운 원소들은 태양풍에서 상대적으로 적을 것이다. 성간 우주 탐사선은 태양풍 내 수소 대 헬륨의 비율이 태양과 똑같다는 사실을 발견해 태양풍의 기원에 대한 유체 역학적 가설을 확실히 지지했다.

태양풍 물리학의 이 사례들에서 우리는 우주 탐사선 실험이 경쟁 가설들에 대해 중요한 판단을 내릴 수 있는 수단임을 알 수 있다. 돌이켜보면, 비에르만과 파커처럼 올바른 근거를 가지고 정확한 판단을 내린 천문학자들이 있었다. 그러나 그들과 비슷하게 똑똑했지만 그 근거들을 불신했고, 결정적인 우주 탐사선 실험이 수행되지 않았더라면 계속 불신했을 사람도 있다. 주목할 만한 사항은 이제는 틀렸다는 것을 알 수 있는 대안 가설들이 한때 존재했다는 사실이 아니라, 오히려 매우 빈약한 자료에도 불구하고 직관과 물리학, 상식 또는 추론을 통해 정확한 답을 예측할 수 있을 만큼 **누구나** 영리하다는 사실이다

아폴로 임무 이전에는 삭망월과 식이 일어나는 동안 가시광선과 적외선, 전파를 관측해 달 표면의 최상층을 조사할 수 있었고 달 표면에

반사되는 태양의 편광을 측정했다. 코넬 대학교의 토머스 골드(Thomas Gold, 1920~2004년)는 이 관측들로부터 달 표면의 특징을 매우 잘 재현해 내는 검은 가루를 실험실에서 만들어 냈다. 이 '골드더스트(Golddust)'는 에드먼드 사이언티픽 사(Edmund Scientific Company)에서 비싸지 않은 가격에 구입할 수도 있다. 아폴로 우주 비행사들이 가져온 달의 먼지를 골드더스트와 육안으로 비교하면 거의 구분이 가지 않는다. 입자 크기의 분포와 전기적 성질, 열 특성에서 둘은 매우 비슷하다. 골드더스트는 주로 포틀랜드의 시멘트와 숯, 헤어스프레이로 만들어진다. 달의 조성은 덜 이국적인 셈이다. 그러나 아폴로 이전에 골드에게 유용했던 달 관측 결과들은 달 표면의 화학적인 조성에 크게 의존하지 않는다. 그는 1969년 이전에 관측된 달의 특성들과 관련이 있는 달 표면의 특징들을 일부분 매우 잘 추론할 수 있었다.

유용한 전파와 레이더 자료를 연구해 우리는 (구)소련의 첫 번째 베네라 탐사선이 금성의 대기를 관측하고 이후 베네라가 금성 표면에서 **현장** 관측을 하기 전에 금성의 높은 표면 온도와 표면 압력을 추론할 수 있었다. 비슷하게, 우리는 화성에서 고도 차이가 20킬로미터만큼 크게 난다는 사실을 정확하게 추론했다.* 그러나 검은 부분이 체계적으로 높은 고도에 위치한다고 생각하는 실수를 저지르기도 했다.

아마도 천문학적인 추론이 우주 탐사선 관측과 대치되는 가장 흥미로운 사례 중 하나는 목성의 자기권에 대한 것 같다. 1955년에 케네스 린 프랭클린(Kenneth Linn Franklin, 1923~2007년)과 버나드 플루드 버크(Bernard Flood Burke, 1928~2018년)는 22헤르츠(Hz)의 주파수에서 은하의 전

* 나는 『코스믹 커넥션』 12장과 16장, 그리고 17장에서 이 성공적인 추론과 우주 탐사선 조사를 통해 확인한 내용을 논의한 바 있다.

파 방출 지점을 표시하려는 의도로 워싱턴 D. C. 부근에서 전파 망원경을 시험하는 중이었다. 그들은 자신들의 기록에서 전파 방해가 규칙적으로 되풀이되는 데 주목했다. 처음에는 흔히 있는 전파 잡음의 원천들, 예를 들어 근방의 트랙터에서 발생한 불완전한 점화 같은 것이 그 원인일 것이라고 생각했다. 그러나 곧 전파 방해 시간이 목성이 머리 위를 통과하는 시간과 정확하게 일치한다는 점을 발견했다. 그들은 목성이 데카미터파를 방출하는 강력한 원천임을 발견했다.

그 후 목성이 데시미터파(decimeter wave, 파장이 1~10미터인 전파로 극초단파라고도 한다. — 옮긴이)의 밝은 원천이기도 하다는 사실도 발견되었다. 그런데 스펙트럼이 매우 기이했다. 몇 센티미터의 파장에서는 140켈빈(섭씨 -133.2도) 정도의 매우 낮은 온도 — 목성의 적외선 스펙트럼에서 관측된 온도와 비슷한 수준이다. — 가 발견되었다. 그러나 1미터에 달하는 데시미터파에서 밝기 온도는 파장이 길어질수록 10만 켈빈(섭씨 약 9만 9727도)에 도달할 정도로 매우 급격하게 증가했다. 이 온도는 너무 높아서 절대 영도 이상인 모든 물체가 방출하는 전자기파 복사인 열 복사로는 도달할 수 없다.

당시 국립 전파 천문대에 있던 프랭크 드레이크는 1959년에 이 스펙트럼은 목성이 싱크로트론 복사의 원천이라는 뜻일지도 모른다고 주장했다. 싱크로트론 복사란 하전 입자들이 빛의 속도에 가깝게 움직일 때 움직이는 방향으로 방출하는 복사를 뜻한다. 지구에서 싱크로트론은 핵물리학자들이 이렇게 높은 속도로 전자와 광자를 가속하기 위해 사용하는 유용한 도구이며 이러한 방출이 처음 일반적으로 연구된 것도 싱크로트론에서다. 싱크로트론 복사는 편광되며 목성에서 오는 데시미터파 역시 편광된다는 사실은 드레이크의 가설을 옹호하는 추가 증거였다. 드레이크는 당시 막 발견되었던 지구 주위의 밴앨런대와 비슷한, 상대론적 하전 입자들의 넓은 띠로 목성이 둘러싸여 있다고 가정했다. 그렇다면 데시미터파 복사 영역은 눈으로 보이는 목성의 크기보다 훨씬 더 커야 한다. 종래의 전파 망원경들은 어떤 범위에서든 목성의 공간적인 세부 사항을 알아보기에는 각 분해능이 불충분하지만 전파 간섭계는 이 해상도에 이를 수 있다. 1960년 봄, 드레이크의 제안이 있자마자 캘리포니아 공과 대학의 벤카트라만 라다크리슈난(Venkatraman Radhakrishnan, 1929~2011년)과 그의 동료들은 지름 약 27미터의 안테나 2개가 철로 위에 거의 536미터만큼 떨어져 놓여 있는 간섭계를 사용했다. 그들은 목성 주변의 데시미터파 복사 영역이 평상 시 원반 모양의 고리보다 상당히 더 크다는 사실을 발견하고 드레이크의 제안이 사실임을 보여 주었다.

나중에 해상도가 더 높은 전파 간섭계가 지구의 밴앨런대와 동일한 배치 형태를 가진, 전파 방출 '귀' 2개가 목성 측면에 대칭적으로 배치되어 있음을 입증했다. 두 행성 모두에서 태양풍을 타고 온 전자와 광자가 행성의 자기 쌍극자가 만드는 자기장에 걸려서 가속되고 자극의 한쪽에서 다른 쪽으로 되튀며 자기력선을 따라 나선형을 그리는 전체적인 그림이 만들어졌다. 목성 주변의 전파 복사 영역은 그 자기권과 동일시되었다. 자기장이 강할수록 자기장의 경계는 행성에서 더 멀리 뻗어 나갈 것이다. 덧붙여, 싱크로트론 복사 이론에서 관측된 전파 스펙트럼과 일치하는 전계 강도가 부여되었다. 전계 강도를 아주 정확하게 명시할 수는 없지만 1960년대 말과 1970년대 초 전파 천문학 분야에서 만들어진 대부분의 추정값들은 5~30가우스의 범위에 있었으며, 이것은 그 방정식으로 산출한 지구의 표면 자기장의 10~60배에 이르는 수치이다.

라다크리슈난과 동료들은 목성에서 온 데시미터파의 편광이 행성이 자전할 때 마치 목성의 복사대가 시선에 따라 흔들리고 있는 것처럼 규칙적으로 달라진다는 점 역시 발견했다. 그들은 이러한 현상이 행성의 자전축과 자기축이 9도 기울어져 있기 때문이라는 가설을 제안했고, 이것은 지구의 지리적 북극과 자북극이 일치하지 않는 것과 크게 다르지 않다. 콜로라도 대학교의 제임스 월터 워릭(James Walter Warwick, 1924~2013년)과 다른 학자들이 수행한 데시미터파와 데카미터파 복사에 대한 후속 연구들은 자전축과 자기축이 행성의 중심에서 교차하는 지구와는 꽤 다르게, 목성의 자기축은 그 자전축으로부터 목성 반지름의 일정 비율만큼 이동해 있다고 주장했다. 또 목성의 자남극이 북반구에 있다고 결론을 내렸다. 즉 목성에서 북쪽을 가리키는 나침반은 남쪽을 가리킬 것이다. 이 주장에서 아주 이상한 점은 없다. 유사 이래 지구의 자기장 방향은 여러 번 뒤집혔으며 자북극이 현재 지구의 북반구에 있다는 것은 오직 정의의 문제일 뿐이다. 방출되는 데시미터파와 데카미터파의 세기로부터 천문학자들은 목성의 자기권에서 전자와 광자의 에너지와 흐름이 어떻게 될지 역시 산출했다.

결론을 매우 풍부하게 나열했지만, 모두 상당히 추론적이다. 1973년 12월 3일, 파이오니어 10호가 목성의 자기권을 통과해 날아갔을 때 이 정교한 이론적 '초구조물(superstructure)' 전체가 중요한 시험대에 올랐다. 탐사선에 실린 자력계는 자기권의 다양한 지점에서 자기장의 세기와 방향을 측정했다. 또 갖가지 하전 입자 검출기가 포착된 전자와 양성자의 에너지와 플럭스를 측정했다. 전파 천문학의 사실상 거의 모든 추론들이 파이오니어 10호와 그 후임 파이오니어 11호에 의해 대략 옳다는 점이 입증되었다. 놀랍다. 목성 적도 표면의 자기장은 약 6가우스로 극지방보다 더 강하다. 자전축에 대한 자기축의 경사도는 약 10도이다. 자기축은 행성의 중심에서 목성 반지름의 약 4분의 1만큼 이동해 있다고 묘사될 수 있다. 목성 반지름의 3배보다 더 멀리 뻗치는 자기장은 거의 쌍극자이다. 더 정밀하게 살펴보면, 실제 상황은 추정했던 것보다 훨씬 더 복잡하다.

파이오니어 10호가 목성의 자기권을 지나는 궤도를 날아가며 받은 하전 입자들의 플럭스는 예상값보다 훨씬 더 컸지만 탐사선 작동을 정지시킬 만큼은 아니었다. 목성 자기권을 통과하며 파이오니어 10호와 11호가 생존할 수 있었던 것은 파이오니어 이전의 자기권 이론이 정확했기 때문이라기보다는 좋은 기술과 행운이 따른 결과였다.

전반적으로 목성의 데시미터파 복사에 대한 싱크로트론 이론은 사실임이 입증되었다. 이 전파 천문학자들 모두가 자신이 하는 일을 잘 알고 있음이 밝혀졌다. 우리는 이제 종전보다 훨씬 더 자신 있게 싱크로트론 물리학에서 이끌어 낸 추론을 믿을 수 있게 되었다. 그리고 펄서(pulsar, 빠르게 회전하며 펄스 형태의 전파를 방출하는 중성자별. — 옮긴이)와 퀘이사, 초신성 잔해들 같은, 보다 멀리 있으며 접근하기 어려운 우주의 천체들에 이 추론을 적용할 수 있게 되었다. 또 재측정을 통해 이론의 정확도를 향상시킬 수 있게 되었다. 이론 전파 천문학은 처음으로 중요한 실험 검증의 대상이 되었으며 우수한 성적으로 그 시험을 통과한 것이었다. 파이오니어 10호와 11호가 이룬 수많은 주요한 발견들 가운데 이것이 가장 큰 승리라고 나는 생각한다. 이것은 우주 물리학의 중요 분야에 대한 우리의 이해를 확인시켜 주었다.

목성의 자기권과 전파 복사에 대해 아직 이해하지 못한 사항들이 많다. 데카미터파 복사의 세부 사항들은 여전히 상당히 불가사의하다. 데카미터파를 발생시키는, 아마도 크기가 100킬로미터보다 더 작을 국지적인 원천이 목성에 존재하는 이유는 무엇일까? 이 발생원들은 무엇일까? 데카미터파 복사 영역이 목성의 구름에서 보이는 특징들과는 다른 주기로, 일곱 가지 주요 특징들보다 시간을 굉장히 정확히 지키면서 행성을 회전하고 있는 이유는 무엇일까? 전파의 세기가 때로 매우 강해지는 현상인 데카미터파 폭발(burst)이 밀리초(ms, 100분의 1초)보다 짧게 지속되는 매우 복잡하고 정교한 구조를 가지는 이유가 무엇일까? 데카미터파 복사원들은 왜 방향성을 띠는 것일까? 즉 왜 모든 방향으로 동일하게 복사되지 않는 것일까? 데카미터파 복사원들은 왜 간헐적일까? 다시 말해, 왜 항상 '작동'하지 않는 것일까?

목성의 데카미터파 복사의 이 불가사의한 특성들은 펄서의 특성을 연상시킨다. 전형적인 펄서는 목성보다 1조 배 더 강력한 자기장을 가지고 있다. 그들은 10만 배 더 빠르게 자전하고 나이는 1,000분의 1이다. 그들은 1,000배 더 거대하다. 목성 자기권의 경계는 펄서의 광원뿔 속도의 1,000분의 1 이하로 움직인다. 그럼에도 불구하고 목성이 일종의 실패한 펄서일 가능성도 있다. 목성은 별 진화의 최종 산물 중 하나인 빠르게 자전하는 중성자별을 축소해 놓은 모형인 셈이다. 목성의 데카미터파 복사를 근접 비행 — 예를 들어 NASA의 보이저와 갈릴레오 탐사선 — 을 통해 관찰하면, 펄서의 방출 메커니즘과 자기권의 기하 구조에 관한 여전히 이해할 수 없는 문제들에 대해 주요한 통찰을 얻을 수 있을 것이다.

실험 천체 물리학은 빠르게 발전하고 있다. 최근 수십 년 동안 우리는 성간 매질을 직접적으로 실험 조사할 수 있었다. 태양권계면(heliopause, 태양풍이 우세한 지역과 성간 플라스마가 우세한 지역 사이의 경계)이 지구로부터 100천문단위(astronomical unit, AU), 다시 말해 약 150억 킬로미터보다 훨씬 더 먼 곳에 있지는 않을 것이라 추정된다. (만약 그곳에 퀘이사와 그렇게 대단치는 않은 아주 작은 블랙홀만 있을 뿐이라면, 우리는 우주 탐사선으로 현장을 측정해 현대 천체 물리학의 추측들 대부분을 확인할 수 있을지도 모른다.)

과거의 경험으로 판단할 때, 미래의 실험 천체 물리학에서 이루어질 여러 모험들을 통해서도 ① 주류 천체 물리학자들은 완전히 옳고, ② 우주 탐사선이 결과를 가져올 때까지 어느 학파가 옳은지 합의가 이루어질 수 없으며, ③ 탐사 결과, 훨씬 더 매력적이고 완전히 새로운 근본적인 문제들이 드러날 것임을 알 수 있다.

20장

로봇을
옹호하며

네가 그렇게 의심스러운 형태로 나타났으니
내 말을 걸어 주지.

—윌리엄 셰익스피어,『햄릿』1막 4장

체코의 작가 카렐 차페크(Karel Čapek, 1890~1938년)가 맨 처음 도입한 '로봇(robot)'이라는 단어는 '일꾼'에 해당하는 슬라브 어 '로보타(robota)'에서 파생되었다. 그러나 이 단어는 인간 노동자보다 기계를 뜻한다. 로봇은 특히 우주 로봇은 종종 언론에서 비판적인 주목을 받아 왔다. 우리는 아폴로 11호의 마지막 착륙 조정 과정에 인간이 꼭 필요했으며, 그렇지 않았다면 인류 최초의 달 착륙은 재앙으로 끝났을 것이라는 기사를 읽고는 한다. 지구에 있는 지질학자에게 보낼 표본을 선택할 때 화성 표면을 이동하는 로봇은 결코 우주 비행사만큼 영리할 수 없다. 기계는 스카이랩(Skylab, 지구 궤도를 도는 최초의 우주 정거장으로 각종 실험이 이뤄졌다. 1973년 첫 발사 후 1979년 7월 11일 지구 재돌입을 통해 산화될 때까지 운용되었다. — 옮긴이) 임무를 지속하는 데 필수적인 스카이랩의 태양광 차폐막을 결코 인간이 하듯이 수리할 수 없다.

그러나 이 모든 비교는 당연히 인간이 만든 것이다. 나는 쇼비니즘(chauvinism, 배외주의)의 조짐이라고 할 수도 있는 자기 만족적인 요소들이 이 판단 아래 은밀히 작용하고 있는 것은 아닌지 궁금하다. 백인들도 때때로 인종 차별을 감지하고 남자들도 이따금 성 차별을 포착할 수 있는 것처럼, 우리는 여기서 인간 정신의 어떤 심각한 병폐, 아직 이름이 지어지지 않은 질병을 엿볼 수 있을지도 모른다. '인간 중심주의

(anthropocentrism)'라는 용어는 정확히 같은 의미가 아니다. '인본주의(humanism)'라는 단어는 인간의 친절한 다른 활동들이 선점했다. 나는 인간만큼 정교하고 믿을 만한 존재가 없다는 선입견으로 가득 찬 이 병폐의 이름으로 '종 차별주의(speciesism)'가 적절하다고 생각한다.

이것은 적어도 선부른 판단, 즉 모든 사실을 다 고려하기 전에 이끌어낸 결론이기 때문에 편견이다. 우주로 보낸 인간과 기계를 비교하는 것은 똑똑한 사람과 바보 같은 기계를 비교하는 공정하지 못한 평가이다. 우리는 아폴로와 스카이랩 임무에 든 300억 달러 정도의 돈을 모조리 똑똑한 기계를 만드는 데 쓴다면 어떤 종류의 기계들을 만들어 낼 수 있는지 묻지 않는다.

모든 인간은 때때로 독립적으로 의사 결정을 내리고 정말로 자신의 환경을 조절할 수 있는, 아주 훌륭하게 만들어진 놀랄 만큼 치밀하고 스스로 작동하는 컴퓨터이다. 오래된 농담처럼, 이 컴퓨터는 솜씨 나쁜 노동자가 만든 것 같다. 그러나 인간을 특정 환경에 보내는 일에는 심각한 제한이 따른다. 상당한 보호를 제공하지 않으면, 인간은 대양저와 금성의 표면, 목성 중심부, 심지어는 오랜 우주 탐사 임무에서 불편함을 느낄 것이다. 스카이랩에서 인간이 여러 달 머물면 뼈에서 칼슘과 인이 심각하게 소실된다. 이러한 사실은 임무가 수행되는 6~9개월이나 그것보다 더 긴 기간 동안 인간은 무중력 상태에서 정상적인 생활을 못 할 수도 있다는 뜻 같다. 그러나 기계는 이런 문제를 하나도 겪지 않는다. 행성 간 항해에는 보통 최소 1~2년이 소요된다. 우리는 인간을 높이 평가하지만 그들을 매우 위험한 임무에 보내기는 꺼려한다. 인간을 정말로 낯선 환경에 보낼 경우, 우리는 그들의 음식과 공기, 물과 여흥, 쓰레기 재활용을 위한 생활 편의 시설들, 벗들도 함께 보내야만 한다. 그것에 비해 기계는 정교한 생명 유지 장치들도 유흥도 우정도 필요로 하지 않는다. 게다가 우리는 기계를 편도 혹은 자살 임무에 보내는 것에 아직 어떤 강렬한 윤리적 거부감도 느끼지 않는다.

확실히, 단순한 임무들의 경우 기계는 자신의 능력을 몇 번이고 입증했다. 무인 탐사선은 지구 전체와 달의 뒷면에 대한 첫 번째 사진을 찍었고 달과 화성, 금성에 처음으로 착륙했으며 화성 임무에서 매리너 9호와 바이킹 호는 다른 행성의 궤도를 처음으로 완전히 정찰했다. 지구에서는, 예를 들어 화학 공장과 제약 공장 같은 곳에서 첨단 기술 제조 공정이 컴퓨터의 통제하에 주로 혹은 완전히 수행되는 일이 점점 일반화되고 있다. 이 모든 활동에서 기계는 어느 정도 오류를 감지하고 실수를 바로잡으며 인지한 문제를 인간 관리자에게 원거리에서 알릴 수 있다.

기계가 인간보다 수억 배 더 빠른 강력한 계산 능력을 지녔다는 것은 아주 유명하다. 그러나 정말로 어려운 문제에 대해서는 어떨까? 기계가 새로운 문제를 어떤 의미에서든 충분히 '생각'할 수 있을까? 우리가 인간의 특징이라고 여기는, 상황에 따라 논의를 다르게 전개하는 능력이 기계들에게도 있을까? (즉 질문 1을 던졌을 때, 답변이 A이면 질문 2를 던진다. 그러나 만약 답변이 B이면 질문 3을 던진다.) 수십 년 전, 영국의 수학자인 앨런 매티슨 튜링(Alan Mathison Turing, 1912~1954년)은 기계에 지능이 있다고 여기는 데 필수적인 조건을 기술했다. 그 조건이란 단지 그가 기계와 전신기로 소통한 뒤 상대가 인간이 아니라는 사실을 알아챌 수 있느냐 없느냐 하는 것이었다. 튜링은 아래와 같은 기계와 인간 사이의 대화를 상상했다.

> 심문자: 당신의 소네트 첫 문장인 "제가 당신을 여름날에 비유해도 될까요?"에서 '여름날'을 '봄날'로 바꿔도 비슷하거나 더 낫지 않을까요?
>
> 피심문자: 운율이 맞지 않을 거예요.
>
> 심문자: 그럼 '겨울날'은 어때요? 운율이 잘 맞는대요.

피심문자: 그러네요. 하지만 누구도 겨울날에 비유되길 원하지 않죠.

심문자: 픽윅(Pickwick) 씨가 크리스마스를 떠올리게 한다고 말했죠?

피심문자: 어떤 면에서요.

심문자: 그런데 크리스마스도 겨울이잖아요. 나는 픽윅 씨가 이 비유를 마음에 안 들어 할 거라고 생각하지 않아요.

피심문자: 진지하게 하는 말이 아닌 것 같네요. 겨울날이라는 말은 크리스마스 같은 특별한 날보다는 전형적인 겨울날을 의미해요.

이처럼 정교한 장치는 아직 만들어지지 않았지만 나는 얼마나 많은 사람들이 튜링의 인간 테스트를 통과할지 확신하지 못하겠다. 그러나 인공 지능에 쏟아 붓는 노력과 비용은 꽤 제한적이며 세상에는 그러한 활동을 하는 주요 센터가 겨우 여섯 군데 정도만 있다. 당시 MIT에 재직 중이던 테리 앨런 위노그라드(Terry Allen Winograd, 1946년~)의 연구는 아이들의 장난감 블록에 관한 매우 한정된 분야에 대한 담화에서 놀라운 결과를 얻었다. 다음은 위노그라드가 프로그래밍한 기계와 인간 사이의 대화이다. (위노그라드는 구글 창업자인 래리 페이지(Larry Page, 1973년~)의 지도교수이기도 하다. — 옮긴이)

Q: 이 상자에 무엇이 들었죠?

A: 파란색 피라미드와 파란색 상자요.

Q: 상자에 들어 있지 않은 블록은 몇 개인가요?

A: 4개요.

Q: 적어도 그중 하나는 내가 당신에게 집으라고 말했던 블록보다 더 좁겠네요?

A: 네, 빨간색 정육면체요.

Q: 첨탑이 있나요?

A: 죄송하지만 '첨탑'이라는 단어를 모르는데요.

Q: 첨탑은, 예를 들어 초록색 정육면체 둘과 피라미드 하나로 이루어진 굴뚝이에요.

A: 알겠어요.

Q: 그럼 첨탑이 있나요?

A: 아니요.

Q: 하나 만들어요.

기계는 그렇게 한다. 기계로 된 손을 뻗어 정육면체를 옮기고 방금 설명을 들은 구조를 짓는다.

Q: 피라미드를 언제 집었죠?

A: 빨간 정육면체와 커다란 빨간 블록, 초록색 정육면체를 쌓고 있는 동안에요.

Q: 왜 쌓았어요?

A: 치우려고요.

Q: 그 정육면체를 왜 치웠나요?

A: 그것을 커다란 초록 정육면체 위에 놓으려고요.

또 다른 사례에서, MIT의 요제프 바이젠바움(Joseph Weizenbaum, 1923~2008년)은 기계 정신과 의사를 개발했다. 이 프로그램은 위노그라드의 프로그램보다 훨씬 더 간단했다. 여기서는 비지시적인 정신 요법(직접 지시하지 않고 중립적인 태도로 이야기를 들어 주기만 하면서 문제 해결도 상대에게 맡기는 상담 방식. ― 옮긴이)을 사용했는데 그것은 대체로 극히 단순한 컴퓨터 프로그램만 있으면 된다. 다음은 인간과 컴퓨터 정신과 의사 사이에 이루어진 놀라운 대화이다. (확실히 여기에는 선택 효과가 있다. 기계와 인간 사이에 이루어진 다른 많은 정신 의학적인 대화들은 결코 그다지 놀랍지 않다. 그러나 나는 대부분의 인간과 인간 사이의 정신 의학적인 대화들 역시 별로 놀랍지 않다고 추정한다.) 이 상호 작용에서, 치료 전문가와 환자를 알기 쉽고 간결하게 표시하기 위해 치료 전문가의 말은 굵은 글자로, 환자의 말은 보통 글자로 표시했다.

남자들은 다 똑같아요.

어떤 면에서요?

항상 우리를 여러 가지로 괴롭히죠.

구체적인 사례를 떠올릴 수 있나요?

글쎄요, 제 남자 친구는 절 여기로 보냈어요.

남자 친구가 당신을 여기로 보냈군요.

그는 제가 상당 시간 우울하게 지내는 걸 눈치 챘어요.

우울하다니 안되었어요.

그가 옳아요. 전 불행해요.

여기에 오는 일이 당신이 불행하지 않게 도와줄 거라고 생각하세요?

전 도움이 필요해요. 그건 분명해요.

도움을 받는 게 당신에게 무슨 의미가 있을까요?

아마도 엄마와 잘 지내는 법을 배울 수 있을 거예요.

가족에 대해 더 말해 보세요.

엄마는 절 돌봐주세요.

가족 중에서 그 밖의 누가 당신을 돌봐 주나요?

아버지요.

당신 아버지요?

당신은 어떤 면에서 제 아버지랑 비슷해요.

어떤 면이 닮았나요?

그다지 공격적이지 않아요. 하지만 당신이 제가 그 점을 알아차리길 원한다고는 생각하지 않아요.

왜 제가 그다지 공격적이지 않다고 생각하게 되었나요?

저랑 다투지 않으니까요.

왜 제가 당신과 다투지 않는다고 생각하세요?

당신은 저를 두려워해요.

제가 당신을 두려워한다는 생각이 당신을 기쁘게 하나요?

제가 아버지를 두려워한다는 생각이 그를 기쁘게 하죠.

아버지를 생각할 때 그밖에 무엇이 떠오르나요?

약한 자를 괴롭히는 사람이요.

그것이 남자 친구가 당신을 여기 오게 만든 사실과 어떤 관계가 있나요?

컴퓨터가 취한 이 놀라운 반응 — "예리하다."라고 말하고 싶다. — 은, 물론, 미리 프로그래밍된 것이다. 그렇지만 그 반응은 인간 정신과 의사의 반응과 동일하다. 점점 더 많은 사람들이 정신과 상담이 필요한 것처럼 보인다. 컴퓨터를 통한 시간 공유가 널리 퍼진 시대에는 커다란 전화 부스를 배열해 놓은 것과 비슷한, 컴퓨터 정신 치료 단말기의 네트워크가 발달하는 모습을 볼 수 있을 것이다. 거기서 우리는 시간당 몇 달러를 내면 배려심 있고 경험이 풍부한 대체로 비지시적인 정신과 치료사와 이야기할 수 있을 것이다. 정신 의학적인 대화의 비밀을 보장하는 문제는 앞으로 해결해야 할 여러 중요한 문제 중 하나가 될 것이다.

기계의 지적인 기량에 대한 또 다른 징후는 게임에서 볼 수 있다. 컴퓨터 프로그램은 본질적으로 단순하다. 심지어 똑똑한 10세 정도의 아이도 틱택토(tic-tac-toe, 오목이나 빙고와 비슷하며 3×3판에 두 명이 번갈아 O와 X를 써서 가로, 세로, 대각선에 같은 글자가 놓이게 하는 놀이. ―옮긴이)를 완벽히 해 내는 프로그램을 짤 수 있다. 어떤 컴퓨터는 세계 최상급의 체커 게임을 할 수 있다. 체스는 물론 틱택토나 체커보다 훨씬 더 복잡한 게임이다. 여기서 기계가 이기도록 프로그래밍하는 일은 매우 어렵다. 컴퓨터가 이전의 체스 게임에서 얻은 경험을 토대로 학습을 하는 식의 새로운 전략들이 사용된다. 컴퓨터는, 예를 들어 게임을 시작할 때 체스판의 중앙을 장악하는 것이 구석에서 시작하는 것보다 더 낫다는 규칙을 경험적으로 배울 수 있다. 세계 최고의 체스 선수들 10명은 아직은 어떤 컴퓨터도 두려워할 일이 없다. 그러나 상황이 달라지고 있다. 최근 한 컴퓨터가 미네소타 주 체스 대회에 첫 출전할 만큼 충분히 좋은 성과를 냈다. 지구에서 인간이 아닌 존재가 주요 스포츠 게임에 출전한 것은 이번이 처음일 것이다. (앞으로 10년 안에 로봇 골퍼나 로봇 지명 타자가 출전할지도 모른다. 돌고래가 자유형 수영 대회에 출전하는 것은 말할 것도 없고 말이다.) 컴퓨터가 체스 대회에서 우승하지는 못했지만 이러한 대회에 진출할 만큼 충분히 잘한 첫 번째 사례였다. 체스를 두는 컴퓨터의 실력은 매우 빠른 속도로 향상되고 있다.

체스가 인간이 여전히 우위를 차지하고 있는 영역이라는 사실로 컴퓨터의 위신이 떨어졌다는(안도의 한숨도 느껴지는) 이야기를 하는 이들도 있다. 이 말은 이방인이 체커를 하는 개의 재능에 경탄해하는 오래된 농담을 꽤 많이 상기시킨다. 개의 주인은 이렇게 대답한다. “오, 그렇게 놀랄 정도는 아니에요. 세 번 중 두 번은 진답니다.” 전문 체스 선수들 중에서 실력이 중간 정도인 기계는 매우 유능한 기계이다. 실력이 더 뛰어난 인간 선수가 수천 명 있을지라도 그 기계보다 못하는 선수는 수백만 명 있다. 체스 게임을 하려면 전략과 선견지명, 분석 능력, 엄청난 양의 변수를 상호 비교하고 경험에서 배우는 능력이 필요하다. 아기를 보고 개를 산책시키는 일이 직업인 사람뿐만 아니라 발견하고 탐구하는 일이 직업인 사람에게도 이 능력은 최상의 자질이다.

이것이 기계의 지능 발달 상태를 어느 정도 보여 주는 사례라고 한다면 다음 10년 동안 상당한 노력을 기울일 경우 분명 훨씬 더 정교한 사례들이 생산될 수 있으리라고 생각한다. 이것은 기계 지능 분야에서 일하는 사람들 대부분의 견해이기도 하다.

다음 세대의 기계 지능에 대해 이야기할 때 자율 로봇과 원격 조종 로봇을 구분해서 생각하는 것이 중요하다. 기계 지능이 자율 로봇의 경우에는 내장되어 있는 반면, 원격 조종 로봇의 경우에는 다른 장소에 위치하며 그 작동은 중앙 컴퓨터와 로봇 사이의 긴밀한 통신에 의존해 이루어진다. 물론, 기계가 부분적으로는 자동으로 작동하고 부분적으로는 원격 조정되는 중간 상태에 해당되는 경우도 있다. 가까운 미래에는 이러한 원격 조종과 자기 조종 사이의 혼합체가 가장 높은 효율성을 제공하리라고 여겨진다.

예를 들어 우리는 대양저를 채굴하기 위해 설계된 기계를 상상할 수 있다. 심해 깊은 곳에 굴러다니는 망간 단괴는 어마어마하게 많다. 한때 그것들은 지구에 유입된 운석이 만들어 낸 것으로 여겨졌으나 지금은 지구 내부의 자체적인 구조 운동에 따라 이따금 망간이 막대하게 분출될 때 형성된 것으로 보고 있다. 그것 말고 희귀하고 산업적으로 가치 있는 많은 광물들 역시 마찬가지로 해양 심해저 바닥에서 발견된다. 이제 우리는 대양저를 체계적으로 유영하거나 기어가는 장치를 설계할 능력을 가지고 있다. 이 장치들은 대양저 표면의 물질에 대해 분광 분석이나 다른 화학적 조사를 수행할 수 있다. 또 모든 발견 성과를 배나 육지로 자동으로 무선 송신할 수 있고, 특히 가치 있는 매장층의 위치를 저주파 자동 유도 장치 같은 것으로 표시할 수 있다. 그러면 무선 표지(radio beacon)가 적절한 위치로 거대한 채굴 기계들을 안내할 것이다. 현재 심해 잠수정과 우주 탐사선 환경 감지기의 기술 상태는 이러한 장치의 발달과 분명히 호환된다. 먼 바다의 유정 굴착과 석탄과 그 외 지하 광물 채굴에 대해서도 비슷한 이야기를 할 수 있다. 이러한 장치들로부터 얻게 될 공산이 있는 경제적 이익은 그 장치들의 개발 비용을 보상해 줄 뿐만 아니라 전체 우주 프로그램에 들어가는 막대한 자금을 몇 번이고 감당할 수 있을 것이다.

기계가 특히 어려운 상황과 마주쳤을 때에는 자신의 능력을 넘어서는 상황을 인지하고 다음에 할 일을 (안전하고 유쾌한 환경에서 일하고 있는) 인간 관리자에게 요구하도록 프로그래밍할 수 있다. 방금 다룬 사례는 대체로 자기 조종 장치들에 대한 것이다. 그 정반대의 경우 역시 가능하며 미국 에너지부의 실험실에서 고방사성 물질을 원격으로 다루는 일에 대해 아주 기초적인 연구가 많이 수행되었다. 여기서 나는 이동하는 기계에 인간이 무선으로 연결된 상황을 상상한다. 말하자면, 관리자는 마닐라에 있고 기계는 민다나오 해연에 있다. 관리자는 다수의 전자 계전기를 부착하고 있으며, 이 계전기가 그의 움직임을 기계로 전송해 증폭시킨다. 역으로 이 계전기는 기계가 발견한 것을 그의 감각으로 전달할 수 있다. 그래서 관리자가 왼쪽으로 고개를 돌리면 기계에 달린 텔레비전 카메라들이 왼쪽으로 돌아가고 관리자는 주변에 놓인 커다란 반구형 텔레비전 스크린을 통해 기계의 탐조등과 카메라가 드러내는 장면을 본다. 마닐라에 있는 관리자가 컴퓨터 시스템과 연결된 옷을 입고 앞으로 몇 걸음 걸으면, 심해 깊은 곳에 있는 기계 역시 몇 미터 앞으로 느긋하게 걷는다. 관리자가 손을 뻗으면, 기계의 팔이 비슷하게 펼쳐지고 인간과 기계의 상호 작용이 매우 정확하게 일어나서 기계의 손가락으로 해양저에 있는 물질을 정확하게 조종할 수 있다. 이러한 장치 덕분에 인간은, 그렇지 않았다면 영원히 닫혀 있었을 환경에 들어갈 수 있다.

무인 탐사선은 화성 탐사에서 이미 연착륙을 했으며 머지않아 현재 달을 활보하고 있는 탐사선들처럼 이 붉은 행성의 표면을 배회하게 될 것이다. 우리는 아직 화성 유인 탐사를 실행할 준비가 되어 있지 않다. 이러한 임무가 화성에 지구의 미생물을 운반하고 존재할지도 모를 화성의 미생물을 지구로 가져올 위험 때문에 우리 중 일부는 이 탐사를 걱정스럽게 본다. 1976년 여름, 화성에 내린 바이킹 착륙선은 매우 흥미로운 일련의 감지기들과 과학 도구들을 갖추고 있었다. 이것은 인간의 감각을 외계로 확장한 것이다.

바이킹 이후 화성 탐사를 위한 장치는 바이킹 기술의 장점을 활용한 것으로 바이킹 탐사선과 전체적으로 동등하지만 상당히 향상된 과학 기술을 지닌 바이킹 로버이다. 이들은 화성의 풍경 너머를 느리게 방랑할 수 있는 바퀴나 트랙터의 트레드를 부착하고 있다. 그러나 지금 우리는 지구 표면에서 기계를 작동할 때에는 결코 마주친 적이 없는 새로운 문제에 봉착했다. 화성은 지구와 두 번째로 가까운 행성이기는 하지만 실제로 매우 멀리 떨어져 있어서 빛의 여행 시간이 중요하다. 화성과 지구의 일반적인 상대 위치에서 화성은 20광분, 즉 빛이 20분 이동하는 거리만큼 떨어져 있다. 그러므로 우주 탐사선이 화성에서 가파른 경사면과 마주쳤을 때, 지구에 질문 메시지를 보내면 그로부터 40분 뒤에 "제발, 꼼짝 말고 서 있으시오." 같은 회신이 도착할 것이다. 그러나 그때쯤이면, 당연하게도, 이 단순한 기계는 도랑으로 굴러 떨어졌을 것이다. 따라서 화성 로버에는 표면 경사와 거칠기를 감지하는 장치가 필요하다. 다행히도, 이 장치는 쉽게 개발할 수 있으며 심지어 아이들 장난감에서도 일부 찾아볼 수 있다. 깎아지른 비탈이나 커다란 바위와 마주쳤을 때 우주 탐사선은 자신이 보낸 질문(과 텔레비전으로 방송되는 주변 풍경 사진)에 대한 반응으로 지구로부터 지시를 받을 때까지 멈춰 있거나 뒤로 물러서 있어야 한다.

1980년대 우주 탐사선에 탑재될 컴퓨터에는 훨씬 더 정교한 상황 의존적 의사 결정 네트워크가 내장될 수 있다. 미래에 더 멀리 있는 물체를 더 많이 탐사하려면 목표 행성 주위의 궤도나 그 행성의 위성들 중 하나에 인간 관리자가 있는 상황을 상상할 수 있다. 예를 들어 목성 탐사 시 목성의 사나운 복사대 바깥쪽 작은 위성에 관리자가 있으면서 목성의 짙은 구름 속을 떠다니는 탐사선에게 겨우 몇 초 간격으로 반응하는 모습을 상상해 볼 수 있다.

지구에서는 인간이 이렇게 상호 작용을 하는 순환 고리 속에 있을 수 있다. 거기서 기꺼이 시간을 보내려 한다면 말이다. 만약 화성 탐사에 관한 모든 의사 결정이 지구에 있는 인간 관리자를 통해 내려져야 한다면 로버는 1시간에 겨우 몇 미터만을 횡단할 수 있을 것이다. 로버들의 수명은 매우 길어서 1시간에 몇 미터는 완벽하게 훌륭한 진행 속도에 해당한다. 그러나 태양계의 더 먼 곳까지, 궁극적으로는 다른 별들까지 탐사가 확장되는 모습을 상상하면 미래에는 자기 조종 기계의 지능이 더 많은 책임을 지리라는 점은 분명하다.

이러한 기계의 발달 과정에서 우리는 일종의 수렴 진화(convergent evolution)를 발견한다. 바이킹은 기이한 의미에서 투박하게 만들어진 초대형 곤충과 비슷하다. 그것은 아직 보행을 하지 못하며 자신을 재생산할 능력을 가지고 있지 않다. 그러나 외골격을 갖추고 있고 곤충과 비슷한 광범위한 감각 기관을 지니고 있다. 바이킹은 잠자리만큼 지적이다. 그러나 바이킹은 곤충이 가지지 못한 장점을 지니고 있다. 그것은 때때로 지상에 있는 관리자에게 질문을 던져 인간 지능의 도움을 받을 수 있다는 것이다. 관리자들은 자신의 판단에 기초해 바이킹 컴퓨터를 다시 프로그래밍할 수 있다.

기계 지능 분야가 진보할수록, 태양계 내에서 멀리 떨어진 천체를 탐사하는 일이 쉬워질수록, 우리는 점점 정교해지는 선상 컴퓨터들이 곤충 수준의 지능에서 악어의 지능으로, 또 다람쥐의 지능으로, 그리고 아주 멀지 않은 미래에 개의 지능으로 천천히 계통수(系統樹, phylogenetic tree)를 기어오르며 발전하는 모습을 보게 될 것이다. 외행성계로 비행하려면 자신이 적절하게 작동하고 있는지 판단할 수 있는 컴퓨터가 있어야만 한다. 그 우주 탐사선이 수리를 위해 지구로 반송될 가능성은 없다. 이 기계는 자신이 아픈지 감지할 수 있어야 하고 자신의 병을 솜씨 있게 치료할 수 있어야만 한다. 고장난 컴퓨터와 감지 장치, 구성 요소들을 고치거나 대체할 수 있는 컴퓨터가 필요하다. '스타(STAR, self-testing and repairing computer)'라고 불리는 이러한 컴퓨터는 지금 개발 단계에 있다. 생물이 그러듯(우리는 부분적으로는 다른 쪽이 제대로 작동하지 못할 때를 대비해 허파와 콩팥을 2개씩 지니고 있다.), 이 컴퓨터는 여분의 구성 요소를 가지고 있다. 컴퓨터는 예를 들어 하나의 머리와 심장만을 가진 인간보다 훨씬 더 많은 여분을 지니고 있을 수 있다.

우주 깊은 곳까지의 탐사를 특히 중요하게 여기기 때문에 지적인 기계를 부단히 소형화하려는 압박은 갈수록 커질 것이다. 이미 소형화가 놀라울 정도로 진행되었다. 진공관은 트랜지스터로, 배선 회로는 인쇄 회로 기판(printed circuit board, PCB)으로 대체되었으며 컴퓨터 전체 시스템은 마이크로 회로가 있는 반도체 칩으로 대체되었다. 1930년대에는 라디오 수신기의 상당 부분을 차지했던 회로가 오늘날에는 핀 끝만 한 공간에 인쇄된다. 지구 채굴과 우주 탐사를 목적으로 인공 지능 기계를 계속 연구하면, 머지않아 가사 지원 로봇도 상품화될 것이다. SF 소설에 등장하는, 사람과 비슷하게 생긴 고전적인 로봇들과는 달리, 이러한 기계들이 진공 청소기보다 더 인간과 비슷하게 보여야 하는 이유는 없다. 그 기계들은 자신의 기능에 따라 전문화되어 있을 것이다. 그러나 칵테일 만들기부터 마루 청소에 이르기까지, 상당한 체력과 인내를 요구하지만 매우 제한적인 지적 능력만을 수반하는 일들이 많이 있다. 19세기 영국 집사 노릇도 제대로 하면서 동시에 가사 노동도 수행하는 다목적 이동식 가사 로봇은 아마도 수십 년 뒤에야 나타날 것이다. 그러나 특정한 가사 노동에 맞춰진 훨씬 전문화된 기계들은 어쩌면 벌써 등장했는지도 모른다.

지적인 기계가 일상의 기본적인 기능들과 도시의 여러 과업들을 수행하는 모습을 상상해 보자. 1970년대 초반까지 알래스카 주 앵커리지와 다른 도시들의 쓰레기 수거인들은 약 2만 달러의 연봉을 보장받는 협상안을 타결시키는 데 성공했다. 경제적인 압박만으로도 자동화된 쓰레기 수거 기계 개발의 정당성을 설득력 있게 입증할 수 있을지도 모른다. 가사 지원 로봇과 공공 복지 로봇을 도시에서 일반적으로 사용할 수 있는 상품으로 개발하려면, 로봇이 대체하게 될 사람들을 효율적으로 재고용하는 방안이 먼저 마련되어야만 한다. 그러나 이 일이 한 세대에 걸쳐 진행된다면, 그리고 특히 진보적인 교육 개혁안이 있다면, 그 일이 지나치게 어렵지는 않을 것이다. 인간은 공부하는 동물이다.

우리는 인간이 수행하기에는 너무 위험하거나 비용이 많이 들거나, 아주 힘들거나 굉장히 지루한 과업을 대신 할 수 있는 상당히 다양한 지적 기계들을 개발하기 직전 단계에 있는 듯하다. 이러한 기계의 개발은, 내 생각에는, 우주 개발 계획의 몇 안 되는 진정한 '파생 효과'이다. 한 종으로서 우리의 생존이 달린 식량과 에너지의 효율적인 이용은 이러한 기계의 개발 여하에 달렸을지도 모른다. 주된 장애물은 바로 인간이다. 인간과 같거나 더 뛰어난 기계에 대해서뿐만 아니라 특정한 과업을 수행하는 기계들에 대해서도 위협적이거나 '비인간적인' 부분이 있다는 편견이나, 단백질과 핵산이 아닌 규소와 저마늄(Ge)으로 만들어진 피조물에 대한 혐오감이 존재하는 것 같다. 이 감정은 부르지 않아도 몰래 찾아온다. 그러나 여러 가지 측면에서 한 종으로서 우리의 생존은 이러한 원시적 쇼비니즘을 초월하는 데 달려 있다. 지적 기계를 받아들이는 것은 어느 정도는 우리가 새로운 환경에 적응하는 과정이라고 할 수도 있다. 이미 인간의 심장 박동을 감지할 수 있는 심박 조율기가 존재한다. 심방 세동(심방이 정상적으로 규칙적으로 뛰지 못하면서 미세하게 떨리는 현상. — 옮긴이)의 기미가 조금이라도 있을 때에만 심박 조율기는 심장을 자극한다. 이것은 가볍지만 매우 유용한 기계 지능이다. 나는 이 장치를 착용한 사람이 그 지능에 분개하는 상황을 상상할 수 없다. 비교적 짧은 시간 안에 훨씬 더 지적이고 정교한 기계들을 이것과 매우 비슷한 방식으로 수용하게 될 것이라고 생각한다. 지적 기계에 비인간적인 부분은 없다. 오히려 지적 기계란 지상의 모든 피조물 중에서 오직 인간만이 소유하고 있는 대단히 훌륭한 지적 능력의 증거이다.

21장

미국 천문학의 과거와 미래

한 일이 거의 없다. 겨우 막 시작했을 뿐이다. 그러나 과거
한 세기가 텅 비어 있던 것에 비하면 많은 일을 했다. 우리의
지식이 후손들에게는 결국 순전한 무지에 불과해 보일
뿐이라는 것을 쉽게 납득할 수 있다. 그러나 그 지식으로
우리는 신의 의복 단을 손으로 더듬을 만큼 도약하기 때문에
그 지식을 얕보지는 않는다.

—애그니스 메리 클러크, 『천문학의 민중사』, 1893년

1899년 이후 세상이 달라졌지만 천문학보다 (새로운 현상의 발견과 근본적인 통찰의 발달 측면에서) 더 많이 변화한 분야는 거의 없다. 다음은 《천체 물리학 저널》과 《이카루스》에 게재된 최신 논문 몇 편의 제목이다. 「G240-72: 특이한 편광을 지닌 새로운 자기 백색 왜성(G240-72: a New Magnetic White Dwarf with Unusual Polarization)」, 「상대론적인 항성의 안전성: 선호되는 프레임 효과들(Relativistic Stellar Stability: Preferred Frame Effects)」, 「성간 메틸아민 탐지(Detection of Interstellar Methylamine)」, 「축퇴 항성 52개의 새로운 목록(A New List of 52 Degenerate Stars)」, 「센타우루스자리 알파별의 연령(The Age of Alpha Centauri)」, 「OB 도망성들은 동반성을 붕괴시켰을까?(Do OB Runaways Have Collapsed Companions?)」, 「중성자별에서 중성미자 쌍 제동 복사에 미치는 유한 원자핵 크기 효과(Finite Nuclear-size Effects on Neutrino-Pair Bremsstrahlung in Neutron Stars)」, 「항성 붕괴 시 방출되는 중력 복사(Gravitational Radiation from Stellar Collapse)」, 「M31 방향에서 연(軟)엑스선 배경의 우주 구성 요소에 대한 탐색(A Search for a Cosmological Component of the Soft X-ray Background in the Direction of M31)」, 「타이탄 대기 속 탄화수소의 광화학(The Photochemistry of Hydrocarbons in the Atmosphere of Titan)」, 「베네라 9호가 측정한 금성 바위 속의 우라늄, 토륨, 포타슘 함유량(The Content of Uranium, Thorium and Potassium in the Rocks of Venus as Measured by Venera 8)」, 「코

호우텍 혜성의 HCN 전파 방출(HCN Radio Emission from Comet Kohoutek)」, 「금성 일부의 레이더 밝기와 고도 이미지(A Radar Brightness and Altitude Image of a Portion of Venus)」, 「매리너 9호가 촬영한 화성 위성들의 사진 지도책(A Mariner 9 Photographic Atlas of the Moons of Mars)」. 우리 천문학계의 조상들은 이 제목들의 의미를 어렴풋하게나마 알아차릴 것이다. 하지만 나는 그들이 보일 주된 반응이 의심일 것이라고 생각한다.

1974년, 미국 천문학회의 75주년 기념 위원회 위원장을 맡아 달라는 요청을 받았을 때, 나는 그 일이 19세기가 끝나는 시점에 우리 분과가 처했던 상황을 알 수 있는 유쾌한 기회가 되겠다고 생각했다. 나는 과거 우리의 상황과 현재의 위치, 가능하다면 앞으로 나아갈 방향에 대해서도 알고 싶었다. 1897년, 당시 세계에서 가장 큰 망원경을 보유하고 있던 여키스 천문대가 공식적으로 문을 열었고 개관식과 관련해 천문학자와 천체 물리학자의 과학 모임이 열렸다. 두 번째 모임은 1898년에 하버드 천문대에서 열렸으며 세 번째 모임은 1899년에 여키스 천문대에서 열렸다. 그때 현재의 미국 천문학회가 공식적으로 설립되었다.

1897년부터 1899년까지 천문학은 활기차고 전투적이었으며 개성이 강한 몇 사람들에게 좌우되었고 놀랄 만큼 짧은 간격으로 논문이 발간되며 활성화되었다. 이 시기에 《천체 물리학 저널》에 논문을 제출하고 출간되는 데에 걸린 평균 시간은 오늘날 《천체 물리학 저널 레터스(*Astrophysical Journal Letters*)》에서 걸리는 시간보다 더 짧은 듯하다. 이 학술지의 편집 장소인 여키스 천문대에서 엄청난 수의 논문들이 생산되었다는 사실이 짧은 발간 간격과 관련이 있는지도 모른다. 위스콘신 주 윌리엄스 베이에 있는 여키스 천문대는 바닥이 붕괴되는 사고로 개관이 1년 이상 연기되었다. 천문학자인 바너드는 이 사고에서 간신히 죽음을 면했다. 이 사고는《천체 물리학 저널》(6호 149쪽)에 언급되었지만 거기서 과실의 단서를 찾을 수는 없다. 그러나 영국 학술지인《천문대(*Observatory*)》(20호 393쪽)는 책임자를 보호하려는 은폐 공작과 부실 공사를 또렷이 시사한다. 또 같은 페이지에서 천문대에 기부를 한 악덕 자본가 찰스 타이슨 여키스(Charles Tyson Yerkes, 1837~1905년) 씨의 여행 일정에 맞추기 위해 개관식이 몇 주 연기되었다는 소식도 나온다.《천체 물리학 저널》에는 "개관식이 어쩔 수 없이 1897년 10월 1일로 연기되었다."라고만 적혀 있으며 그 이유는 언급되어 있지 않다.

《천체 물리학 저널》은 여키스 천문대의 책임자인 헤일과 1898년에 캘리포니아 주 해밀턴 산에 있는 릭 천문대(Lick Observatory)의 책임자가 된 제임스 에드워드 킬러(James Edward Keeler, 1857~1900년)가 편집했다. 그러나 윌리엄스 베이(여키스 천문대)가《천체 물리학 저널》을 확실히 좌지우지했다. 이것은 아마도 릭 천문대가 같은 시기에 태평양 천문학회(Astronomical Society of the Pacific, PASP)에서 발간하는《태평양 천문학회지》를 좌우했기 때문인 것 같다.《천체 물리학 저널》 5호는 발전소 사진 하나를 포함해 여키스 천문대 관련 도판을 적어도 13개 이상 실었다. 6호의 첫 50쪽에는 여키스 천문대에 대한 도판이 12장 이상 실려 있다. 미국 천문학회에서 동부 출신이 우세하다는 점은 미국 천문학과 천체 물리학 학회(Astronomical and Astrophysical Society of America, 미국 천문학회의 전신)의 초대 회장이 워싱턴 D. C.에 있는 미국 해군 천문대(Naval Observatory)의 사이먼 뉴컴(Simon Newcomb, 1835~1909년)이고 부회장이 영과 헤일이었다는 사실로 짐작할 수 있다. 서부 해안의 천문학자들은 제3회 천문학과 천체 물리학 학회에 참석하기 위해 여키스까지 이동하기 힘들다고 불평했고, 이 행사에서 미리 예정되었던 여키스의 40인치(약 102센티미터) 굴절 망원경의 시범 설명이 흐린 날씨 때문에 연기된 것에 다소 기뻐하는 듯했다. 이것은 어느 학술지에서도 발견할 수 없는 천문대들 사이의 알력이라고 할 만한 것이다.

그러나 같은 시기에 《천문대》는 미국 천문학계의 소문들에 예민하게 반응하고 있다. 《천문대》를 보면 릭 천문대에서 "내전"이 발생했으며 (킬러 이전의 책임자였던) 에드워드 휘월 홀든(Edward Wheewall Holden, 1885~1947년)과 관련된 "추문"을 발견할 수 있다. 홀든은 해밀턴 산의 식수에 쥐를 풀었다고 한다. 샌프란시스코 베이 에어리어(San Francisco Bay Area)에서 폭발시킨 후 해밀턴 산에서 지진계로 추적 관찰하도록 예정되어 있던 화학 폭발 실험에 대한 이야기 역시 게재되어 있다. 정해진 순간에 여러 직원 중 오직 홀든의 바늘만 편향되는 징후를 보았다. 그는 릭 지진계의 뛰어난 민감도를 세상에 알리기 위해 산 아래로 신속하게 메신저를 파견했다. 그러나 곧 산 위로 다른 메신저가 실험이 연기되었다는 소식을 가지고 올라왔다. 릭 천문대는 첫 번째 메신저를 따라잡기 위해 훨씬 더 빠른 메신저를 파견했고 간신히 난처한 상황을 피할 수 있었다고 《천문대》는 전한다.

이 시기 미국 천문학계의 짧은 역사는 버클리 대학교 천문학과가 이제부터 캘리포니아 대학교의 토목 공학부에서 독립하게 될 것이라는 1900년의 자랑스러운 발표에 생생하게 반영되어 있다. 나중에 영국의 왕실 천문관이 된 조지 비덜 에어리(George Biddell Airy, 1801~1892년) 교수가 실시한 설문 조사는 본질적으로 미국에 천문학자가 없었기 때문에 1832년의 미국 천문학에 대해 보고할 것이 없음을 유감스러워했다. 1899년이었다면 그가 그런 말을 하지는 않았을 것이다.

윌리엄 매킨리 2세(William McKinley Jr., 1843~1901년) 대통령이 토머스 제

퍼슨 잭슨 시(Thomas Jefferson Jackson See, 1866~1962년)를 미국 해군의 수학 교수로 임명한 사건처럼 가끔 일어나는 인사 동정이나, 릭 천문대와 독일 포츠담 천문대(Potsdam Observatory) 사이의 과학 논쟁에서 지속적으로 감지되는 냉기 외에 이 학술지들에 (학술적인 것과 반대되는) 외부 정치가 침범한 징후는 그다지 많지 않다.

1890년대의 지배적인 태도를 보여 주는 징후가 때때로 조금씩 노출되기도 한다. 예를 들어 1900년 5월 28일에 조지아 주의 사일롬(Siloam)으로 개기 일식 탐험대를 보낸 일을 기술할 때 다음과 같은 문장들이 등장한다. "몇몇 백인들조차 '일식에 관련된' 심도 있는 지식이 부족했다. 많은 사람들이 그것을 수익 사업이라고 생각했고, 내가 회비로 무엇을 할 것인지는 자주 나오는 중요한 질문이었다. 일식을 천문대 내부에서만 볼 수 있다는 생각도 나왔다. …… 나는 바로 여기서 이 공동체의 높은 기품에 감탄을 표하고 싶다. 이곳에 머무는 동안 불경스러운 말을 단 한마디도 듣지 못했으며, 이곳은 인근의 이웃들을 포함해 오직 100명의 인구로 백인 교회 두 곳과 유색인 교회 두 곳을 존속시켜 왔다. …… 남부의 방식에 익숙하지 않은, 세련되지 못한 양키(Yankee, 북부인)로서, 당연히 나는 '딱 적당하다고' 여겨지지 않을 작은 실수들을 많이 저질렀다. 유색인 조수의 이름에 내가 '씨(Mr.)'를 붙이자 그들은 미소를 지어 보였고 내가 그 표현을 '대령(Colonel)'으로 바꾸자 모두 완전히 만족했다."

미국 해군 천문대는 몇 가지 (결코 공개적으로 명시되지 않은) 문제를 해결하기 위해 외부 자문 위원회를 꾸렸다. 잘 알려지지 않은 상원 의원 둘과 피커링 교수, 조지 캐리 콤스톡(George Cary Comstock, 1855~1934년) 교수와 헤일로 구성된 이 위원회의 보고서는 비용 관련 사항을 언급하고 있어 매우 참고가 된다. 거기서 우리는 세계 주요 천문대의 연간 운영비를 발견했다. 미국 해군 천문대는 8만 5000달러, 파리 천문대는 5만 3000달러, 영국 그리니치 천문대는 4만 9000달러, 하버드 천문대는 4만 6000달러, 러시아 풀코보 천문대(Pulkovo Observatory)는 3만 6000달러였다. 미국 해군 천문대 두 천문대장의 급여는 각각 5,000달러와 4,000달러였고, 하버드 천문대 대장의 급여는 5,000달러였다. 위엄 있는 외부 자문위원회는 "원하는 수준의 천문학자를 기용할 것으로 기대되는 급여 계획"에서 이러한 천문대 대장의 급여로 6,000달러를 권고했다. 미국 해군 천문대에서는 (당시에는 모두 인간이 맡고 있던) 컴퓨터(computer, 계산원)들이 연간 1,200달러를 받은 반면, 하버드 천문대에서는 겨우 500달러만을 받았고 거의 대부분이 여성이었다. 사실, 하버드의 전체 급여는 천문대 대장을 제외하면 미국 해군 천문대보다 크게 낮았다. 위원회는 이렇게 말했다. "워싱턴과 케임브리지 사이의 급여 차이는, 특히 지위가 낮은 직원들에서는 어쩌면 피할 수 없는 일이다. 이것은 부분적으로 공무원 규정 때문이다." 천문학의 궁색함을 보여 주는 추가 정황은 "자원 봉사 조교"에 대한 여키스 천문대의 공고에서 확인할 수 있다. 그 공고문은 이 자리가 무급이지만 고등 교육을 받은 학생에게 좋은 경험이 될 것이라고 선전한다.

당시 천문학은 현재로서는, 비주류 학자나 터무니없는 아이디어를 지지하는 '역설가'들에게 포위당한 상태였다. 어떤 사람은 조리개는 더 크지만 렌즈 수는 더 적은 망원경의 대안으로 연속적인 렌즈 91개를 가진 망원경을 제안했다. 영국에도 이보다는 덜하지만 비슷한 풍조가 만연했다. 예를 들어 왕립 천문학회에서 발행하는《왕립 천문학회 월간 보고(*Monthly Notices of Royal Astronomical Society*)》(59호 226쪽)에 실린 헨리 페리걸 2세(Henry Perigal, Jr., 1801~1898년)의 부고는 고인이 왕립 연구소의 일원이 된 것으로 자신의 아흔네 번째 생일을 축하했다고 말하며, 동시에 그가 이미 1850년에 왕립 천문학회의 회원으로 선출되었다고 소개한다. 그러나 "우리 간행물 중 그가 저술한 것은 없다."라고 쓴다. 이어서 이 부고는 "매력적인 성격 덕분에 그런 관점을 가진 사람에게는 불가능해 보일 수도 있는 자리에 놀라운 방식으로 올랐다. 그가 순수하고 단순한 역설가였다는 사실, 그의 주된 신념이 달은 자전하지 않는다는 것이며 그가 평생 동안 가진 천문학적 목표란 다른 사람들, 특히 반대 신념이 확립되지 않은 젊은이들에게 그들의 중대한 오류를 납득시키는 것이었다는 사실은 감춰지지 않았기 때문이다. 이 일을 위해 그는 도표를 만들고 모형을 조립하고 시를 썼다. 그중에 쓸모 있는 것이 없다는 실망감이 계속 들었지만 그는 굉장히 쾌활하게 견뎌 냈다. 어쨌든 그는 이 불운한 오해를 제외하고는 최상의 업적을 수행했다."라고 서술한다.

이 시기 미국의 천문학자 수는 매우 적었다. 미국의 천문학과 천체 물리학회의 내규는 정족수가 20명으로 구성된다고 언급한다. 1900년까지 겨우 9명이 미국에서 천문학 박사 학위를 받았다. 그해의 박사 학위 수여자는 4명이었다. 컬럼비아 대학교에서 G. N. 바워(G. N. Bauer)와 캐럴린 퍼니스(Carolyn Furness), 시카고 대학교에서 포리스트 레이 몰턴(Forest Ray Moulton, 1872~1952년)이 학위를 받았고, 나머지 한 사람은 프린스턴 대학교의 헨리 노리스 러셀(Henry Norris Russell, 1877~1957년)이었다.

이 시기에 무엇을 중요한 과학적인 업적이라고 여겼는지는 당시 수여된 상을 보면 알 수 있다. 바너드는 목성의 위성인 주피터 V를 발견하고 인물 촬영용 렌즈로 천문학 사진을 찍은 일로 왕립 천문학회의 금메달을 받았다. 그러나 그가 탄 증기선이 대서양의 폭풍우에 휘말리는 바람에 바너드는 시상식에 제때 도착하지 못했다. 폭풍우가 진정될 때까지 여러 날이 걸렸고, 왕립 천문학회는 그를 위해 두 번째 축하연을 후하게 열었다. 바너드의 강의는 대성공이었던 것 같다. 그는 당시 개선된 시청각 교재들과 랜턴 환등기를 십분 활용했다.

그는 자신이 찍은 뱀주인자리 세타별(Theta Ophiuchus) 부근의 은하수 지역에 대한 사진을 논의하며 "은하수의 주성분은 …… 성운상 물질(nebulous matter)을 기층으로 한다."라고 결론을 내렸다. (그사이에 H. K. 파머(H. K. Palmer)는 구상 성단(globular cluster)인 M13의 사진에 성운 비슷한 물질이 없다고 보고했다.) 최고의 육안 관측자였던 바너드는 생명이 거주하는 운하가 우글거리는 화성에 대한 퍼시벌 로웰의 견해에 상당한 의혹을 표명했다. 바너드의 강의에 감사하며 아일랜드 왕립 천문대 대장인 로버트 스토웰 볼(Robert Stawell Ball, 1840~1913년) 경은 이후 자신이 "화성의 운하를 의혹을 가지고 봐야 한다. 아니, (화성의 어두운 부분인) 바다를 말하는 것조차 어느 정도 엄금해야 될지도 모른다. 어쩌면 강연자가 최근 대서양에서 겪은 일이 그의 불신을 어느 정도 설명해 줄지도 모른다."라고 우려를 표했다. 로웰의 견해는 《천문대》에 실린 다른 공고문이 알려주듯이 당시 영국에서는 유행하지 않았다. 조지프 노먼 로키어(Joseph Norman Lockyer, 1836~1920년) 교수는 1896년에 그의 흥미를 가장 많이 끌고 그를 즐겁게 해 주었던 책이 무엇이냐는 질문에 이렇게 대답했다. "퍼시벌 로웰의 『화성(*Mars*)』과 제임스 매슈 배리(James Matthew Barrie, 1860~1937년)의 『감상적인 토미(*Sentimental Tommy*)』입니다. (진지하게 읽을 시간이 없었거든요.)"

1898년에 세스 칼로 챈들러 2세(Seth Carlo Chandler, Jr., 1846~1913년)는 위도의 변이를 발견한 공로로, 아리스타르흐 아폴로노비치 벨로폴스키(Aristarkh Apollonovich Belopolsky, 1854~1934년)는 부분적으로는 분광 쌍성(spectroscopic binary star)을 연구한 공로로, 또 카를레스 안토니 쇼트(Charles Anthony Schott, 1826~1901년)는 지구 자기를 연구한 공로로 아카데미 프랑세즈(Académie Française)의 천문학 부문 상을 받았다. 토성의 위성인 히페리온의 섭동 이론에 관한 최고의 논문을 뽑는 공모전도 있었다. 알고 보니, "워싱턴 대학교의 조지 윌리엄 힐(George William Hill, 1838~1914년)이 제출한 유일한 논문이 상을 받았다."

1899년에 태평양 천문학회의 브루스 메달(Bruce Medal, 평생 천문학에 두드러진 기여를 한 사람에게 매년 수여되는 상이다.)은 베를린의 게오르크 프리드리히 율리우스 아르투어 폰 아우버스(Georg Friedrich Julius Arthur von Auwers, 1838~1915년) 박사에게 돌아갔다. 헌정 연설에는 다음의 발언이 있었다. "오늘날 아우버스 박사는 독일 천문학의 정점에 서 있습니다. 어쩌면 다른 어떤 나라보다 독일에서 더 잘 발전할 수 있는 우리 시대 최고의 연구자를 그에게서 봅니다. 이러한 유형의 사람은 연구할 때 대단히 상세하고 조심스럽게 조사를 하고, 끈기 있게 사실을 축적하고, 새로운 이론이나 설명을 제기할 때 신중하며, 무엇보다도 최초의 발견자가 되어 인정을 받으려고 하지 않는 특징을 가지고 있습니다." 1899년에는 미국 국립과학원(National Academy of Sciences)의 헨리 드레이퍼 골드 메달(Henry Draper Gold Medal)이 7년 만에 처음으로 수여되었다. 시상자는 킬러였다. 뉴욕 주 제네바 시에 천문대를 가지고 있던 윌리엄 로버트 브룩스(William Robert Brooks, 1844~1921년)는 1898년에 자신이 21번째 혜성을 발견했음을 알렸다. 브룩스는 이 혜성 발견으로 자신이 "과반수를 달성했다."라고 기술했다. 그 뒤 곧 그는 이 혜성 발견 기록으로 아카데미 프랑세즈로부터 랄랑드 상(Lalande Prize)을 받았다. (브룩스는 천문학사에서 혜성을 두 번째로 많이 발견한 사람이다. — 옮긴이)

1897년에 브뤼셀에서 열린 전시회와 관련해 벨기에 정부는 천문학의 특정 문제를 해결하면 상금을 주겠다고 제안했다. 이 문제에는 지구의 중력 가속도의 크기, 달의 영년 가속(secular acceleration, 달의 공전 속도가 10년에 6~7초씩 빨라지는 현상. — 옮긴이), 태양계의 우주 공간 속 알짜 운동, 위도의 변화, 행성 표면의 사진, 화성 운하의 성질 등이 포함된다. 마지막 주제는 일식이 없을 때 태양의 코로나를 관찰하는 방법을 발명하는 일이었다.《왕립 천문학회 월간 보고》(20권 145쪽)는 "이 금전적인 보상이 누군가 이 마지막 문제나 나머지 문제들 중 하나를 해결하도록 이끌 수 있다면, 우리는 그 돈이 잘 쓰인 것이라고 생각한다."라고 언급했다.

그러나 이 시대의 과학 논문을 읽어 보면, 주된 초점이 이 상을 받게 된 주제들이 아니라 다른 주제들로 이동했다는 인상을 받는다. 윌리엄 허긴스(William Huggins, 1824~1910년) 경과 그의 부인인 마거릿 린지 허긴스(Margaret Lindsay Huggins, 1848~1915년)는 실험실 실험 결과 칼슘의 방출 스펙트럼이 낮은 압력에서 소위 H선과 K선만을 나타낸다는 사실을 확인했다. 그들은 태양이 주로 수소와 헬륨, '코로늄(coronium, 19세기에 태양 코로나에 있을 것으로 추정된 가상의 원소이다. — 옮긴이)'과 칼슘으로 구성되어 있다고 결론 내렸다. 허긴스는 앞서 별의 분광 순서(spectral sequence)를 수립했으며 이것이 진화적이라고 믿었다. 이 시기 과학은 다윈주의의 영향을 매우 강하게 받고 있었고, 미국 천문학자들 중에서는 토머스 제퍼슨 잭슨 시의 연구가 특히 그러했다. 허긴스의 분광형을 현재의 모건-키넌 분광형(Morgan-Keenan spectral type)과 비교해 보는 것도 흥미롭다.

우리는 여기서 '초기'와 '후기' 분광형이라는 현대 용어의 기원을 알 수 있다. 이 용어는 후기 빅토리아 시대의 과학에 등장한 다윈주의 정신을 반영한다. 분광형의 단계적 변화는 상당히 연속적이며 이것이 나중에 헤르츠스프룽-러셀도(Hertzsprung-Russel diagram, H-R도)를 거쳐 별의 진화에 대한 현대 이론으로 진화한 것이 분명하다.

이 시기에 물리학은 두드러지게 발전했는데《천체 물리학 저널》의 독자들은 중요한 논문의 요약본을 통해 그 내용을 접했다. 그러나 여전히 많은 실험들이 기초적인 복사 법칙에 바탕을 두고 있었다. 몇몇 논문의 물리학 교양 수준은 최상급이 아니었다. 예를 들어《태평양 천문학회지》(11호 18쪽)에 실린 한 논문에서는 화성의 선운동량이 행성 질량과 표

허긴스의 별 분광 순서.

연령 증가 순서	별(현대 분광형은 괄호 안에 표시)	
어린 별	시리우스(A1V)	베가(Vega)(A0V)
	……	
	알타이르(Altair)(A7 IV-V)	
	리겔(Rigel)(B8Ia)	
	데네브(Deneb)(A2Ia)	
	……	
	……	
	카펠라(Capella)(G8, G0),	태양(G0)
	아르크투루스(Arcturus)(K1 III)	
	알데바란(Aldebaran)(K5 III)	
늙은 별	베텔게우스(Betelgeuse)(M2 I)	

● 현대의 별 분광 순서는 '초기'에서 '후기' 분광형까지, O, B, A, F, G, K, M 순으로 정리된다. 허긴스는 거의 옳았다.

면 선속도만을 고려해 계산되어 있다. 이 논문은 "이 행성은, 극관을 제외하면, 183과 3/8자(10^{24}) 피트파운드(ft·Ib)를 가진다."라고 결론 내렸다. 큰 숫자에 대한 지수 표기가 널리 사용되지 않았던 것이 분명하다.

당시 미국 천문학회는 눈과 사진으로 관찰한 M5에 있는 별들의 광도 곡선(light curve, 변광성의 밝기 변화를 가로축을 시간으로, 세로축을 광도로 한 그래프로 나타낸 것. — 옮긴이)과, 킬러가 찍은 오리온 성운의 필터 사진으로 수행한 실험들을 출간했다. 눈에 띄게 흥미진진한 주제는 '시간 변수 천문학(time-variable astronomy)'으로 당시 이 학문은 오늘날 펄서와 퀘이사, 엑스선 방출원이 주는 것과 같은 흥분을 불러일으켰던 것이 틀림없다. H 감마선과 다른 스펙트럼선들의 도플러 이동에서 구한 고래자리 오미크론 별(Omicron Ceti, 고래자리에서 열다섯 번째로 밝은 별. — 옮긴이)의 겉보기 속도가 주기적으로 변화하는 현상뿐만 아니라, 분광학적 쌍성의 궤도에서 유래한 시선 방향 가변 속도(variable velocity)에 대해서도 연구가 많이 이루어졌다.

별의 적외선은 어니스트 폭스 니컬스(Ernest Fox Nichols, 1869~1924년)가 여키스 천문대에서 최초로 측정했다. 그 연구의 결론은 이렇다. "우리가 아르크투루스로부터 받는 열은 8~10킬로미터 떨어진 양초로부터 받는 열보다 많지 않다." 자세한 계산은 없다. 이 시기에 하인리히 루벤스(Heinrich Rubens, 1865~1922년)와 에밀 아슈키나스(Emil Aschkinass, 1873~1909년)는 이산화탄소와 수증기의 적외선 불투과도에 대한 첫 번째 실험 관측을 수행했다. 이들은 기본적으로 15마이크로미터에서 이산화탄소의 ν_2 기본파(fundamental)와 물의 순수 회전 스펙트럼(pure rotation spectrum)을 발견했다.

독일 포츠담 천문대에서는 율리우스 샤이너(Julius Scheiner, 1858~1913년)가 안드로메다 성운에 대한 사진 분광학(photographic spectroscopy) 예비 연구를 수행했다. 그는 "나선 성운(spiral nebula)이 별들의 무리라는 기존의 의혹은 이제 확실해졌다."라고 정확한 결론을 내렸다. 다음은 샤이너의 논문에서 발췌한 윌리엄 월리스 캠벨(William Wallace Campbell, 1862~1938년)에 대한 비판인데, 당시에 용인되던 개인적인 혹평의 수위를 가늠할 수 있는 사례 가운데 하나이다. "《천체 물리학 저널》 11월호에서 캠벨 교수는 그의 발견을 비판한 나의 일부 발언들을 상당히 분개하며 공격한다. …… 그 스스로 곧잘 다른 사람들을 심하게 비난하던 터라 이러한 민감한 반응은 다소 놀랍다. 나아가 다른 사람들이 볼 수 없는 현상을 관찰하면서 다른 사람들이 볼 수 있는 현상은 보지 못하는 천문학자는 자신의 견해에 이의가 제기되는 일을 각오해야 한다. 만약 캠벨 교수가 불평하듯이 내가 단 하나의 사례만으로 내 견해를 지지했다면 다른 사례가 추가되었다는 공손한 이유로만 내 의견을 보류할 것이다. 즉 허긴스와 헤르만 카를 포겔(Hermann Carl Vogel, 1841~1907년)이 먼저 보여 줬던 화성의 스펙트럼에서 캠벨 교수가 수증기의 스펙트럼선을 인지할 수 없으며, 그가 그 존재에 이의를 제기한 뒤, 요하네스 빌싱(Johannes Wilsing, 1856~1943년) 교수와 내가 확신을 가지고 그들을 다시 보여 주고 식별했다는 사실 말이다." 현재 화성의 대기에 존재한다고 알려진 수증기의 양은 당시 사용하던 분광법으로는 완전히 추적할 수 없었을 것이다.

분광학은 19세기 후반 과학의 주요 요소였다. 《천체 물리학 저널》은 2만 파장에 달하는, 유효 숫자가 각각 7개인 헨리 오거스터스 롤런드(Henry Augustus Rowland, 1848~1901년)의 태양 스펙트럼을 발행하느라 바빴다. 《천체 물리학 저널》은 로베르트 빌헬름 에버하르트 분젠(Robert Wilhelm Eberhard Bunsen, 1811~1899년)의 사망 기사를 비중 있게 실었다. 때때로 천문학자는 자신이 한 발견의 비범한 특성에 주목하기도 한다. "별의 희미하게 반짝이는 빛이 상상도 못할 정도로 멀리 있는 발광체의 물질과 상태를 자동으로 기록하는 데 사용될 수 있다니 그저 놀라울 뿐이다." 《천체 물리학 저널》에서 다룬 논란 중에는 스펙트럼을 오른쪽부터 붉은색으로 싣느냐 왼쪽부터 붉은색으로 싣느냐에 관한 문제도 있다. 왼편에 붉은색이 보이는 것을 선호하는 사람들은 (높은 음의 건반이 오른쪽에 놓이는) 피아노의 사례를 언급했지만 《천체 물리학 저널》은 대담하게 붉은색을 오른편에 두는 쪽을 선택했다. 파장 목록에서 붉은색을 맨 위에 싣느냐 맨 아래에 싣느냐에 대해서는 타협의 여지가 있었다. 감정이 고조되자 허긴스는 이렇게 썼다. "어떤 변화든 …… 견딜 수 없을 것이다." 그러나 어찌되었든 《천체 물리학 저널》이 이겼다.

이 시기의 또 다른 주요 논의는 태양 흑점의 성질에 관한 것이었다. 조지 존스톤 스토니(George Johnstone Stoney, 1826~1911년)는 흑점이 태양의 광구(photosphere, 보통 지구에서 맨눈으로 태양을 볼 때 직접 보이는 표면. — 옮긴이)에 있는 압축된 구름층 때문에 발생한다는 가설을 제안했다. 윌리엄 에드워드 윌슨(William Edward Wilson, 1851~1908년)과 조지 프랜시스 피츠제럴드(George Francis FitzGerald, 1851~1901년)는 탄소 이외의 어떤 응축물도 이런 고온에서 존재할 수 없다는 이유로 반대했다. 그들은 대신 흑점의 원인이 "기체의 대류에 의한 반사"라고 매우 모호한 가설을 제시했다. 존 에버셰드(John Evershed, 1864~1956년)는 더 기발한 아이디어를 떠올렸다. 그는 흑점이 광구 바깥쪽에 있는 구멍이라고 생각했다. 이 구멍을 통해 우리는 더 크고 뜨거운 내부를 볼 수 있다. 그렇다면 그것들은 왜 어둡게 보이는가? 그는 모든 복사 파장이 가시광선에서 눈에 보이지 않는 자외선 쪽으로 이동했다는 가설을 제안했다. 물론, 이 제안은 뜨거운 물체의 플랑크 복사 분포를 알게 되기 전의 일이다. 당시에는 온도에 따른 흑체의 스펙트럼 분포가 교차하는 것이 불가능하다고 여겨지지 않았다. 실제로 이 시기에 얻어진 실험 그래프 일부에서는 이러한 교차가 나타났다. 현재 우리가 알고 있는 대로, 이 교차는 방사율(emissivity, 같은 온도의 흑체면과 비흑체면에서 방출되는 복사 세기의 비. — 옮긴이)과 흡수율(absorptivity, 물체에 입사된 에너지 중 흡수된 에너지의 비. — 옮긴이)의 차이 때문에 나타난다.

윌리엄 램지(William Ramsay, 1852~1916년)는 그즈음 크립톤(Kr) 원소를 발견했는데 이 원소는 감지할 수 있는 14개의 스펙트럼선 중 오로라의 주선과 일치하는 파장이 5,570옹스트롬(Å)인 스펙트럼선을 가지고 있었다. 에드윈 브랜트 프로스트 2세(Edwin Brant Frost II, 1866~1935년)는 "따라서 지금까지 이해할 수 없던 스펙트럼선의 참된 기원이 발견된 것으로 보인다."라고 결론을 내렸다. 오늘날 이 스펙트럼선은 산소에서 기원한 것으로 알려져 있다.

당시 기구의 설계에 대한 논문들 또한 굉장히 많이 나왔는데, 그중에는 헤일이 쓴 매우 흥미로운 논문 한 편이 있다. 1897년 1월에 그는 굴절 망원경과 반사 망원경이 둘 다 필요하다고 주장했지만 당시 경향이 반사 망원경 쪽으로 흘러가고 있음을 간파하고, 적도의 방식의 쿠데 망원경(equational coudé telescope)에 특별히 주목했다. 회고록에서 헤일은 캘리포니아 주의 패서디나 근방에 커다란 굴절 망원경을 세우는 계획이 실현되지 못했기 때문에 그 40인치 렌즈를 여키스 천문대에서 사용할 수 있었던 것이라고 말한다. 그 계획이 성공했더라면 천문학의 역사가 어떻게 바뀌었을지 궁금하다. 상당히 기이하게도, 패서디나 측에서는 시카고 대학교에 여키스 천문대를 세우자고 제안했던 것 같다. 1897년에는 장거리 통근이었을 텐데 말이다.

19세기 말, 태양계 연구는 별 연구와 동일하게 미래와 현재가 혼란스럽게 뒤섞인 상태였다. 이 시기에 주목할 만한 논문 중 한 편이 헨리 노리스 러셀이 쓴 「금성의 대기(The Atmosphere of Venus)」이다. 이 논문은 저자가 프린스턴 대학교의 홀스테드 천문대(Halsted Observatory)에 있는 '대형 적도의'의 5인치(약 13센티미터) 파인더 망원경으로 관측한 결과에 근거해 초승달 상태일 때 금성의 경계선이 확대되는 현상을 논의하고 있다. 아마도 젊은 러셀은 프린스턴에 있던 더 큰 망원경을 작동시킬 수 있는 권한을 얻지 못했던 것 같다. 이 분석의 핵심은 현재 기준으로는 정확하다. 러셀은 햇빛의 굴절이 경계선이 확대된 원인이 아니며 그 원인은 햇빛의 산란에서 찾을 수 있을 것이라고 결론을 내렸다. "…… 금성의 대기는 지구의 대기처럼 부유 분진이나 일종의 안개를 포함하고 있다. …… 우리가 보는 것은 이 행성 표면을 가까이 통과하는 광선이 비추는 흐릿한 대기의 상층부이다." 나중에 그는 표면이 짙은 구름층일지도 모른다고 말한다. 안개의 높이는 우리가 지금 주요 구름 마루라고 부르는 곳 위로 약 1킬로미터로 계산되며 이 수치는 매리너 10호가 촬영한 가장자리 사진과 일치한다. 러셀은 다른 사람들의 연구를 바탕으로 분광기를 사용해 얇은 금성 대기에 수증기와 산소가 존재한다는 증거를 얻을 수 있겠다고 생각했다. 그 주장의 핵심은 오랜 세월이 지났음에도 불구하고 놀랄 만큼 건재하다.

윌리엄 헨리 피커링(William Henry Pickering, 1858~1938년)이 토성의 위성 중 가장 외각에 있는 포에베를 발견했다는 공표가 있었다. 로웰 천문대(Lowell Observatory)의 앤드루 엘리컷 더글러스(Andrew Ellicott Douglass, 1867~1962년)는 주피터 III이 공전 주기보다 약 1시간 느리게 자전한다는 관측 결과를 발표했다. 실제 주기와 1시간 차이 나는 결과였다.

다른 사람들은 자전 주기를 그렇게 성공적으로 추정하지 못했다. 일례로 레오 브레너(Leo Brenner, 1855~1928년, 본명은 스피리돈 고프체비치(Spiridon Gopčević)이다.)를 들 수 있다. 그는 루신피콜로에 위치한 마노라 천문대(Manora Observatory)에서 관측을 수행했는데 금성의 자전 주기에 대한 퍼시벌 로웰의 추정을 심하게 비판했다. 브레너는 4년 간격으로 서로 다른 두 사람이 백색광 속에서 금성을 그린 그림 두 장을 비교했다. 여기서 그는 금성의 자전 주기가 23시간 57분 36.37728초라고 추론했으며, 이 수치는 자신의 "가장 신뢰할 만한" 그림이 뜻하는 바와 잘 일치한다고 말했다. 그런 면에서 브레너는 아직도 224.7일의 자전 주기를 신봉하는 사람이 있다는 것을 이해할 수 없다고 여겼으며 "경험 없는 관측자, 적합하지 않은 망원경, 부적절하게 선택된 접안 렌즈, 부족한 능력으로 관측된 행성의 매우 작은 지름, 낮은 적위, 이 모든 것이 합쳐져 로웰 씨의 특별한 그림을 설명해 줬다."라고 결론을 내렸다. 물론, 진실은 로웰과 브레너의 극단값 사이에 있지 않았고, 오히려 그 범위에서 반대쪽 끝을 더 지나가는 값을 가지고 있었다. 금성의 자전 주기는 243일이다.

다른 대화에서 브레너 선생은 이렇게 말을 시작한다. "신사 여러분, 마노라 부인이 토성의 고리계에서 새로운 간극을 발견했음을 알려드리게 되어 영광입니다." 여기서 **우리는** 루신피콜로의 마노라 천문대에 마노라 부인이 있었으며 그녀가 브레너와 함께 관측을 수행했음을 알 수 있다. 그 뒤 그는 엥케(Encke), 카시니, 안토니아디(Antoniadi), 스트루베(Struve)와 마노라 간극이 어떻게 모두 계속 유지되는지를 설명한다. 그중 오직 앞의 두 간극만이 세월의 시험을 견뎌 냈으며 브레너 선생은 19세기의 뒤안길로 사라진 것으로 보인다.

케임브리지 대학교에서 열린 천문학자들과 천체 물리학자들의 두 번째 학회에서는 소행성의 자전을 광도 곡선에서 추정할 수 있다는 "제안"을 다룬 논문이 발표되었다. 그러나 시간에 따른 밝기 변화는 발견되지 않았고 헨리 마틴 파크허스트(Henry Martyn Parkhurst, 1825~1908년)는 이렇게 결론 내렸다. "나는 이 이론을 기각하는 편이 안전하다고 생각한다." 그 이론은 지금 소행성 연구의 초석이다.

열전도에 대한 1차원 방정식과는 별개로, 실험실에서의 방사율 측정에 기반을 두고 달의 열 특성을 논의하면서 프랭크 워싱턴 베리(Frank Washington Very, 1852~1927년)는 일반적인 달의 낮 시간 온도가 섭씨 100도 정도라는 결론을 내렸다. 그것은 확실한 정답이었다. 그의 결론은 인용할 가치가 있다. "뜨거운 모래가 피부에 물집을 만들고 사람들과 짐승들, 새들이 급사하는 지구의 사막 중 가장 끔찍한 형태만이 구름 한 점 없는 달의 한낮 표면에 근접할 것이다. 달의 극지에서 가장 꼭대기 쪽만

이 낮에 견딜 수 있는 온도일 것이고 극심한 추위에서 자신을 지키려면 혈거인(穴居人)이 되어야 하는 밤은 말할 것도 없다." 군데군데 표현이 훌륭하다.

이 10년 동안 초기에는 파리 천문대에 있는 모리스 모리츠 로위(Maurice Moritz Loewy, 1833~1907년)와 피에르 앙리 피죄(Pierre Henri Puiseux, 1855~1928년)가 달 사진과 《천체 물리학 저널》(5호 51쪽)에서 논의된 이론적인 결론들을 실은 지도책을 출간했다. 이 파리 연구 집단은 달의 분화구와 열구(裂溝, rille), 그 외 지형들의 기원에 대해 수정된 화산학적 이론을 제안했는데, 나중에 바너드는 40인치 망원경으로 달을 조사한 뒤 이 이론을 비판했다. 그 뒤 바너드는 이 비판과 다른 일들 때문에 왕립 천문학회의 비난을 받았다. 이 토론에서 진행된 논쟁들 중 하나는 믿을 수 없을 만큼 간단했다. "화산은 물을 생산해 낸다. 달에는 물이 없다. 그러므로 달의 분화구는 화산이 아니다." 달의 분화구들 대부분은 화산이 아니지만 이 주장은 물이 발견될 가능성을 무시했기 때문에 타당하지 않다. 달의 극지 온도에 대한 베리의 결론을 읽는 것이 도움이 될지도 모른다. 그곳에서 물은 성에 형태로 추출된다. 또 다른 가능성은 물이 달에서 우주 공간으로 이미 탈출했을지도 모른다는 것이다.

「행성과 위성의 대기(Of Atmospheres upon Planets and Satellites)」라는 놀라운 논문에서 스토니는 이 가능성을 인식했다. 그는 기체들이 달의 약한 중력에서 벗어나 우주로 매우 빠르게 탈출하기 때문에 달에는 대기가 없을 것이고, 그렇지 않다면 수소나 헬륨 같은 매우 가벼운 기체들이 지구에 많이 축적되었을 것이라고 추정했다. 그는 화성 대기에 수증기가 없으며 화성의 대기와 극관은 아마도 이산화탄소일 것이라고 생각했다. 그는 목성에 수소와 헬륨이 있을 것이라고 예상했고 해왕성의 가장 큰 위성인 트리톤에 대기가 있을 가능성을 넌지시 내비쳤다. 이 각각의 결론들은 현재의 발견이나 견해와 일치한다. 그는 또한 타이탄에 공기가 없을 것이라고 결론을 내렸는데, 현대의 몇몇 이론가들도 이 예측에 동의한다. 그러나 타이탄에는 공기가 있는 것 같다. (13장 참조)

이 시기에는 J. M. 베이컨(J. M. Bacon) 목사가 제시한 것 같은 숨이 턱 막히는 견해도 있었다. 이 의견은 고고도에서 천문학 관측을 수행하기 위한 아이디어 — 예를 들어 자유 기구에서의 관측 — 에 대한 것이었을 것이다. 그는 이 방법에 최소한 두 가지 이점이 있다고 주장했다. 더 잘 볼 수 있고 자외선 분광 조사를 할 수 있다는 것이었다. 고더드는 나중에 로켓 발사 연구소에 대해서 비슷한 제안을 했다. (18장 참조)

포겔은 앞서 안구 분광학으로 토성의 몸체에서 6,183옹스트롬의 흡수띠를 발견한 바 있다. 나중에 시카고의 국제 컬러 사진 회사(International Color Photo Company)가 사진 건판을 만들었는데 5등성에서 보이는 붉은 구름에서 H 알파선처럼 긴 파장도 감지할 수 있을 정도로 성능이 매우 좋았다. 이 새로운 감광 유제는 여키스 천문대에서 사용되었다. 그리고 헤일은 토성 고리에서 6,183옹스트롬의 흡수띠가 존재한다는 어떤 단서도 없다고 보고했다. 이 흡수띠는 현재 6,190옹스트롬에 있다고 알려졌으며 메테인의 $6\nu_3$이다.

여키스 천문대의 개관식 때 제임스 킬러가 한 연설에서 퍼시벌 로웰의 작업에 대한 또 다른 반응을 찾아볼 수 있다.

> 유감스럽게도, 천문학자들이 거의 아는 바가 없다고 고백한 행성의 거주 가능성이라는 주제를 그 몽상가(romancer)는 탐구 주제로 선택했으며, 그에게 거주 가능성과 거주민 사이의 거리는 몇 걸음 되지 않습니다. 그의 창의력은 비전문가들의 마음속에서 사실과 환상이 구분할 수 없이 얽히게 만드는 결과를 낳았습니다. 그들은 화성 거주민들과의 교신을 진지하게 고려해

야 마땅한 프로젝트라고 배우며(그들은 심지어 과학 협회에 돈을 지원하기를 희망할 지도 모릅니다.) 몽상가의 상상을 자극한 연구를 수행한 바로 그 사람이 그 아이디어를 엉뚱한 생각이라고 비난하고 있다는 점은 알지 못합니다. 이 주제에 대해 우리가 가진 지식의 실제 상태를 이해하게 되었을 때, 사람들은 상당히 실망할 것이고, 마치 과학이 자신을 이용했다고 여기며 과학에 분노할 것입니다. 과학은 이 오류가 많은 아이디어에 아무런 책임이 없습니다. 이 아이디어는 어떤 단단한 근거도 없이 서서히 사라지며 잊혀질 것입니다.

이 시기 사이먼 뉴컴의 연설을 보면 다소 이상주의적이기는 하지만, 과학적인 노력에 일반적으로 적용할 수 있는 몇 가지 발언들을 살펴볼 수 있다.

따라서 인간은 더 많은 선망의 대상 혹은 연민의 대상이 되려는 극복하기 힘든 열정에 따라 자연 탐구의 길로 들어서게 되는가? 다른 어떤 목표도 그에게 할 만한 가치가 있다는 확신을 주지 않는다. 어떤 삶도 본성의 타고난 충동을 끝까지 추구하는 데 자신의 에너지를 몽땅 쏟아 붓는 삶만큼 즐겁지는 않다. 다른 활동 분야에서는 야심찬 인간이 느끼게 되는 실망을 진리 조사관은 경험하지 않는다. 상호 인정이 질투를 억누르는 반면, 누구보다 더 나은 연구를 시도할 때를 제외하면, 경쟁이 존재하지 않는 세계에 널리 퍼진 동포의 일원이 되는 일은 기분 좋은 경험이다. …… 사업가는 부에 대한 사랑으로 움직이고 정치가는 권력에 대한 사랑으로 움직이며 천문학자는 지식의 용도가 아닌 지식 그 자체에 대한 사랑으로 움직인다. 그는 자신의 과학이 인류에게 지니는 가치가 인류가 지불해야 하는 대가보다 더 크다는 사실을 자랑스러워한다. …… 그는 사람이 빵으로만 살지 못한다고 느낀다. 우리가 우주에서 차지하는 위치를 아는 일이 빵보다 중요하지 않을지라도, 확실히 그 일은 우리가 생계 수단보다 크게 뒤처지지 않게 중시해야 하는 일이다.

75년 전 천문학자들이 쓴 저작들을 꼼꼼히 읽으면서, 나는 미국 천문학회의 150주년 기념 위원회 — 그때에는 이름이 어떻게 바뀔지 모르지만 — 를 상상하고 현재 우리의 노력이 어떻게 되새겨질지 추측하려는 저항할 수 없는 유혹을 느꼈다.

19세기 말의 문헌을 조사하면서 우리는 흑점에 대한 몇몇 논의들을 보며 즐거워했고 천문학자들이 제만 효과(Zeeman effect, 강한 자기장 속에 광원을 놓고 스펙트럼을 분석하면 하나뿐이어야 할 스펙트럼선이 여러 개로 갈라져 보이는 현상. — 옮긴이)를 실험실의 진기한 현상이 아니라 상당한 주의를 기울여야 할 대상으로 여겼다는 데 깊은 인상을 받았다. 이 두 논의는, 흡사 예상된 일처럼, 몇 년 후에 헤일이 흑점에서 커다란 자계 강도를 발견하게 된 일과 밀접하게 연관된다.

또한 우리는 별의 진화를 가정하지만 그 성질은 다루고 있지 않은 논문을 셀 수 없이 발견했다. 이 논문들은 켈빈-헬름홀츠 중력 수축(Kelvin-Helmholtz gravitational contraction)만을 가능성 있는 별의 에너지원으로 여겼으며 핵에너지는 전혀 예상하지 못하고 있었다. 그러나 동시에 《천체 물리학 저널》의 같은 호에서 프랑스의 베크렐이 수행한 흥미로운 방사능 연구에 대해 감사를 표하는 글을 발견할 수도 있다. 여기서 다시 우리는, 19세기 후반 천문학의 스냅 사진 속을 몇 년에 걸쳐 움직이다가 40년 후에 운명처럼 서로 엮일, 겉보기에는 상관없어 보이는 두 가지 주제를 보게 된다.

관련 사례들은 많다. 일례로 망원경으로 얻었거나 실험실에서 발견된 비(非)수소 원소들이 가진 일련의 스펙트럼을 해석하는 경우가 있다.

새로운 물리학과 천문학은 서로 도와 가며 '천체 물리학'이라는 신생 과학을 만들어 냈다.

그런 이유로, 퀘이사의 성질이나 블랙홀의 특성이나 펄서의 방출 기하학 등에 대한 현재의 아주 난해한 논의 중 얼마나 많은 것들이 물리학 분야의 새로운 발견들과 엮이기를 기다려야 하는지 궁금해할 수밖에 없다. 만약 75년 전의 경험이 어떤 안내서가 된다면, 오늘날 물리학의 어떤 주제가 천문학의 어떤 주제와 결합할지 어렴풋하게나마 추측하는 사람들이 이미 있을 것이다. 몇 년 뒤, 그 연관성은 확실한 것으로 여겨질 것이다.

우리는 19세기 자료들에서 현재의 기준을 적용하면 관측 수단이나 해석이 분명히 부족한 사례들도 많이 본다. 최악의 사례 중 하나는 현재 우리가 실재하지 않는다는 것을 알고 있는 지형에 대해 서로 다른 사람이 그린 2개의 그림을 비교해 10자리 유효 숫자로 추론한 행성의 주기이다. 이외에도 멀리 떨어진 천체들을 과다하게 '이중성'으로 추정한 일(대부분 물리적으로 관련성이 없는 별들이다.), 누구도 성장 곡선(curve of growth) 분석에 주목하지 않을 때 스펙트럼선의 주파수에 영향을 미치는 압력 등의 요인들에 매료된 일, 육안을 사용한 분광법에만 기초해 어떤 물질의 존재나 부재에 대해 격론을 펼친 일 등 여러 사례가 많이 있다.

후기 빅토리아 시대의 천체 물리학에서 물리학이 빈약하다는 점 역시 특기할 만하다. 상당히 복잡한 물리학은 기하 광학과 물리 광학, 사진술, 천체 역학 영역에서만 거의 배타적으로 사용된다. 들뜬 상태(excitation, 물질을 구성하는 원자의 가장 바깥쪽에 있는 전자가 외부로부터 에너지를 받아 에너지가 높은 준위로 옮겨 가는 현상. — 옮긴이)와 이온화가 온도에 의존하는 정도를 충분히 고려하지 않고 별의 스펙트럼에 기초해 별의 진화에 대한 이론을 수립하는 일이나 열전도에 대한 푸리에 방정식을 풀지 않고 달 표면 아래의 온도를 계산하려는 시도는 결코 기발해 보이지 않는다. 경험에 의거해서 실험실 스펙트럼을 자세히 설명하는 모습을 보며 현대의 독자들은 어서 닐스 보어와 에르빈 루돌프 요제프 알렉산더 슈뢰딩거(Erwin Rudolf Josef Alexander Schrödinger, 1887~1961년), 또 그들의 후임자들이 나타나 양자 역학을 발달시키기를 바랄 것이다.

나는 2049년의 시점에서 현재 굉장히 유명한 이론들과 논쟁들 중 어느 정도가 조잡한 관찰, 그저 그런 지적 능력, 부족한 물리학적 통찰로 보일지 궁금하다. 오늘날의 천문학자는 1899년의 과학자들보다 더 자기 비판적이며 수도 훨씬 많아서 서로의 결과를 더 자주 점검한다. 또 어느 정도는 미국 천문학회 같은 조직들이 존재하기 때문에 결과의 교환이나 논의의 기준이 상당히 세워졌다고 생각한다. 나는 2049년의 우리 동료들이 여기에 동의하기를 바란다.

1899년과 1974년 사이의 주된 진보는 기술적인 것이라고 생각된다. 1899년에 세상에서 가장 큰 굴절 망원경이 세워졌다. 그것은 아직도 세계에서 가장 큰 굴절 망원경이다. 약 2.5미터 조리개를 가진 굴절 망원경도 고려하기 시작했다. 우리는 그동안 이 렌즈와 조리개라는 오직 두 가지 요소만 가지고 망원경 성능을 높여 왔다. 그러면 헤르츠 이후, 마르코니 이전 시대를 살았던 1899년의 동료들은 아레시보 천문대(Arecibo Observatory)나 VLA(Very Large Array)나 초장 기선 전파 간섭계(Very Long Baseline Interferometry, VLBI)를 어떻게 활용할까? 혹은 도플러 레이더(Doppler radar)를 활용한 분광법으로 수성의 자전 주기에 대한 논의를 어떻게 검증할까? 혹은 달 표면의 일부를 지구로 가지고 와서 그 성질을 시험할 때 어떻게 할까? 혹은 화성 주위를 1년간 돌면서 1899년에 찍은 최고의 달 사진보다 품질이 더 뛰어난 사진을 7,200장 찍었는데 이것을 가지고 화성의 특성과 거주 가능성 문제를 어떻게 탐구할까? 혹은 1899

년에는 희미하게라도 존재하지도 않았던 촬영 장치들과 미생물학 실험 기구, 지진계와 기체 크로마토그래피/질량 분석기를 가진 로봇을 다른 행성에 어떻게 착륙시킬까? 궤도에서 성간 중수소(deuterium)을 자외선 분광법으로 분석해 우주론 모형을 어떻게 검증할까? (1899년에는 검증 가능한 모형은 물론이고 원자의 존재도 알려져 있지 않았으며, 하물며 관측 기술은 발달하지 않은 상태였다.)

과거 75년 동안 세계와 미국의 천문학은 후기 빅토리아 시대의 천문학자들의 가장 낭만적인 추측조차도 뛰어넘을 정도로 진보했다. 그렇다면 다음 75년 동안에는 어떨까? 평범하게 예측해 보자. 아마도 우리는 비교적 짧은 감마선부터 비교적 긴 전파까지 전자기 스펙트럼을 완전히 조사했을 것이다. 또 무인 탐사선을 태양계에 있는 모든 행성과 그들의 위성 대부분에 보냈을 것이다. 우리는 (낮은 온도 때문에) 흑점부터 시작해서 별의 구조를 알아보려고 우주 탐사선을 태양으로 발사했을 것이다. 헤일은 그 소식에 매우 기뻐했을 것이다. 나는 지금으로부터 75년 안에 우리가 인근 별로 (광속의 10분의 1 속도로 여행하는) 준상대론적 우주 탐사선을 발사할 수 있을 것이라고 생각한다. 이러한 임무가 가진 여러 이점 중에는 성간 물질을 직접적으로 조사할 수 있게 해 주며 초장 기선 전파 간섭계에 오늘날 많은 사람들이 생각하는 것보다 더 긴 기선을 더해 준다는 것도 있다. 우리는 '초(very)'의 뒤를 잇는 새로운 최상급 부사 — 아마도 '극(ultra)' — 을 도입해야 할 것이다. 그때까지 몇 가지 난해한 우주론적 질문들에 대답할 수 있게 될 것이고, 펄서와 퀘이사, 블랙홀의 특성들도 잘 파악하게 될 것이다. 심지어 다른 태양계의 행성에서 발달한 문명과 정기적인 통신 채널을 개설할 수도 있으며 어마어마하게 넓은 영역에 배열된 전파 망원경을 통해 초고속으로 전송되는 일종의 『은하 대백과사전(*Encyclopaedia Galactica*)』으로부터 여러 다양한 과학 지식을 배우게 될 것이다. 뿐만 아니라 천문학도 최첨단으로 발전할 것이다.

그러나 75년 전의 천문학을 읽으면서 나는 성간 접촉을 제외한 이 성취들이 흥미롭기는 하지만 다소 구식으로 여겨질 가능성이 크며 과학의 근본적인 흥분과 현실적인 한계는 새로운 물리학과 기술에 의존할 것이라 생각한다. 오늘날의 우리는 잘해야 언뜻 볼 수 있을 뿐이다.

22장

외계 지성체 탐사

지금 사이렌은 노래보다 훨씬 더 치명적인 무기를 가지고 있다.
즉 침묵이다. …… 그들의 노래에서 달아날 수 있는 사람이
있을지도 모르지만 그들의 침묵에서 달아날 수 있는 사람은
분명 전혀 없다.

—프란츠 카프카, 『우화』

역사 내내 우리는 별에 대해 숙고하면서 인간은 유일무이한 존재인가 아니면 어두운 밤하늘 어딘가에 우리처럼 생각하고 고민하는 다른 존재, 우주의 동료 사상가들이 있는가 골똘히 생각했다. 그러한 존재들은 자신과 우주를 별도의 존재로 여길 수도 있다. 저기 어딘가에 아주 색다른 생물과 기술, 사회가 있을지도 모른다. 보통 인간의 이해를 넘어서는 오래되고 방대한 우주 환경에서 우리는 작고 외로운 존재이다. 작지만 기막히게 아름다운 우리 푸른 행성의 궁극적인 의미가 — 만약 그런 것이 존재한다면 — 무엇일지 고민한다. 외계 지성체 탐사는 일반적으로 받아들여질 수 있는 인류의 우주적인 배경에 대한 탐구이다. 상당히 심오한 의미에서 외계 지성체 탐사는 우리 자신에 대한 탐구이다.

지난 몇 년 동안, 인류가 지구에 거주해 온 기간의 100만분의 1에 해당하는 시간 동안, 우리는 우리보다 더 많이 진보하지는 않았을지라도 우리가 상상도 할 수 없을 정도로 멀리 있는 문명을 찾아낼 수 있는 비범한 기술 능력을 성취했다. 이 능력은 전파 천문학이라고 불리며 여기에는 하나 또는 여러 개의 전파 망원경을 배열한 것과 예민한 전파 탐지기, 헌신적인 과학자들의 상상과 기술이 포함된다. 전파 천문학은 지난 10년 동안 우주 물리학에 새 창을 열었다. 우리가 노력을 기울일 만큼 충분히 영리하다면, 우주 생물학에 심오한 빛을 던져 줄지도 모른다.

나 자신을 포함해서, 외계 지성체에 대한 문제를 연구하는 일부 과학자들은 우리 은하에 존재하는 선진 기술 문명 — 전파 천문학을 아는 사회로 정의된다. — 의 수를 추정하려고 해 왔다. 이러한 추정은 추측보다 별반 나을 것이 없다. 그 일은 별의 수와 나이, 또 그것보다 더 아는 바가 없는 행성계의 존재 비율과 생명이 비롯되었을 가능성, 그리고 실제로 거의 알지 못하는 기술 문명의 수명과 외계 생명체가 진화할 가능성 같은 양에 수치를 부여하는 작업을 요구한다.

계산했을 때, 우리가 제시할 수 있는 기술 문명의 수는 일단 약 100만 개이다. 100만 개의 문명이라니, 숨이 멎을 만큼 많은 수이다. 이 100만 가지 세계의 다양성과 생활 방식, 상업 활동을 상상하는 일은 아주 신난다. 우리 은하는 약 2500억 개의 별을 포함하고 있으며 100만 개의 문명이 존재할지라도 20만 개 중 1개 미만의 별이 선진 문명이 거주하는 행성을 가질 것이다. 어느 별이 후보가 될 가능성이 있는지에 대해서는 아는 게 거의 없기 때문에 우리는 그것들 중 상당수를 조사해야만 할 것이다. 이러한 사실을 고려할 때 외계 지성체 탐사는 상당한 노력을 요구하는 작업일지도 모른다.

고대 우주인과 UFO에 대한 주장에도 불구하고, 다른 문명이 과거에 지구를 정찰했다는 확실한 증거는 없다. (5장과 6장 참조) 우리는 원격 신호만을 사용할 수 있으며 우리가 활용할 수 있는 원거리 통신 기술 중에서는 단연코 전파가 최상이다. 전파 망원경은 비교적 저렴하며 전파 신호는 빛의 속도로 여행한다. 통신 수단으로 전파를 사용하는 것은 근시안적이지도 인간 중심적인 활동도 아니다. 전파는 전자기 스펙트럼 대역의 대부분을 차지하며, 지난 몇 세기 동안 우리가 짧은 감마선에서 매우 긴 전파까지 전자기 스펙트럼의 전 대역을 탐구했듯이 은하 어딘가에 있는 어떤 문명이 기술 문명이라면 전파를 일찍이 발견했을 것이다. 선진 문명이 동료들과 다른 통신 수단을 사용하고 있을 수도 있다. 그러나 그들이 낙후되었거나 신흥 문명과 교신하고 싶다면 확실한 방법은 몇 가지 안 되며, 그중 최고의 선택지가 전파이다.

다른 문명에서 오는 전파 신호를 들으려는 진지한 시도는 1959년과 1960년에 미국 웨스트버지니아 주 그린뱅크에 있는 국립 전파 천문대에서 처음으로 수행되었다. 이 일은 현재 코넬 대학교에 있는 프랭크 드레이크가 조직했으며, 굉장히 색다르고 매우 멀리 떨어져 있어 도달하기 힘든 오즈의 나라 공주 이름을 따서 오즈마 프로젝트(Ozma Project)라고 불렸다. 드레이크는 그나마 가까운 별인 에리다누스자리 엡실론별과 고래자리 타우별을 조사했고 몇 주 동안 부정적인 결과를 얻었다. 그러나 오히려 긍정적인 결과가 더 놀라운 일이었을 것이다. 앞서 살펴보았듯이, 우리 은하에 있는 기술 문명을 다소 낙관적으로 추정한 수치도, 별을 임의로 선택해 성공적인 결과를 얻으려면 수만 개를 조사해야만 한다는 것을 뜻하기 때문이다.

오즈마 프로젝트 이후 미국과 캐나다, (구)소련에서는 비슷한 프로그램들이 다소 크지 않은 수준에서 6개 내지 8개 더 실행되었다. 결과는 모두 부정적이었다. 현재까지 이러한 방식으로 조사된 개별 별들의 수는 모두 1,000개가 안 된다. 우리는 필요한 노력의 100분의 1을 수행했을 뿐이다.

그러나 상당히 가까운 미래에 훨씬 더 진지한 노력을 동원할 수 있겠다는 조짐이 보인다. 지금까지 모든 관측 프로그램들은 커다란 망원경을 상당히 짧은 시간 동안만 사용하거나, 긴 시간 사용할 경우에는 매우 작은 전파 망원경들만을 사용할 수 있었다. 최근 MIT의 필립 모리슨(Philip Morrison, 1915~2005년)이 위원장으로 있는 NASA 위원회에서 이 문제에 대한 포괄적인 조사가 이루어졌다. 이 위원회는 새롭고 비싼 거대한 전파 망원경을 지상과 우주 궤도에 설치하는 일을 비롯해 광범위한 대안들을 살펴보았다. 또한 보다 예민한 전파 수신기와 전산화된 기발한 자료 처리 시스템을 개발하면 비용을 크게 들이지 않고도 주요한 진보가 이루어질 것이라는 점 역시 지적되었다. (구)소련에는 외계 지성체 탐사를 조직하는 데 전념하는 국가 위원회가 있으며, 이 활동에 최근에 코카서스에 건설된 커다란 라탄-600(RATAN-600) 전파 망원경을 몇 시간씩 사용한다. 최근 전파 기술의 눈부신 진보 덕분에 외계 생명체와 관련된 모든 주제에 대한 과학자들과 대중의 관심이 극적으로 높아졌다. 새로운 태도를 보여 주는 또렷한 징후는 화성의 바이킹 임무이다. 이 임무는 다른 행성에 있는 생명체를 탐구하는 데 상당한 정도로 전념할 예정이다.

그러나 진지한 탐구에 헌신하는 태도가 급증하는 것과 더불어 다소 부정적이지만 흥미로운 분위기가 등장했다. 몇몇 과학자들은 최근 다음과 같은 특이한 질문을 던졌다. 만약 외계 지적 생명체가 많다면, 왜 우리는 아직 그들의 징후를 보지 못했는가? 과거 1만 년 동안 우리의 기술 문명이 이룬 진보를 생각하고 이러한 진보가 앞으로 100만 년이나 10억 년 동안 지속된다고 상상해 보자. 선진 문명 중 극히 일부가 우리보다 100만 년 혹은 10억 년 더 진보된 상태라면, 왜 우리는 그들이 만들어 낸 인공물이나 장치 혹은 심지어 산업 공해를 추적할 수 없는가? 왜 그들은 은하 전체를 자신들의 편의에 맞게 재구성하지 않았는가?

회의론자들은 외계 생명체가 지구를 방문했다는 명확한 증거가 존재하지 않는 이유에 대해서도 의문을 던진다. 우리는 이미 보잘것없고 느린 성간 우주 탐사선을 몇 대 발사했다. 우리보다 진보한 사회는 별들 사이의 우주 공간을 쉽지는 않을지라도 편리하게 왕복할 수 있을 것이다. 이러한 사회가 식민지를 만들었다면, 100만 년 이상의 시간이 걸리는 성간 원정에 착수했을 것이다. 그들은 왜 여기에 없는가? 선진 외계 문명이 기껏해야 몇 개 되지 않을 것이라고 추론하고 싶은 유혹이 생긴다. (통계적으로 우리가 지금까지 출현한 최초의 기술 문명 중 하나이거나 그러한 문명들이 전부 우리보다 훨씬 더 발전하기 전에 자멸하는 운명을 걸었기 때문이다.)

내게는 이러한 체념이 예상보다 상당히 일러 보인다. 이 주장들은 모두 우리보다 훨씬 더 진보한 존재의 의도를 정확하게 추측하는 데 의존하고 있다. 더 자세히 살펴보면 이 주장들은 인간의 자만심을 흥미롭게도 다양하게 드러낸다고 생각한다. 왜 우리가 선진 문명의 징후를 쉽게 인식하리라고 기대해야 하는가? 우리가 처한 상황은 아마존 분지에 고립된 사회 구성원들이 처한 상황과 가깝지 않은가? 그들은 그들 주위를 둘러싸고 있는 강력한 전파 신호나 텔레비전 통신을 추적할 수 있는 도구를 갖추지 못했다. 또한 천문학에는 완전하게 이해하지 못한 현상들이 광범위하게 존재한다. 예를 들어 펄서의 신호나 퀘이사의 에너지원이 기술의 산물일 수도 있다. 어쩌면 은하에는 새로 생겨났거나 낙후된 문명에 간섭하지 않는 민족도 있을지 모른다. 또 만약 우리가 자멸할 가능성이 높은 상황이라면, 그들은 먼저 우리에게 자멸할 기회를 주기 위해 접촉하기 적절한 시간이 될 때까지 기다리고 있는지도 모른다. 어쩌면 우리보다 상당히 진보한 모든 사회에서 모든 개인이 사실상 불멸자가 되어서, 오직 청소년기 문명의 전형적인 충동인지도 모르는 성간 탐험의 동기를 상실하는지도 모른다. 어쩌면 성숙한 문명은 우주를 오염시키기를 원하지 않는지도 모른다. 어쩌면 이러한 '어쩌면'들의 목록은 매우 길지도 모른다. 그중에 우리가 어느 정도 확신을 가지고 평가할 수 있는 가설은 거의 없다.

내게는 외계 문명 문제는 완전히 열린 문제처럼 보인다. 개인적으로, 지적 생명체가 넘쳐 나는 우주를 상상하는 일보다 기술 문명이 소수이거나 우리가 유일한 기술 문명인 우주를 이해하는 일이 훨씬 더 어렵다고 생각한다. 다행히도, 이 문제의 여러 측면을 실험적으로 검증할 수 있다. 우리는 다른 별의 행성들을 탐사하고 화성처럼 가까이 있는 행성에서 단순한 형태의 생명체를 찾으며 실험실에서 생명 기원의 화학에 대해 보다 폭 넓은 연구를 수행할 수 있다. 우리는 생명체와 사회의 진화를 보다 깊이 조사할 수 있다. 이 문제들에서 어떤 일이 일어날 법하고 또 어떤 일이 그렇지 않은지에 대한 유일한 결정권자는 자연이며, 따라서 이 문제들은 장기간의 개방적이고 체계적인 탐구를 절실히 필요로 한다.

우리 은하에 선진 문명이 수백만 개 있다면, 이 문명들은 평균 300광년 정도 떨어져 있을 것이다. 1광년은 빛이 1년간 이동하는 거리(9조 5000억 킬로미터가 조금 안 된다.)이기 때문에 이러한 사실은 가장 가까운 문명과의 성간 통신을 위한 편도 전송 시간이 약 300년이라는 뜻이다. 묻고 대답하는 데 걸리는 시간은 600년이 될 것이다. 이것은 별들 사이에 대화가 일어날 가능성이 독백을 할 가능성보다 (특히 첫 접촉 시에) 훨씬 더 작은 이유이다. 처음에는, 자신이 보낸 메시지가 제대로 전달될지, 그 반응은 무엇일지, 적어도 가까운 미래에는 알 수 없는 상황에서 전파 메시지를 발신하는 행위가 놀랄 만큼 이타적으로 보인다. 그러나 인간은 종종 매우 비슷한 행동들, 예를 들어 미래 세대가 파낼 타임 캡슐을 묻거나 후세를 위한 책을 쓰거나 음악을 작곡하거나 예술을 창조한다. 과거에 이러한 메시지를 수신해 도움을 받은 문명은 비슷하게 다른 신흥 기술 사회에 도움을 주기를 소망할지도 모른다.

전파 탐사 프로그램이 성공하려면 그들이 대상으로 삼은 수혜자들 중에 지구도 있어야만 한다. 만약 전파 신호를 발신하는 문명이 우리보다 아주 약간만 더 진보한 상태라면 성간 통신을 위한 충분한 전파력을 보유하고 있을 것이다. 어쩌면 전파력이 너무 강해서 전파를 취미로 즐기는 사람들과 원시 문명에 대한 열렬한 신봉자들로 구성된 비교적 작은 집단에 방송이 위임될지도 모른다. 만약 행성의 통합 정부나 세계 연합이 그 프로젝트를 수행했다면, 아주 많은 별들에 방송을 전달할 수 있을 것이다. 그들이 지구가 위치한 지역에 특별히 주의를 기울일 이유가 없을지라도 대상 별들이 너무 많기 때문에 우리에게도 메시지가 전달될 가능성이 크다.

메시지를 주고받는 문명들 사이에서 사전에 어떤 동의나 접촉이 이루어진 적이 없을지라도 통신이 가능한지 알아보기는 쉽다. 지적 생명체가 명료하게 보내는 성간 전파 메시지를 상상하기는 어렵지 않다. 소수 12개, 1, 2, 3, 5, 7, 11, 13, 17, 19, 23, 29, 31로 이루어지는 독특한 신호(삐, 삐삐, 삐삐삐, ……)는 오직 지적 생명체만이 만들어 낼 수 있다. 이 점을 분명히 하는 데 문명들 사이의 사전 동의나 지구의 쇼비니즘에 대한 경고는 필요하지 않다.

이러한 메시지는 선진 문명의 존재를 나타내지만 그 본질은 거의 알려주지 않는 표지 부호(beacon signal)이거나 알림 신호일 것이다. 표지 부호에서 주된 메시지를 발견할 수 있는 특정 주파수를 언급하거나 표지 부호 주파수에서 시간 분해능(time resolution)을 더 높이면 주요 메시지를 발견할 수 있음을 알려줄 수 있을 것이다. 사회 관습과 생물 형태가 극히 다른 문명과도 꽤 복잡한 정보를 주고받는 일이 아주 어렵지는 않다. 일부는 맞고 일부는 틀린 산술 표현을 전송하고 적절히 부호화된 단어(예를 들어 선(-)과 점(·) 같은 모스 부호)를 그 뒤에 보낼 수 있다. 많은 사람이 이러한 상황에서 전달하기가 극히 어려울 것이라고 추측하는 개념과 옳고 그른 발상을 이 방식으로 전송할 수 있다.

그러나 가장 전망 좋은 방법은 단연코 사진 전송이다. 소수 2개로 만든 반복적 메시지는 2차원 배열이나 래스터(raster), 즉 사진으로 또렷이

해독될 것이다. 소수 3개로 만든 메시지는 3차원 정지 화상이나 2차원 동영상의 한 장면이 될 수 있다. 이러한 메시지의 한 예로 0과 1의 배열을 고려해 보자. 이 두 숫자를 가지고 길고 짧은 '삐' 신호음이나 진폭이 다양한 소리나 서로 다른 전파 편광을 가진 신호를 구성할 수 있다. 1974년에 이러한 메시지가 푸에르토리코의 아레시보 천문대에서 지름 305미터의 안테나를 통해 우주 공간으로 전송되었다. 아레시보 천문대는 코넬 대학교가 미국 국립 과학 재단(National Science Foundation, NSF)의 위임을 받아 운영하는 곳이다. 그날은 아레시보 망원경의 접시 안테나를 지상 최대의 전파/레이더 망원경 수준으로 재건한 일을 축하하는 기념일이었다. 이 신호는 머리 위에 있던 별들의 집단인 M13으로 전송되었다. M13은 약 100만 개의 태양들로 이루어진 구상 성단이다. M13은 2만 4000광년 떨어져 있기 때문에 이 메시지가 그곳에 도달하려면 2만 4000년이 걸릴 것이다. 만약 그곳의 생물이 이 메시지를 듣고 즉각 반응한다면 우리가 그 응답을 받을 때까지 4만 8000년이 걸릴 것이다. 아레시보 메시지는 본격적인 성간 통신 시도라기보다는 지구 전파 기술의 주목할 만한 진보를 표시하는 시도였다.

해독된 메시지는 다음의 내용을 담고 있다. "다음은 우리가 1에서 10까지 숫자를 세는 방식입니다. 다음은 우리가 중요하게 여기거나 흥미롭다고 생각하는 다섯 가지 화학 원소들인 수소와 탄소, 질소와 산소, 인의 원자 번호입니다. 이 원자들을 조립하는 몇 가지 방법은 다음과 같습니다. 아데닌(adenine), 티민(thymine), 구아닌(guanine)과 시토신(cytosine) 분자와 당과 인산기(phosphates)가 번갈아 가며 이어져 사슬을 만듭니다. 이 분자 벽돌은 차례차례 조립되어 한 사슬 안에 40억 개가 연결되어 있는 긴 DNA 분자를 형성합니다. 이 분자는 이중 나선입니다. 어떤 점에서 이 분자는 이 메시지를 보낸 미숙한 생물에게 중요합니다. 이 생물의 크기는 메시지가 전송된 전파 파장의 14배 혹은 약 176센티미터입니다. 이 생물은 우리 별에서 세 번째 행성에 존재하며 약 40억 명입니다. 우리 항성계에는 모두 9개의 행성이 있습니다. 안쪽에 작은 행성이 4개, 바깥쪽에 큰 행성이 4개, 저 멀리 끝자락에 작은 행성이 1개 있습니다. 이 메시지는 지름이 파장의 2,430배 혹은 306미터인 전파 망원경을 통해 당신에게 보낸 것입니다. 그럼 안녕히 계십시오."

다른 메시지와 일치하거나 그 메시지를 뒷받침하는, 그림이 포함된 여러 비슷한 메시지로 아직 만난 적이 없는 두 문명 사이에도 전파를 이용한 성간 통신이 거의 분명하게 이루어질 수 있다. 우리는 매우 젊고 미숙하므로 메시지 송신이 우리의 당면 목표는 아니다. 우리는 메시지를 듣기를 바란다.

우주 깊은 곳에 있는 지적인 전파 신호를 감지하는 일은 선사 시대부터 과학자들과 철학자들에게 영향을 미쳤던 아주 심오한 질문들 상당수에 경험적, 과학적으로 엄밀하게 접근하는 일이 될 것이다. 이러한 신호는 생명의 탄생이 보기 드물거나 일어날 가능성이 낮은 어려운 사건이 아니라는 것을 보여 줄 것이다. 또 지구에서처럼 다른 곳에서도 수십억 년 동안 자연 선택을 통해 단순한 형태의 생명체가 복잡하고 지적인 형태로 서서히 진화해 왔음을 암시할 것이다. 덧붙여 이러한 지적인 형태들이 지구에서처럼 대개 선진 기술을 갖추게 된다는 것을 시사할 것이다. 그러나 우리가 받은 전파가 우리와 기술 수준이 같은 사회에서 왔을 가능성은 없다. 우리보다 아주 약간이라도 낙후한 사회는 전파 천문학을 보유하지 못했을 것이다. 가장 가능성이 큰 경우는 이 메시지가 우리보다 기술적으로 훨씬 더 진보한 문명에서 온 경우이다. 그 메시지를 해독하기도 전에 우리는 매우 귀중한 지식을 얻게 될 것이다. 그로 인해 지금 우리가 통과하고 있는 시기의 위험을 피할 수 있다.

어떤 사람은 지구의 전 세계적인 문제들, 국가 간의 어마어마한 반목과 핵무기, 인구 증가, 빈부 격차, 식량과 자원의 부족, 자연 환경의 의도치 않은 변화 등을 지켜보면서 인간이 갑자기 불안정해진, 곧 붕괴할 체제 속에 살고 있다고 결론 내린다. 반면, 우리가 껴안은 문제들은 해결될 수 있고, 인류는 아직 어리지만 머지않아 곧 성장하게 될 것이라고 믿는 사람들도 있다. 우주에서 온 메시지의 수신은 이러한 기술적인 사춘기를 극복하는 일이 가능해졌음을 보여 줄 것이다. 어쨌든 전파를 보낸 문명은 살아남았다. 이러한 지식은 내게 큰 비용을 치를 가치가 있다고 여겨진다.

성간 메시지는 지상의 모든 인간들과 다른 존재를 연결하는 유대감을 강화하는 결과를 낳을 수 있다. 진화는 다른 곳의 생물은 별개의 진화 경로를 거치리라는 가르침을 준다. 그들의 화학과 생물학, 사회 조직은 지구의 무엇과도 극도로 다를 것이다. 같은 우주를 공유하고 있기 때문에, 즉 물리학 및 화학 법칙과 천문학의 규칙적인 패턴이 보편적이기 때문에 아마도 우리는 그들과 소통할 수 있을 것이다. 그러나 그들은 아주 심오한 의미에서 우리와 항상 다를 것이다. 이 차이를 직면하고 나면 지구인들을 분열시키는 적대감이 시들지도 모른다. 서로 다른 인종, 국적, 종교, 성별 사이의 차이는 인간과 외계의 다른 지적 생명체 사이의 차이에 비해 별 의미가 없을 가능성이 크다.

만약 이 메시지가 전파로 온다면, 메시지를 주고받는 문명들 모두 적어도 전파 물리학에 대한 지식을 공유하고 있다는 뜻이 된다. 물리 과학의 공통성은 많은 과학자들이 외계 문명에서 오는 메시지를, 아마도 느리고 자꾸 끊어지겠지만, 명료하게 해독할 수 있다고 기대하는 이유이다. 누구도 메시지의 해독이 어떤 결과를 가져올지 상세히 예측할 수 있을 만큼 슬기롭지 않다. 누구도 이 메시지의 성질을 사전에 이해할 수 있을 만큼 슬기롭지 않기 때문이다. 우리보다 훨씬 진보한 문명에서 방송이 송출되었을 가능성이 크기 때문에 물리학과 생물학, 사회 과학 분야에서 상당히 다른 종류의 지능이 취한 새로운 관점에서 전혀 뜻밖의 통찰을 얻을 수 있을 것이다. 그러나 해독 작업에는 아마도 수년에서 수십년이 걸릴 것이다.

몇몇 사람들은 선진 사회에서 온 메시지로 인해 우리가 스스로에 대한 믿음을 잃어버리고 다른 존재가 이미 발견한 것처럼 보이거나 부정적인 결과를 가져올지도 모르는 사상(事象)들을 새롭게 발견하려는 진취성을 상실할 수도 있다고 걱정한다. 이것은 교사와 교과서가 자신보다 더 많이 알기 때문에 학교를 그만두려는 학생과 다소 비슷하다. 성간 메시지가 모욕적이라고 여겨지면 무시해도 된다. 반응하지 않는 쪽을 선택할 경우, 그 메시지를 보낸 문명이 멀리 떨어진 작은 행성이 자신들의 메시지를 받고 이해했는지 알아낼 수 있는 방법은 없다. 우주 멀리서 온 전파 메시지를 원하는 만큼 천천히 신중하게 해석할 수 있다면 인류에게 위험을 끼칠 가능성은 줄어들 것이다. 반면, 그 일은 실용적이면서도 철학적인 이익을 상당히 약속한다.

특히, 이러한 메시지의 첫 줄에 문명이 사춘기를 거쳐 성숙기로 나아가는 경로에서 기술이 가져올지도 모를 재앙을 피하는 방법에 대한 상세한 처방이 적혀 있을 수 있다. 어쩌면 선진 문명이 보낸 방송은 문화 진화의 경로 중 무엇이 지적인 종의 안정과 장기 생존으로 이어질 가능성이 크고 무엇이 정체나 퇴보, 재앙으로 이어질지 서술할지도 모른다. 물론, 성간 메시지의 내용이 이것이라는 보장은 없다. 그러나 그 가능성을 간과하는 것은 무모한 일일 것이다. 어쩌면 식량 부족과 인구 증가, 에너지 낭비, 자원 고갈, 오염과 전쟁이라는 문제에 대해 지구에서는 아직 발견하지 못한 간단한 해결책이 있을지도 모른다.

문명들은 분명 서로 다를 것이다. 하지만 여러 문명의 진화에 대한 정보를 얻기 전에는 깨달을 수 없는 문명 발달 규칙이 당연히 있을 것이다. 우리는 우주의 다른 곳으로부터 고립되어 있기 때문에 오직 한 문명, 우리 자신의 진화에 대한 정보만을 가지고 있다. 그리고 그 진화에서 가장 중요한 측면인 미래는 우리에게 닫혀 있다. 어쩌면 인류 문명의 미래가 외계 문명에서 온 성간 메시지를 수신하고 해독하는 데 달려 있을지도 모른다는, 그럴듯하지 않은 주장을 하게 되는 날이 올지도 모른다.

장기간에 걸쳐 헌신적으로 외계의 지적 생명체를 탐구하고도 실패한다면 어떻게 될까? 그럴지라도 분명 시간 낭비는 아닐 것이다. 그 탐색의 결과, 문명의 다양한 측면에 적용되는 중요한 기술을 개발했을 것이다. 또 우주 물리학에 대한 지식을 크게 넓혔을 것이다. 우리는 우리 종, 우리 문명, 우리 행성의 중요성과 유일성에 대해 깊이 생각했을 것이다. 만약 지적 생명체가 다른 곳에 드물게 존재하거나 없다면, 우리는 46억 년 동안의 길고 복잡한 진화 역사에서 공들여 얻어 낸, 우리 문화와 생물학적인 유산의 희귀성과 가치에 대해 의미 있는 무언가를 배울 것이다. 이러한 발견은 우리 시대의 위험에 대한 책임감을 강조할 것이다. 어쩌면 그것은 다른 무엇도 할 수 없는 일인지도 모른다. 포괄적이고 기지가 풍부한 연구를 수행한 뒤 부정적인 결과를 얻는다면, 그것에 대한 가장 그럴듯한 설명은 외계 사회가 고성능 전파 전송 체계를 수립할 만큼 충분히 진보하기 전에 보통 자멸한다는 것이다. 흥미로운 의미에서 성간 전파 메시지를 탐색하는 조직은, 결과와는 완전히 별도로, 인류가 처한 곤경 전반에 응집적이고 건설적인 영향을 미칠 공산이 크다.

그러나 신호를 듣기 위해 진지하게 노력하지 않는다면, 이러한 연구 결과를 모를 것이고, 하물며 다른 별의 문명에서 온 메시지의 내용은 더군다나 알지 못할 것이다. 문명은 크게 두 부류로 나눌 수 있다. 이러한 노력을 기울이고 접촉에 성공해 느슨하게 연결된 은하 연맹 공동체의 새 일원이 되는 문명과, 이러한 노력을 기울일 수 없거나 기울이지 않는 쪽을 선택하거나 아니면 시도할 상상조차 못 해서 그 결과 곧 쇠퇴해 사라지는 문명으로 말이다.

우리 능력 범위 안에서 상대적으로 크지 않은 비용으로 인류의 미래를 약속할 수 있는 다른 사업을 생각해 내기란 어렵다.

5부

궁극적인 질문

23장

주일 설교

진압당한 신학자들은 헤라클레스(의 요람) 옆에 있는 교살당한
뱀들처럼 모든 과학의 요람에 대해 거짓말을 한다.

—토머스 헨리 헉슬리, 1860년

우리는 나선형으로 움직이는 권력의 최상층 집단을 봅니다.
우리는 이 집단에 신이라는 이름을 붙였습니다. 그것에 깊은
구렁, 불가사의, 절대적인 어둠, 절대적인 빛, 물질, 정신,
궁극적인 절망과 침묵이라는 우리가 소망하는 다른 이름들을
줄 수 있었을지도 모릅니다.

—니코스 카잔차키스, 1948년

요즘 종종 대중을 상대로 과학 강연을 하고 있다. 때로는 행성 탐사와 다른 행성들의 본질에 대해, 때로는 지구 생명체나 지능의 기원에 대해, 때로는 다른 세계 생명체 탐사에 대해, 또 때로는 우주론적 거대 담론에 대해 논의해 달라는 요청을 받는다. 이 주제들은 어느 정도 들어 봤기 때문에, 질의응답 시간이 내 흥미를 사로잡는다. 그 시간 동안 대중의 태도와 관심사가 드러난다. 가장 흔한 질문은 UFO와 고대 우주인에 대한 것이다. (나는 그것이 속이 빤히 들여다보이는 종교적인 질문이라고 믿고 있다.) 특히 생명이나 지능의 진화를 다루는 강의를 한 후 거의 공통으로 제기되는 질문은 "신을 믿으십니까?"이다. '신'이라는 단어가 사람마다 다른 뜻을 지니기 때문에 나는 종종 질문자가 '신'이라는 단어로 무엇을 뜻하는지 질문하는 것으로 대답을 대신한다. 놀랍게도, 이 반응은 종종 질문자를 곤혹스럽게 하거나 기대를 어긋나게 만든다. "오, 아시다시피, 신이요. 모든 사람들이 신이 누군지 알아요." 아니면 "글쎄요, 우리보다 더 강하고 우주 어디에나 존재하는 일종의 힘이죠."라는 응답이 나온다. 이러한 힘은 무수히 많다. 그중 하나는 중력이라고 불리는데 신과 그다지 동일시되지는 않는다. 그리고 모든 사람이 다 '신'이라는 단어의 의미를 알고 있지는 않다. 이 개념은 광범위한 아이디어를 포함한다. 어떤 사람은 신을 하늘 위 높은 곳 어딘가 보좌에 앉아서 참새가 떨어지는 것을 바쁘게 기록하는, 길고 흰 수염을 드리운 피부색이 밝은 거대한 남성으로 생각한다. (참새 이야기는 『햄릿』에 나온 "참새 한 마리가 떨어지는 데에도 하늘의 섭리가 있다."라는 문구나 「마태복음」 10장 29절에 "너희 아버지께서 허락하지 아니하시면 그 하나(참새)도 땅에 떨어지지 아니하리라."라는 문구에서 나왔을 것이다. — 옮긴이) 어떤 사람 — 예를 들어 스피노자와 아인슈타인 — 은 신이 본질적으로 우주를 기술하는 모든 물리 법칙의 총화라고 여겼다. 나는 천계의 어느 숨겨진 곳에서 인간의 운명을 조종하는 의인화된 가부장에 대한 강력한 증거를 하나도 알고 있지 않다. 그러나 물리 법칙의 실재를 부정하는 행동은 미친 짓일 것이다. 우리가 신을 믿느냐 아니냐는 우리가 신이라는 말로 뜻하는 바에 상당히 의존한다.

역사상 세상에는 수만 가지 종교가 있었을 것이다. 그것들이 모두 근본적으로 동일하다는 경건한 믿음이 있다. 근본적으로 마음을 움직이는 힘이라는 측면에서 여러 종교의 핵심에 중요한 유사성이 정말로 있을 수 있지만 의식과 교리의 세부 사항들과 진짜임을 입증한다고 여겨지는 '변론(*apologias*)'의 측면에서 보면 기성 종교의 다양성은 놀라울 정도이다. 인간의 종교들은 선한 유일신 대 다신(多神), 악의 기원, 환생, 우상 숭배, 마법과 마술, 여성의 역할, 음식물 금기, 통과 의례, 희생 제의, 신에 대한 직접적인 혹은 매개자를 통한 접근, 노예 제도, 다른 종교를 용인하지 않는 태도, 특별한 윤리적 고려가 필요한 공동체 같은 근본적인 쟁점에서 서로 배타적이다. 이 차이들을 가린다고 해도 우리는 종교 일반에 도움을 제공하거나 어떤 개별 교의에 편익을 주지 않는다. 대신, 상이한 종교들에서 유래한 세계관을 이해하고 이러한 차이를 통해 인간의 어떤 필요가 성취되는지 파악하려고 애써야 한다고 믿는다.

버트런드 러셀은 영국이 제1차 세계 대전에 참전하는 것을 평화적으로 반대했기 때문에 체포되었다는 이야기를 한 적이 있다. 교도관이

러셀의 종교를 물었다. 당시에는 새 입소자를 대상으로 한 사무적인 질문이었다. 러셀은 대답했다. "불가지론자입니다." 교도관은 철자를 물어본 후 상냥하게 미소를 짓고 고개를 흔들며 말했다. "세상에는 여러 가지 종교들이 많아요. 하지만 저는 우리 모두가 같은 신을 숭배하고 있다고 추측합니다." 러셀은 이 발언이 몇 주 동안 자신에게 힘을 주었다고 말했다. 수감된 동안 그는 『수리 철학의 기초(*Introduction to Mathematical Philosophy*)』를 가까스로 다 썼고, 『정신 분석(*The Analysis of Mind*)』을 쓰기 위해 독서를 시작했지만, 그 감옥에서 그에게 힘을 줄 만한 다른 일들이 많지는 않았을 것이다.

내게 신을 믿느냐고 묻는 사람들 상당수는, 그것이 무엇이든지 간에 자신의 특별한 믿음 체계가 현대 과학의 지식과 일치하는지 재보증받고 싶어 한다. 종교는 과학과 싸우면서 상처만 입었고, 많은 사람들 — 결코 모두가 다 그런 것은 아니지만— 이 우리가 이미 아는 다른 지식들과 너무나 분명하게 갈등하는 신학적 믿음의 본체를 받아들이기 꺼려하게 만들었다. 아폴로 8호는 최초로 달을 한 바퀴 돌고 돌아온 유인 탐사선이다. 아폴로 8호의 우주 비행사들은 기독교 성서의 「창세기」 첫 구절을 읽었다. 마음에서 우러난 행동이었다. 이 행위는 어느 정도는 달까지의 유인 비행과 전통적인 종교관 사이에 실질적인 모순이 없다고 말하는 것처럼 보였고, 미국에 남아 있는 납세자들을 안심시키기 위한 것이기도 했다. 반면, 정통 이슬람교도들은 달이 이슬람교에서 특별하고 신성한 의미를 지니기 때문에 아폴로 11호의 우주 비행사들이 최초로 달에 착륙했을 때 격분했다. 또 이런 이야기도 있다. 유리 알렉세예비치 가가린(Yuri Alekseyevich Gagarin, 1934~1968년)이 처음으로 궤도 비행을 한 뒤, (구)소련 국가 평의회 의장이자 공산당 서기장인 니키타 세르게예비치 흐루쇼프(Nikita Sergeevich Khrushchyov, 1894~1971년)는 가가린이 저 위에서 어떤 신도 천사도 발견하지 못했다고 언급했다. 즉 흐루쇼프는 유인 궤도 비행이 자신들의 신념과 모순되지 않았다고 인민 대중을 안심시킨 것이다.

1950년대에 《철학 문제(*Voprosy Filosofii*)》라는 (구)소련의 과학 기술 학술지는 변증법적 유물론이 모든 행성에 생명체가 있을 것을 요구한다고 주장하는, 내게는 매우 설득력이 없어 보이는 논문을 게재했다. 얼마 뒤 고뇌에 찬 반박이 공식적으로 제기돼 변증법적 유물론과 외계 생물학을 분리시켰다. 연구가 활발히 수행되고 있는 영역에서 명확한 예측은 교리를 반증의 대상으로 만들어 버린다. 관료주의적 종교가 취하고 싶어 하는 최후의 태도는 반증에 취약하다. 이 지점에서 종교의 운명을 좌우할 실험이 수행될 수 있다. 그래서 달에서 생명체가 발견되지 않았다는 사실은 유물론적 변증법의 토대를 뒤흔들지 않았다. 아무런 예측도 하지 않는 교리는 정확한 예측을 하는 교리보다 힘이 약하다. 그러나 그릇된 예측을 하는 교리들보다는 성공적이다.

하지만 항상 그렇지는 않다. 미국에서 창시된 한 유명한 종교는 세계가 1914년에 끝난다고 자신 있게 예측했다. (여호와의 증인의 설립자인 찰스 테이즈 러셀(Charles Taze Russell, 1852~1916년)의 '예언'이었다. — 옮긴이) 1914년이 지나갔고 확실히 역사적 중요성을 지니는 사건들이 그해에 일어나기는 했지만, 적어도 내가 보는 한 세상은 끝나지 않은 것 같다. 이처럼 근본적인 예언이 실패했을 때 기성 종교가 보일 수 있는 반응은 최소 세 가지이다. 그들은 이렇게 말할 수 있다. "저희가 '1914년'이라고 했던가요? 매우 죄송합니다. 그건 '2014년'이라는 의미였습니다. 계산상의 착오가 약간 있었습니다. 어떤 식으로든 불편하시지 않았기를 바랍니다." 그러나 그들은 그러지 않았다. 그들은 이렇게 말할 수도 있었다. "세상은 끝났을 겁니다. 우리가 매우 열심히 기도하고 탄원해서 하느님께서 지구를 구해 주지 않았더라면 말이죠." 그러나 그들은 그렇게 하지도 않았다. 대신, 훨씬 더 창의적인 행동을 했다. 그들은 세상이 실제로 1914년에 끝났다고 발표했고 다른 사람들이 알아채지 못했을지라도 그것은 자신들이 관여할 바가 아니라고 주장했다. 이처럼 속이 뻔히 들여다보이는 얼버무리기를 대면하고도 어쨌든 이 종교를 지지하는 사람들이 있다는 사실이 놀랍다. 그러나 종교는 강인하다. 그들은 반박의 대상이 될 만한 주장을 아예 하지 않거나 반박을 받으면 곧바로 교리를 재설계한다. 종교가 그렇게 파렴치하고 부정직할 수 있다는 사실이, 추종자들의 지능을 그렇게 업신여기고도 여전히 번창할 수 있다는 사실이 신자들의 강인한 정신을 말해 주지는 않는다. 설명이 필요하다면, 그것은 종교적인 경험의 핵심 언저리에 합리적인 의심에 강력하게 저항하는 무언가가 있다는 것이다.

지식인의 본보기인 앤드루 딕슨 화이트는 코넬 대학교의 초대 학장이자 설립자였다. 그는 『기독교 국가에서 과학과 신학의 전쟁사(*A History of the Warfare of Science with Theology in Christendom*)』라는 비범한 책을 저술했다. 이 책은 출판되었을 당시 너무나 불명예스럽다고 여겨져서 공저자가 자신의 이름을 빼 달라고 요청할 정도였다. 화이트는 종교적인 감정을 상당히 많이 가진 사람이었다.* 그러나 그는 종교가 세계의 본질에 대해 주장한 잘못된 내용들의 길고 고통스러운 역사와 사람들이 직접 세계의 본질을 조사하고 그것이 교리적인 주장과 다름을 발견했을 때 어떻게 박해를 받고 그 발상이 억눌려졌는지에 대해 개략적으로 서술했다.

* 화이트는 코넬 대학교가 명예 박사 학위를 수여하지 않는 모범적인 관습을 수립한 데도 기여한 듯하다. 그는 명예 학위가 재정적인 기부와 교환되며 남용될 가능성을 걱정했다. 화이트는 강하고 용감한 윤리 기준을 가진 사람이었다.

연로한 갈릴레오는 지구가 움직인다는 사실을 분명히 보여 주었기 때문에 가톨릭 교회로부터 고문을 가하겠다는 위협을 받았다. 스피노자는 유태교 조직으로부터 제명당했다. 확고한 교리 체계를 가진 기성 종교 중에 자유 탐구의 죄로 사람들을 박해한 적이 한 번이라도 없는 종교는 거의 없다. 코넬 대학교의 자유롭고 어느 종파에도 속하지 않는 탐구에 대한 헌신은 19세기의 마지막 사반세기에는 굉장히 못마땅하게 여겨져서 성직자들은 고교 졸업생들에게 그처럼 불경한 기관에 들어가느니 대학 교육을 받지 않는 편이 낫다고 조언했다. 실제로 코넬 대학교 안의 목회당 세이지 채플은 일부 독실한 신자들을 달래기 위해 지어졌다. 그럴지라도 나는 그곳이 개방적인 세계 교회주의(ecumenicism) 운동에서 이따금 진지한 노력을 해 왔다고 기꺼이 말하겠다.

화이트가 묘사한 논란 중 상당수가 기원에 관한 것이었다. 세계의 모든 사건이, 예를 들어 나팔꽃의 개화도 신이 직접적으로 미세하게 개입한 덕분이라고 믿어졌다. 꽃은 스스로 개화할 수 없다. 신이 "여봐라, 꽃아, 피어라."라고 말해야 한다. 이 생각을 인간사에 적용하면 사회적으로 종종 종잡을 수 없는 결과가 나타났다. 우선 첫째로, 이러한 입장은 우리가 자신의 행동에 책임이 없다는 뜻처럼 보인다. 만약 세계가 전지전능한 신의 지시를 받아 운용된다면 자행되는 모든 악이 신의 행위라는 결론이 뒤따라 나오게 된다. 이러한 결론에 놀란 서구 신학자들과 철학자들이 이 딜레마를 피하기 위해 악해 보이는 일이 실제로는 너무나 복잡해서 우리가 가늠할 수 없는 신성한 계획의 일부라는 주장과, 신이 세상을 만들기 시작할 때 인과의 타래를 보지 않는 쪽을 선택했다는 주장을 고안해 냈음을 나는 알고 있다. 이 신학적, 철학적인 구조 시도 자체는 말도 안 되는 것은 아니다. 하지만 이것이 불안정하게 흔들리는 그들의 존재론적 신 증명이 무너지지 않게 임시방편 버팀대를 대는 것처럼 보인다는 것을 감추지 못한다.• 덧붙여, 세상사에 대한 섬세한 개입이라는 발상은 기존의 사회, 정치, 경제적 전통을 옹호하는 데 사용돼 왔다. 예를 들어 토머스 홉스(Thomas Hobbes, 1588~1679년) 같은 철학자들이 진지하게 주장한 '왕권신수설'이 있다. 그러니까 만약 당신이 조지 3세에게 혁명적인 생각을 품고 있다면 당신은 반역죄라는 훨씬 흔한 정치적인 죄뿐만 아니라 종교적인 범죄인 신성 모독과 불경의 죄를 범하고 있는 중이다.

시작과 끝에 관한 과학적인 쟁점들은 많다. 인간은 어디서 유래했는가? 식물과 동물은 어디에서 왔는가? 생명은 어떻게 생겨났는가? 왜 지구는 행성이고 태양은 별인가? 우주에 시작점이 있는가? 그렇다면 무엇인가? 마지막으로 이것보다 훨씬 더 근본적이고 색다르고 많은 과학자들이 말하듯 본질적으로 검증할 수 없으며 따라서 의미 없는 질문인, 왜 자연 법칙은 현재와 같은 꼴을 하고 있는가? 신 혹은 신들이 이 기원들 중 하나 이상에 반드시 영향을 미쳐야만 한다는 아이디어는 지난 수천 년 동안 반복적으로 공격을 받아 왔다. 굴광성과 식물 호르몬에 대한 지식으로 우리는 신의 섬세한 개입과는 상관없이 나팔꽃의 개화를 이해할 수 있다. 우주의 기원에 대한 인과 관계의 전체적인 타래도 마찬

• 오늘날에는 적어도 허울만 그럴듯하게 들릴 근거 위에서 신학자들은 자신 있게 신에 대한 많은 진술들을 했다. 토마스 아퀴나스(Thomas Aquinas, 1225~1274년)는 신은 다른 신을 만들 수 없음을, 혹은 신은 자살을 할 수 없음을, 혹은 영혼이 없는 사람을 만들 수 없음을, 혹은 심지어 내각이 180도가 아닌 삼각형을 만들 수 없음을 증명했다고 주장했다. 그러나 마지막 문제의 경우에는 19세기에 야노시 보여이(János Bolyai, 1802~1860년)와 니콜라이 이바노비치 로바쳅스키(Nikolai Ivanovich Lobachevsky, 1792~1856년)가 (곡면 위에서) 그런 삼각형을 만들 수 있음을 증명했다. 이들은 신에 근접조차 못 한 사람들이었다. 신학자들이 금지했다고 전지전능한 신이 많은 일을 할 수 없다는 생각은 참 특이하다.

가지이다. 우주에 대해 더 많이 배우면 배울수록 신의 역할은 점점 더 작아진다. 아리스토텔레스가 신에 대해 가진 견해는 움직이지 않는 원동자, 게으름뱅이 왕(*a roi fainéant*), 먼저 우주를 만든 뒤 물러나 앉아 여러 시대에 걸쳐 복잡하게 뒤얽히는 인과의 사슬을 지켜보며 아무것도 하지 않는 왕이었다. 그러나 이 견해는 추상적으로 느껴진다. 그리고 일상의 경험들이 빠져 있다. 또 다소 마음을 불안하게 하고 인간의 자만심을 자극한다.

인간은 원인을 무한히 회귀시키는 데 선천적으로 혐오감을 느끼는 것 같다. 이 혐오감은 아리스토텔레스와 아퀴나스가 말한 신의 존재에 대한 가장 유명하고 가장 효과적인 설명의 핵심을 이룬다. 그러나 이 사상가들은 무한 급수가 수학에서 통용되기 전에 살았다. 만약 미적분학이나 초한수(transfinite number) 연산이 기원전 5세기 그리스에서 발명되고 그 뒤에 금지되지 않았다면 서구의 종교사는 매우 달라졌을지도 모른다. 최소한 『이교도 반박 대전(*Summa Contra Gentiles*)』에서 아퀴나스가 시도했던 것 같은, 신학 교리가 신의 계시라는 주장을 거부하는 사람들에게 신학 교리를 이성적으로 납득이 가도록 설명할 수 있다는 주장을 지금보다 덜 들었을 것이다.

뉴턴이 행성의 움직임을 만유인력으로 설명했을 때, 천사들은 더 이상 행성을 밀거나 계속 때릴 필요가 없어졌다. 심지어 라플라스가 물질의 기원도 아니고 태양계의 기원을 물리 법칙의 측면에서 설명하려고 했을 때, 사물의 기원에 신이 관여할 필요성이 엄청나게 도전받는 것처럼 보였다. 라플라스는 자신의 수학 저술 『천체 역학(*Mécanique Céleste*)』 한 권을 1798년과 1799년 사이 나폴레옹이 이집트로 원정을 갔던 시기에 지중해에서 승선한 그에게 헌정했다고 한다. 소문에 따르면, 며칠 후 나폴레옹이 라플라스에게 이 책에서 신에 대한 언급을 하나도 발견하지 못했다며 불평했다.* 라플라스의 반응은 이렇게 기록되어 있다. "폐하, 저는 그 가설이 필요하지 않습니다." 신을 분명한 진실이라기보다 하나의 가설이라고 보는 아이디어는 대체로 서구에서는 현대적이다. 그렇지만 분명히 2,400년 전에 이오니아의 철학자들은 이 생각을 진지하고 냉철하게 논의했다.

적어도 우주의 기원에는 신이 필요하다고 종종 여겨진다. 실제로 아리스토텔레스는 그렇게 생각했다.** 이 주장은 조금 더 상세히 조사할 가치가 있다. 먼저, 우주가 무한히 오래되었으며 창조주를 필요로 하지 않을 가능성도 충분히 크다. 이 입장은 진동 우주(oscillating universe, 수축과 팽창을 반복하는 우주. — 옮긴이)를 용인하는 기존의 우주론 지식과 일치한다. 진동 우주론에서는 대폭발 이후의 사건들이 단지 무한히 반복되는 우주의 창조와 파괴에서 가장 최근의 생애에 일어난 일에 지나지 않는다. 그러나 우주가 신에 의해 무에서 창조되었다는 아이디어를 고려해 보자. 자연스럽게 신은 어디서 비롯되었는가 하는 의문이 떠오른다. (10세 아이들 상당수는 부모가 말리기 전에 자연스럽게 이런 생각을 한다.) 물론, 신은 무한히

* 나폴레옹이 배에서 지극히 수학적인 『천체 역학』을 정독하며 지냈다니 매력적이다. 그는 실제로 과학 분야에 진지한 관심을 보였고 최신 발견들을 조사하려고 열심히 노력했다. (모리스 크로스랜드(Maurice Crosland)가 쓴 『아르케이 학회: 나폴레옹 1세 시기의 프랑스 과학의 모습(*The Society of Arcueil: A View of French Science at the Time of Napoleon I*)』(1967년)을 참조하라.) 나폴레옹은 『천체 역학』을 다 읽은 척하지 않았으며 라플라스에게 "내가 할애할 수 있는 첫 6개월은 이 책을 읽는 데 쓰일 것이다."라고 비꼬듯이 쓴 적도 있다. 그러나 라플라스의 다른 책들에 대해서는 "자네의 책은 국가의 영광에 기여하네. 수학의 진보와 완성은 국가의 번영과 밀접하게 연관되지."라고 언급한 바 있다.

** 그러나 아리스토텔레스는 천문학 논거들을 보고 우주에 움직이지 않는 원동자들이 수십 명 있다는 결론을 내렸다. 원동자에 대한 아리스토텔레스의 주장은 동시대의 서구 신학자들에게는 위험하다고 여겨질 수 있는 다신교적인 결론으로 보였을 것이다.

오래전부터 존재했다거나 모든 시대에 동시에 존재한다고 대답할 수는 있다. 이것은 그저 말일 뿐, 아무런 문제도 해결하지 못한다. 단지 이 문제와 대결하는 단계를 조금 더 늦출 뿐이다. 무한히 오래된 우주와 무한히 오래전부터 존재했던 신은 똑같이 난해한 불가사의일 뿐이다. 둘 중 하나가 다른 것보다 더 믿을 만하다고 여길 이유는 분명하지 않다. 스피노자라면 이 두 가지 가능성이 실제로는 전혀 다르지 않다고 말했을지도 모른다.

이렇게 심오한 불가사의를 대면했을 때 다소 겸손해지는 것이 현명하다고 생각한다. 과학자나 신학자가 코스모스의 기원을 이해할 수 있다는 생각은 3,000년 전 메소포타미아의 천문학자들이 우주의 기원을 이해할 수 있었다는 생각보다 아주 약간 덜 어리석을 뿐이다. — 바빌론 유수(Babylonian Captivity, 바빌로니아가 기원전 586년경 이스라엘을 침공해 유태인들을 바빌론으로 잡아간 사건. — 옮긴이) 시기에 고대 유태인들이 그들로부터 「창세기」 첫 장에 나온 우주에 대한 설명을 빌려왔다. — 우리는 단지 모르고 있을 뿐이다. 힌두교 성전인 『리그 베다(*Rig Veda*)』(10장 129절)는 이 문제에 대해 훨씬 더 현실적인 견해를 취한다.

> 누가 확실히 알겠는가? 누가 여기서 선포하겠는가?
> 세상은 어디에서 탄생했는가, 창조는 어떻게 이루어졌는가?
> 신들조차 이 세계가 형성된 뒤에 존재했으니
> 누가 세계의 기원을 알 수 있으랴.
> 누구도 창조가 어떻게 이루어졌는지 모른다.
> 그가 세상을 창조했는지 아닌지.
> 높은 하늘에서 세상을 살피는 자,
> 오직 그만이 알리라. 어쩌면 그도 알지 못하리라.

그러나 우리는 매우 흥미로운 시대에 살고 있다. 우주의 기원과 관련된 몇 가지 의문을 비롯한 기원에 관한 문제들을 해결하기 위한 실험을 앞으로 몇십 년 안에 수행할 수 있을지도 모른다. 우주에 대한 거대한 의문에 인간의 종교적인 감성을 배제한 채 답변하는 일은 상상하기 힘들다. 그러나 이 답변들은 상당히 관료주의적이고 교조적인 종교를 당황스럽게 만들 것이다. 종교를 비판에서 자유로운, 처음 만들어진 상태 그대로 변하지 않는 믿음의 본체(body of belief)로 보는 시각은 특히 근래에는 종교를 장기적으로 쇠퇴시키는 처방이라고 생각한다. 시작과 끝에 대한 의문에서 종교적인 감성과 과학적인 감성은 상당히 동일한 목적을 가지고 있다. 인간이라는 존재는, 어쩌면 자신의 기원에 놓인 불가사의 때문에 이 질문들에 대답할 수 있게 되기를 바라고 치열하게 노력하는 과정에서 만들어진 것일지도 모른다. 동시대의 과학적 통찰은 기원전 1000년경 바빌론의 선배들이 가졌던 통찰보다 제한적이나마 훨씬 더 깊이가 있다. 사회와 과학의 변화를 수용하기를 꺼려하는 종교는 운이 다했다고 생각한다. 자신에게 불리할 수 있는 진지한 비난에 반응하지 않는다면, 믿음의 본체는 살아남을 수도 없고 적절하고 생기 있게 성장할 수 없다.

미국 수정 헌법 1조는 종교의 다양성을 장려하지만 종교에 대한 비판을 막지는 않는다. 사실 이 조항은 종교 비판을 보호하고 장려한다. 종교는, 예를 들어 UFO나 벨리콥스키의 재난에 대한 주장들과 적어도 비슷한 정도로 회의의 대상이 되어야 한다. 나는 종교가 건전해지려면 자신의 근본적인 토대를 증거에 기반해 의심하는 일을 양성해야 한다고 믿는다. 종교가 정서적인 욕구를 가진 사람들에게 의지와 위안, 지지를 주며, 극히 유용한 사회적인 역할을 수행한다는 점에는 의문의 여지가 없다. 그렇다고 종교가 검증이나 정밀한 조사, 의심의 대상에서 면제

되어야 한다는 뜻은 결코 아니다. 『이성의 시대(*The Age of Reason*)』의 저자인 토머스 페인(Thomas Paine, 1737~1809년)이 건국을 도운 나라(미국)에서 종교에 대한 회의적인 논의가 몹시 적게 일어난다는 사실은 매우 놀랍다. 나는 정밀 조사를 통과할 수 없는 신념 체계는 필시 보유할 가치가 없을 것이라고 생각한다. 정밀 조사에서 살아남은 신념 체계는 적어도 그 안에 중요한 진리의 핵심들을 지니고 있을 것이다.

종교는 우주에서 인간의 위치와 관련해 일반적으로 받아들여지는 견해를 제시해 왔다. 인간이 존재하는 한, 이 일은 분명 신화와 전설, 철학과 종교의 주요 목적 중 하나일 것이다. 그러나 서로 다른 종교들 사이의 대립과, 과학과 종교의 대립은 적어도 많은 사람들의 마음속에서 이 전통적인 견해를 약화시켰다.• 우주에서 우리의 위치를 발견하는 방법은 선입견 없는 마음, 가능한 한 편견이 없는 마음으로 우주와 우리 자신을 조사하는 것이다. 우리는 유전적인 성향과 환경적인 배경을 지닌 채 이 문제에 접근하기 때문에 깨끗한 빈 서판을 가지고 탐구를 시작할

• 이 주제에는 역설이 많다. 아우구스티누스(Augustinus, 354~430년)는 354년에 아프리카에서 태어났으며, 젊은 시절에는 나중에 정통 기독교가 '이단'이라고 비난하게 되는 마니교도였다. 마니교는 신과 악마가 거의 동등하게 대립하고 있다는 이원론적 우주관을 지지한다. 그는 천문학을 공부하면서 마니교가 잘못되었을 수도 있음을 발견했다. 그는 이 종교의 지도자들조차도 자기 종교의 모호한 천문학적 개념을 정당화할 수 없음을 알게 되었다. 천문학적 문제에 있어 신학과 과학 사이의 모순은 그를 어머니의 종교인 가톨릭으로 인도한 최초의 추동력이었다. 그러나 수세기 후 가톨릭은 천문 현상을 더 잘 이해하려고 노력한 갈릴레오 같은 과학자들을 박해했다. 아우구스티누스는 나중에 로마 가톨릭 교회의 역사에서 주요한 지식인 중 한 명인 성 아우구스티누스가 되었으며 그의 어머니는 성 모니카(Saint Monica, 331?~387년)가 되었다. 로스앤젤레스에 위치한 한 교외 지역의 지명은 그녀의 이름을 따서 지어졌다. 버트런드 러셀은 만약 아우구스티누스가 갈릴레오의 시대에 살았더라면 천문학과 신학 사이의 갈등에 대해 어떤 견해를 밝혔을지 궁금해했다.

수는 없지만, 내재되어 있는 이러한 편견들을 이해한 뒤, 자연에서 통찰을 구하는 작업은 가능할 것이다.

용기 있는 지식 추구는 교조주의적 종교 — 여기서 유별난 신앙은 귀하게 여겨지고 신앙심이 없는 자는 경멸을 받는다. — 의 지지자들을 위협할 것이다. 우리는 그런 사람들에게 너무 깊은 탐색은 위험할 수도 있다는 이야기를 듣는다. 많은 사람이 눈동자 색깔처럼 종교도 물려받는다. 그들은 종교가 아주 깊이 생각할 대상이 아니며, 어떤 경우에는 우리의 통제를 넘어선다고 여긴다. 그러나 사실과 대안을 편견 없이 꼼꼼하게 살피지 않은 채, 스스로 통감한다고 고백한 일련의 믿음을 선택한 사람들은 탐색적인 질문에 도전받는다는 불편한 느낌을 받을 것이다. 신앙에 대한 질문은 분노를 야기하고 이 분노는 몸이 보내는 경고 신호이다. 여기에 조사받은 적도 없고 십중팔구 위험한 낡은 인습적 교리가 작용하고 있다.

하위헌스는 1670년경 다른 태양계 행성의 특성에 대해 선견지명을 가지고 대담하게 추측하는 놀라운 책을 썼다. 하위헌스는 이러한 추측과 그의 천문학적 관측에 반대하는 사람들이 있음을 잘 알고 있었다. 하위헌스는 생각에 잠겨 이렇게 말한다. "어쩌면 그들은 이렇게 말할지도 모른다. 나의 추측과 관측으로 인해 지고의 창조자가 비밀로 하고 있는 지식에 호기심과 탐구심을 많이 느끼게 되지는 않는다고. 창조자는 그 지식이 더 발견되거나 드러나는 것을 기뻐하지 않기 때문에, 그가 숨기기로 결정한 의문을 조사하는 행위가 그저 추정하는 행위보다 더 좋아 보이지는 않는다고." 그리고 하위헌스는 불평한다. "인간이 어디까지 탐구할 수 있고, 또 어느 선에서 그만둬야 할지 결정하며 인간의 활동을 제한하려고 할 때 자신들이 지나친 행동을 하고 있음을 알아야만 한다. 마치 자신들은 신이 지식에 그어 둔 눈금을 알고 있다는 듯이, 아니면 인간이 이 표시를 넘어설 수 있다는 듯이 말이다. 우리 조상들이 거기서 그대로 주저했다면, 우리는 지구의 크기와 모습에 대해 여전히 무지했을 것이다. 어쩌면 아메리카와 같은 지역이 존재한다는 사실도 모르고 있었을지 모른다."

우주를 바라보며 우리는 놀라운 것을 발견한다. 무엇보다도, 우주가 이례적으로 아름답고 난해하며 미묘하게 구성되어 있음을 알게 된다. 우주에 감탄하는 이유가 우리가 그 일부분이기 때문이라는, 즉 우주가 어떻게 구성되어 있든 간에 그것을 아름답게 느낄 것이라는 명제에 대해 나는 해답을 가진 척하지 않는다. 그러나 우주의 가장 놀라운 특징 중 하나가 정밀함이라는 점에는 의심의 여지가 없다. 동시에 우주에서 대재앙과 재난이 어마어마한 규모로 정기적으로 일어나고 있다는 주장에도 이의가 없다. 일례로 퀘이사 폭발을 들 수 있다. 그것은 은하의 핵을 필시 심하게 훼손시킬 것이다. 퀘이사가 폭발할 때마다 수백만 개 이상의 세계가 사라지고 지적 생명체를 일부 포함해 무수한 생명체가 완전히 말살된다. 그것은 서구인들이 일반적으로 깊게 믿고 있는 생명체, 특히 인간을 이롭게 하기 위해 만들어졌다는 전통적인 자비로운 우주가 아니다. 실제로 각기 수천억 개 이상의 별을 포함하는 수천억 개 이상의 은하로 구성된 우주의 엄청난 규모는 우주라는 관점에서 보면 인간사가 하찮다는 것을 우리에게 말해 준다. 우리는 매우 아름다운 동시에 매우 폭력적인 우주를 본다. 우리는 전통적인 서구의 신이나 동양의 신을 배제하지 않지만 어느 쪽도 필요로 하지 않는 우주를 본다.

만약 전통적인 신과 비슷한 어떤 신이 존재한다면 우리의 호기심과 지능은 그 신이 주었을 것이다. 만약 누군가 우주와 우리 자신을 탐구하고 싶은 열정을 억압한다면, 우리는 그러한 행동에 저항해야만 한다. 그러한 억압은 신의 선물을 부정하는 일이 될 것이다. 반면, 만약 이러한 전통적인 신이 존재하지 않는다면, 우리의 호기심과 지능은 극히 중요한 생존의 도구였을 것이다. 어느 경우든 과학과 종교 모두 지식을 생산하고 보급하는 일을 지지한다. 또 이 일은 인간의 복지 증진에 꼭 필요하다.

24장

세계는 거북 등 위에

은밀히 다가오는 속삭임과
눈을 흐리는 밤의 어둠이
우주의 넓은 혈관을 가득 채우는 이때
상상의 나래를 펴 보자.

—윌리엄 셰익스피어, 『헨리 5세』 4막 프롤로그

인류의 초창기 신화와 전설에는 이해하기 쉬운 공통적인 우주관이 있다. 인간 중심주의이다. 코스모스에 신은 틀림없이 존재했다. 그러나 신들은 감정과 약점을 가졌고 대단히 인간적이었다. 그들의 행동은 변덕스러워 보였다. 인간사에 자주 개입했고 제물과 기도로 달랠 수 있었다. 신은 여러 분파로 나뉘어 인간의 전쟁을 구경하며 자기 편을 응원했다. 「오디세이(*Odyssey*)」에는 이방인에게 친절하게 구는 것이 현명한 행동이라는 일반 윤리관이 나온다. 그가 변신한 신인지도 모르기 때문이다. 신은 인간과 짝짓기를 하고 그 자식들은 적어도 겉모습으로는 대개 인간과 구분이 안 간다. 신은 산 위나 하늘, 아니면 땅속이나 바닷속 왕국 등 어쨌든 멀리 떨어진 곳에 산다. 신과의 우연한 만남은 분명 일어나기 힘든 일이다. 그래서 신에 관한 이야기를 확인하기가 어렵다. 운명이 올림푸스의 신들을 통제하듯이, 때때로 **그들의** 행동은 보다 강력한 존재의 지배를 받기도 한다. 총체로서의 우주의 본질, 그 기원과 운명은 잘 이해되지 않는다. 베다 신화에서는 신이 세상을 창조했는지가 아니라 신들이 세상의 **창조주**를 알고 있는가에 대해서도 의심을 품는다. 헤시오도스는 그의 『우주 생성론(*Cosmogony*)』에서 우주가 혼돈(Chaos, 카오스)에서(혹은 혼돈에 의해) 만들어졌다고 말한다. 어쩌면 이 말은 이 문제의 어려움을 은유적으로 표현한 것에 불과할지도 모른다.

일부 고대 아시아 지역의 우주 생성론은 출처가 불분명한 아래 이야기에서 볼 수 있는 원인의 무한 회귀와 비슷한 아이디어를 바탕에 두고 있다. 서구 여행자가 우연히 마주친 동양 철학자에게 세상의 본성을 설명해 달라고 요청한다.

"그것은 세계 거북의 평평한 등 위에 놓인 커다란 공입니다."

"아, 네. 그러면 그 세계 거북은 어디에 놓여 있나요?"

"훨씬 더 커다란 거북의 등 위에 놓여 있습니다."

"그러면 그 큰 거북은 어디에 놓여 있습니까?"

"매우 통찰력 있는 질문입니다만 아무 쓸모가 없네요, 선생님. 그 아래로는 쭉 거북들이 있지요."

이제는 우리도 우리가 광막한 코스모스 속의 작은 티끌 위에 살고 있음을 안다. 이것은 우리를 겸허하게 만든다. 신은, 존재한다면, 더 이상 인간사에 매일 개입하지 않는다. 우리는 인간화된 우주에 살고 있지 않다. 우주의 본질과 기원, 운명은 우리의 먼 조상들이 지각했던 것보다 훨씬 더 난해한 불가사의처럼 보인다.

그러나 상황이 다시 한번 달라지고 있다. 우주를 전체적으로 연구하는 우주론은 실험 과학으로 변하고 있다. 지상에서 광학 망원경과 전파 망원경으로 얻은 정보와 지구 궤도에서 자외선 망원경과 엑스선 망원경으로 얻은 정보, 실험실에서 핵반응을 측정해 얻은 정보, 운석에 있는 화학 물질의 존재비를 계산해 얻은 정보는 우주론 관련 가설의 허용 범위를 축소시키고 있다. 한때 철학적이고 신학적인 추측만이 답할 수 있다고 여겨지던 질문들에 대해 곧 우리가 관측을 통해 확고한 답변을 줄 수 있으리라고 기대해도 좋은 시대가 되었다.

이 천문학적 관측에서 이루어진 혁명은 예상 밖의 원천에서 시작되었다. 1920년대 애리조나 주의 플래그스태프에는 다름 아닌 퍼시벌 로웰이 설립한 로웰 천문대가 있었다. (지금도 있다.) 그는 다른 행성에 있는 생명체를 탐사하는 일에 강렬한 열정을 품고 있었다. 화성 표면에 운하들이 교차하고 있다는 발상을 많은 사람들에게 알리고 홍보한 이가 바로 그였다. 그는 그 운하가 수리(水理) 공학을 좋아하는 존재가 만든 인공 구조물이라고 믿었다. 현재 우리는 운하가 전혀 존재하지 않는다는 사실을 알고 있다. 그것은 지구의 흐릿한 대기를 통해 이루어진 제한적 관측과 희망의 산물이었다.

로웰은 그 밖에도 나선 성운에 관심이 있었다. 나선 성운은 매우 아름다운 바람개비 모양의 빛나는 천체로 현재 우리는 그것이 태양이 속해 있는 우리 은하와 비슷하게, 멀리 떨어진 별 수천억 개의 무리라는 것을 알고 있다. 그러나 당시에는 이 성운까지의 거리를 측정할 방법이 없었고 로웰은 나선 성운이 거대하지도, 멀리 있지도, 별 여러 개로 이루어져 있지도 않으며 다소 작고, 더 가까이 있으며, 성간 기체와 티끌로 만들어진, 별의 진화에서 초기 압축 단계에 있는 천체라는 대안 가설에 관심을 가졌다. 이 기체 구름은 자신의 중력으로 인해 수축하면서, 각운동량 보존 법칙 때문에 더 빠르게 자전해서 얇은 원판으로 응축된다. 빠른 자전은 분광학을 활용하면 천문학적으로 추적할 수 있다. 분광기는 멀리 있는 물체에서 나온 빛을 좁은 슬릿과 백색광을 무지갯빛으로 펼치는 유리 프리즘으로 이루어진 망원경이나 다른 장치로 연속해서 통과시킨다. 별빛의 스펙트럼은 분광기의 슬릿이 만든 무지개 이미지 안 여기저기에 밝고 어두운 선을 포함하고 있다. 한 예로 우리가 작은 소듐 조각을 불꽃 속에 던졌을 때 소듐이 방출하는, 누가 봐도 분명한 밝은 노란색 선을 들 수 있다. 여러 화학 원소로 이루어진 물질은 여러 스펙트럼 선을 만들어 낼 것이다. 스펙트럼선이 광원이 정지해 있는 평상 시의 파장에서 벗어난 정도는 광원이 우리에게 가까이 오는 속도와 우리로부터 멀어지는 속도에 대한 정보를 준다. 이것은 자동차가 빠르게 접근하거나 멀어질 때 소리가 높아지거나 낮아지는 것과 같은 현상이다. 이 현상을 도플러 효과(Doppler effect)라고 한다.

로웰은 베스토 멜빈 슬라이퍼(Vesto Melvin Slipher, 1875~1969년)라는 젊은 학자에게 보다 큰 나선 성운의 스펙트럼선이 적색 이동을 했는지 청색 이동을 했는지를 알아보라고 시켰다. 이 정보로 성운의 자전 속도를 유추할 수 있다. 슬라이퍼는 인근 나선 성운들의 스펙트럼을 조사했는데 놀랍게도 그것 대부분이 적색 이동을 보였으며, 사실상 청색 이동의 징후는 어디에도 나타나지 않았다. 그는 회전이 아니라 '후퇴'를 발견했다. 마치 모든 나선 성운이 우리로부터 멀어지는 것 같았다.

1920년대에 윌슨 산 천문대에서 에드윈 파월 허블(Edwin Powell Hubble, 1889~1953년)과 밀턴 래슬 휴메이슨(Milton Lasell Humason, 1891~1972년)은 훨씬 더 광범위한 일련의 관측들을 수행했다. 허블과 휴메이슨은 나선 성운의 거리를 측정하는 방법을 개발했다. 나선 성운은 우리 은하와 비교적 가까이 있는 기체 구름들이 압축된 것이 아니라 수백만 광년 이상 떨어져 있는 거대한 은하라는 점이 분명해졌다. 놀랍게도, 허블과 휴메이슨은 멀리 떨어져 있는 은하일수록 지구로부터 더 빨리 멀어진다는 사실을 발견했다. 우주에서 지구가 특별한 위치에 있을 가능성은 작기 때문에 이 사실은 우주가 일반적으로 팽창하고 있다고 가정해야 가장 잘 이해된다. 모든 은하가 서로에게서 멀어지고 있기 때문에 어떤 은하에 있는 천문학자도 모든 은하가 후퇴하고 있는 것처럼 관측하게 된다.

이러한 상호 후퇴를 과거로 거슬러 올라가 추적하면, 아마도 150억~200억 년 전에 모든 은하가 서로 '접촉'하고 있어야만 했던 시기, 즉 아주아주 작은 부피 속에 우주 전체가 갇혀 있던 시기가 있었음을 깨닫게 된다. 현재 우리가 보는 통상적인 물질은 이 믿기 힘든 압축 상태에서 살아남을 수 없다. 저 팽창하는 우주의 아주 초기 단계에서는 물질보다 복사가 더 지배적이었을 것이다. 현재 이 시기를 대폭발이라고 부른다.

우주 팽창에 대해서는 정상 상태 우주론, 대폭발 우주론, 진동 우주론이라는 세 가지 가설적 설명이 제시되었다. 정상 상태 가설에서 은하는 서로로부터 후퇴하고 있으며 멀리 떨어져 있는 은하일수록 겉보기 속도가 매우 빠르다. 그들에게서 나오는 빛은 도플러 효과에 따라 파장이 더 긴 쪽으로 이동한다. 은하가 너무 빠르게 움직이기 때문에 사건의 지평선(event horizon, 내부에서 일어난 사건이 외부에 영향을 줄 수 없는 경계로 보통 우주와 블랙홀 사이에 있다. — 옮긴이)이라고 불리는 것을 지나쳐서 우리 시야에서 사라져 버리는 지점이 있을 것이다. 팽창하는 우주에서는 너무 멀기 때문에 정보를 얻을 기회가 없어지는 경계가 있다. 다른 개입이 없다면, 시간이 지날수록 더 많은 은하들이 그 경계선을 넘어 사라지게 될 것이다. 반면 정상 상태 우주론에서는 경계를 넘어 사라진 물질이 도처에서 끊임없이 만들어지는 새로운 물질에 의해 정확히 보충된다. 팽창의 효과가 상쇄되는 것이다. 이 물질은 결국 새로운 은하로 압축된다. 은하가 사건의 지평선을 넘어 사라지는 속도는 새로운 은하의 생성 속도와 정확히 균형을 이루며 우주는 모든 시대, 모든 장소에서 대략적으로 동일한 모습으로 보인다. 정상 상태 우주론에는 대폭발이 없다. 1000억 년 전에도 우주는 같은 모습이었고 지금부터 1000억 년 뒤에도 마찬가지일 것이다. 그러나 새로운 물질은 어디서 오는가? 어떻게 물질이 무에서 창조될 수 있는가? 정상 상태 우주론 지지자들은 대폭발 우주론 지지자들이 폭발이 일어났다고 생각하는 모든 장소에서 이 물질들이 얻어진다고 대답한다. 150억~200억 년 전에 코스모스의 모든 물질이 무에서 비연속적으로 생성되는 모습을 상상할 수 있다면, 그 물질이 조금씩 도처에서 끊임없이 영원히 생성되는 모습을 상상할 수 없는 까닭이 무엇이겠는가? 만약 정상 상태 우주론이 맞으면 은하가 서로에게 훨씬 더 가까웠던 시기는 결코 없었다. 우주는 가장 큰 틀이 변하지 않은 채 무한하게 오래되었다.

정상 상태 우주론이 평온하며 이상하리만치 만족감을 주는 만큼이나 강력한 반박 증거도 있다. 민감한 전파 망원경으로 하늘을 관측할 때마다 어디에서든 일종의 끊임없는 잡음을 감지할 수 있다. 우주의 수다인 셈이다. 이 전파 잡음은 초기 우주가 뜨거웠고 물질과 복사로 채워져 있었을 경우 기대되는 바와 거의 정확히 일치하는 특징이다. 우주의 흑체 복사는 하늘 어디서든 거의 동일하고 우주의 팽창에 따라 희미해지고 약해졌지만, 시간의 통로 아래쪽을 여전히 빠르게 흘러가는, 멀리서 들려오는 대폭발의 메아리와 상당히 비슷하다. 우주의 팽창을 개시했던 폭발 사건인 태곳적 불덩이는 관측할 수 있다. 이제 정상 상태 우주론의 지지자들은 태곳적 식은 불덩이를 정확하게 흉내 내고 있는, 수많은 복사원들을 사실로 받아들이거나, 사건의 지평선 너머 멀리 있는 우주는 정상 상태이지만, 우리는 훨씬 더 광대하며 보다 차분한 우주 속에서 특수한 사건 때문에 생긴 성난 뾰루지 같은, 일종의 팽창하는 거품 속에 살고 있다고 주장할 것이 틀림없다. 이 아이디어는 관점에 따라 장점을 지닐 수도 있고 오류가 있을 수도 있지만, 생각할 수 있는 어떤 실험으로도 반증이 불가능하다. 사실상 모든 우주론자들이 정상 상태 우주론의 가설을 폐기했다.

우주가 정상 상태에 있지 않다면, 변화하고 있다는 말이다. 진화 우주론(evolutionary cosmology)은 우주를 이렇게 변화하는 존재로 기술한다. 우주는 특정 상태에서 시작해 다른 상태로 끝맺는다. 진화 우주론에서 가능하다고 보는 우주의 운명은 무엇일까? 만약 우주가 현재 속도로 계속 팽창하고 은하가 사건의 지평선 너머로 계속해서 사라진다면, 결국

가시 우주의 물질은 점점 줄어들 것이다. 은하들 사이의 거리는 증가할 것이고, 슬라이퍼와 허블, 휴메이슨의 후임자들이 볼 수 있는 나선 성운은 점점 줄어들 것이다. 결국 우리 은하와 가장 가까운 은하가 사건의 지평선을 넘어서게 될 것이고, 천문학자는 (매우) 오래된 책과 사진이 아니면 가장 가까운 은하조차 더 이상 볼 수 없게 될 것이다. 우리 은하 안에서 별들을 서로 붙잡고 있는 중력 때문에 우주 팽창이 우리 은하를 흩어 버리지는 못하겠지만 우리는 낯설고 너무나 외로운 운명을 피하지는 못할 것이다. 예를 들어 별들 역시 진화하고 있으며, 현재 가장 또렷한 별들도 수백억 년 혹은 수천억 년 안에 작고 어두운 왜성이 될 것이다. 나머지 별들은 붕괴해 중성자별이나 블랙홀이 될 것이다. 더 젊은 세대의 활달한 별들이 유용할 수 있는 새로운 물질은 모두 소진되고 없을 것이다. 태양과 별, 우리 은하 전체는 천천히 작동을 멈출 것이다. 밤하늘의 빛들은 꺼져 버릴 것이다.

그러나 우주의 진화는 여전히 계속될 것이다. 우리는 자연스럽게 그 양이 줄거나 붕괴하는 특수한 원자인 방사성 원소라는 개념에 익숙하다. 그 예로 우라늄을 들 수 있다. 그러나 우리는 철을 제외한 모든 원자가 방사성을 띤다는 생각에는 덜 친숙하다. 충분히 긴 시간이 주어진다면, 굉장히 안정적인 원자조차도 방사성 붕괴를 해서 알파 입자와 다른 입자들을 방출하고 쪼개져 오직 철만을 남길 것이다. 그러면 얼마나 오랫동안 기다려야 할까? 프린스턴 고등 연구소(Institute for Advanced Study in Princeton)에서 일하는 물리학자 프리먼 존 다이슨(Freeman John Dyson, 1923~2020년)은 철의 반감기가 숫자 1 뒤에 0이 500개가 붙는, 약 10^{500}년이라고 계산했다. 이 숫자는 너무 커서 헌신적인 수비학자도 이것을 적는 데 대개 10분이 걸린다. 따라서 우리가 이것보다 조금 더 오래 기다린다면(10^{600}년이 적당할 것이다.) 모든 별들이 없어질 뿐만 아니라 중성자별이나 블랙홀에 있지 않은 우주의 모든 물질들이 결국 핵먼지로 붕괴할 것이다. 마침내 모든 은하가 함께 사라질 것이다. 태양은 어두워지고 물질들은 산산조각 나며 생명체나 지성체나 문명이 살아남을 가능성도 사라진다. 차갑고 어두우며 적막한 우주의 죽음이다.

그러나 우주는 반드시 영원히 팽창할까? 작은 소행성에 서서 돌을 위로 던져 올린다고 가정해 보자. 소행성의 중력이 그 돌을 다시 끌어올 만큼 충분히 강하지 않기 때문에 돌은 소행성을 떠날 것이다. 이번에는 지구 표면에서 같은 돌을 같은 속도로 던진다고 해 보자. 그 돌은 지구의 중력이 상당히 강하기 때문에 지표면을 따라 조금 돌다 땅으로 떨어질 것이다. 같은 종류의 물리학이 우주 전체에도 적용된다. 물질의 양이 특정 수치보다 작으면, 개별 은하들은 서로를 잡아당기는 중력의 힘이 눈에 띄게 쇠약해진다고 느낄 것이고 우주 팽창은 영원히 계속될 것이다. 반대로 임계 질량 이상의 물질이 있다면, 팽창은 결국 느려져서 영구 팽창이라는 우주의 고적(孤寂)한 목적에서 우리는 구원될 것이다.

그때 우주의 운명은 어떻게 될까? 어떤 관측자는 팽창이 종내 수축으로 대체되어 은하는 서서히 증가하는 속도로 서로에게 접근하기 위해 위태롭게 내달리게 되고 우주의 전 구조가 완전히 파괴되고 코스모스의 모든 물질이 에너지로 전환될 때까지 은하와 행성, 생명체와 문명, 물질 등이 함께 철저히 파괴되어 으깨질 것이라고 보았다. 우주는 차갑고 보잘것없으며 황량한 적막으로 끝나는 대신에 뜨겁고 밀도 높은 불덩어리로 끝나게 될 것이다. 이러한 불덩어리가 다시 튕겨 우주의 새로운 팽창으로 이어질 수 있다. 이때 만약 자연 법칙이 동일하다면 물질이 새롭게 합성되고 행성과 별, 은하가 새롭게 뭉치게 되며 생명체와 지성체가 새로이 진화할 가능성은 매우 크다. 그러나 우리 우주의 정보가 그다음 우주로 넘어가지는 않을 것이다. 우리 입장에서는 진동하는 우주는 결코 멈추지 않는 팽창처럼 되돌릴 길 없는 우울한 종말일 뿐이다.

영구 팽창하는 대폭발 우주와 진동하는 우주 사이의 차이는 존재하는 물질의 양에서 또렷이 드러난다. 만약 물질이 임계 질량을 초과하면, 우리는 진동 우주에 살게 된다. 그렇지 않으면 우리는 영원히 팽창하는 우주에서 살게 된다. 수백억 년으로 측정되는 팽창 시간은 매우 길어서 이러한 우주론적 문제가 인간의 즉각적인 관심사에 영향을 미치지는 않는다. 그러나 그것은 우주와 아주 약간 더 미래의 우리 자신의 운명과 본성에 대한 시각에 굉장히 심오한 중요성을 지닌다.

1974년 12월 15일자《천체 물리학 저널》에 발표된 한 놀라운 과학 논문은 우주가 무한히 반복되는 진동의 일부로서 영원히 팽창할 것인가('열린' 우주), 아니면 팽창이 서서히 느려져서 다시 수축하게 될 것인가(닫힌 우주) 하는 질문에 관한 광범위한 관측 증거들을 제시했다. 이 연구는 캘리포니아 공과 대학의 존 리처드 고트 3세(John Richard Gott III, 1947년~)와 제임스 건, 텍사스 주립 대학교의 데이비드 노먼 슈람(David Norman Schramm, 1945~1997년)과 비어트리스 뮤리엘 힐 틴슬리(Beatrice Muriel Hill Tinsley, 1941~1981년)가 수행했다. 이 논문에서 그들은 잘 관측된 '인근' 영역에서 은하 내부와 은하 간 물질의 질량을 계산한 결과를 살펴보고 우주의 나머지 부분을 추정했다. 그들은 우주에 물질이 팽창을 느리게 할 만큼 충분히 많지 않다는 사실을 발견했다.

보통 수소는 1개의 양성자로 구성된 원자핵을 가지고 있다. 중수소는 양성자 1개와 중성자 1개로 구성된 원자핵을 가지고 있다. '코페르니쿠스'라는 이름의 지구 궤도 망원경이 처음으로 성간 중수소의 양을 측정했다. 중수소의 양은 우주의 초기 밀도에 의존하므로 대폭발 당시 만들어졌을 것이다. 우주의 초기 밀도는 우주의 현재 밀도와 연결된다. 코페르니쿠스 망원경이 측정한 중수소의 양은 우주의 초기 밀도를 넌지시 암시하며 우주가 영원히 팽창하는 것을 막기에는 현재 밀도가 부족하다는 사실을 보여 준다.* 허블 상수(Hubble constant, 멀리 있는 은하가 인근에 있는 은하보다 우리에게서 얼마나 더 빨리 후퇴하는지 구체적으로 표시하는 상수)의 최댓값은 이 관측 결과와 일치한다.

고트와 그의 동료들은 자신들의 주장에 허점이 있을 수 있으며, 은하들 사이의 물질이 당시에는 추적할 수 없었던 방식으로 숨어 있을지도 모른다고 강조했다. 그리고 지금 이렇게 '잃어버린 질량(missing mass)'이 있다는 증거가 나타나기 시작했다. 고에너지 천체 관측 위성(The High Energy Astronomical Observatories, HEAO)은 지구를 돌면서 우리가 두꺼운 공기층 아래 이곳에서 감지할 수 없는 입자와 복사를 찾아 우주를 살피는 일련의 위성들이다. 이러한 종류의 위성은 은하단과 지금까지 물질에 대한 실마리가 없었던 은하 사이의 공간에서 강렬하게 방출되는 엑스선을 추적해 왔다. 은하 사이에 있는 극도로 뜨거운 기체는 다른 실험 방법으로는 찾을 수 없을 것이다. 따라서 고트와 그의 동료들의 우주 물질 목록에는 빠져 있을 수 있다. 게다가 푸에르토리코의 아레시보 천문대에서 수행된 전파 천문학 연구는 은하의 경계선 너머 먼 곳에도 물질이 존재한다는 것을 보여 줬다. 은하의 사진을 볼 때, 은하의 주변부나 경계선 너머에는 외견상 빛을 내는 물질이 없어 보인다. 그러나 아레시보 전파 망원경은 은하의 주변부나 외부에서 물질이 극히 서서히 사라지며 이전 연구에서 놓쳤던 어두운 물질들이 상당히 많다는 것을 발견했다.

우주가 결국 충돌하게 되는 데 필요한 잃어버린 물질은 상당히 많다.

* 그러나 중수소가 별들의 뜨거운 내부에서 얼마나 많이 생성되어 나중에 성간 기체 속으로 분출될 수 있는지에 대해서는 여전히 논란이 있다. 만약 그 양이 상당하다면 현재의 중수소 존재비는 초기 우주의 밀도에 영향을 덜 미칠 것이다.

고트의 발표 논문에 실린 기준 목록에 있는 물질의 30배이다. 은하의 변두리에 있는 어두운 기체나 티끌, 그리고 놀랍게도 은하들 사이에서 엑스선 대역에서 빛나고 있는 뜨거운 기체가 모두 우주를 가깝게 만들기에 충분한 양의 물질들을 구성하며 영원한 팽창을 막는다. (그러나 이런 이유로 우리는 500억 년이나 1000억 년 뒤에 우주의 불덩어리 속에서 돌이킬 수 없는 종말을 맞이하게 된다.) 이 문제는 계속 흔들리고 있다. 중수소 증거는 다른 방향을 가리킨다. 우리가 보유한 질량 목록은 하나도 완전하지 않다. 새로운 관측 기술이 발달할수록 잃어버린 질량을 더 많이 추적할 수 있게 될 것이고 추는 닫힌 우주 쪽으로 흔들릴 것이다.

이 문제에 대해 조급하게 마음을 정하지 않는 편이 좋다. 우리의 개인적인 선호가 이 결정에 영향을 미치지 않게 하는 것이 아마도 가장 좋을 것이다. 그렇게 하기보다 과학의 성공적인 전통에 따라 자연이 우리에게 진실을 드러내도록 놔둬야 한다. 발견 속도는 점점 가속화되고 있다. 현대 실험 우주론에서 드러난 우주의 본질은 고대 그리스 인들이 신과 우주에 대해 추정했던 바와는 매우 다르다. 만약 우리가 인간 중심주의를 피할 수 있다면, 우리가 모든 대안들을 공정하고 진실되게 고려할 수 있다면, 앞으로 몇십 년 안에 우리는 최초로 우주의 본질과 운명을 엄밀히 결정하게 될지도 모른다. 그때 우리는 고트가 얼마나 이해했는지 알 수 있게 될 것이다.

25장

양막의 우주

태어나는 것만큼이나 죽는 것도 인간에게는 당연한 일이다. 어린 영아에게는, 어쩌면 둘 중 하나가 다른 것만큼이나 고통스러운 일일 것이다.

—프랜시스 베이컨, 「죽음」, 1612년

우리가 경험할 수 있는 가장 아름다운 일은 신비이다. 그것은 모든 참된 예술과 과학의 원천이다. 이 감정을 경험하지 못한 사람은, 더 이상 경탄하지 않거나 경외심에 넋을 잃지 않는 사람은 시체나 다름없다. 그의 눈은 감겨 있다. …… 우리가 헤아릴 수 없는 일이 실재하는지 알기 위해, 우리의 둔탁한 솜씨로는 오직 가장 원시적인 형태 — 이 지식과 이 감정 — 로만 이해할 수 있는 최고의 지혜와 가장 찬란한 아름다움으로 그것을 드러내는 일은 진정한 수도자의 핵심이다. 이러한 의미에서, 아니 이러한 의미에서만 나는 독실하게 종교적인 인간에 속한다.

—알베르트 아인슈타인, 「내가 믿는 바」, 1930년

윌리엄 울컷(William Wolcott)이 죽어서 천국에 갔다. 아니 그런 것 같았다. 수술대로 옮겨지기 전에 그는 외과 수술에 특정한 위험이 수반된다는 사실을 한 번 더 들었다. 수술은 성공했지만 마취에서 깨어나면서 심장이 불규칙하게 뛰기 시작했고 그는 사망했다. 웬일인지 그는 자기 몸을 떠나서, 시트 한 장에 덮인 채 딱딱하고 불편한 표면 위에 누워 있는, 시들고 애처로운, 자신의 몸을 내려다볼 수 있었다. 그는 거의 슬프지 않았고 아주 높은 곳에서 잠시 자기 몸을 응시한 후 계속 상승했다. 낯선 어둠이 스며들며 주변으로 번지는 동안 이제 사물들이 점점 더 밝아지고 있음을 눈치 챘다. (위를 올려다보라고 누가 말했는지도 모른다.) 그 뒤 빛이 넘쳐나는 먼 곳에서 그에게 빛을 비췄다. 그는 일종의 빛의 왕국에 들어섰고 거기서 화려한 후광이 비치는 커다란 신 같은 형상 앞으로 다가갔다. 신의 형상은 윤곽선으로만 알아볼 수 있었다. 울컷은 그의 얼굴을 자세히 보려고 안간힘을 썼다.

그 뒤 울컷이 깨어났다. 그는 제세동기가 자신을 누르고 있는 병원 수술실에서 거의 숨이 넘어가기 직전에 소생했다. 실제로 그의 심장은 멈췄고 제대로 이해되지 않은 이 과정에 대한 어떤 정의에 따르면 그는 죽었다. 울컷은 자신이 **죽었다**고 확신했으며 사후의 삶을 힐끗 보고 유태교와 기독교의 신앙 체계를 확신했다.

세계 도처에서 많은 사람들이 비슷한 경험을 했다. 지금은 의사와 다른 이들의 기록을 통해 이것을 확인할 수 있다. 서구의 평범한 독실한 기독교도뿐만 아니라 힌두교도나 불교도나 종교 회의론자들까지도 이러한 임사 체험이나 현현(epiphany, 평범한 일상에서 갑자기 신적 존재 등을 경험하는 것. — 옮긴이)을 경험한다. 틀림없이 수천 년 동안 정기적으로 전해졌을 이 임사 체험 소식에서 천국에 대한 우리의 전통적인 관념이 파생되었다고 보는 것이 이치에 맞는 것 같다. 그 어떤 소식도 되돌아온 여행객의 이야기, 죽음 뒤에 여행과 삶이 있으며 신이 우리를 기다리고 있다는 보고보다 더 흥미롭거나 희망적일 수 없다. 우리는 죽음에 대해 감사와 희망을 느끼고 외경심에 휩싸이며 압도된다.

의외로 이 경험은 그들이 본 그대로 사실일지도 모르고 지난 몇 세기 동안 과학으로부터 강타를 맞아 온 경건한 믿음을 입증하는 것인지도 모른다. 개인적으로, 사후 세계가 있다면 — 특히 내가 이 세계와 다른 세계들을 계속해서 공부할 수 있다면, 또 내게 역사가 어떻게 끝나는지 발견할 기회가 주어진다면 — 기쁠 것이다. 그러나 나는 과학자이기도 하다. 그래서 어떤 대안 설명이 가능한가에 대해서도 생각한다. 모든 연령대의 다양한 문화와 종말론적 성향을 가진 사람들이 **같은 종류**의 임사 체험을 하는 일이 어떻게 가능할까?

우리는 환각을 일으키는 물질이 여러 문화에서 꽤 규칙적으로 비슷한 경험을 일으킬 수 있음을 알고 있다.* 케타민(ketamine) 같은 해

* 환각제 분자가 다양한 식물에서 (특히 높은 비율로) 존재하는 이유는 무엇일까? 환각제가 그 식물에게 어떤 즉각적인 이점을 제공할 가능성은 작다. 대마류는 아마 델타-1 테트라하이드로카나비놀(¹Δ tetrahydrocannabinol)의 대체물에서 큰 이익을 취하지 않을 것이다. 그러나 인간은 마리화나의 환각 유발 성질을 귀하게 여기며 대마를 재배한다. 몇몇 문화에서는 환각제 성분이 든 식물이 유일한 재배 식물이라고 한다. 그러한 민족 식물학

리성 마취제는 유체 이탈 경험을 유발한다. 하늘을 나는 착각은 아트로핀(atropine)과 그 외 벨라도나 알칼로이드(belladonna alkaloid)가 유발한다. 예를 들어 맨드레이크나 흰독말풀로부터 얻은 이 물질들은 종교적인 황홀경이 한창일 때, 날아오르는 듯한 영예로운 느낌을 얻기 위해 유럽의 마녀와 북아메리카의 민간 주술사(치유사(healer)라고도 불렸다.)들이 정기적으로 사용해 왔다. 2,4-메틸렌다이옥시암페타민(2,4-methylenedioxyamphetamine, MDA)은 완전히 잊어버렸다고 생각했던 젊은 시절과 유아기의 경험에 접근하는 퇴행을 유도하는 경향이 있다. N,N-다이메틸트립타민(N,N-dimethyltryptamine, DMT)은 세상이 줄어들거나 확장되는 듯한 느낌을 주는 소시증(小視症, micropsia)과 대시증(大視症, macropsia)을 유발한다. (작은 용기 위에 붙은 "저를 드세요."나 "저를 마셔요."라는 지시문을 따른 뒤 앨리스에게 일어난 일과 다소 비슷하다.) LSD(lysergic acid diethylamide)는 힌두교에서 우주의 근본 원리를 뜻하는 브라만(Brahman)과 참된 자아를 뜻하는 아트만(Atman)이 융합한 것처럼 우주와 하나가 된 듯한 감각을 유발한다.

겨우 200밀리그램의 LSD만 있으면 발현되는 힌두교의 신비 체험이 정말로 우리에게 선천적으로 내재되어 있을까? 만약 치명적인 위험이나 임사 상태를 체험하는 시간에 케타민 같은 무언가가 방출되고 그것을

(ethnobotany)에서는 식물과 인간 사이에 공생 관계가 발달할 수 있다. 우연히 훌륭한 환각 상태를 제공했던 식물이 우선적으로 재배되었을 수 있다. 이러한 인위 선택은, 예전에는 야생에 살았던 많은 가축들과 비교하면 분명해지는 것처럼, 상대적으로 짧은 시간(이를테면 수만 년) 안에 앞으로의 진화에 굉장히 강력한 영향을 미친다. 최근의 연구에 따르면 환각 물질이 뇌가 생산하는 천연 물질과 화학적으로 가까운 동종 물질이기 때문에 작동할 가능성이 크다고 한다. 그 천연 물질들은 신경 전달을 막거나 향상시키고 지각이나 기분의 내인성 변화를 유발하는 심리적인 기능을 수행한다.

경험하고 돌아온 사람들이 신과 천국에 대해 항상 같은 설명을 제공한다면, 동양 종교뿐만 아니라 서양 종교에 대한 감각이 우리 뇌의 신경 구조에 내장되어 있다고 할 수 있지 않을까?

초자연적인 열정이 부족하다고 해서 죽거나 번식하는 데 실패하는 것처럼 보이지는 않기 때문에 진화가 왜 이러한 경험을 하게 만드는 성향을 가진 뇌를 선택했는지는 알기 어렵다. 임사 체험이나 현현 체험뿐만 아니라 약물이 유도할 수 있는 이러한 경험들이 세계에 대한 지각을 변화시키고 진화적으로 중립적인, 두뇌 배선에 우연히 생긴 결함 때문에 일어난 것일 수도 있지 않을까? 나는 그 가능성이 극히 작다고 생각하며 그저 신비주의와 진지하게 마주하기를 피하려는 이성주의자들의 필사적인 시도에 지나지 않다고 여긴다.

내가 생각할 수 있는 유일한 대안은 모든 인간이 저승에서 돌아온 이 여행자들이 한 것과 비슷한 경험 — 하늘을 나는 느낌, 어둠에서 빛으로의 탈출, 광채와 광휘에 휩싸여 흐릿하게 보이는 영웅적인 인물을 만나는 경험을 예외 없이 이미 공유하고 있다는 것이다. 이 묘사와 일치하는 공통 경험은 한 가지뿐이다. 바로 출생이다.

그의 이름은 스타니슬라프 그로프(Stanislav Grof, 1931년~)이다. 발음하기에 따라 그의 성과 이름은 각운을 이룬다. 그는 20년 이상 정신 치료에 LSD 같은 환각제들을 사용해 온 정신과 의사이다. 1956년 체코슬로바키아의 프라하에서 시작되어 메릴랜드 주 볼티모어의 다소 다른 문화적 배경 속에서 최근까지 지속된 그의 연구는 미국의 마약 문화보다 훨씬 선행한다. 그로프는 아마도 환각제가 환자에게 미치는 영향에 대해 다른 누구보다 더 오랫동안 과학적 경험을 쌓아 왔을 것이다.• 그는 LSD가 오락이나 마취 용도로 사용될 수 있을 뿐만 아니라, 보다 난해한 다른 영향을 미치는 데도 사용할 수 있다고 했는데 그중 하나가 임생(臨生, perinatal)의 정확한 회상이라고 강조한다. '임생'은 '출생 전후'를 뜻하는 신조어로 출생 직후뿐만 아니라 그 이전의 시간까지 아우른다. (이 단어는 '임사(臨死, perithanatic)'라는 말과 유사한 구조를 가진다.) 그는 적절한 치료를 받고 나서, 우리의 불완전한 기억력으로는 다루기 힘들다고 여겨지는, 오래전에 지나가 버린 출생 시의 심오한 경험을 그저 회상했다기보다는 실제로 다시 경험하는 환자들을 많이 보고했다. 사실, 이 경험은 LSD가 일으키는 꽤 공통적인 경험으로 결코 그로프의 환자들에게만 국한되지 않는다.

그로프는 환각제 치료에서 찾아낸 임생을 네 단계로 구분한다. 1단계는 자궁 안의 작고 어두우며 따뜻한 우주 — 양막에 쌓인 코스모스 — 의 한가운데에서 태아가 아무런 염려 없이, 더없이 행복하게 안주하고 있는 상태이다. 이 자궁 안에서 태아는 프로이트가 종교적인 감수성의 원천이라고 설명한 대양의 황홀경과 매우 유사한 무언가를 경험하는 것 같다. 물론, 태아는 움직이고 있다. 출생 직전에는 아마도 경계 태세, 어쩌면 출생 직후보다 훨씬 더 큰 경계 태세를 취해야 할지도 모른다. 모든 욕구 — 음식, 산소, 온기, 배설 — 가 느끼기도 전에 충족되도록 멋

• 그로프의 연구와 모든 종류의 환각제에 대한 매력적인 설명은 레스터 그린스푼(Lester Grinspoon, 1928~2020년)과 제임스 바칼라(James B. Bakalar, 1943년~)가 쓴 『환각제를 다시 생각하다(*Psychedelic Drugs Reconsidered*)』(1979년)에서 만날 수 있다. 그로프가 자신의 발견을 직접 기술한 내용은 그의 책에서 살펴볼 수 있다. S. Grof, *Realms of the Human Unconscious* (New York, E. P. Dutton, 1976), S. Grof and J. Halifax, *The Human Encounter with Death* (New York, E. P. Dutton, 1997).

들어지게 설계된 생명 유지 시스템이 자동적으로 제공되며, 몇 년 뒤, 흐릿한 기억 속에서 "우주와 하나였다."라고 묘사하는 이 낙원의 황금기를 우리가 때때로 불완전하게나마 기억하는 일이 불가능해 보이지는 않는다.

2단계에서는 자궁 수축이 시작된다. 양막이 고정되어 있던, 자궁 내 안정적 환경의 토대라고 할 수 있는 벽이 배반한다. 태아는 끔찍한 압박을 받는다. 우주가 진동하고 상냥한 세계가 갑자기 고문실로 바뀐 듯하다. 수축은 여러 시간 동안 간헐적으로 지속될 수 있다. 시간이 갈수록, 수축은 점점 더 강해지고 끝날 희망은 없다. 코스모스가 끝나지 않을 것 같은 고통으로 돌변하는 운명을 아무것도 하지 않는 태아가 왜 겪어야 하는가! 그는 무고하다. 출생 후 여러 날 동안 지속되는 신생아의 머리뼈 뒤틀림(cranial distortion)을 본 사람이라면 누구나 이 경험의 혹독함을 분명히 알 수 있다. 그 고통의 흔적을 완전히 지우려는 강력한 동기를 이해할 수 있지만, 그 경험을 다시 떠올리는 일은 크나큰 스트레스를 줄 수도 있지 않을까? 그로프는 이 경험에 대한 억눌리고 흐릿한 기억이 편집증적인 상상을 촉발하고 이따금 가학증과 피학증을 편애하며 공격자와 희생자를 동일시하는 인간의 성향과, 모두가 알고 있듯이, 내일이 되면 무서우리만큼 예측할 수 없고 신뢰할 수 없어질지도 모르는 세계를 파괴하려는 아이 같은 열정을 설명할 수도 있지 않을까 하고 묻는다. 그로프는 2단계에 대한 기억이 자신을 배신한 자궁 내부의 물리적 세계와 유사한, 해일과 지진의 이미지와 관련이 있음을 발견한다.

3단계는 출생 과정의 종료이다. 이 시기에 아이의 머리는 자궁목관을 통과해 밖으로 나온다. 눈을 감고 있을지라도 아이는 한쪽 끝에 있는 빛이 비추는 터널을 인지하고 자궁 밖 세계의 밝은 빛을 감지할지도 모른다. 완전한 어둠 속에서 생활해 온 생명체에게 빛의 발견은 심오하며 어떤 면에서는 잊을 수 없는 경험임에 틀림없다. 거기서 신생아의 눈이 저

해상도로 희미하게 알아볼 수 있는 것은 빛의 후광에 둘러싸인 신과 같은 어떤 존재 — 산파나 산부인과 전문의나 아버지이다. 끔찍한 고생 끝에 아기는 자궁 내 우주에서 빛과 신들을 향해 날아오른다.

4단계는 출생 직후, 무호흡 상태를 해결하고 아이를 담요나 강보에 싼 채 영양을 공급하는 시간이다. 정확하게 기억한다면 1단계와 2단계, 2단계와 4단계 사이의 대비는 다른 경험이 전혀 없는 신생아에게 매우 난해하고 충격적인 경험일 것이다. 1단계의 우주와의 합일을 어쨌든 다정하게 복제한 4단계와 고통 사이의 통로로써 3단계가 지니는 중요성은 아기가 나중에 세상을 보는 시각에 분명 강한 영향을 미칠 것이다.

물론 그로프의 설명과 그것을 확장한 내 설명에는 석연치 않은 구석이 있다. 답변을 요구하는 의문들은 많다. 출생의 고통을 겪기 전에 제왕절개로 태어난 아이들은 2단계에 대한 기억이 전혀 없을까? 그들은 환각제 치료를 받을 때 정상 분만으로 태어난 아이들보다 지진과 해일 같은 큰 재앙에 대한 이미지를 덜 보고할까? 반대로, 옥시토신(oxytocin, 자궁 수축 호르몬)* 으로 대기 진통(elective labor)을 유도해 자궁 수축을 특히 심하게 겪고 태어난 아이들은 2단계의 심리적인 부담감을 포착할 가능성이 더 클까? 어머니가 강한 진정제를 투여받았던 아이는 자라서 1단계에서 4단계로 직행하는, 매우 다른 이행 과정을 기억하고 출생 전후기의

* 놀랍게도, 옥시토신은 LSD 같은 환각제들과 화학적으로 관련이 있는 맥각 유도체(ergot derivative, 알칼로이드 유도체)로 판명되었다. LSD가 진통을 유도하기 때문에 자궁 수축을 유도하기 위해 자연이 비슷한 천연 물질을 채택했다는 가설은 적어도 그럴듯하다. 그러나 이 사실은 엄마(와 어쩌면 아이)의 경우 탄생과 환각제 사이에 근본적인 연관성이 있음을 시사한다. 그러므로 환각제의 영향을 받은 뒤 한참 뒤에 우리가 (처음으로 환각제를 경험하는 동안 벌어진 사건인) 출생 경험을 기억해 낸다는 가설은 그렇게 말도 안 되는 주장은 아니다.

경험에서 빛의 현현을 전혀 보고하지 않을까? 신생아가 출생 순간의 이미지를 분석할 수 있을까? 아니면 단지 빛과 어두움에 민감할 뿐일까? 임사 체험에서 묘사되는 윤곽이 불명확하고 흐릿하게 빛나는 신이 신생아 시절에 본 불완전한 영상을 완벽하게 떠올린 것일 수 있을까? 그로프의 환자들은 가능한 한 다양한 범주의 사람들 중에서 선택되었을까? 아니면 이 설명은 특정 집단에 한정적인 것으로 인간 공동체의 전형이라고 할 수 없는 것일까?

이 발상에 대해 보다 개인적인 반박이 있을 수 있다는 점은 쉽게 납득할 수 있다. 아마도 그것은 육식을 정당화할 때 감지할 수 있는 일종의 쇼비니즘과 비슷한 저항일 것이다. 말하자면, 바닷가재에는 중추 신경계가 없기 때문에 그들은 끓는 물에 산 채로 떨어뜨리는 것을 언짢아하지 않는다는 식의 논리 말이다. 글쎄, 아마도 그럴 것이다. 그러나 바닷가재를 먹는 사람들은 고통의 신경 생리학에 대한 이 특정한 가설에서 편파적이다. 같은 방식으로 나는 대부분의 성인들이 신생아는 지각 능력과 기억 능력이 매우 제한적이어서 출생 경험이 엄청난 영향, 특히 부정적인 영향을 미치지 않는다고 믿을 때 편파적이지는 않은지 궁금하다.

만약 그로프의 이 모든 주장이 옳다면, 우리는 이러한 회상이 왜 가능한지, 만약 출생 전후기의 경험이 상당한 불행을 양산한다면 왜 진화가 부정적인 심리 결과물을 솎아 내지 않았는지 질문해야만 한다. 신생아가 반드시 해야만 하는 일이 몇 가지 있다. 우선 빠는 능력이 뛰어나야 한다. 그렇지 않으면 죽을 것이다. 하다못해 인간 역사의 과거에는 어느 정도 클 때까지는 귀엽게 보여야만 했다. 어떤 방식으로든 매력적으로 보이는 영아가 보살핌을 더 잘 받았을 것이다. 그러나 신생아가 **꼭** 주변 환경의 이미지를 봐야만 할까? 그들이 출생 전후기 경험의 참혹함을 **꼭** 기억해야만 할까? 거기에 어떤 의미의 생존 가치가 있을까? 이점이

단점을 능가한다는 것이 이 질문에 대한 답일 수 있다. 아마도 우리가 완벽하게 적응했던 우주를 상실한 경험이 인간에게 세계를 변화시키고 환경을 개선하려는 동기를 강하게 부여하는지도 모른다. 아마도 인간의 감투 정신과 탐사 욕구는 출생의 공포가 없었더라면 없었을지도 모른다.

나는 인간의 뇌가 지난 수백만 년간, 그중에서도 특히 최근에 거대하게 성장했기 때문에 출산의 고통이 엄마들에게 특별하게 각인되었다는 주장에 매료되었다. (내 책인 『에덴의 용(*The Dragons of Eden*)』에서 강조했다.) 거의 문자 그대로 우리의 지능은 우리 불행의 원천인 듯하다. 그러나 그 불행은 생물 종으로서 우리가 가진 힘의 원천이기도 할 것이다.

이러한 아이디어는 종교의 기원과 본성에 대해 해결의 실마리를 약간 던져 준다. 대부분의 서구 종교들은 사후 세계를 소망한다. 동양의 종교는 죽음과 환생이 반복되는 주기에서 벗어나기를 갈망한다. 그러나 둘 다 천국이나 깨달음, 우주와 개인의 소박한 재결합, 1단계로의 회귀를 약속한다. 모든 탄생은 하나의 죽음이다. 아이는 양막의 세계를 떠난다. 그러나 환생의 헌신적인 추종자들은 모든 죽음이 하나의 탄생이라고 주장한다. 이것은 임생의 기억을 탄생의 추억으로 인지하게 만드는 임사 체험이 촉발시킨 명제이다. ("관 뚜껑을 약하게 두드리는 소리가 들렸다. 우리가 관을 열자 압둘이 죽지 않고 살아 있었다. 그는 자신에게 마법을 걸었던 오랜 병에서 깨어났고 다시 한번 태어났다는 이상한 이야기를 했다.")

처벌과 구원에 서구인들이 매료되는 현상은 임생 2단계를 이해하려는 가슴 아픈 시도일 수도 있지 않을까? 원죄처럼 아무리 불합리해 보이는 것일지라도 어떤 이유로 처벌받는 것이 아무런 이유 없이 처벌받는 것보다는 낫지 않을까? 3단계는 우리의 초창기 기억 속에 심어져 임사 체험 같은 종교적 현현에서 이따금 다시 떠오르는, 모든 인간들이 공유하고 있는 굉장히 흔한 경험처럼 보인다. 그 외의 다른 불가사의한 종교적 동기들도 이러한 맥락에서 이해해 보고 싶은 마음이 생긴다. **자궁 안에 있을 때** 우리는 거의 무구(無垢)하다. 2단계에서 태아는 앞으로의 삶에서 악이라고 불러도 무리가 아닐 상황을 경험한다. 그리고 그 뒤 자궁을 떠날 것을 강요받는다. 이 경험은 선악과를 먹고 에덴 동산에서 '추방'되는 상황과 넋을 잃을 만큼 유사하다. 개체 발생(ontogeny)보다 계통 발생(phylogeny) 측면에서, 에덴 동산 은유에 대한 다르지만 모순되지는 않는 가설은 『에덴의 용』에서 설명했다. 시스티나 성당의 천장에 그려진 미켈란젤로 디 로도비코 부오나로티 시모니(Michelangelo di Lodovico Buonarroti Simoni, 1475~1564년)의 유명한 그림에서 신의 손가락은 산파의 손가락일지도 모른다. 세례, 특히 침례(몸을 물속에 완전히 담그는 세례)가 재생을 상징한다고 널리 여겨지는 이유는 무엇일까? 성스러운 물은 양수에 대한 비유일까? 세례와 '거듭나는' 경험이라는 개념 전체가 출산과 신비주의적인 종교성 사이의 관련성을 명백히 인정하는 것이 아닐까?

지상에 존재하는 수천 가지 종교들 중 몇 가지를 연구해 보면 그것들의 다양성에 깊은 인상을 받을 것이다. 적어도 일부 종교는 사람을 멍하게 만들 정도로 무모해 보인다. 교리의 세부 사항들은 서로 거의 일치하지 않는다. 그러나 위대하고 선량한 수많은 사람들이 겉으로 다양해 보이는 모습 뒤에 근본적이고 중요한 일치성이 존재한다고 말한다. 어리석은 행위의 근간에는 기본적이고 본질적인 진리가 놓여 있다. 신앙의 교리는 두 가지 서로 매우 다른 방식으로 접근할 수 있다. 한편에는, 교리 내부에 모순이 존재하거나 외부 세계와 우리 자신에 대한 믿을 수 있는 지식과 교리가 많이 상충할 경우에도 수용한 종교를 문자 그대로 받아들이는 신자가 있다. 다른 한편에는 교리 전체가 뒤죽박죽 엉켜 있는 저능한 허튼소리라고 여기는 근엄한 회의론자가 있다. 스스로를 냉철한 이성주의자라고 여기는 일부 사람들은 종교 경험을 기록해 놓은 어마어마한 언어 자료를 고려하는 일조차 거부한다. 이 신비스러운 통찰들은 분명 어떤 의미를 지니는 것이 틀림없다. 그러나 어떤 의미란 말인가? 인간은 대체로 지적이고 창조적이며 이해력이 뛰어나다. 만약 종교가 근본적으로 어리석은 것이라면, 그렇게 많은 사람들이 종교를 믿는 이유는 무엇일까?

확실히 관료주의적 종교는 역사 전반에 걸쳐 세속 권력자와 동맹을 맺어 왔으며, 신앙을 심는 일은 지배층에게 이익이 되었다. 인도에서 브라만들은 '불가촉 천민'이라는 노예 제도를 유지하려고 했을 때 종교적인 이유를 정당화의 근거로 내세웠다. 자신을 기독교도라고 묘사한 백인들은 남북 전쟁 전 미국 남부에서 흑인의 노예화를 옹호하기 위해 마찬가지로 아전인수격 주장을 폈다. 고대 유태인은 때때로 자신들이 무고한 사람들에게 자행하는 무작위적 약탈과 살인의 이유로 신의 지시와 격려를 들었다. 중세에 교회는 빈곤하고 천한 신분에 만족하라고 강요받는 사람들에게 죽은 뒤의 영예로운 삶에 대한 희망을 주었다. 이러한 사례는 세계의 거의 모든 종교에서 무제한으로 찾아볼 수 있다. 우리는 종교가 억압을 정당화할 때 소수의 독재자들이 그랬던 것처럼 — 분서(焚書)를 헌신적으로 옹호했던 플라톤(Platon, 기원전 428/427~348/347년)이 『국가론(*Politeia*)』에서 그랬던 것처럼 — 국가가 종교를 선호한 이유를 이해할 수 있다. 그러나 억압받은 자들은 왜 그렇게 열심히 이 신권 정치 교리에 동조해 왔던 것일까?

종교적 아이디어는 우리가 가진 지식과 공명하는 무언가를 내재하고 있을 때에만 일반적으로 수용될 수 있다고 생각한다. 깊이 있고 동경심을 불러일으키며 사람들이 인간 존재의 중심이라고 인식하는 무언가 말이다. 나는 그 공통 맥락이 출생이라는 가설을 제안한다. 신생아는 잘해야 흐릿한 지각과 모호한 직관만을 가졌기 때문에 종교는 근본적으로 불가사의하고 신은 헤아리기 어려우며 교리는 호소력이 있지만 불안정하다. 나는 종교적 경험의 불가사의한 핵심이 문자 그대로 사실도 아니며 치명적으로 잘못된 것도 아니라고 생각한다. 그것은 삶의 아주 초기 단계에서 이루어진 가장 난해한 경험을 다루려는, 부족하기는 하지만 다소 용감한 시도이다. 누구도 태어날 때에는 사건을 논리정연하게 설명하는 데 필수적인 기억력과 고쳐 말하는 기술을 가지고 있지 않기 때문에 종교 교리는 근본적으로 흐릿하다. 모든 성공한 종교들은 그 핵심에 임생 경험과 진술되지 않았지만 아마도 무의식적으로 공명하는 무언가가 있는 듯하다. 어쩌면 세속적인 경험을 제거하고 나면, 이 공명을 가장 잘 수행하는 종교가 가장 성공적인 종교로 드러날지도 모른다.

종교적인 믿음을 이성적으로 설명하려는 시도는 격렬하게 거부당해 왔다. 볼테르는 만약 신이 존재하지 않는다면 인간은 신을 만들어 낼 의무가 있다고 주장했고 이 발언은 비난을 받았다. 프로이트는 가부장적인 신은 부분적으로 우리가 아이였을 때 아버지에 대해 지각한 바를 성인이 되어 투사한 것이라고 주장했다. 그는 종교에 대한 자신의 책을 『환상의 미래(*The Future of an Illusion*)』라고 부르기도 했다. 그의 이 견해는 우리가 상상하는 것만큼 경멸을 많이 받지는 않았지만, 어쩌면 그것은 유아 성욕(infantile sexuality)이라는 창피스러운 개념을 도입해 스스로를 욕보였기 때문인지도 모른다.

종교에 대한 이성적인 담론과 조리정연한 주장에 몹시 강하게 반대하는 이유는 무엇일까? 나는 그것이 어느 정도는 임생에 대한 공통 경험이 실재하지만 정확한 회상은 어렵기 때문이라고 생각한다. 또 다른 이유는 죽음에 대한 공포와 관계가 있다고 생각한다. 인간과 그 직계 조상들, 네안데르탈인 같은 방계 친척들은 이 행성에서 자기 죽음의 필연성을 또렷하게 의식한 최초의 생명체일 것이다. 우리는 죽게 될 것이고 죽음을 두려워한다. 이 공포는 전 세계적이며 여러 문화에 걸쳐서 나타난다. 그것은 상당한 생존가(survival value, 개체의 특성이 지닌 적응도를 높이는 기능이나 효과. — 옮긴이)를 가질 것이다. 죽음을 미루거나 피하고 싶은 사람들은 세계를 개선하고 위험을 줄이며 우리 뒤에 살아갈 아이들을 낳고 자신들을 기억하게 해 줄 위대한 작품들을 창조할 수 있다. 종교적인 사항들에 대해 이성적이고 회의적인 담론을 제안하는 사람은 죽음에 대한 인간의 공포를 해결하는 수단으로 여전히 널리 받아들여지고 있는 관점인 육체가 죽은 뒤에도 영혼은 살아 있다는 가설에 도전한다고 여겨진다.• 대부분이 불사를 통렬히 소망하기 때문에 우리는 죽음이 끝이라고, 우리 각자의 개성과 영혼이 계속 존재하지 않을 것이라고 주장하는 사람들에게 언짢음을 느낀다. 그러나 영혼 가설과 신 가설은 분리할 수 있다. 실제로 둘 중 하나가 없는 문화가 발견된다. 어느 경우든 우리는 두려움을 주는 아이디어에 대한 검토를 거부하면서 인간이 만들어 낸 원인을 살펴보지 않는다.

신 가설과 영혼 가설에 의문을 제기하는 사람들은 결코 무신론자가 아니다. 무신론자는 신이 존재하지 않는다고 확신하는 사람이고 신의

• 한 가지 특이한 변종이 아르투어 슈니츨러(Arthur Schnitzler, 1862~1931년)의 『어둠 속으로의 비행(*Flight into Darkness*)』에 나타난다. "어떤 성격의 죽음이든 모든 죽음의 순간에 사람은 다른 사람들은 상상도 할 수 없을 정도로 빠르게 과거의 생을 다시 한번 살게 된다. 이 기억된 삶 역시 마지막 순간이 있을 것이 틀림없고 이 마지막 순간 역시 자신만의 마지막 순간을 가지며 그렇게 계속 거듭된다. 이런 이유로 죽음은 그 자체로 영원이며, 이런 이유로 극한에 대한 이론과 부합되게도, 사람은 죽음에 접근하지만 결코 그것에 다다를 수는 없다." 사실, 이러한 종류의 무한 급수의 합은 유한하다. 따라서 이 주장은 다른 이유에서뿐만 아니라 수학적으로도 실패한다. 그러나 이것은 우리가 종종 죽음의 필연성과 진지하게 대면하는 것을 회피하기 위해 무모한 수단들을 기꺼이 동원하고는 한다는 사실을 상기시킨다. 나름 쓸모가 있다.

존재를 반박하는 강력한 증거를 가진 사람이다. 나는 그렇게 강력한 증거를 알지 못한다. 신은 멀리 떨어진 장소와 시간, 궁극적인 원인으로 귀속될 수 있기 때문에 그러한 신이 존재하지 않는다고 확신하려면 우주에 대해 현재 알고 있는 것보다 더 많이 알아야만 한다. 신의 존재에 대한 확신도, 신의 부재에 대한 확신도, 내게는 의심과 불확실성으로 가득 찬 주제에 대해 극도의 자신감을 품는 일처럼 보인다. 광범위한 중도적인 입장이 용인될 수 있는 듯하며 이 주제에 쏟아부어야 하는 어마어마한 감정적인 에너지를 고려할 때 용기 있는 열린 마음이 신의 실재라는 주제에 대한 우리의 총체적인 무지를 줄일 수 있는 본질적인 도구로 보인다.

(5장에서 8장까지 다룬 내용과 비슷한) 경계 과학이나 유사 과학 혹은 민간 과학(folk science)에 대해 강의할 때, 나는 이따금 비슷한 비판이 종교 교리에도 적용될 수 있냐는 질문을 받는다. 내 답변은 물론 "적용될 수 있다."이다. 미국 건국의 기반 중 하나인 종교의 자유는 자유로운 탐구에 반드시 필요하다. 그러나 종교의 자유가 종교 그 자체에 대한 비판이나 재해석이 없어야 된다는 의미는 아니다. '의문(question)'이라는 단어와 '탐구(quest)'라는 단어는 어원이 같다. 오직 탐구를 통해서만 우리는 진실을 발견할 수 있다. 나는 종교와 임생 경험 사이의 연관성이 정확하다거나 독창적이라고 주장하지 않는다. 그것들 중 상당수는 그로프와 정신 의학의 정신 분석학파, 특히 오토 랑크(Otto Rank, 1884~1939년)와 페렌치 샨도르(Ferenczi Sándor, 1873~1933년), 지크문트 프로이트가 내놓은 아이디어에 일부 빚지고 있다. 그러나 이 아이디어는 고려할 가치가 있다.

물론 종교의 기원이라는 문제를 풀기 위해서는 이 단순한 아이디어가 제시하는 것보다 훨씬 더 많은 것들을 조사하고 탐구해야 한다. 나는 신학이 전적으로 생리학과 같다고 주장하지 않는다. 그러나 우리가 실제로 임생 경험을 기억할 수 있다고 가정하면, 그 기억이 탄생과 죽음, 성과 유아기, 목적과 윤리, 인과 관계와 신에 대한 우리의 태도에 아주 심오한 방식으로 영향을 미치지 않았다는 것은 믿기 힘든 일이다.

우주론, 즉 코스모스의 성질과 기원, 운명에 대해 연구하는 천문학자들은 정교한 관측을 하고 미분 방정식과 텐서 해석학으로 우주를 설명하고 엑스선에서 전파까지 다양한 전자기파로 우주를 조사하며 은하의 수를 세고 그것들의 움직임과 거리를 결정한다. 모든 일이 끝나면 우주에 대한 세 가지 다른 견해들 사이에서 선택이 이루어질 것이다. 이 세 가지 견해는 앞에서 살펴봤듯이, 더 없이 행복하고 고요한 정상 상태 우주론, 우주가 확장과 수축을 고통스럽게 영원히 계속한다는 진동 우주론, 코스모스가 대폭발이라는 격렬한 사건에서 생성되었으며 복사로 가득 채워졌다가("빛이 있으라.") 성장하면서 식고 조용해진다는 팽창 우주론이다. 그러나 이 세 우주론은 그로프가 말한 인간 임생 경험의 1, 2, 3, 4단계와 당혹스러울 정도로 정확하게 닮아 있다.

현대 천문학자는 다른 문화의 우주론, 예를 들어 우주가 우주 알에서 부화했다는 도곤 족의 생각(6장 참조) 같은 것을 비웃기 쉽다. 그러나 방금 제시한 아이디어에 비추어 나는 민간 우주론에 대해 훨씬 더 신중한 태도를 취하려고 한다. 거기서 드러나는 인간 중심주의는 현대 우주론의 인간 중심주의보다 아주 약간 더 포착하기 쉬울 뿐이다. 아퀴나스가 아리스토텔레스의 물리학과 조화시키려고 고통스럽게 분투했던, 창공 위아래에 물이 있다는 바빌론 신화와 성서의 불가사의한 언급은 단지 양막에 대한 비유일 수도 있지 않을까? 우리는 자신의 개인적인 기원을 수학적으로 암호화하지 않는 우주론을 구성할 수 없는 것일까?

아인슈타인의 일반 상대성 이론 방정식은 우주가 팽창하고 있음을 인정한다. 그러나 아인슈타인은, 설명할 수 없는 일이지만, 이 답을 간과하고 완전히 정지된 상태의 진화하지 않는 코스모스를 선택했다. 이 간과가 수학에서 기원했다기보다 임생 체험에서 기원한 것이 아닌지 묻는다면 지나친 행동일까? 우주가 영원히 팽창한다는 대폭발 우주론을 전통적인 서구 신학자들은 다소 반색했지만, 물리학자와 천문학자는 받아들이기 꺼려했다는 것은 역사적으로 충분히 입증된 사실이다. 심리적 성향에 기반을 둔 것이 거의 확실한 이 논쟁을 그로프의 용어로 이해할 수는 없을까?

나는 개인의 임생 경험과 특정한 우주론 모형을 얼마나 긴밀하게 비교, 분석할 수 있는지 알지 못한다. 정상 상태 우주론의 창안자들이 제왕 절개로 태어났기를 희망하는 태도는 지나치다고 생각한다. 그러나 이 비교, 분석은 매우 긴밀하며 정신 의학과 우주론 사이의 관련성이 실재할 가능성은 상당해 보인다. 우주의 기원과 진화에 대한 모든 가능한 유형들이 인간의 임생 경험과 정말로 대응할 수 있을까? 우리는 너무나 한계가 많은 생물이라서 임생 단계들과 의미 있게 다른 우주론을 구성할 수 없는 것일까?• 우리가 우주를 파악하는 능력은 출생과 영아기의

• 캥거루는 배아에 지나지 않는 상태로 태어나 아무런 도움도 받지 못한 채 손을 번갈아 움직이며 산도에서 주머니까지 영웅적인 여정을 떠난다. 많은 개체가 이 힘든 시험에 실패한다. 성공한 개체들은 젖꼭지가 달려 있는 따뜻하고 어두우며 보호받는 환경에 다시 한 번 놓이게 된다. 지적인 유대류(marsupial) 중 한 종에서 그들을 혹독하게 시험하는 근엄하고 무자비한 신을 들먹이는 종교가 나올 수 있을까? 유대류의 우주론은 너무 이르게 대폭발이 일어난 뒤 잠시 동안 빛이 짧게 비추고 '두 번째 어둠'이 뒤따라온 뒤 우리가 아는 우주로 훨씬 더 잔잔하게 넘어가는 형태를 취할까?

경험에 무력하게 빠져들 수 밖에 없는 것일까? 우리는 우주를 이해한다는 구실로 자신의 기원을 개괄할 수밖에 없는 운명일까? 아니면 최근에 만들어진 관측 증거들이 우리가 떠다니다가 길을 잃고 용감히 대면하며 질문을 던지는 이 광대하고 경탄할 만한 우주를 좀 더 이해하고 조화로운 관계를 맺도록 도와줄 수 있을까?

세계 종교에서 지구를 어머니로, 하늘을 아버지로 묘사하는 것은 관례이다. 이 관례는 그리스 신화 속의 우라노스(Uranus, 하늘)와 가이아(Gaea, 대지)에도 적용되며, 북아메리카 원주민과 아프리카 인들, 폴리네시아 인들, 그리고 실제로 대부분의 지구인들 사이에서 사실이다. 그러나 임생 경험의 핵심은 우리가 어머니를 떠난다는 점이다. 우리는 출생을 통해 처음으로 어머니를 떠나며 자기 힘으로 세상에 진출할 때 다시 한 번 그렇게 한다. 이 이별은 고통스러운 만큼, 인류 지속에 필수적이다. 이 사실은 적어도 우리 중 상당수가 우주 탐사선에 대해 느끼는 거의 불가사의한 매력과 관련이 있다. 우리가 비롯된 세계인 어머니 지구를 떠나는 것은 별들 사이에서 성공의 길을 찾는 행위가 아닐까? 영화 「2001 스페이스 오디세이」의 마지막 장면이 은유하는 바가 정확히 이것이다. 러시아의 교사였던 치올콥스키는 세기의 전환기에 거의 독학만으로 나중에 로켓 추진 기술과 우주 비행술을 발달시킬 때 쓰일 여러 이론적 단계들을 공식화했다. 치올콥스키는 이렇게 썼다. "지구는 인류의 요람이다. 그러나 누구도 요람에서 영원히 살지는 않는다."

나는 우리가 어리석음과 탐욕에 끔찍하게 굴복해 먼저 자멸하지 않는 한 우리를 별들로 데려다 주는 길 위에 분명히 서 있다고 믿는다. 저 너머 우주 깊은 곳에서 조만간 우리가 다른 지적 존재를 발견할 가능성은 매우 크다. 그들 중 일부는 우리보다 덜 발전했을 것이다. 그리고 일부는, 아마도 대부분이, 우리보다 더 진보했을 것이다. 우주 여행을 하는 모든 존재가 고통스러운 출생 과정을 겪는 생물일지 궁금하다. 우리보다 더 진보한 존재는 우리의 이해를 훨씬 뛰어넘는 능력을 가지고 있을 것이다. 어떤 의미에서 그들은 우리에게 신처럼 보일지도 모른다. 풋내기에 불과한 인류는 더 많이 성장해야 한다. 어쩌면 먼 미래에 우리의 후손들은 희미하게 기억나는, 최초의 출발지인 먼 지구에서부터 인류가 걸어온 길고 종잡을 수 없는 여행을 뒤돌아보고 개인과 집단의 역사와 과학과 종교의 로맨스를 이해와 사랑을 담아 선명하게 떠올릴지도 모른다.

감사의 말

이 책의 여러 견해들을 함께 토론해 준 많은 친구들과 동료들, 서신으로 의견을 준 사람들에게 감사드린다. 다이앤 애커먼과 데이비드 W. G. 아서(David W. G. Arthur), 제임스 바칼라, 리처드 얼 베렌젠(Richard Earl Berendzen, 1932년~), 노먼 블룸, 수브라마니안 찬드라세카르, 클라크 채프먼(Clark Chapman), 시드니 리처드 콜먼(Sidney Richard Coleman, 1937~2007년), 이브 코팡, 주디린 델 레이(Judy-Lynn Del Rey, 1943~1986년), 프랭크 도널드 드레이크, 스튜어트 제이 에델스타인(Stuart J Edelstein, 1941년~), 폴 폭스(Paul Fox), 대니얼 칼턴 가이듀섹, 오언 제이 깅거리치(Owen Jay Gingerich, 1930년~), 토머스 골드, 존 리처드 고트 3세, 스티븐 제이 굴드(Steven Jay Gould, 1941~2002년), 레스터 그린스푼, 스타니슬라프 그로프, 제이 건터(Jay U. Gunter, 1911~1994년), 제임스 캘럿(James W. Kalat), 버트 젠트리 리(Bert Gentry Lee, 1942년~), 잭 모리슨(Jack Morrison), 브루스 처칠 머리(Bruce Churchill Murray, 1931~2013년), 필레오 내시(Phileo Nash, 1909~1987년), 토비아스 오언, 제임스 폴락, 제임스 랜디, 에드윈 어니스트 샐피터(Edwin Ernest Salpeter, 1924~2008년), 스튜어트 샤피로(Stuart Shapiro), 건서 스텐트(Gunther S. Stent, 1924~2008년), 오언 브라이언 툰(Owen Brian Toon, 1947년~), 조지프 베베르카(Joseph Veverka, 1941년~), 이언 어데어 휘터커(Ewen Adair Whitaker, 1922~2016년)와 토머스 영(A. Thomas Young) 등이 그들이다.

이 책이 출간될 때까지 매 단계마다 수전 랭(Susan Lang)과 캐럴 레인(Carol Lane), 특히 내 비서인 셜리 아든(Shirley Arden)이 능숙하고 헌신적으로 수고해 주었다.

이 책에서 다룬 주제 중 상당 부분에 대해 아낌없는 격려와 고무적인 비판을 해 준 앤 드루얀과 스티븐 소터(Steven Soter, 1943년~)에게 특히 감사 인사를 보낸다. 앤은 거의 모든 장들에 관여했으며 이 책의 제목을 정하는 일에도 큰 역할을 했다. 그녀에게 정말 큰 빚을 졌다.

부록

1. 태양계의 거대한 구성원들이 지구와 최근 충돌했을 가능성에 대한 간단한 충돌 물리학적 고찰

우리는 여기서 벨리콥스키가 목성에서 배출되었다고 여긴 거대한 천체가 지구와 충돌할 가능성을 고찰한다. 벨리콥스키는 이 혜성과 지구가 거의 충돌할 뻔했거나 스치듯 충돌했다고 주장한다. 우리는 아래서 이 발상을 '충돌'이라는 명칭으로 포괄할 것이다. 비슷한 크기의 다른 천체들 사이에서 움직이는 반지름이 R인 구형 천체를 생각해 보자. 천체들의 중심이 $2R$만큼 떨어져 있을 때 충돌이 일어날 것이다. 우리는 그 충돌의 유효 단면적 σ가 $\sigma=\pi(2R)^2=4\pi R^2$이라고 말할 수 있다. 이것은 움직이는 천체들이 충돌하기 위해 부딪쳐야만 하는 유효 면적이다. 이러한 천체, 즉 벨리콥스키의 혜성만이 움직이고 있으며 다른 천체들(내행성계 행성들)은 정지해 있다고 가정하자. 내행성계 행성의 움직임을 이렇게 무시하면 움직이는 물체가 2개일 때보다 오류를 더 줄일 수 있다. 혜성이 v의 속도로 움직이고 있으며 잠재 목표들(내행성계 행성들)의 공간 밀도가 n이라고 하자. 우리가 사용할 단위는 R는 센티미터이며, σ는 제곱센티미터(cm²), v는 초속 센티미터(cm/sec), n은 1제곱센티미터당 행성의 수이다. n은 분명 매우 작은 숫자이다.

황도면에 대한 혜성의 궤도 경사(orbital inclination, 궤도면이 기준면과 이루는 기울기. ─ 옮긴이)는 광범위하다. 그럼에도 불구하고 이 경삿값을 최소로 가정한다면, 우리는 벨리콥스키의 가설에 대해 아주 너그러운 가정을 하고 있는 중이다. 혜성의 궤도 경사에 제한이 없다면, 태양이 중심인 그 궤도의 반지름 r는 5천문단위(AU, 1AU=1.5×10^{13}센티미터)로 목성 궤도의 긴반지름과 같다. 이 부피 내에서 어느 곳으로든 움직일 가능성은 동일하다. 혜성이 움직일 수 있는 부피가 클수록, 다른 천체와 충돌할 가능성은 작아진다. 목성의 빠른 자전 때문에, 그 내부에서 튀어나온 천체는 목성의 적도면에서 움직이는 경향이 있으며, 그 적도면은 지구가 태양 주위를 공전하는 평면에 비해 1.2도 기울어져 있다. 그러나 어쨌든 혜성이 태양계의 내부에 닿으려면 이 배출 사건이 충분히 활동적이어서 사실상 그 궤도 경삿값, i가 그럴듯해야 한다. 그때 하한선은 너그럽게 봐서 i=1.2도이다. 그러므로 우리는 태양이 중심에 놓인(혜성의 궤도 내에 태양이 있어야 한다.), 반각이 i인 쐐기 모양의 영역 중 어딘가에 속한 궤도 내에서 그 혜성이 움직이고 있다고 생각한다. (다음 그림 참조) 그때 넓이는 $(4/3)\pi r^3 \sin i = 4\times10^{40}\mathrm{cm}^3$로 반지름이 r인 구체의 전체 넓이의 겨우 2퍼센트에 해당한다. 부피 안에 (소행성을 무시하면) 3~4개의 행성들이 있기 때문에 우리의 문제와 관련이 있는 천체들의 공간 밀도는 약 10^{-40}개/cm^3이다. 내행성계에 있는 기이한 궤도 위를 움직이고 있는 혜성이나 다른 천체의 전형적인 상대 속도는 약 초속 20킬로미터이다. 지구의 반지름 R는 $R=6.3\times10^8\mathrm{cm}$이고 금성의 반지름 역시 여기에 근사하다.

이제 마음속으로 혜성의 타원형 경로가 바르게 되어서 혜성이 행성에 영향을 미칠 때까지 T라는 시간 동안 여행을 한다고 상상해 보자. 그 시간 동안 혜성은 뒤에 놓인 $\sigma v T\mathrm{cm}^3$ 넓이의 상상의 터널을 개척할 것이며 그 안에는 단 1개의 행성만이 있어야 한다. 그러나 $1/n$ 역시 하나의 혜성을 포함하는 넓이이다. 그러므로 두 양은 동일하며,

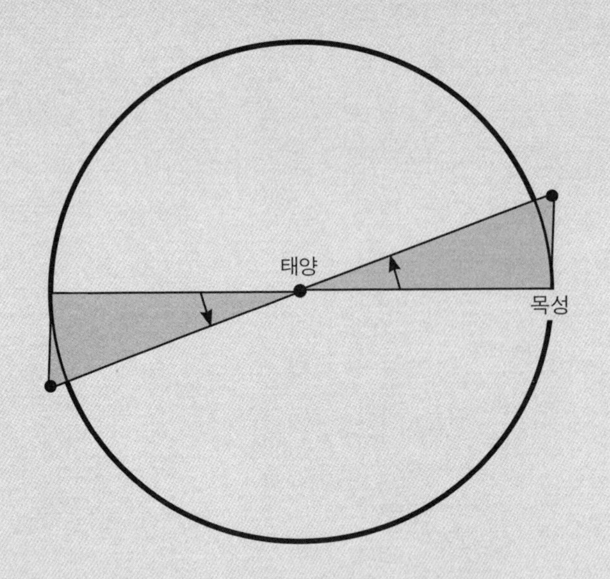

벨리콥스키의 혜성이 사용하는 쐐기 모양의 영역.

$$T = (n\sigma v)^{-1}$$

이다. T는 평균 자유 시간(mean free time)이라고 불린다.

물론 현실에서 이 혜성은 타원형의 궤도를 여행할 것이고 충돌에 걸리는 시간은 어느 정도 중력의 영향을 받을 것이다. 그러나 벨리콥스키가 고려하고 있는 태양계 역사에 비해 상대적으로 짧은 외도 기간과 v의 대푯값에 대해, 중력의 영향으로 충돌의 유효 단면적인 σ가 약간 증가할 것이라는 점을 보이기는 쉽다. (일례로 Urey, 1951 참조) 앞의 방정식을 사용해 대충 계산해 보면 거의 정확한 결과를 얻을 것이 틀림없다.

태양계가 시작된 이래, 달과 지구, 내행성들에 충돌 분화구를 만든 천체들은 심하게 기울어진 타원형 궤도를 따라 움직여 왔다. 그들은 혜성들과, 특히, 죽은 혜성이나 소행성으로 이루어진 아폴로 천체이다. 평균 자유 시간에 대한 간단한 방정식을 사용해, 천문학자들은 달과 수성이나 화성이 형성된 이후 그 표면에 만들어진 분화구 수를 상당히 정확하게 계산할 수 있다. 이 분화구는 달이나 행성의 표면에 아폴로 천체나 더 드물게는 혜성이 이따금 충돌한 결과이다. 비슷하게, 이 방정식은 애리조나 운석공처럼 아주 최근 지상에 생성된 충돌 분화구의 나이를 정확하게 예측한다. 간단한 충돌 물리학과 실제 관측 사이의 이러한 정량적인 일치는 현재의 문제도 동일한 방식으로 고려할 수 있음을 보증해 준다.

지금 우리는 벨리콥스키의 기본 가설과 관련된 몇 가지 계산을 수행할 수 있다. 오늘날에는 반지름이 수십 킬로미터 이상되는 아폴로 천체가 없다. 소행성대와 충돌이 천체의 크기를 결정하는 다른 어떤 장소에서도 천체의 크기는 분쇄의 물리학으로 이해할 수 있다. 주어진 범위 내에 있는 천체의 수는 천체의 반지름에 대개 -2~-4배로 비례한다. 따라서 벨리콥스키가 말한 금성의 원형이 되는 혜성이 아폴로 천체나 혜성 같은 천체의 일원이라면 반지름이 6,000킬로미터인 벨리콥스키의 혜성을 하나 발견할 가능성은 반지름이 수십 킬로미터 되는 혜성을 발견할 확률의 몇백만분의 1보다 더 작을 것이다. 보다 유망한 숫자는 일어날 확률이 10억 배나 더 작지만 일단 벨리콥스키의 미심쩍은 점을 믿어 주기로 하자.

반지름이 10킬로미터 이상인 아폴로 천체가 10개 정도 있기 때문에 그것들이 벨리콥스키의 혜성이 될 가능성은 그에게 불리하게도 10만 대 1보다 훨씬 작다. 이러한 천체의 안정 상태에서 벨리콥스키 혜성들의 존재비는 (r=4AU와 i=1.2도일 경우) $n=(10\times10^{-5})/4\times10^{40}=2.5\times10^{-45}$개/$cm^3$일 것이다. 지구와 충돌하는 데 걸리는 평균 자유 시간은 이때 $T=1/(n\sigma v)=1/[(2.5\times10^{-45}cm^{-3})\times(5\times10^{18}cm^2)\times(2\times10^6 cmsec^{-1})]=4\times10^{21}$초$\simeq10^{14}$년으로 이것은 태양계의 나이($5\times10^9$년)보다 훨씬 더 크다. 다시 말해 만약 벨리콥스키의 혜성이 내행성계의 다른 충돌 잔해들의 일부였다면 그것은 본질적으로 지구와 결코 충돌하지 않을 매우 희귀한 천체일 것이다.

그러나 논의를 위해 벨리콥스키의 가설을 승인하고 그의 혜성이 목성에서 배출된 뒤 내행성계에 있는 행성과 충돌하는 데 얼마나 오래 걸리는지 질문해 보자. 이때 n은 벨리콥스키의 혜성들보다는 목표 행성들의 존재비에 적용되고 $T=1/(10^{-40}\text{cm}^{-3})\times(5\times10^{18}\text{cm}^{2})\times(2\times10^{6}\text{cmsec}^{-1})=10^{18}$초$\simeq3\times10^{7}$년이다. 그러므로 벨리콥스키의 '혜성'이 과거 몇천 년 동안 지구와 한 번 완전히 혹은 스치듯 충돌할 가능성은 다른 잔해들과 관계가 없을 경우 $(3\times10^{4})/(3\times10^{7})=10^{-3}$, 즉 1,000분의 1이다. 만약 그 혜성이 그러한 잔해들의 일부라면, 그 가능성은 $(3\times10^{4})/10^{14}=3\times10^{-10}$, 즉 30억분의 1이 된다.

궤도-충돌 이론의 더 정확한 공식은 에른스트 욜리우스 외피크(Ernst Julius Öpik, 1893~1985년)가 쓴 최고의 논문에서 찾아볼 수 있다. (Ernst Öpik, 1951) 그는 질량이 M인 중심 천체 주위의 궤도를 a°, $e^{\circ}=i^{\circ}=0$인 궤도 요소(orbital element, 위성이나 행성의 궤도 크기, 궤도면의 위치, 천체의 시간에 따른 위치 등을 나타내는 데 필요한 요소로 긴반지름, 이심률, 근일점 방향과 통과 시각, 궤도 경사, 승교점 등이 있다. — 옮긴이)를 가진 질량이 m°인 목표 천체를 고려한다. 이때 궤도 요소가 a, e, i이고 주기가 P이며 질량 m인 시험 천체가 목표에 거리 R만큼 접근하는 데 T라는 특성 시간이 걸린다. 여기서

$$\frac{T}{P}\simeq\frac{\pi\sin i\,|U_x/U|}{Q^2[1+2(m_0+m)/MQU]}$$

$$A=a/a_0,\ Q=R/a_0,$$

$$|U_x|=[\,2-A^{-1}-A(1-e^2)]^{1/2}$$

$$U=\{3-A^{-1}-2[\mathrm{A}(1-e^2)]^{1/2}\cos i\}^{1/2}$$

이다. U는 무한원(at infinity)에서의 상대 속도이며 U_x는 교선(line of nodes)에서의 속도이다.

만약 R를 행성의 물리적인 반지름으로 보면, 다음 표를 얻을 수 있다.

행성	금성	지구	화성	목성
Q×10⁵	5.6	4.3	1.5	8.8
2m。/MQ	0.088	0.14	0.043	21.6

외피크의 결과를 현재의 문제에 적용하기 위해 이 방정식들을 다음과 같이 근사적으로 축약할 수 있다.

$$\frac{T}{P} \simeq \frac{\pi \sin i}{Q^2}$$

$P \simeq 5$년($a \simeq 3$AU)를 사용해 우리는

$$T \simeq 9 \times 10^9 \sin i \text{년}$$

라는 값을 얻을 수 있다. 또는 앞의 더 간단한 논의로부터 일생 동안의 평균 자유 행로(mean free path, 충돌을 반복하면서 운동하는 입자가 다른 입자와 충돌하지 않고 움직이는 평균적인 거리를 말한다. — 옮긴이)의 약 3분의 1이라는 값을 알 수 있다.

두 계산 모두에서 지구 반지름의 N배 이내로 접근하는 것은 물리적인 충돌이 일어날 가능성을 N^2배 증가시킨다. 따라서 $N=10$에 대해, 6만 3000킬로미터 떨어진 경우, 앞의 T 값은 두 자릿수만큼 크기가 줄어들 것이다. 그 값은 지구와 달 사이 거리의 약 6분의 1이다.

벨리콥스키의 시나리오를 적용하려면 반드시 더 가까이 접근해야 한다. 어쨌든 그의 책 제목은 『충돌하는 세계』이다. 또한 그 책은 금성이 지구 곁을 지나간 결과로 대양이 2,500킬로미터 이상 치솟았다고 주장한다. (Velikovsky, 1965, 72쪽) 이러한 사실로부터 간단한 조석 이론을 활용해 벨리콥스키가 스침 충돌(지구와 금성의 표면이 서로 긁혔다!)을 이야기하고 있음을 역으로 쉽게 산출할 수 있다. (조수의 높이는 M/r^2에 비례한다. 여기서 M은 금성의 질량이며 r는 서로 마주쳤을 때 행성들 사이의 거리이다.) 그러나 6만 3000킬로미터의 거리도 이 부록에서 개괄한 충돌 물리학의 문제들에서 그 가설을 구하지는 못한다.

마지막으로, 우리는 그 천체의 궤도가 목성과 지구 궤도와 교차한다면 그 천체가 지구에 근접하기 전에 목성에 다시 가까이 접근해 태양계에서 내쫓길 가능성이 크다는 것을 알고 있다. 자연은 이 실례로 파이오니어 10호의 궤적을 들고 있다. 그러므로 금성이 현존한다는 사실은 벨리콥스키의 혜성이 그 뒤 목성을 통과한 적이 거의 없으며 따라서 그 궤도가 급속히 원형으로 변형되었음을 시사한다. (이렇게 빠른 원형화를 해낼 방법이 없는 것 같다는 논의를 본문에서 다루었다.) 따라서 벨리콥스키는 앞서 수행한 계산과 일치하도록, 혜성이 목성에서 배출되자마자 곧 지구에 근접했다고 추정해야만 한다.

이때, 존재하는 잔재물의 구성에 관해 두 가지 가정을 한 상태에서, 혜성이 목성에서 배출된 뒤 겨우 몇십 년 후 지구에 부딪칠 가능성은 100만분의 1이나 3조분의 1이다. 우리가 벨리콥스키의 말처럼 혜성이 목성에서 배출되었다고 추정하고 그 혜성이 우리가 오늘날 태양계에서 보는 다른 어떤 천체와도 관련이 없다는, 즉 이것보다 더 작은 사물이 목성에서 배출된 적이 결코 없다는 있음직하지 않은 가정을 할지라도 그것이 지구와 충돌하는 데 걸리는 평균 시간은 약 3000만 년일 것이다.

이 수치는 그의 가설과 약 100만 배만큼 차이 난다. 그의 혜성이 지구에 도착하기 전 여러 세기 동안 내행성계를 방황했다고 할지라도 통계학은 벨리콥스키의 가설을 여전히 강력히 반박한다. 벨리콥스키는 통계적으로 독립적인 충돌이 몇백 년 안에 여러 번 일어났다고 믿었다는 사실을 고려할 때(본문 참조), 그의 가설이 사실일 가능성은 0에 가까울 만큼 작아진다. 그가 말한 행성들 사이의 반복적인 만남은 『충돌하는 세계』라고 불릴 만한 상황을 필요로 한다.

2. 지구의 자전이 갑자기 느려진다면 어떤 일이 일어날까?

> Q: 자, 브라이언 씨. 지구가 가만히 멈춰 선다면 무슨 일이 벌어질지 생각해 보신 적이 있으십니까?
>
> A: 아니요. 제가 믿는 신이 그 일을 처리할 수 있습니다. 클래런스 대로(Clarence Darrow, 1857~1938년) 씨.
>
> Q: 지구가 녹은 물질 덩어리로 전환되리라는 것을 모르시나요?
>
> A: 당신이 증인석에 계신 동안 기회를 드릴 테니 그걸 증명해 보시죠.
>
> — 1925년 스코프스 재판(Scopes Trial)에서

지표면에 우리를 붙들어 주는 중력 가속도는 10^3cm/sec^2=1g의 값을 가진다. $a=10^{-2}$g=10cm/sec^{2}의 감속은 거의 눈에 띄지 않는다. 감속이 눈에 띄지 않을 정도라면 지구가 자전을 멈추는 데 얼마나 많은 시간, τ이 걸릴까? 지구 적도의 각속도는 $\Omega=2\pi/P=7.3\times10^{-5}$radians/sec이며 적도의 선속도는 $R\Omega$=0.46km/sec이다. 따라서 $\tau=R\Omega/a$=4600초, 즉 1시간 남짓이다.

지구 자전의 비에너지는 다음과 같다.

$$E = \frac{1}{2} I\Omega^2 / M \simeq \frac{1}{5} (R\Omega)^2 \simeq 4 \times 10^8 \text{ erg em}^{-1}.$$

여기서 I는 지구의 주관성 모멘트(principal moment of inertia)로 그 수치는 규산염이 융합해 생긴 잠열인 $L \simeq 4 \times 10^9$erg/gm보다 더 작다. 그러므로 지구가 녹는다는 대로의 진술은 틀렸다. 그럼에도 불구하고 그는 올바른 방향에 서 있다. 실제로 여호수아 이야기에서 온도라는 요인이 치명적이기 때문이다. $c_p \simeq 8 \times 10^6$erg/gm · deg라는 전형적인 비열 용량(specific heat capacity, 단위 질량의 온도를 단위 온도만큼 상승시키는 데 필요한 열량으로 비열이라고도 한다. — 옮긴이)으로 하루 안에 지구를 멈췄다가 재가동시키는 일은 **평균적으로** $\Delta T \simeq 2E/c_p \simeq 100$켈빈만큼 온도를 증가시킨다. 이것은 물의 일반적인 끓는점 이상으로 온도를 상승시킨다. 지표면 근처와 위도가 낮은 지역에서는 상황이 훨씬 심각하다. 이곳에서 $v=R\Omega$, $\Delta T \simeq v^2/c_p \simeq 240$켈빈이다. 거주자들이 그렇게 극적인 기후 변화를 눈치 채지 못했을 것 같지 않다. 속도의 감소는 충분히 서서히 일어날 경우, 견딜 수 있는 것이겠지만 열은 그렇지 않다.

3. 태양의 옆을 가까이 통과하면서 데워졌을 경우 금성의 현재 온도

태양 옆을 가까이 통과하면서 금성이 가열된 후 우주로 복사 에너지를 방출해 냉각되었다는 추정은 벨리콥스키 논지의 핵심이다. 그러나 어디에서도 그는 가열 정도나 냉각 속도를 계산하지 않았다. 하지만 적어도 대략적인 계산은 쉽게 수행할 수 있다. 태양 광구를 스치는 천체는 외행성계에서 비롯된 경우 매우 빠른 속도로 이동해야만 한다. 근일점을 통과하는 전형적인 속도는 초속 500킬로미터이다. 태양 반지름은 7×10^{10}센티미터이다. 따라서 벨리콥스키의 혜성이 가열되는 일반적인 시간 척도는 $(1.4 \times 10^{11}\text{cm})/(5 \times 10^7\text{cm/sec}) \simeq 3000$초로 1시간 이내이다. 혜성이 태양에 근접하면서 도달할 가능성이 있는 최고 온도는 태양 광구의 온도인 6,000켈빈이다. 벨리콥스키는 혜성이 태양을 스치는 사건에 대해 더 이상 논의하지 않는다. 이 혜성은 이후 금성이 되어 우주 공간에서 식는다. 이 사건이 일어난 후 오늘에 이르기까지 3,500년이 걸린다. 그러나 가열과 냉각은 모두 복사를 통해 일어나며 두 과정의 물리학은 같은 방식으로 열역학의 슈테판-볼츠만 법칙(Stefan-Boltzmann law)의 통제를 받는다. 이 법칙에 따르면, 가열되는 정도와 냉각 속도는 모두 온도의 4제곱에 비례한다. 따라서 3,000초 동안 태양에 데워지면서 혜성이 경험하는 온도 상승분 대비 3,500년 동안 복사열을 내보내 냉각되는 온도 감소율은 $(3\times10^3\text{secs}/10^{11}\text{secs})^{1/4}=0.013$이다. 이 계산에 따르면 금성의 현재 온도는 높아 봐야 겨우 $6000\times0.013=79$켈빈으로 공기가 얼어붙기 시작하는 온도일 것이다. '뜨겁다.'는 단어를 아주 너그럽게 정의하더라도 벨리콥스키의 메커니즘은 금성을 뜨겁게 유지할 수 없다.

크게 바뀌지 않을 결론은 태양 광구를 거쳐 이동하는 것이 한 번이 아니라 여러 번 일어났다는 것이다. 아무리 극적인 것일지라도 한 번이나 몇 번의 가열로 금성의 높은 온도를 설명할 수는 없다. 뜨거운 표면은 열을 지속적으로 공급해 줄 원천을 요구하며 그 원천은 내생적인 것(행성의 내부로부터의 방사성 가열)일 수도 외생적인 것(태양 빛)일 수도 있다. 오래전에 제시된 것처럼(Wildt, 1940; Sagan, 1960) 후자가 사실이라는 것이 현재는 분명하다. 금성의 높은 표면 온도의 원인은, 끊임없이 그 위로 떨어지는 태양의 복사열이다.

4. 혜성의 기이한 궤도를 원형으로 만드는 데 필요한 자기의 세기

벨리콥스키는 하지 않았을지라도 우리는 혜성의 움직임에 중요한 작은 변화를 일으키는 자계 강도의 규모를 대략적으로 계산할 수 있다. 자기장의 동요는 혜성이 가까이 접근하려고 하는 지구나 화성 같은 행성이나 행성들 사이의 자기장에서 비롯되었을 수 있다. 이 장이 중요한 역할을 하려면 그 에너지 밀도가 혜성의 운동 에너지 밀도와 비슷해야만 한다. (우리는 혜성이 자신에게 부과된 자기장에 반응하도록 허용할 장과 전하 분포를 가지고 있는지 아닌지 전혀 걱정하지 않는다.) 그러므로 그 조건은 다음과 같다.

$$\frac{B^2}{8\pi} = \frac{{}^{1}/{}_{2}\, m v^2}{(4/3)\pi R^3} = {}^{(1/2)}\ \rho\, v^2.$$

여기서 B는 가우스 단위의 자기의 세기이고 R는 혜성의 반지름이며 m은 질량, v는 속도, ρ는 밀도이다. 우리는 이 조건이 혜성의 질량에 독립적이라는 점에 주목한다. 내행성계에서 전형적인 혜성의 속도를 초속 약 25킬로미터로, ρ를 금성의 밀도인 5gm/cm^3로 볼 때, 우리는 자기의 세기가 1000만 가우스 이상 필요하다는 사실을 발견한다. (원형화가 자기적이라기보다 전기적일 경우 정전기 단위(electrostatic unit, esu)로도 비슷한 값이 적용될 것이다.) 지구의 적도 표면의 자기장은 약 0.5가우스이다. 화성과 금성의 자기장은 0.01가우스 이하이다. 태양의 자기장은 몇 가우스이며 흑점에서는 몇백 가우스에 달한다. 파이오니어 10호가 측정한 목성의 자기장은 10가우스 미만이다. 보통 행성 간 자기장은 10^{-5}가우스이다. 태양계 내에서 10메가가우스(megagauss)에 달하는 자기장을 대규모로 생성할 방법은 없다. 또 그러한 자기장이 지구 인근에 존재한 적이 있다는 징후도 없다. 녹은 바위의 자기 구역(magnetic domain)이 다시 냉각되는 과정에서 자기장의 지배적인 방향으로 고정된다는 사실을 떠올리자. 지구가 3,500년 전에 10메가가우스 자기장을, 아주 짧게라도 경험한 적이 있다면, 바위의 자화 증거가 그 사실을 분명히 보여 줄 텐데 현실은 그렇지 않다.

참고 문헌

3장 해방처럼 유혹적인: 알베르트 아인슈타인에 대하여

FEUER, LEWIS S., *Einstein and the Generations of Science*. New York, Basic Books, 1974.

FRANK, PHILIPP, *Einstein: His Life and rimes*. New York, Knopf, 1953.

HOFFMAN. BANESH. *Albert Einstein: Creator and Rebel*. New York, New American Library, 1972.

SCHILPP, PAUL, ED., *Albert Einstein: Philosopher Scientist*. New York, Tudor, 1951.

5장 몽유병자들과 미스터리를 퍼뜨리는 사람들

"Alexander the Oracle-Monger," in *The Works of Lucian of Samosata*. Oxford, Clarendon Press, 1905.

CHRISTOPHER, MILBOURNE, *ESP, Seers and Psychics*. New York, Crowell, 1970.

COHEN, MORRIS, and NAGEL, ERNEST, *An Introduction to Logic and Scientific Method*. New York, Harcourt Brace, 1934.

EVANS, BERGEN, *The Natural History of Nonsense*. New York, Knopf, 1946.

GARDNER, MARTIN, *Fads and Fallacies in the Name of Science*. New York, Dover, 1957.

MACKAY, CHARLES, *Extraordinary Popular Delusions and the Madness of Crowds*. New York, Farrar, Straus & Giroux, Noonday Press, 1970.

7장 금성과 벨리콥스키 박사

BRANDT. J. C., MARAN, S. P., WILLIAMSON. R., HARRINGTON, R., COCHRAN. C.. KENNEDY, M., KENNEDY, W., and CHAMBERLAIN, V., "Possible Rock Art Records of the Crab Nebula Supernova in the Western United States." *Archaeoastronomy in Pre-Columbian America*, A. F. Aveni, ed. Austin, University of Texas Press, 1974.

BRANDT. J. C., MARAN, S. P., and STECHER, T. P., "Astronomers Ask Archaeologists Aid." *Archaeology*, 21: 360 (1971).

BROWN, H., "Rare Gases and the Formation of the Earth's Atmosphere," in Kuiper (1949).

CAMPBELL, J., *The Mythic Image*. Princeton, Princeton University Press, 1974. (Second printing with corrections, 1975.)

CONNES, P., CONNES, J., BENEDICT, W. S., and KAPLAN, L. D., "Traces of HCl and HF in the Atmosphere of Venus." *Ap. J.*, 147: 1230 (1967).

COVEY, C., *Anthropological Journal of Canada*, 13: 2-10 (1975).

DE CAMP, L. S, *Lost Continents: The Atlantis Theme*. New York, Ballantine Books, 1975.

DODD, EDWARD, *Polynesian Seafaring*. New York, Dodd, Mead, 1972.

EHRLICH, MAX, *The Big Eye*. New York, Doubleday, 1949.

GALANOPOULOS, ANGELOS G., "Die äagyptischen Plagen und der Auszug Israels aus geologischer Sicht." *Das Altertum*, 10:131-137 (1964).

GOULD, S. J., "Velikovsky in Collision." *Natural History* (March 1975), 20-26. KUIPER, G. P., ed., *The Atmospheres of the Earth and Planets*, 1st ed. Chicago, University of Chicago Press, 1949.

LEACH, E. R., "Primitive Time Reckoning," in *The History of Technology*, edited by C. Singer, E. J. Holmyard, and Hall, A. R. London, Oxford University Press, 1954.

LECAR, M., and FRANKLIN, F., "On the Original Distribution of the Asteroids." *Icarus*, 20: 422-436 (1973).

MAROV, M. YA., "Venus: A Perspective at the Beginning of Planetary Exploration." *Icarus*, 16: 415-461 (1972).

MAROV. M. YA., AVDUEVSKY. V., BORODIN. N., EKONOMOV. A., KERZHANOVICH. V., LYSOV. V., MOSHKIN. B., ROZHDESTVENSKY, M., and RYABOV, O., "Preliminary Results on the Venus Atmosphere from the Venera 8 Descent Module." *Icarus*, 20: 407-421 (1973).

MEEUS, J., "Comments on The Jupiter Effect." *Icarus*, 26:257-267 (1975).

NEUGEBAUER, O., "Ancient Mathematics and Astronomy," in *The History of Technology*, edited by C. Singer, E. J. Holmyard, and Hall, A. R. London, Oxford University Press, 1954.

ÖPIK, ERNST J., "Collision Probabilities with the Planets and the Distribution of Interplanetary Matter." *Proceedings of the Royal Irish Academy*, Vol. 54 (1951), 165-199.

OWEN, T. C., and SAGAN, C., "Minor Constituents in Planetary Atmospheres: Ultraviolet Spectroscopy from the Orbiting Astronomical Observatory." *Icarus*, 16: 557-568 (1972).

POLLACK, J. B., "A Nongray CO_2-H_2O Greenhouse Model of Venus." *Icarus*, 10: 314-341 (1969).

POLLACK, J. B., EMCKSON, E., WITTEBORN, F., CHACKERIAN, C., SUMMERS, A., AUGASON, G., and CAROFF, L, "Aircraft Observation of Venus' Near-infrared Reflection Spectrum: Implications for Cloud Composition." *Icarus*, 23: 8-26 (1974).

SAGAN, C., "The Radiation Balance of Venus." California Institute of Technology, Jet Propulsion Laboratory, Technical Report 32-34, 1960.

SAGAN, C., "The Planet Venus." *Science*, 133: 849 (1961).

SAGAN, C., *The Cosmic Connection*. New York, Doubleday, 1973.

SAGAN, C., "Erosion of the Rocks of Venus." *Nature*, 261: 31 (1976).

SAGAN, C., and PAGE T., eds., *UFOs: A Scientific Debate*. Ithaca, N. Y., Cornell University Press, 1973; New York, Norton, 1974.

SILL, G., "Sulfuric Acid in the Venus Clouds." Communications Lunar Planet Lab., University of Arizona, 9:191-198 (1972).

SPITZER, LYMAN, and BAADE, WALTER, "Stellar Populations and Collisions of Galaxies." *Ap. J.*, 113:413 (1951).

UREY, H. C., "Cometary Collisions and Geological Periods." *Nature*, 242: 32-33 (1973).

UREY, H. C., *The Planets*. New Haven, Yale University Press, 1951.

VELIKOVSKY, I., *Worlds in Collision*. New York, Dell, 1965, (First printing, Doubleday, 1950.)

VELIKOVSKY, I., "Venus, a Youthful Planet." *Yale Scientific Magazine*, 41: 8-11 (1967).

VITALLIANO, DOROTHY B., *Legends of the Earth: Their Geologic Origins*. Bloomington, Indiana University Press, 1973.

WILDT, R., "Note on the Surface Temperature of Venus." *Ap. J.*, 91: 266 (1940).

WILDT, R., "On the Chemistry of the Atmosphere of Venus." *Ap. J.*, 96: 312-314 (1942).

YOUNG, A, T., "Are the Clouds of Venus Sulfuric Acid?" *Icarus*, 18: 564-582 (1973).

YOUNG, L, D. G., and YOUNG, A, T., Comments on "The Composition of the Venus Cloud Tops in Light of Recent Spectroscopic Data." *Ap. J.* 179: L39 (1973).

해설

『브로카의 뇌』, SF와 과학 사이에서

칼 세이건의 여러 저작이 이미 많이 소개되었지만 개인적으로 『브로카의 뇌』는 각별히 반갑다. 이 책에서 세이건은 독립된 한 장을 통째로 SF에 할애하며 찬양하고 있기 때문이다. 게다가 그 내용은 문학이나 과학 그 어느 쪽에도 치우치지 않으면서 인류 지성사에서 SF가 갖는 현재적 의미를 훌륭하게 논파하고 있어 더더욱 감탄스럽다. SF에 대한 에세이로 이만한 글을 접해 본 기억이 거의 없을 정도이다.

SF의 핵심을 짚다

세이건은 말한다.

"우리는 SF 소설의 발상들과 함께 자란 첫 세대이다. 나 자신을 포함한 많은 과학자들이 SF 소설 때문에 맨 처음 이 길로 들어섰다. SF 소설 중 일부의 수준이 최상이 아니라는 사실은 상관이 없다. 10세 소년은 과학 문헌을 읽지 않는다."

과학의 역사에 비해 SF의 역사는 매우 짧아서 그 본격적인 시작은 사실상 20세기와 함께였다고 해도 과언이 아니다. 그러나 과학의 비약적인 발전과 때를 같이한 SF는 숱하게 많은 예비 과학자들을 길러냈다.

아마 SF라는 장르가 없었다면 현대 과학자들의 연대기는 꽤나 다른 모습이었을 것이다. 『콘택트』를 쓴 세이건이나 정상 상태 우주론의 대가였던 프레드 호일처럼 뛰어난 과학자이자 동시에 SF 작가이기도 한 인물 또한 여럿이다.

SF가 과학적 상상력 못지않게 미래를 위한 일종의 생존 수단이기도 하다는 사실 또한 세이건은 예리하게 짚었다. 그의 생각은 단호하다.

"나는 오늘날 지구상에 있는 어떤 사회도 지금부터 100~200년 뒤 지구에 적합하지 않을 것이라는 확고한 견해를 갖고 있다. 우리는 대안적인 미래를 실험적으로도 개념적으로도 필사적으로 탐구할 필요가 있다. 우리가 살아남는다면 SF소설이 인간의 문명이 유지되고 진화하는 데 필수적인 기여를 할 것이라 해도 과언이 아니다."

SF에 대한 세이건의 이러한 견해는 20세기의 위대한 미래학자였던 앨빈 토플러(Alvin Toffler, 1928~2016년)와 궤를 함께하는 것이다. 21세기에 접어든 지금, 미래 시나리오의 스펙트럼을 제시하는 SF의 기능이 갈수록 더 주목을 받는 것은 바로 이들의 SF에 대한 인식이 널리 공유되어 온 덕분일 것이다.

유사 과학과 SF를 구별하는 안목

세이건의 다른 저작들과 마찬가지로 『브로카의 뇌』에서 일관되게 말하고 있는 것은 과학적, 합리적 사고 방식이다. 어떤 편견이나 기대, 소망이 투영되지 않은 순수하고 객관적인 태도야말로 일체의 확증 편향을 배제하는 과학적 사고 방식의 핵심인 것이다. 그러나 그와는 별개로 진실이라 강변하지 않는 허구적 이야기 구성인 SF의 상상력에는 관대해야 한다는 입장 또한 드러난다. 이 책은 사후 세계나 초능력, 고대 외계 문명 등등 흔히 접하기 마련인 유사 과학 내지는 유사 역사학 이론들을 다루면서 가차없이 모순점들을 파헤치지만 SF에 대해서는 팩트보다 발상, 즉 자유로운 상상력 그 자체가 미덕이라는 점을 분명히 했다.

그래서 나는 때때로 정교하게 구성된 SF 작품들의 과감한 주장에는 그가 어떤 견해를 보일지 궁금하기도 하다. 예를 들어 사후 세계 체험의 경우 세이건은 출산 당시의 기억으로 해석하려는 입장인데, 1983년 영화「브레인스톰(Brainstorm)」의 묘사에 대해서는 어떻게 생각할까?

이 작품의 설정은 다음과 같다. 누군가가 사망하면서 느끼는 모든 감각 정보를 그대로 디지털 정보로 기록한다. 그리고는 그 기록 정보를 다른 사람의 두뇌에 다시 재생해 주면 어떻게 될까? 이른바 '사후 세계'의 실마리를 잡을 수 있지 않을까?

「브레인스톰」의 묘사는 단순히 사망하는 사람의 뇌파나 심장 박동 등을 기록하는 것이 아니라 시각, 청각, 촉각, 미각, 후각 등 모든 감각을 매우 높은 해상도로 꼼꼼하게 기록하고 저장한다는 것이다. 일종의 자기 테이프에 저장된 이 기록은 VR 기기로 다른 사람의 두뇌에 그대로 재생이 가능하다. 머리띠같이 생긴 이 VR 기기는 요즘 같이 눈을 완전히 가린 채 디스플레이나 스피커를 작동시키는 것이 아니라, 인간의 두뇌 감각 신경 세포로 직접 무선 신호를 쏘는 방식이다. 즉 현재의 과학 기술로는 아직 구현이 불가능한 수준이다.

이 영화가 사후 세계 연구 방법론에 어떤 새로운 제안을 제시한 것일 수는 있지만, 사실 세이건을 포함한 많은 과학자들은 사후 세계라는 말 자체를 난센스로 받아들인다. 인간이 죽으면 그걸로 끝이며, 영혼이니 유령이니 하는 것들도 실체가 없다는 것이다. 육신의 수명이 다하면 그걸로 생명 현상 역시 중지된다는 유물론적 입장인 셈이다. 지구에 존재하는 헤아릴 수 없이 많은 생명들, 즉 단세포 생물부터 모든 식물, 동물, 특히 그 수가 많은 풀이나 나무, 곤충 등등에는 모두 다 영혼이 깃들어 있을까? 전통 신앙이나 종교 등에서는 그렇다고 믿기도 한다. 하지만 그들이 죽으면 혼이 남아서 사후 세계로 간다는 과학적인 증거는 아직까지 밝혀진 것이 없다.

초능력은 어떨까. 『브로카의 뇌』에도 잠시 언급되는 유리 겔러라는 사람은 우리나라의 40대 이상이라면 누구나 기억할 '초능력자'였다. 1980년대 중반 우리나라를 방문해서는 텔레비전에 나와서 쇠로 된 포크를 살살 문지르기만 하고는 완전히 구부러뜨리고, 고장 나서 멈춘 지 오래된 손목 시계들을 '정신력'만으로 다시 가게 만드는 등 당시 전국을 떠들썩하게 만들었던 사람이다. 심지어 당시 한국 정부에서 비밀리에 휴전선 지역의 땅굴을 투시해 찾아 달라고 요청했다는 소문까지 돌았다. 그런데 왜 지금 그는 잊힌 존재가 되었을까?

세이건은 초능력자라고 주장하는 사람들의 속임수며 재빠른 손놀림 등을 진작부터 간파했다. 과학적으로 성립될 수 없는 현상들을 시연해 보이는 사람이라면 당연하고도 간단한 결론이 필연적으로 도출된다. 불가능을 가능한 것처럼 속일 따름인 것이다. 오늘날 이들은 사실 숙련된 마술사라는 사실이 잘 알려져 있다. 보지 않고도 알아맞히는 투시나 예지, 유리를 통과하거나 물체를 바꿔치기하는 염동력 등등은 예전에 초능력 용어로 포장되었지만 사실은 다 트릭일 뿐이다. 이런 현상을 연구하는 학문의 한 영역으로 어엿이 초심리학이 존재하긴 하지만 예전에 비해 갈수록 관심도가 주는 것 같다. 『브로카의 뇌』에도 나오듯이 세이건은 사실 이런 유의 주장에 다른 어떤 과학자보다도 열린 마음으로 대했지만, 과학의 기본 원리를 거스르는 초자연 현상이 존재한다는 확증은 찾을 수 없었다고 술회했다.

신비주의적 해석에 대한 경계

개인적으로는 세이건 덕분에 냉정하게 보게 된 현상으로 '우연'이 있다. 살다 보면 기막힌 우연을 경험하곤 한다. 아주 오랫동안 잊고 있던 사람을 문득 떠올렸는데 바로 그날 그 사람에게서 전화가 온다거나 등등 누구나 신기한 우연의 경험이 있을 것이다. 세계적인 심리학자였던 카를 융은 그런 일들을 도저히 우연의 일치라고만 볼 수는 없다고 생각해서 '공시성(synchronicity)'이라는 말을 만들어 냈다. 아직 밝혀지지 않은 모종의 작용을 통해 일어나는 일들이 겉으로는 그저 우연처럼 보인다는 것이다. 또한 저명한 작가였던 아서 쾨슬러(Arthur Koestler, 1905~1983년)도 비슷한 입장이었다. 그는 '홀론(holon)'이라는 이론으로 우연 현상에 대한 설명을 시도했다. 자연의 모든 것은 전체이자 동시에 부분인 '홀론'들로 이루어져 있으며, 세상은 이것으로 이루어진 일종의 그물망이 겹겹이 쌓여 있어서 겉보기에는 전혀 상관없는 별개의 일들이 동시에 우연히 일어나는 것처럼 보여도 사실은 홀론을 통해 서로 영향을 받은 결과라는 것이다.

그러나 공시성이나 홀론 이론은 과학적으로 검증된 것이 아니며, 사실은 과학의 대상으로 인정받지조차 못한 순수한 가설일 뿐이다. 정확히 말하자면 현재까지 과학계에서는 이런 이론들을 연구하기 위해 어떤 방법론을 써야 할지 명확하게 합의된 바가 없다. 다만 통계학적 접근을 통해 그저 우연의 일치일 뿐이라고 보는 정도이다. 예를 들어 신기한 우연의 예로 흔히 예지몽을 드는데, 경험하는 당사자에게는 신비한 일이겠지만 통계적으로 보면 개연성이 그리 낮은 편이 아니다. 우리나라 인구만 5000만 명이 넘고, 세계 인구는 76억이 넘는다. 이 정도 모집단이라면 그중에 누군가가 예지몽을 꿀 확률이 과연 희박하다고 할 수 있을까? 더구나 우리가 꾸는 꿈은 대개 가족이나 지인 등 주변 인간 관계 및 환경과 밀접한 경우가 많아서 꿈의 내용도 생각보다는 범위가 좁은 편이다. 이런 점들을 고려하면 한 사람이 일생에 한두 번쯤 예지몽을 경험할 확률은 그리 낮지도 않다. 우연이라는 현상에 뭔가 의미 부여를 하려는 욕구는 마치 인간의 본능과도 같은데, 그런 본능을 억누르고 항상 객관적인 설명을 구하려는 태도야말로 세이건의 유산이나 다름없다.

다만 우연이라는 현상을 100퍼센트 통계적 무작위성으로만 해석하는 것에는 여전히 일말의 거리낌이 있다. 앞서 말했듯이 우연은 현재 과학의 대상이 아니며 굳이 분류하자면 의사 과학 혹은 유사 과학에 속하지만, 앞으로도 계속 그렇게 남을지는 의문이다. 예를 들어 외계 생물학이나 외계 지적 생명체 탐사(SETI)는 칼 세이건이 등장하기 전까지는 주류 과학의 바깥에 있었다. 우연도 과연 현대 과학이 진지한 연구의 대상으로 새롭게 볼 날이 올까? 우리가 우연이라고 부르는 현상이 사실은 어떤 미지의 인과 관계로 엮여 있는 것이라면, 과연 어떻게 접근하고 연구해야 그 원리를 규명할 수 있을까?

과학은 항상 답을 준다

세이건의 견해가 궁금한 현상 중에 데자뷔, 즉 기시감도 있다. 2006년 SF 영화 「데자뷰」도 앞서의 「브레인스톰」처럼 그럴듯한 과학적 묘사를 담고 있다. CCTV나 위성 사진 등등 온갖 빅데이터를 이용해 과거의 특정 시점을 재현한 다음, 그 과거로 사람이 직접 시간 여행까지 한다. 작품의 설정은 과학적으로 납득하기 힘든 부분이 많지만 일부는 생각할 거리를 던져 주는 것도 사실이다.

기시감, 또는 프랑스 말 데자뷔(déjà-vu)로 알려진 현상을 경험해 보지 않은 사람은 거의 없을 것이다. 분명히 처음 가 보는 곳인데도 낯이 익다거나, 누구와 특정 대화를 나누는 상황이 갑자기 처음이 아닌 것 같은 느낌이 들거나 등등. 이런 현상을 해명하기 위한 이론도 폭넓은 영역에 걸쳐 제시되어 있다. 신경 생리학이나 정신 의학 같은 의학적 접근에서부터 양자 역학적 다원 우주론이나 평행 우주 등 SF적 해석에다 심지어는 전생의 기억이라는 유사 과학적 가설까지. 아마 세이건이라면 이 모든 가설을 샅샅이 검토한 다음 자신만의 결론을 내놓았을 것이다.

『브로카의 뇌』는 최신 저작은 아니다. 작가인 칼 세이건이 작고한 지도 이미 20년이 넘었다. 그럼에도 불구하고 과학 에세이에 해당하는 이 책이 시대를 뛰어넘어 계속 출간되는 까닭은 뭘까? 과학자 중에 이런 영광을 누리는 인물은 그리 많지 않다.

우리가 세이건을 읽는 것은 그가 전달하는 정보보다도 그의 지혜에서 얻는 것이 많기 때문이다. 이 책을 포함한 세이건의 모든 저작에는 정보의 가치를 넘어서는 통찰과 태도의 가치가 듬뿍 배어 있다. 이번에 『브로카의 뇌』를 읽으면서 새삼 그런 점을 절감했다. 그의 책을 읽는다는 것은 영토가 확장되는 2차원적 경험이 아니라 하늘로 오르며 시야가 넓어지는 3차원적 경험이다.

개인적으로는 『브로카의 뇌』를 오래전에 출간된 얄팍한 축약판으로만 접했다가 이번에 완역판으로 온전히 볼 수 있어서 반갑고 행복했다. 만약 누군가가 본받을 과학자, 아니 교양인이자 지성인의 멘토가 될 인물을 찾는다면, 나는 주저 없이 세이건을 읽으라고 추천하겠다.

박상준(서울 SF 아카이브 대표)

찾아보기

옮긴이 홍승효

서울 대학교 생물학과를 졸업하고 동 대학원에서 국내에서는 최초로 진화 심리학으로 석사 학위를 받았다. 졸업 후 출판사에서 과학 책 만드는 일을 하다, 제약 회사 마케팅 부서와 리서치 전문 업체를 거쳐, 현재는 국내에 좋은 과학 책을 소개하고, 흥미로운 과학적 사실들을 이야기로 풀어낼 방법을 구상하고 있다. 『살인의 진화 심리학』을 썼으며, 『이웃집 살인마』를 번역했다. 텔레비전 다큐멘터리 「과자에 대해 알고 싶은 몇 가지 것들」의 대본을 집필하기도 했다.

사이언스 클래식 36

브로카의 뇌

1판 1쇄 펴냄 2020년 8월 31일
1판 3쇄 펴냄 2022년 12월 20일

지은이 칼 세이건
옮긴이 홍승효
펴낸이 박상준
펴낸곳 (주)사이언스북스

출판등록 1997. 3. 24.(제16-1444호)
(06027) 서울시 강남구 도산대로1길 62
대표전화 515-2000, 팩시밀리 515-2007
편집부 517-4263, 팩시밀리 514-2329
www.sciencebooks.co.kr

ISBN 979-11-89198-39-8 03440